应用型本科院校“十三五”规划教材/机械类

主　编　周德繁　于晓东
副主编　张德生　李媛媛
姜金刚　李　慧

液压与气压传动

（第2版）

Hydraulic and Pneumatic Drive

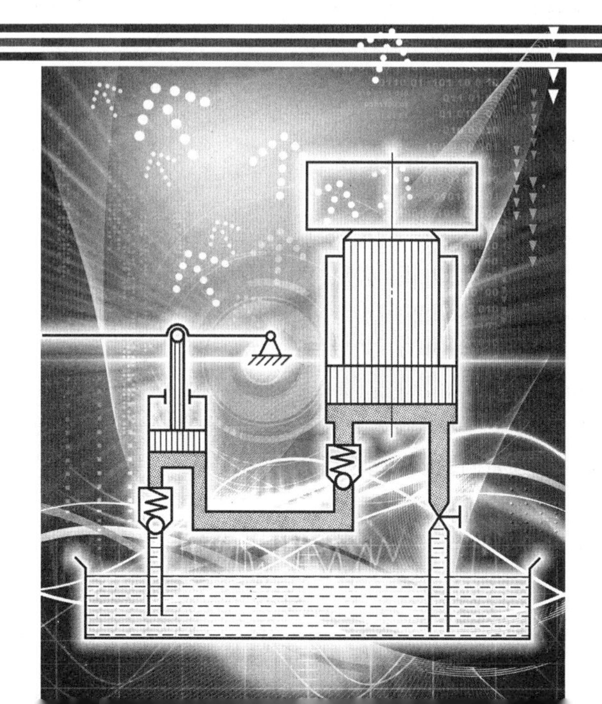

哈爾濱工業大學出版社

内 容 简 介

全书共分为两篇。第一篇为液压传动,第二篇为气压传动。液压传动部分主要包括:液压传动的基本知识以及流体力学的基本理论,液压元件的结构、原理、性能以及选用,液压基本回路、典型液压系统的组成、功能、特点以及应用情况,液压系统的设计计算方法与实例。气压传动部分主要包括:气压传动基础知识,气动元件,气源装置以及辅件,气动回路,气动系统的设计方法与应用实例,液压气动系统的使用与维护及故障诊断与排除方法。为方便学生学习,每章末附有思考题与习题。

本书注重应用性,可作为应用型本科院校机械类各专业的教材,也可作为各类成人高校、自学考试等机械相关专业的教材,亦可供从事流体传动与控制技术的工程技术人员参考。

图书在版编目(CIP)数据

液压与气压传动/周德繁,于晓东主编.—2 版.—哈尔滨:哈尔滨工业大学出版社,2014.1(2018.1 重印)
应用型本科院校"十三五"规划教材
ISBN 978-7-5603-3702-9

Ⅰ.①液… Ⅱ.①周…②于… Ⅲ.①液压传动②气压传动 Ⅳ.①TH137②TH138

中国版本图书馆 CIP 数据核字(2013)第 303006 号

策划编辑 杜 燕 赵文斌
责任编辑 范业婷
出版发行 哈尔滨工业大学出版社
社 址 哈尔滨市南岗区复华四道街 10 号 邮编 150006
传 真 0451-86414749
网 址 http://hitpress.hit.edu.cn
印 刷 哈尔滨市工大节能印刷厂
开 本 787mm×1092mm 1/16 印张 20 字数 455 千字
版 次 2013 年 2 月第 1 版 2014 年 1 月第 2 版
2018 年 1 月第 3 次印刷
书 号 ISBN 978-7-5603-3702-9
定 价 36.80 元

《应用型本科院校“十三五”规划教材》编委会

序

哈尔滨工业大学出版社策划的《应用型本科院校“十三五”规划教材》即将付梓,诚可贺也。

该系列教材卷帙浩繁,凡百余种,涉及众多学科门类,定位准确,内容新颖,体系完整,实用性强,突出实践能力培养。不仅便于教师教学和学生学习,而且满足就业市场对应用型人才的迫切需求。

应用型本科院校的人才培养目标是面对现代社会生产、建设、管理、服务等一线岗位,培养能直接从事实际工作、解决具体问题、维持工作有效运行的高等应用型人才。应用型本科与研究型本科和高职高专院校在人才培养上有着明显的区别,其培养的人才特征是:①就业导向与社会需求高度吻合;②扎实的理论基础和过硬的实践能力紧密结合;③具备良好的人文素质和科学技术素质;④富于面对职业应用的创新精神。因此,应用型本科院校只有着力培养“进入角色快、业务水平高、动手能力强、综合素质好”的人才,才能在激烈的就业市场竞争中站稳脚跟。

目前国内应用型本科院校所采用的教材往往只是对理论性较强的本科院校教材的简单删减,针对性、应用性不够突出,因材施教的目的难以达到。因此亟须既有一定的理论深度又注重实践能力培养的系列教材,以满足应用型本科院校教学目标、培养方向和办学特色的需要。

哈尔滨工业大学出版社出版的《应用型本科院校“十三五”规划教材》,在选题设计思路上认真贯彻教育部关于培养适应地方、区域经济和社会发展需要的“本科应用型高级专门人才”精神,根据前黑龙江省委书记吉炳轩同志提出的关于加强应用型本科院校建设的意见,在应用型本科试点院校成功经验总结的基础上,特邀请黑龙江省9所知名的应用型本科院校的专家、学者联合编写。

本系列教材突出与办学定位、教学目标的一致性和适应性,既严格遵照学科体系的知识构成和教材编写的一般规律,又针对应用型本科人才培养目标及与之相适应的教学特点，精心设计写作体例，科学安排知识内容，围绕应用讲授理论，做到“基础知识够用、实践技能实用、专业理论管用”，同时注意适当融入新理论、新技术、新工艺、新成果，并且制作了与本书配套的PPT多媒体教学课件，形成立体化教材，供教师参考使用。

《应用型本科院校“十三五”规划教材》的编辑出版，是适应“科教兴国”战略对复合型、应用型人才的需求，是推动相对滞后的应用型本科院校教材建设的一种有益尝试，在应用型创新人才培养方面是一件具有开创意义的工作，为应用型人才的培养提供了及时、可靠、坚实的保证。

希望本系列教材在使用过程中，通过编者、作者和读者的共同努力，厚积薄发、推陈出新、细上加细、精益求精，不断丰富、不断完善、不断创新，力争成为同类教材中的精品。

第2版前言

本书是应用型本科院校机械工程及自动化专业的教材之一,可作为机械设计制造及其自动化、过程装备及控制工程、材料成形及控制工程、动力与车辆工程等专业液压与气压传动课程的教材。全书共分为15章。第一篇为液压传动,第二篇为气压传动。第1、2章主要介绍液压传动的基本知识以及流体力学的基本理论;第3~6章主要介绍液压元件的结构、原理、性能和选用;第7、8章介绍液压基本回路、典型液压系统的组成、功能、特点以及应用情况;第9章介绍液压系统的设计计算方法与实例;第10章介绍气压传动的基础知识;第11章介绍气压元件;第12章介绍气源装置以及辅件;第13章介绍气动回路;第14章介绍气动系统的设计方法与应用实例;第15章介绍液压气动系统的使用与维护及故障诊断与排除方法。每章附有思考题与习题。

本书以少而精的理念进行取材和编排章节内容,着重基本内容的掌握和应用,注重理论与实践的紧密结合,突出内容的实用性和应用性。液压传动与气压传动分开讲述,以液压传动为主,气压传动则强调其特色部分,同时对每一部分内容都考虑到了其体系的完整性。重点放在通用元件、回路的工作原理、特点和应用上,同时注意先进技术的引入,注重对学生的工程技术应用能力以及创新能力的培养。本书力求做到"基础知识够用,实践技能实用,专业理论管用"。

本书中有关元件的图形符号、回路以及系统原理图全部采用了国家最新图形符号标准。

本书由周德繁、于晓东担任主编,张德生、李媛媛、姜金刚、李慧担任副主编。参加本书编写的有:哈尔滨理工大学机械动力工程学院周德繁(第1、2章),于晓东(第8、13、14章),姜金刚(第7、15章),黑龙江工程学院汽车与交通工程学院张德生(第12章、附录),黑龙江东方学院机电工程学部李媛媛(第5章),李红岩(第3章),沙宇(第10章),哈尔滨石油学院机械电子工程系王妍玮、韩彦勇(第11章),哈尔滨华德学院机电与汽车工程学院李慧(第9章),哈尔滨广厦学院汽车与机电工程系张智超(第4章),辽宁机电职业技术学院王劲、哈尔滨剑桥学院李金宏(第6章)。本书由哈尔滨理工大学机械动力工程学院李永海审阅。

由于编者水平有限,书中难免存在缺点和错误,敬请广大读者批评指正。

编 者

2013年12月

目　　录

第一篇　液压传动

第二篇　气压传动

第一篇

液压传动

第1章 绪论

一部完整的机器主要由原动机、传动机构和工作机构三部分组成。原动机就是传递动力的设备,如电动机、内燃机等。工作机构就是完成工作任务的直接工作部分,如剪床、车床的刀架 、车刀、卡盘等。由于原动机的功率和转速变化范围有限,为了适应工作机构对力和速度变化范围较宽的要求,以及其他操纵性能(如停车、换向等)的要求,在原动机和工作机构之间设置了传动装置(或称传动机构)。传动机构通常分为机械传动、电气传动和流体传动机构。机械传动是通过轴、齿轮、齿条、蜗轮、蜗杆、皮带、链条和杠杆等机件直接传递动力和进行控制的一种传动方式,它是发展最早,应用最为普遍的传动形式。电气传动是利用电力设备并调节电参数来传递动力和进行控制的一种传动方式。流体传动是以流体为工作介质来进行能量的传递、转换和控制的传动方式。流体传动包括液压传动、液力传动和气压传动。液压传动和液力传动均是以液体作为工作介质进行能量传递、转换和控制的传动(液力传动利用的是液体的动能,液压传动利用的是液体的压力能)。气压传动是以气体作为工作介质进行能量传递、转换和控制的传动(气压传动利用的是气体的压力能)。液压传动和气压传动在机械行业、机电行业或者与机械相关的行业应用得非常普遍,液力传动相对用得比较少。

1.1 液压传动概述

1.1.1 液压传动的工作原理

液压传动是以压力油为工作介质进行能量的传递、转换和控制的传动方式。

为了方便理解,以常见的液压千斤顶为例来了解一下液压传动的工作原理。如图1.1(a)所示,小液压缸11、大液压缸2、油箱6以及它们之间的连通油路构成一个系统,里面充满液压油。截止阀5关闭时,系统密闭。当提起杠杆手柄12时,小液压缸11的小活塞10上移,其油腔密封容积增大,形成部分真空;此时单向阀4封住通向大液压缸2的油路,油箱6中油液在大气压的作用下经过吸油管路推开单向阀8进入小液压缸11的下油腔内,完成一次吸油。接着,压下杠杆手柄12时,小液压缸11的小活塞10下移,其油腔密封容积减少,油液压力升高,单向阀8自动关闭,压力油推开单向阀4经油路流入大液压缸 2 的下油腔内。由于大液压缸 2 的油腔也是一个密闭的容积，所以进入的油液因受挤压而产生的作用力推动大液压缸 2 的大活塞 1 上升，并将重物向上顶起一段距离。这样反复提、压杠杆手柄 12，就可以使重物不断上升，达到起重的目的。将截止阀 5 旋转 90°，在重物重力作用下，大液压缸 2 的油液排回油箱，活塞可下降到原位。

液压千斤顶是一个简单的液压传动装置。通过上面分析液压千斤顶的工作过程，可知液压传动是以液体作为工作介质来传递信号和动力的。它依靠密闭容积的变化传递运动，依靠液体内部的压力（由外界负载所引起）传递动力。液压传动装置本质上是一种能量转换装置，它先将机械能转换为便于输送的液压能，然后又将液压能转换为机械能而做功。

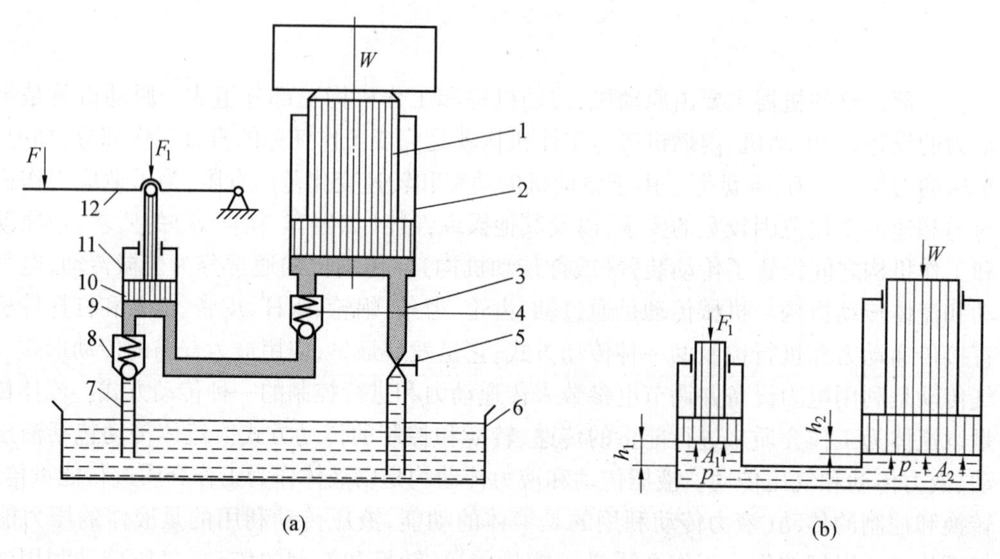

图 1.1　液压千斤顶

1—大活塞；2—大液压缸；3、9—油管；4、8—单向阀；5—截止阀；6—油箱；7—吸油管；10—小活塞；11—小液压缸；12—杠杆手柄

1.1.2　液压系统的组成及其功用

通过千斤顶的例子可以看出，液压系统的工作过程为：首先将机械能转变为液压能，然后对压力油进行控制和调节，最后将液压能转变为机械能对外做功。液压系统一般都是由动力装置、执行装置、控制调节装置、辅助装置及工作介质等几部分组成。液压系统的组成部分及其功用见表 1.1。

1.1.3　液压传动的特征

1. 力的传递按照帕斯卡原理进行

根据液压千斤顶的简化模型（图 1.1(b)）可知，当大活塞上有重物负载 W 时，大活塞下腔的油液就将产生一定的压力 p，$p = W/A_2$，根据帕斯卡原理："在密闭容器内，施加于静止液体上的压力将以等值同时传到液体各点。"因而要顶起大活塞及其重物负载时，在小活塞下腔就必须产生一个等值的压力 p，也就是说小活塞上必须施加力 F_1，$F_1 = pA_1$，因

而有

$$p=\frac{F_1}{A_1}=\frac{W}{A_2} \tag{1.1}$$

式中,A_1、A_2 分别为小活塞和大活塞的作用面积;F_1 为杠杆手柄作用在小活塞上的力;W 为大活塞上的重物负载。

由式(1.1)可知,当负载 W 增大时,流体工作压力 p 也要随之增大,亦即 F_1 要随之增大;反之若负载 W 减小,流体压力就减小,F_1 也就减小。由此得出一个非常重要的结论:液压系统的工作压力取决于负载,而与流入的液体多少无关。

表1.1　液压系统的组成部分及其功用

组成部分		功　用
动力装置	原动机(电动机或内燃机)和液压泵	把原动机的机械能转变成液压能,给液压系统提供压力油,使整个系统能够运转起来
执行装置	液压缸、液压马达和摆动液压马达	将液压能转变成机械能,以驱动工作机构的负载对外做功,实现往复直线运动、连续回转运动或摆动
控制调节装置	压力、流量、方向控制阀及其他控制元件,如换向阀、节流阀、溢流阀等液压元件	控制调节液压系统中从泵至执行器的油液压力、流量和方向,以保证执行器驱动的主机工作机构实现预定的运动规律
辅助装置	油箱、管件、滤油器、热交换器、蓄能器及指示仪表等	用来存放、提供和回收液压介质,实现液压元件之间的连接及传输载能液压介质,滤除液压介质中的杂质,保持系统正常工作所需要的介质清洁度,系统加热或散热,储存、释放液压能或吸收液压脉动和冲击,显示系统压力、油温等
工作介质	各类液压油或其他合成液体	作为系统的载能介质,在传递能量的同时并能起润滑、冷却及清洁作用

2. 速度的传递按照容积变化相等的原则进行

如果不考虑液体的可压缩性、漏损和缸体、油管的变形,则从图1.1(b)可以看出,被小活塞压出的油液的体积必然等于大活塞向上升起后大缸下腔扩大的体积。即

$$A_1h_1=A_2h_2 \tag{1.2}$$

式中,h_1、h_2 分别为小活塞和大活塞的位移。

由式(1.2)可知,两活塞的位移和两活塞的面积成反比。将 $A_1h_1=A_2h_2$ 两端同除以活塞移动的时间 t 得

$$A_1\frac{h_1}{t}=A_2\frac{h_2}{t}$$

即

$$A_1v_1=A_2v_2 \tag{1.3}$$

$$v_2=\frac{A_1}{A_2}v_1 \tag{1.4}$$

式中,v_1、v_2 分别为小活塞和大活塞的运动速度。

从式(1.3)可以看出,活塞的运动速度和活塞的作用面积成反比。由式(1.4)又得出一个非常重要的结论:液压传动可以实现与负载无关的任何运动。

1.1.4 液压传动的优缺点

1. 优点

(1)液压传动能在运行中实行无级调速,调速方便且调速范围比较大,可达100∶1~2 000∶1。

(2)在同等功率的情况下,液压传动装置的体积小,重量轻,惯性小,结构紧凑(如液压马达的重量仅有同等功率电机重量的10%~20%),而且能传递较大的力或扭矩。统计资料表明,液压泵和液压马达单位功率的重量只有发电机和电动机的1/10,液压泵和液压马达可小至0.002 5 N/W,而同等功率的发电机和电动机则约为0.03 N/W。而液压传动装置的尺寸约为发电机和电动机的12%~13%。就输出力而言,用泵很容易达到极高压力的液压油液,将此油液传送至液压缸后即可产生很大的作用力。所以液压技术有利于机械设备及其控制系统的微型化、小型化,并进行大功率作业。

(3)液压传动工作比较平稳,反应快,冲击小,能高速启动、制动和换向。工作介质具有弹性,可吸收冲击,液压传动传递运动均匀平稳;液压传动装置的回转运动换向频率可达500次/min,往复直线运动可高达1 000次/min。

(4)液压传动装置的控制、调节比较简单,操纵比较方便、省力,易于实现自动化,与电气控制配合使用能实现复杂的顺序动作和远程的控制。

(5)液压传动装置易于实现过载保护,系统超负载时油液经溢流阀流回油箱。液压传动中,液压缸和液压马达等元件都能长期在堵转状态下工作而不会过热,由于功率损失所产生的热量可由流动着的油带走,所以可避免在系统某些局部位置产生过度温升,这是电气传动装置和机械传动装置无法办到的。由于采用液压油作为工作介质,能自行润滑,所以寿命长。

(6)液压传动易于实现系列化、标准化、通用化,便于液压系统的设计、制造和使用维护,有利于缩短机器设备的设计制造周期并降低制造成本。

(7)液压传动易于实现回转、直线运动,且元件排列布置灵活,尤其是用液压传动实现直线运动远比用机械传动简单。

(8)布局灵活方便。液压元件的布置不受严格的空间位置限制,容易按照机器的需要通过管道实现系统中各部分的连接,布局安装具有很大的柔性,能够组成用其他方法难以组成的复杂系统。

2. 缺点

(1)不能保证定比传动。液体为工作介质,易泄漏,油液可压缩,故不能用于传动比要求准确的场合。

(2)液压传动中有机械损失、压力损失、泄漏损失,效率较低,故不宜用作远距离传动。

(3)液压传动对油温和负载变化敏感,不宜于在低、高温度下使用,对污染很敏感,采用石油基液压油作为传动介质时还需要注意防火问题。

(4)液压传动需要有单独的能源(例如液压泵站),液压能不能像电能那样从远处传来。

(5)造价较高。为了减少泄漏,液压元件在制造精度上的要求较高,因此它的造价较高,而且对工作介质的污染比较敏感。

(6)故障诊断困难。液压传动装置出现故障时不易追查原因,不易迅速排除。

液压传动与其他传动方式的综合比较见表1.2。

表1.2 液压传动与其他传动方式的综合比较

性能	液压传动	气压传动	机械传动	电气传动
输出力	大	稍大	较大	不太大
速度	较高	高	低	高
重量功率比	小	中等	较小	中等
响应性	高	低	中等	高
负载引起的特性变化	稍有	很大	几乎无	几乎无
定位性	稍好	不良	良好	良好
无级调速	良好	较好	较困难	良好
远程操作	良好	良好	困难	特别好
信号变换	困难	较困难	困难	容易
调整	容易	稍困难	稍困难	容易
结构	稍复杂	简单	一般	稍微复杂
管线配置	复杂	稍复杂	较简单	不特别
环境适应性	较好,但易燃	好	一般	不太好
动力源失效时	可通过蓄能器完成若干动作	有余量	不能工作	不能工作
工作寿命	一般	长	一般	较短
维护要求	高	一般	简单	较高
价格	稍高	低	一般	稍高

总的来说,液压传动优点较多,缺点正随着生产技术的发展逐步加以克服,因此,液压传动在现代化生产中有着广阔的发展前景。

1.1.5 液压传动的发展概况及发展趋势

1. 液压传动的发展概况

1795年世界上第一台水压机问世和中国出现的水轮机等,至今已有200余年的历史。然而,液压传动直到20世纪30年代才真正得到推广应用。19世纪工业上所使用的液压传动装置是以水作为工作介质,因其密封问题一直未能很好解决以及电气技术的发展和竞争,曾一度导致液压技术停滞不前。直到1905年美国人詹涅(Janney)首先用矿物油代替水作为液压介质后才开始改观。20世纪30年代后,由于车辆、航空、舰船等功率传动的需要,相继出现了斜轴式及弯轴式轴向柱塞泵、径向和轴向液压马达;1936年,

Harry Vickers 发明了以先导控制压力阀为标志的管式系列液压控制元件。第二次世界大战期间,由于军事工业需要反应快、精度高、功率大的液压传动装置而推动了液压技术的发展;战后,液压技术迅速转向民用,在机床、工程机械、农业机械、汽车等行业中逐步得到推广。

20 世纪 60 年代后,随着原子能、空间技术、深海探测技术、计算机技术的发展,液压技术也得到了很大发展,并渗透到各个工业领域中去。60 年代出现了板式、叠加式液压阀系列,发展了以比例电磁铁为电气-机械转换器的电液比例控制阀并被广泛用于工业控制中,提高了电液控制系统的抗污染能力和性能价格比。70 年代出现了插装式系列液压元件。80 年代以后,液压技术与现代数学、力学和微电子技术、计算机技术、控制科学等紧密结合及随着液压 CAD 技术的发展,使人工设计变为自动化和半自动化的方式。高技术高知识含量的软件商品化,可以使设计质量对使用者素质的依赖关系降至最小,从而迅速提高了设计者水平,加快设计速度,促进液压产品的更新换代。CAD 的应用将为液压产品的设计带来全新的变化,下一步较长远的目标是利用 CAD 技术开发液压产品从概念设计、外观设计、性能设计、可靠性设计直到零部件设计的全过程,现已出现了微处理机、电子放大器、传感测量元件和液压控制单元相互集成的机电一体化产品(如美国 Lee 公司研制的微型液压阀等),提高了液压系统的智能化程度和可靠性,并应用计算机技术开展了对液压元件和系统的动、静态性能数学仿真及结构的辅助设计和制造(CAD/CAM)。国外在柱塞泵和配流盘,以及齿轮泵体三维有限元分析、设计等方面已取得良好效果;此外,随着 CAM 的引入,将加速技术装备的柔性化进程。数控机床、加工中心、柔性加工单元(FMC)、柔性制造系统(FMS)将全面替代旧装备,配以自动传送工具和立体仓库,就可使液压元器件的生产朝着自动化车间模式迈进。随着陆地资源的不断耗用,人们把目光投向了海洋,海洋生物、矿产资源的勘探、开采设备,全部采用了液压技术。同时,新型液压元件和液压系统的计算机辅助测试(CAT)、计算机直接控制(CDC)、机电一体化技术、故障诊断技术、可靠性技术以及污染控制方面,也是当前液压技术发展和研究的方向。随着科学技术的进步和人类对环保、能源危机意识的提高,近 20 年来人们重新认识和研究历史上以纯水作为工作介质的纯水液压传动技术,并在理论上和应用研究上,都得到了持续稳定的复苏和发展,正在逐步成为现代液压传动技术中的热点技术和新的发展方向之一,如日本三菱和丹麦丹佛斯公司研制的水压泵和水压控制阀门的性能接近液压元件水平。

我国的液压技术开始于 20 世纪 50 年代,液压元件最初应用于机床和锻压设备,后来又用于拖拉机和工程机械,1964 年从国外引进一些液压元件生产技术,同时自行设计液压产品。经过 60 多年的艰苦探索和发展,特别是 20 世纪 80 年代初期引进美国、日本、德国的先进技术和设备,使我国的液压技术水平有了很大的提高。目前,我国的液压件已从低压到高压形成系列,并生产出许多新型的元件,如插装式锥阀、电液比例阀、电液数字控制阀等。

我国机械工业在认真消化、推广国外引进的先进液压技术的同时,大力研制、开发国产液压件新产品,加强产品质量可靠性和新技术应用的研究,积极采用国际标准,合理调整产品结构,对一些性能差而且不符合国家标准的液压件产品,采取逐步淘汰的措施。尽

管我国液压工业已取得了很大的进步,但与主机发展需求及和世界先进水平相比,还存在不少差距,主要反映在以下几点:

(1)产品品种少(约为美国的1/6、德国的1/5)。

(2)液压技术使用率较低(据统计资料表明,世界上先进国家液压工业产值占机械工业产值的2% ~3%,而我国仅占0.8% ~1%)。

(3)水平低,质量不稳定,早期故障率高,可靠性差。例如齿轮泵的工作压力,国内的一般为14 ~20 MPa,国外的为21 ~28 MPa;柱塞泵的寿命国产的为5 000 h,为国外的1/2,噪声比国外高5 ~10 dB(A);液压阀的寿命为国外的1/2;特别是机电一体化的元件和系统,国内尚未广泛应用。

(4)专业化程度低,规模小,经济效益差。

(5)科研开发力量尚较薄弱,技术进步缓慢(例如国内各企业虽然政策规定可以提取销售额的1%,用于企业的科研开发,但很多企业无力支付,而各大著名跨国公司用于科技开发的资金占其销售额的5%,甚至高达10%)。

(6)本行业产品尚未打开国际市场。液压产品国际市场容量很大,但我国的出口产品刚刚起步,发展余地很大。

2.液压传动的发展趋势

当前液压技术正向着高压、高速、大功率、高效率、低噪声、长寿命、高度集成化、复合化、小型化以及轻量化等方向发展,主要有以下几点:

(1)小型化和微型化。为了能在尽可能小的空间内传递尽可能大的功率,液压元件的结构不断地在向小型化方向发展,航天、航空、潜艇、轿车、机器人、医用器械等特殊应用部门对液压技术的需求不断增加。其共同的特点是安装空间狭小,需求低附加质量、高功率密度、响应频带宽、速度快。只有大力发展轻、小、微型液压技术,才能满足这种对液压技术的挑战和要求。如小型叠加阀、小通径(6 mm,10 mm)螺纹式插装阀均已先后问世。

(2)集成化和模块化。液压系统由管式配置经板式配置、箱式配置、集成块式配置发展到叠加式配置、插装式配置,使连接的通道越来越短。也出现了一些组合集成件,如把液压泵和压力阀做成一体,把压力阀插装在液压泵的壳体内;把液压缸和换向阀做成一体,只需接一条高压管与液压泵相连,一条回油管与油箱相连,就可以构成一个液压系统。这种组合件不但结构紧凑,工作可靠,而且使用简单,也容易维护保养。

(3)数字化。液压技术从20世纪70年代中期起就开始和微电子工业接触,并相互结合。在不到30年的时间内,结合层次不断提高,从简单拼装、分散混合到总体组合,出现了多种形式的独立产品,如数字液压泵、数字阀、数字液压缸等。

(4)机电一体化。液压系统已发展到把编了程序的芯片和液压控制元件、液压执行元件或是能源装置、检测反馈装置、数模转换装置、集成电路等汇成一体。这种汇在一起的联结体只要一收到微处理机或微型计算机处送来的信息,就能实现预定的任务。

(5)液压现场总线技术。采用工作站和现场设备两层结构,它可以看作一个由数字通信设备和监控设备组成的分布式系统,在液压总线的供油路和回油路间安装数个开关液压源,其与各自的控制阀、执行器相连接。现场总线技术是连接智能化仪表和自动化系统的全数字式、双向传输、多分支结构的通信网络。

(6)自动化控制软件技术。将 SPS 可编程控制技术的工作原则与操纵监控两项任务集于一身,利用液压技术控制回路(控制阀、变量泵)和执行机构(液压缸、液压马达)大量不同的变型与组合配置,可以提供多种不同特性的控制方案。类似于"控制电气元件"方法,各种液压控制方案可在 PC 机基础上的自动化控制系统下接受控制。适时性已经达到了毫秒级(精度达到 1 ~2 ms)。例如切削加工机床,使用分散控制式的液压监控软件,采用了液压阀、液压缸和位置丈量系统复合的液压伺服机构,使得 PC 控制软件可以像控制电气元件一样来控制调节各个液压元件。

(7)水压元件及系统。适应安全环保可持续发展要求,优点:经济、来源容易、可减少泄漏对环境的影响,防火和具有不可压缩性;缺点:黏度低、容积效率低、润滑性差、影响元件寿命、易气蚀、纯水气化压力比油高 10 倍;水压泵压力达到 21 MPa、流量达到 100 L/min;但是,水压技术要想在机床、塑机、工程机械等领域获得广泛使用,还需解决大量的难题,尚还需较长时间,不容乐观。

(8)液压节能技术。工作存在时机械摩擦损失、泄漏损失、溢流损失、节流损失、输进和输出功率不匹配的无功损失;减少压力能的损失。减少元件和系统的内部压力损失,可减少功率损失;采用集成化回路和铸造流道,可减少管道损失和漏油损失;为减少节流损失,尽量减少采用节流系统来调节流量和压力;采用静压技术和新型密封材料,可减少摩擦损失。

总之,液压技术应用广泛,它作为工业自动化的一种重要基础件,已经与传感技术、信息技术、微电子技术紧密结合,形成并发展成为包括传动、检测、在线控制的综合自动化技术,其内涵较之传统的液压技术更加丰富而完整。21 世纪是一个高度自动化的社会,随着科技的发展和人类的新需要,大型智能型行走机器人将应运而生。资料表明,液压技术是能量传递或做功环节必不可少的一部分。无论现在还是将来,液压技术在国民经济中都占有重要的一席之地,发挥着无法替代的作用。

1.1.6 液压传动的应用

液压传动由于优点很多在国民经济各部门中得到了广泛的应用。但各部门应用液压传动的出发点不同,工程机械、压力机械采用的原因是其结构简单,输出力大;航空工业采用的原因是其重量轻,体积小;机床中采用的原因主要是可实现无级变速,易于实现自动化,能实现换向频繁的往复运动。

液压技术对现代社会中人们的日常生活、工农业生产、科学研究活动正起着越来越重要的作用,已成为现代机械设备和装置中的基本技术构成、现代控制工程的基本技术要素和工业及国防自动化的重要手段,并在国民经济各行业以及几乎所有技术领域中得到日益广泛的应用。应用液压技术的程度已成为衡量一个国家工业化水平的重要标志。近年来液压传动技术与控制技术的应用领域及应用实例见表 1.3。

表1.3　液压技术的应用领域及应用实例

应用领域	采用液压技术的机器设备和装置
机械制造	铸造机械(铸造生产线震实台、离心铸造机等);金属成形设备(液压机、折弯机、剪切机、带轮辊轧机、铜铝屑压块机);焊接设备(焊条压涂机、自动缝焊机、摩擦焊接机等);热处理设备(各类淬火机及上下料机械手、淬火炉工件传动机等);金属切削机床(自动车床、组合铣床、刨床、平面及外圆磨床、数控刃磨机床、深孔钻床、金刚镗床、拉床、深孔研磨机床、带锯机床、冲床、压力机、自动机床、组合机床、数控机床、加工中心等)
汽车工业	汽车、摩托车制造设备(轿车坐椅泡沫生产线、汽车带轮旋压机、发动机气缸体与缸盖加工机床、摩托车车轮压窝冲孔机、发动机连杆锻压机及连杆销压装机、汽车大梁生产线铆接机、无内胎铝合金车轮气密性检测机、汽车零部件试验台);自卸式汽车、平板车、高空作业等
家用电器与五金制造	家电行业(显像管玻壳剪切机、电冰箱压缩机、电机转子叠片机、冰箱箱体折弯机、电冰箱内胆热成形机、制冷热交换器U形管自动成形机等);五金行业(制钉机、工具锤装柄机、门锁整体成形压机等)
计量质检、装置、特种设备及公共设施	计量与产品质量检验设备(标准动态力源装置、万能试验机、商品出入境检验试验机、墙体砖及砌块试验机、木材力学试验机等各种产品质量检验设备);特种设备(液压电梯、纯水灭火机等);公共设施(循环式客运索道、广播电视塔天线桅杆提升装置、大型剧院升降舞台、各类游艺机、自动捆钞机、磁卡层压机、医用牵引床、X光机隔室、透视站等);环保设备(垃圾压缩车、垃圾破碎机和压榨机、污泥自卸车等)
能源与冶金工业	电力行业(电站锅炉、火电厂大型烟囱顶升设备、变压器绝缘纸板热压成形机组、高压输电线间隔棒震摆试验机、电力导线压接钳等);煤炭工业(煤矿液压支架、煤矿多绳绞车、卸煤生产线定位机车等);石油天然气探采机械(海洋石油钻井平台、石油钻机、各类抽油能源与冶金工业机及修井机、绞车、输油管道阀口启闭装置、捞油车、油田管材矫直机及管线试压装置等);冶炼轧制设备(高炉液压泥炮、冶炼电炉、轧机及板坯连铸机、热浸镀模拟试验机等);冶金产品整理(高速线材打捆机、卷材小车、带材导向器、钢管锯机及平头倒棱机、打号机、铝型材连续挤压生产线等);冶金企业环保设备(钢厂废水处理自动压滤机)
轻工、纺织及化工机械	轻工机械(表壳热冲压成形机、煮糖罐搅拌器、蔗糖生产用自动板框式压滤机、皮革熨平机、原木屑片输送机、人造板压热机、弯曲木家具多向压机、纸张复卷机、植物纤维餐具成形机、竹制净菜盘成形机、骨肉分割机等);纺织机械(经轴装卸机、纺丝机、印花机、冷压堆卷布机、毛呢罐蒸机、自动堆染机等);化工机械(注塑机、吹塑挤出机、橡胶平板硫化机、琼脂自动压榨机、催化剂高压挤条机、乳化炸药装药机、集装箱塑料颗粒倾斜机等)
铁路公路工程	铁路工程施工设备(铺轨机、路基渣石机、边坡整形机、钢轨电极接触面磨光机、铁道轮对轴承压装机等);公路工程及运输(高速公路钢护栏冲孔切断机、隧道工程衬砌台车、汽车维修举升机、地下汽车库升降平台、公交汽车、汽车刹车皮铆钉机、架桥机等)

续表 1.3

应用领域	采用液压技术的机器设备和装置
航空航天工程、河海工程及武器装备	航空航天工程(大型客车、飞机机轮轴承清洗补油装置、飞机包伞机、飞机场地面设备、飞机起落架收放试验车、卫星发射设备等);河海工程(河流穿越设备、水槽不规则造波机、舵机、深潜救生艇对接机械手、水下机器人及钻孔机、船舰模拟平台、波浪补偿起重机等);武装设备(炮塔仰俯装置、大型炮弹底螺拆卸机、地空导弹发射装置、枪管旋压机等)
建材、建筑、工程机械及农林牧机械、船舶港口机械	建材行业(卫生瓷高压注浆成形机、石材肥料模压成形机及石材连续磨机、墙地砖压机等);建筑行业(钢筋弯箍机及自动校直切断机、混凝土泵、液压锤、自动打桩机、平地机等);工程机械(沥青道路修补机、重型多轴挂车、冲击压路机、越野起重机、起重高空作业车、公路养护车、挖掘机、装载机、推土机等);农林牧机械(联合收割机、拖拉机、玉米及谷物收割机、饲草打包机、饲料压块机等);船舶港口机械(起货机、锚机、舵机等)

1.2 液压系统的图形符号

液压系统中的每个元件都可以用符号表示,这种用来表示元件职能的符号称为图形符号。图形符号只表示元件在系统中的连接通路,并不表示元件的具体结构和参数,也不表示元件的实际安装位置。图形符号的主要作用是用来绘制液压系统原理图。在液压系统原理图中,粗实线表示主油路,细实线表示泄漏油路,虚线表示控制油路。关于图形符号我国已经制定了国家标准,即《液压系统图图形符号》(GB 786—2009)。常用液压与气动元(辅)件图形符号见附录。

1.3 液压油

在液压系统中,液压油是传递动力和信号的工作介质。同时它还起到润滑、冷却和防锈的作用。液压系统工作的可靠性在很大程度上取决于液压油。在研究液压流体力学之前,首先了解一下液压油。

1.3.1 液压油的种类

液压油包括石油型和难燃型两大类。

石油型液压油是以精炼后的机械油为基料,按需要加入适当的添加剂而成。这种油液的润滑性好,但抗燃性差。这种液压油包括机械油、汽轮机油、通用液压油和专用液压油等。

难燃型液压油是以水为基底,加入添加剂(包括乳化剂、抗磨剂、防锈剂、防氧化腐蚀剂和杀菌剂等)而成。其主要特点是:价廉、抗燃、省油、易得、易储运,但润滑性差、黏度低、易产生气蚀等。这种油液包括乳化液、水-乙二醇液、膦酸酯液、氯碳氢化合物、聚合脂肪酸酯液等。

1.3.2　液压油的性质

主要讲述与液压传动密切相关的力学性质。

1. 密度

单位体积液体的质量称为液体的密度。通常用 ρ 表示，其单位为千克每立方米（kg/m^3）。

$$\rho = \frac{m}{V} \tag{1.5}$$

式中，V 为液体的体积，m^3；m 为液体的质量，kg。

密度是液体的一个重要物理参数，主要用密度表示液体的质量。常用液压油的密度约为 900 kg/m^3，在实际使用中可认为密度不受温度和压力的影响。

2. 可压缩性

液体的体积随压力的变化而变化的性质称为液体的可压缩性。其大小用体积压缩系数 k 表示，即

$$k = -\frac{1}{dp}\frac{dV}{V} \tag{1.6}$$

即单位压力变化时，引起的体积相对变化率称为液体的体积压缩系数。由于压力增大时液体的体积减小，即 dp 与 dV 的符号始终相反，为保证 k 为正值，因此在式(1.6)的右边加负号。k 值越大，液体的可压缩性越大，反之液体的可压缩性越小。

液体体积压缩系数的倒数称为液体的体积弹性模量，用 K 表示，即

$$K = \frac{1}{k} = -\frac{V}{dV}dp \tag{1.7}$$

K 表示液体产生单位体积相对变化量所需要的压力增量。可用其说明液体抵抗压缩能力的大小。在常温下，纯净液压油的体积弹性模量 $K = (1.4 \sim 2.0) \times 10^3$ MPa，数值很大，故一般可以认为液压油是不可压缩的。若液压油中混入空气，其抵抗压缩的能力会显著下降，并严重影响液压系统的工作性能。因此，在分析液压油的可压缩性时，必须综合考虑液压油本身的可压缩性、混在油中空气的可压缩性以及盛放液压油的封闭容器（包括管道）的容积变形等因素的影响。常用等效体积弹性模量表示可压缩性，在工程计算中常取液压油的体积弹性模量 $K = 0.7 \times 10^3$ MPa。

在变动压力下，液压油的可压缩性的作用极像一个弹簧，外力增大，体积减小；外力减小，体积增大。当作用在封闭容器内液体上的外力发生 ΔF 变化时，如液体承压面积 A 不变，则液柱的长度必有 Δl 的变化（见图1.2）。在这里，体积变化为 $\Delta V = A\Delta l$，压力变化为 $\Delta p = \Delta F/A$，此时液体的体积弹性模量为

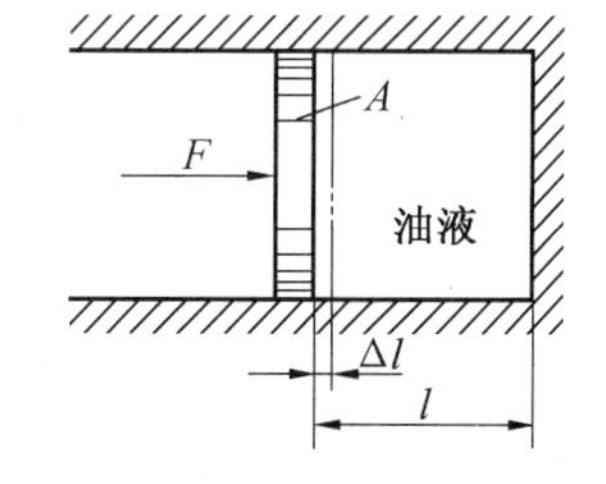

图1.2　油液弹簧刚度计算

$$K = -\frac{V\Delta F}{A^2\Delta l}$$

液压弹簧刚度为

$$k_{\mathrm{h}}=-\frac{\Delta F}{\Delta l}=\frac{A^{2}}{V}K \qquad (1.8)$$

液压油的可压缩性对液压传动系统的动态性能影响较大,但当液压传动系统在静态(稳态)下工作时,一般可以不予考虑。

3. 黏性

(1) 黏性的定义。

液体在外力作用下流动(或具有流动趋势)时,分子间的内聚力要阻止分子间的相对运动而产生一种内摩擦力,这种现象称为液体的黏性。黏性是液体固有的属性,只有在流动时才能表现出来。

液体流动时,由于液体和固体壁面间的附着力以及液体本身的黏性会使液体各层间的速度大小不等。如图 1.3 所示,在两块平行平板间充满液体,其中一块板固定,另一块板以速度 u_0 运动。结果发现两平板间各层液体速度按线性规律变化。最下层液体的速度为零,最上层液体的速度为 u_0。实验表明,液体流动时相邻液层间的内摩擦力 F_{f} 与液层接触面积 A 成正比,与液层间的速度梯度 $\mathrm{d}u/\mathrm{d}y$ 成正比,并且与液体的性质有关,即

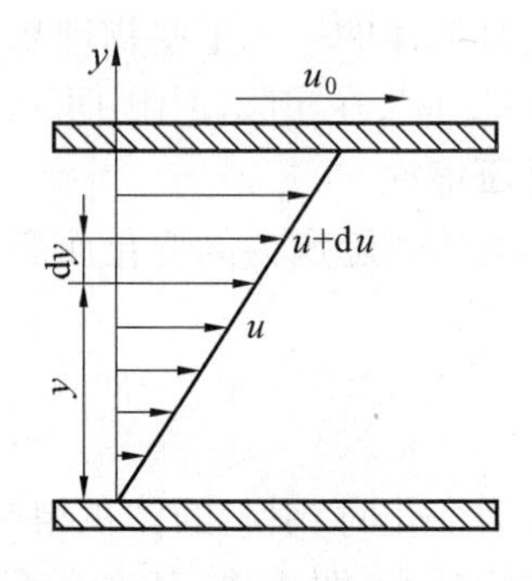

图 1.3　液体的黏性

$$F_{\mathrm{f}}=\mu A\frac{\mathrm{d}u}{\mathrm{d}y} \qquad (1.9)$$

式中,μ 为由液体性质决定的系数 ,Pa · s;A 为接触面积,m^2;$\mathrm{d}u/\mathrm{d}y$ 为速度梯度,s^{-1}。

其应力形式为

$$\tau=\mu\frac{\mathrm{d}u}{\mathrm{d}y} \qquad (1.10)$$

式中,τ 称为摩擦应力或切应力。

式(1.10) 就是著名的牛顿内摩擦定律。

(2) 黏度。

液体黏性的大小用黏度表示。常用的表示方法有三种,即动力黏度、运动黏度和相对黏度。

① 动力黏度(或绝对黏度): 动力黏度就是牛顿内摩擦定律中的μ, 由式(1.9) 得

$$\mu=\frac{F_{\mathrm{f}}}{A\dfrac{\mathrm{d}u}{\mathrm{d}y}} \qquad (1.11)$$

式(1.11) 表示了动力黏度的物理意义,即液体在单位速度梯度下流动或有流动趋势时,相接触的液层间单位面积上产生的内摩擦力。在国际单位制中的单位为帕[斯卡] 秒(Pa · s)(1 Pa · s = 1 N · s/m^2), 工程上用的单位是泊(P) 或厘泊(cP),1 Pa · s = 10 P =10^3cP。

② 运动黏度:液体的动力黏度μ 与其密度ρ 的比值称为液体的运动黏度(ν),即

$$\nu = \frac{\mu}{\rho} \tag{1.12}$$

液体的运动黏度没有明确的物理意义,但在工程实际中经常用到。因为它的单位只有长度和时间的量纲,所以被称为运动黏度。在国际单位制中的单位为平方米每秒(m^2/s),工程上用的单位是平方厘米每秒(cm^2/s)或平方毫米每秒(mm^2/s),也用斯[托克斯](St)或厘斯[托克斯](cSt),$1\ m^2/s = 10^4 St = 10^6 cSt$。

液压油的牌号常由它在某一温度下的运动黏度的平均值来表示。我国把40 ℃时运动黏度以厘斯(cSt)为单位的平均值作为液压油的牌号。例如46号液压油,就是在40 ℃时,运动黏度的平均值为46 cSt。

③ 相对黏度:动力黏度与运动黏度都很难直接测量,所以在工程上常用相对黏度。相对黏度就是采用特定的黏度计在规定的条件下测量出来的黏度。由于测量的条件不同,各国采用的相对黏度也不同,我国、前苏联、德国用恩氏黏度,美国用赛氏黏度,英国用雷氏黏度。

恩式黏度用恩式黏度计测定,即将200 mL、温度为t(单位为℃)的被测液体装入黏度计的容器内,由其下部直径为2.8 mm的小孔流出,测出流尽所需的时间t_1(单位为秒(s)),再测出200 mL、20 ℃蒸馏水在同一黏度计中流尽所需的时间t_2(单位为秒(s)),这两个时间的比值称为被测液体的恩式黏度,即

$$^{\circ}E = \frac{t_1}{t_2} \tag{1.13}$$

运动黏度与恩氏黏度的关系为

$$\nu = \left(7.31^{\circ}E - \frac{6.31}{^{\circ}E}\right) \times 10^{-6} (m^2/s) \tag{1.14}$$

(3)影响黏度的因素。

影响黏度的因素很多,我们只考虑压力和温度的影响。

① 黏度与压力的关系。

液体所受的压力增大时,其分子间的距离将减小,内摩擦力增大,黏度也随之增大。对于一般的液压系统,当压力在20 MPa以下时,压力对黏度的影响不大,可以忽略不计。当压力较高或压力变化较大时,黏度的变化则不容忽视。石油型液流的黏度与压力的关系可表示为

$$\nu_p = \nu_0(1 + 0.003p) \tag{1.15}$$

式中,ν_p为油液在压力p时的运动黏度;ν_0为油液在(相对)压力为零时的运动黏度。

② 黏度与温度的关系。

油液的黏度对温度的变化极为敏感,温度升高,油的黏度显著降低。油的黏度随温度变化的性质称为黏温特性。不同种类的液压油有不同的黏温特性,黏温特性较好的液压油,黏度随温度的变化较小,因而油温变化对液压系统性能的影响较小。液压油黏度与温度的关系可表示为

$$\mu_t = \mu_0 e^{-\lambda(t-t_0)} \tag{1.16}$$

式中,μ_t为温度为t时的动力黏度;μ_0为温度为t_0时的动力黏度;λ为油液的黏温系数。

油液的黏温特性可用黏度指数VI(Viscosity Index)来表示,VI值越大,表示油液黏度随温度的变化越小,即黏温特性越好。一般液压油要求VI值在90以上,精制的液压油及有添加剂的液压油,其值可大于100。

4. 其他性质

稳定性(热、水解、氧化、剪切)、抗泡沫性、抗乳化性、防锈性、润滑性和相容性等,这些性能对液压油的选择和应用有重要影响。

1.3.3 对液压油的要求和选择

1. 对液压油的要求

不同的液压传动系统、不同的使用情况对液压油的要求有很大的不同,为了更好地传递动力和运动,液压系统使用的液压油应具备如下性能:

①合适的黏度,较好的黏温特性;

②润滑性能好;

③质地纯净,杂质少;

④具有良好的相容性;

⑤具有良好的稳定性(热、水解、氧化、剪切);

⑥具有良好的抗泡沫性、抗乳化性、防锈性,腐蚀性小;

⑦体积膨胀系数低,比热容高;

⑧流动点和凝固点低,闪点和燃点高;

⑨对人体无害,成本低。

2. 液压油的选择

正确合理地选择液压油,对保证液压系统正常工作、延长液压系统和液压元件的使用寿命、提高液压系统的工作可靠性等都有重要影响。

液压油的选用,首先应根据液压系统的工作环境和工作条件选择合适的液压油类型,然后再选择液压油的牌号。

对液压油牌号的选择,主要是对油液黏度等级的选择,这是因为黏度对液压系统的稳定性、可靠性、效率、温升以及磨损都有很大的影响。在选择黏度时应注意以下几方面:

(1)液压系统的工作压力。工作压力较高的液压系统宜选用黏度较大的液压油,以便于密封,减少泄漏;反之,可选用黏度较小的液压油。

(2)环境温度。环境温度较高时宜选用黏度较大的液压油,主要是为了减少泄漏,因为环境温度高会使液压油的黏度下降;反之,选用黏度较小的液压油。

(3)运动速度。当工作部件的运动速度较高时,为减少液流的摩擦损失,宜选用黏度较小的液压油;反之,为了减少泄漏,应选用黏度较大的液压油。

在液压系统中,液压泵对液压油的要求最严格,因为泵内零件的运动速度最高,承受的压力最大,且承压时间长,温升高。因此,常根据液压泵的类型及其要求来选择液压油的黏度。各类液压泵适用的液压油的黏度范围见表1.4。

表1.4　各类液压泵适用的液压油黏度范围　　$mm^2 \cdot s^{-1}$

环境温度		5～40 ℃		40～80 ℃	
液压泵类型 \ 黏度		40 ℃	50 ℃	40 ℃	50 ℃
齿轮泵		30～70	17～40	54～110	58～98
叶片泵	p<7 MPa	30～50	17～29	43～77	25～44
	p≥7 MPa	54～70	31～40	65～95	35～55
柱塞泵	轴向式	43～77	25～44	70～172	40～98
	径向式	30～128	17～62	65～270	37～154

1.3.4　液压油的污染与防污措施

液压油的污染,常常是系统发生故障的主要原因。因此,液压油的正确使用、管理和防污是保证液压系统正常可靠工作的重要方面,必须给予重视。

1. 液压油的污染

液压油的污染就是油中含有水分、空气、微小固体物、橡胶黏状物等。

(1)污染的危害。

①堵塞滤油器,使泵吸油困难,产生噪声。

②堵塞元件的微小孔道和缝隙,使元件动作失灵;加速零件的磨损,使元件不能正常工作;擦伤密封件,增加泄漏量。

③水分和空气的混入使液压油的润滑能力降低并加速其氧化变质;产生气蚀,使液压元件加速腐蚀;使液压系统出现振动、爬行等现象。

(2)污染的原因。

①潜在污染:制造、储存、运输、安装、维修过程中的残留物。

②浸入污染:空气、水、灰尘的浸入。

③再生污染:工作过程中发生反应后的生成物。

2. 污染的防治措施

液压油污染的原因很复杂,而且不可避免。为了延长液压元件的寿命,保证液压系统可靠的工作,必须采取一些措施。

①液压油使用前应保持清洁;

②液压系统装配后,运转前应保持清洁;

③液压油在工作中应保持清洁;

④采用合适的过滤器;

⑤定期更换液压油;

⑥控制液压油的工作温度。

思考题与习题

1.1　什么是液压传动?液压传动的优缺点是什么?

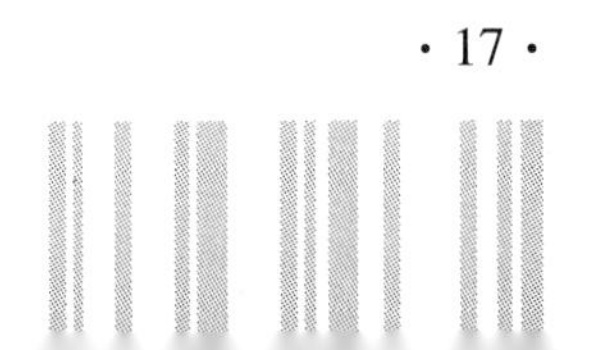

1.2　液压系统由哪几部分组成？各部分的作用是什么？

1.3　液压传动的特征是什么？

1.4　由恩氏黏度计测得石油的黏度为$^{\circ}E=5.6$，如石油的密度$\rho=850\ \mathrm{kg/m^3}$，试求其动力黏度。

1.5　图1.4所示为浮在油面上的平板，其水平方向运动速度$u=1\ \mathrm{m/s}$，$\delta=0.01\ \mathrm{m}$，油的动力黏度$\mu=0.098\ 07\ \mathrm{Pa\cdot s}$，求作用在平板单位面积上的阻力。

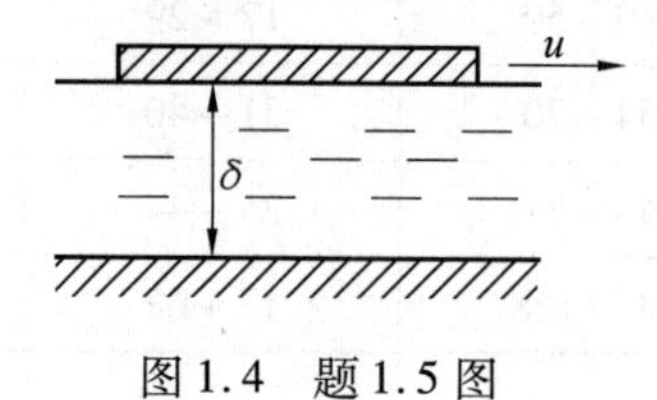

图1.4　题1.5图

第2章 液压流体力学基础

流体力学作为力学的一个分支,是专门研究流体的机械运动规律的一门科学,它与其他力学所研究的基本内容相似,但是由于所研究的对象不同,也有其特殊之处。流体力学涉及的内容较多,本章主要讲述与液压传动有关的流体力学的基本内容,为以后学习、分析、使用和设计液压传动系统打下必要的理论基础。

为了大家更好地学习液压流体力学,先介绍一下流体的概念、作用在流体上的力以及理想流体和实际流体。

1. 流体的概念

流体是液体和气体的总称。在物理学中我们知道,液体是一种只有固定的体积而无固定形状的物质,气体则既无固定形状也无固定的体积。为什么会这样呢?就是因为液体和气体分子间的聚合力很小,以致分子可以有很大的自由运动的范围。由于分子间的引力小,以致流体在静止状态下不能抵抗拉应力和切应力,这就使得流体在不受任何外力作用的情况下就可以变形。这种特性我们称之为流体的流动性。流动性是流体和固体相区别的一个根本特性。

尽管流体分子间的距离比较大,但与我们所研究的机械运动的尺寸相比仍然非常小。因此,在研究流体的宏观运动时,我们并不去考虑单个流体分子的运动,而是把一个含有无数分子的流体微团看作一个质点,并且假定在所研究的流体中这些质点是连续分布的。这样描述流体性质和运动的一些物理量就都可以看成是空间坐标(x, y, z)和时间t的连续函数,从而在需要对流体运动进行数学描述和推演时,可以应用有关连续函数的全部理论。

这样,我们就可以说,流体力学中所研究的流体是一种具有流动性的,由连续分布的流体质点组成的连续介质。

2. 作用在流体上的力

在运动(或平衡)流体中取出一小块来进行研究,将发现作用在流体上的力是由4部分组成的,即:

① 重力:由地球引力而形成,$G = mg$。

② 惯性力:直线运动时的惯性力或离心力,$F = ma$,$F = mu^2/R$。

③ 压力:产生在流体与固体或其他流体的接触面上,是固体或其他流体对所研究流

体作用的结果，$F = pA$。

④ 摩擦力：由于流体的黏性引起的，$F_f = \mu A \frac{du}{dy}$。

在这四种力中，前两种均与流体的质量（或体积）有关，称为质量力或体积力。质量力的大小通常用单位质量流体所受的力表示，称为单位质量力。其量纲与加速度的量纲相同。后两种力因作用在流体的表面上，故称为表面力。表面力通常用应力的形式（即单位面积上的力）表示。其量纲与物理中压强的量纲相同。

力的存在是有条件的，四个力不一定同时存在，某些特殊情况下，可能只存在其中的一个或两个。

3. 理想流体与实际流体

理想流体就是没有黏性的流体（这是一种假设，实际上并不存在这样的流体。所以我们把黏性很小，可以忽略的流体称为理想流体）。

实际流体就是不能忽略黏性的流体。

2.1 液体静力学

静力学的任务就是研究平衡液体内部的压力分布规律，确定静压力对固体表面的作用力以及上述规律在工程上的应用。

平衡是指液体质点之间的相对位置不变，而整个液体可以是相对静止的，如做等速直线运动、等加速直线运动或者等角速度转动等。由于液体质点间无相对运动，因此没有内摩擦力，即液体的黏性不被表现。所以静力学的一切结论对于理想流体和实际流体都是适用的。

2.1.1 静压力及其特性

1. 静压力的定义

为了使液体平衡，必须作用以平衡的外力系。这时外力的作用并不改变液体质点的空间位置，而只改变液体内部的压力分布。由于外力的作用而在平衡液体内部产生的压力，称为流体的静压力。静压力是一种表面力，用单位面积上的力来度量，通常用 p 表示。

当液体面积 ΔA 上作用有法向力 ΔF 时，液体某点处的压力即为

$$p = \lim_{\Delta A \to 0} \frac{\Delta F}{\Delta A} \tag{2.1}$$

静压力是作用点的空间位置和时间的连续函数，即 $p = p(x, y, z, t)$。

2. 静压力的特性

（1）静压力的方向永远是指向作用面的内法线方向，即只能是压力。

（2）作用在任一点上静压力的大小只取决于作用点在空间的位置和液体的种类，而与作用面的方向无关。

由上述性质可知，静止液体总是处于受压状态，并且其内部的任何质点都是受平衡压

力作用的。

2.1.2　重力作用下静止液体中的压力分布(静力学基本方程)

如图2.1(a)所示,密度为ρ的液体,外加压力为p_0,在容器内处于静止状态。为求任意深度h处的压力p,可以假想从液面向下选取一个垂直液柱作为研究对象。设液柱的底面积为ΔA,高为h,如图2.1(b)所示。由于液柱处于平衡状态,于是有

$$p\Delta A = p_0\Delta A + \rho gh\Delta A$$

由此得

$$p = p_0 + \rho gh \tag{2.2}$$

式(2.2)称为液体静力学基本方程。由式(2.2)可知,重力作用下的静止液体,其压力分布有如下特点:

(1)静止液体内任一点处的压力由两部分组成:一部分是液面上的压力p_0,另一部分是液柱自重产生的压力ρgh。当液面上只受大气压力p_a作用时,则液体内任一点处的压力为$p = p_a + \rho gh$。

(2)静止液体内的压力随液体深度按线性规律分布。

(3)离液面深度相同处各点的压力都相等。(压力相等各点组成的面称为等压面。在重力作用下静止液体中的等压面是一个水平面。)

例2.1　如图2.2所示,容器内盛有油液。已知油的密度$\rho = 900\ \text{kg/m}^3$,活塞上的作用力$F = 1\ 000\ \text{N}$,活塞的面积$A = 1\times10^{-3}\text{m}^2$,假设活塞的质量忽略不计。问活塞下方深度为$h = 0.5\ \text{m}$处的压力等于多少?($g$取$9.8\ \text{m/s}^2$)

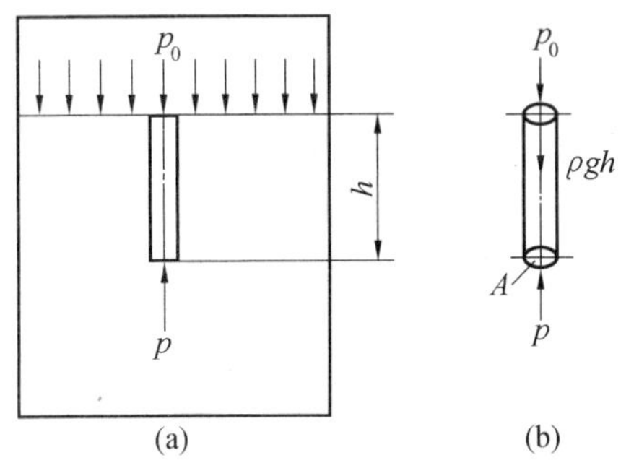

图2.1　重力作用下的静止液体

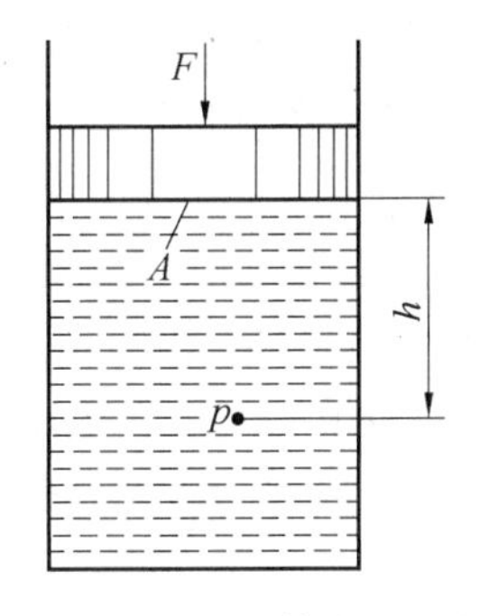

图2.2　静止液体内的压力

解　活塞与液体接触面上的压力为

$$p_0 = \frac{F}{A} = \frac{1\ 000}{1\times10^{-3}}\text{N/m}^2 = 10^6\ \text{N/m}^2$$

根据式(2.2),深度为h处的液体压力为

$$p = p_0 + \rho gh = (10^6 + 900\times9.8\times0.5)\ \text{N/m}^2 = 1.004\ 4\times10^6\ \text{N/m}^2 \approx 10^6\text{Pa}$$

从本例可以看出,液体在受外界压力作用的情况下,由液体自重所形成的那部分压力ρgh相对很小,在液压传动系统中可以忽略不计,因而可以近似地认为液体内部各处的压力是相等的。以后我们在分析液压传动系统的压力时,一般都采用此结论。

2.1.3 压力的表示方法和单位

1. 压力的表示方法

压力有两种表示方法,即绝对压力和相对压力。以绝对真空为基准来进行度量的压力称为绝对压力;以大气压为基准来进行度量的压力称为相对压力。大多数测压仪表都受大气压的作用,所以,仪表指示的压力都是相对压力,故相对压力又称表压。在液压与气压传动中,如不特别说明,所提到的压力均指相对压力。如果液体中某点处的绝对压力小于大气压力,比大气压小的那部分数值称为这点的真空度。

由图 2.3 可知,以大气压为基准计算压力时,基准以上的正值是表压力;基准以下的负值就是真空度。

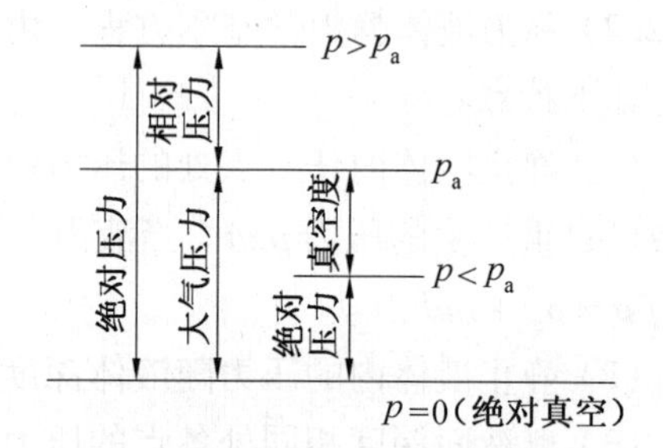

图 2.3　绝对压力、相对压力和真空度

2. 压力的单位

在工程实践中用来衡量压力的单位很多,最常用的有三种:

(1) 用单位面积上的力来表示。国际单位制中的单位为 Pa,在液压传动中常用的是 MPa。1 Pa = 1 N/m², 1 MPa = 10^6 Pa。

(2) 用(实际压力相当于)大气压的倍数来表示。在液压传动中使用的单位是工程大气压,其符号为 at。1 at = 1 kgf/cm² = 1 bar(巴)。

(3) 用液柱高度来表示。因为液体内某一点处的压力与它所在位置的深度成正比,因此亦可用液柱高度来表示其压力大小。单位符号为 m 或 cm。

这三种单位之间的关系是

$$1\ \text{at} = 9.8 \times 10^4\ \text{Pa} = 10\ \text{m}(H_2O) = 735.58\ \text{mm}(\text{Hg})$$

例 2.2　如图 2.4 所示的容器内充入 10 m 高的水。试求容器底部的相对压力(水的密度 $\rho = 1\,000\ \text{kg/m}^3$, $g = 9.8\ \text{m/s}^2$)。

解　容器底部的压力为 $p = p_0 + \rho g h$,其相对压力为 $p_r = p - p_a$,而这里 $p_0 = p_a$,故有

$$p_r = \rho g h = (1\,000 \times 9.8 \times 10)\ \text{Pa} = 98\,000\ \text{Pa}$$

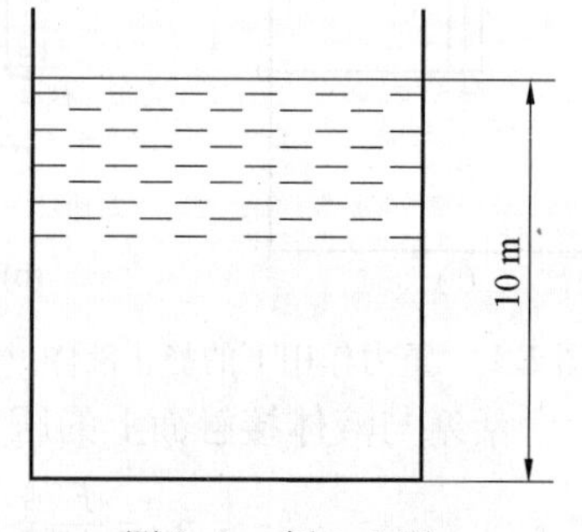

图 2.4　例 2.2 图

例 2.3　液体中某点的绝对压力为 0.7×10^5 Pa,试求该点的真空度(大气压取为 1×10^5 Pa)。

解　该点的真空度为

$$p_v = p_a - p = (1 \times 10^5 - 0.7 \times 10^5)\ \text{Pa} = 0.3 \times 10^5\ \text{Pa}$$

该点的相对压力为

$$p_r = p - p_a = (0.7 \times 10^5 - 1 \times 10^5)\ \text{Pa} = -0.3 \times 10^5\ \text{Pa}$$

即真空度就是负的相对压力。

2.1.4　静止液体中压力的传递(帕斯卡原理)

设静止液体的部分边界面上的压力发生变化,而液体仍保持其原来的静止状态不变,则由 $p = p_0 + \rho gh$ 可知,如果 p_0 增加 Δp 值,则液体中任一点的压力均将增加同一数值 Δp。这就是静止液体中压力传递原理(著名的帕斯卡原理)。亦即施加于静止液体部分边界上的压力将等值传递到整个液体内。

在图2.2中,活塞上的作用力 F 为外加负载,A 为活塞横截面积,根据帕斯卡原理,容器内液体的压力 p 与负载 F 之间总是保持着正比关系,即

$$p = \frac{F}{A}$$

可见,液体内的压力是由外界负载作用所形成的,即系统的压力大小取决于负载,这是液压传动中的一个非常重要的基本概念。

例2.4　图2.5所示为相互连通的两个液压缸,已知大缸内径 D 为0.1 m,小缸内径 d 为0.02 m,大活塞上放置物体的质量为5 000 kg,问在小活塞上所加的力 F 为多大时,才能将重物顶起?($g = 9.8\ \mathrm{m/s^2}$)

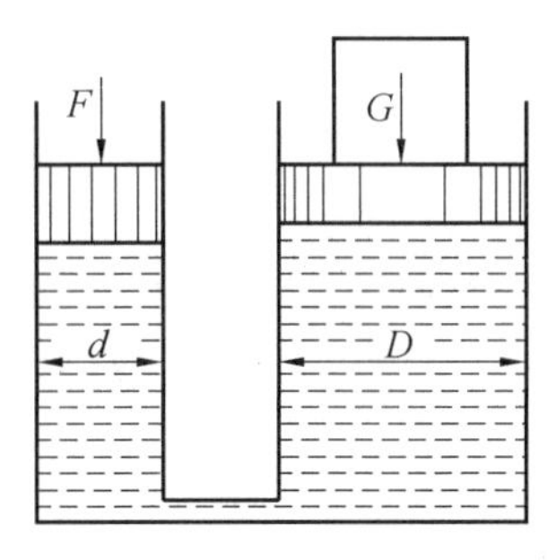

图2.5　例2.4图

解　根据帕斯卡原理,由外力产生的压力在两缸中相等,即

$$\frac{F}{\frac{\pi}{4}d^2} = \frac{G}{\frac{\pi}{4}D^2}$$

其中

$$G = mg$$

故为了顶起重物,应在小活塞上加的力为

$$F = \frac{d^2}{D^2}G = \frac{d^2}{D^2}mg = \left(\frac{0.02^2}{0.1^2} \times 5\,000 \times 9.8\right)\ \mathrm{N} = 1\,960\ \mathrm{N}$$

本例说明了液压千斤顶等液压起重机械的工作原理,体现了液压装置力的放大作用。

2.1.5　液体静压力作用在固体壁面上的力

在液压传动中,由于不考虑由液体自重产生的那部分压力,液体中各点的静压力可看作均匀分布。液体和固体壁面相接触时,固体壁面将受到总液压的作用。当固体壁面为一平面时,静止液体对该平面的总作用力 F 等于液体压力 p 与该平面面积 A 的乘积,其方向与该平面垂直,即

$$F = pA \tag{2.3}$$

当固体壁面为曲面时,曲面上各点所受的静压力的方向是变化的,但大小相等。如图2.6所示液压缸缸筒,为求压力油对右半部缸筒内壁在 x 方向上的作用力,可在内壁面上

取一微小面积 $dA = lds = lrd\theta$（这里 l 和 r 分别为缸筒的长度和半径），则压力油作用在这块面积上的力 dF 的水平分量为

$$dF_x = dF\cos\theta = plr\cos\theta d\theta$$

由此得压力油对缸筒内壁在 x 方向上的作用力为

$$F_x = \int_{-\frac{\pi}{2}}^{\frac{\pi}{2}} dF_x = \int_{-\frac{\pi}{2}}^{\frac{\pi}{2}} plr\cos\theta d\theta = 2plr = pA_x$$

式中，A_x 为缸筒右半部内壁在 x 方向的投影面积，$A_x = 2rl$。

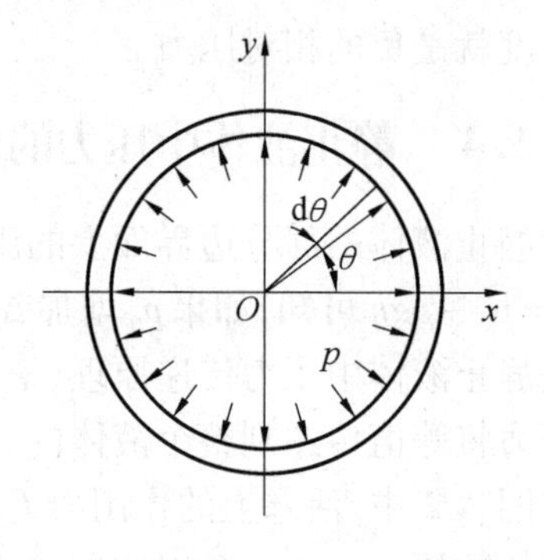

图 2.6　液体作用在缸体内壁面上的力

由此可知，曲面在某一方向上所受的液压力，等于曲面在该方向的投影面积和液体压力的乘积，即

$$F_x = pA_x \tag{2.4}$$

2.2　液体动力学

本节主要讨论液体流动时的运动规律、能量转换和流动液体对固体壁面的作用力等问题，具体介绍液体流动时的三大基本方程，即连续性方程、伯努利方程（能量方程）和动量方程。这三个方程对解决液压技术中有关液体流动的各种问题极为重要。

2.2.1　基本概念

1. 流场

从数学上可知，如果某一空间中的任一点都有一个确定的量与之对应，则这个空间就称为“场”。现在假定在我们所研究的空间内充满运动着的流体，那么每个空间点上都有流体质点的运动速度、加速度等运动要素与之对应。这样一个被运动流体所充满的空间就称为“流场”。

2. 运动要素，定常流动和非定常流动（恒定流动和非恒定流动），一维流动、二维流动、三维流动

（1）运动要素：用来描写流体运动状态的各个物理量。如速度 u、加速度 a、位移 s、压力 p 等。

流场中运动要素是空间点在流场中的位置和时间的函数。即 $u(x,y,z,t)$、$a(x,y,z,t)$、$s(x,y,z,t)$、$p(x,y,z,t)$ 等。

（2）定常流动和非定常流动（恒定流动和非恒定流动）。

如果在一个流场中，各点的运动要素均与时间无关，即$\frac{\partial u}{\partial t} = \frac{\partial a}{\partial t} = \frac{\partial s}{\partial t} = \frac{\partial p}{\partial t} = \Lambda = 0$，这时的流动称为定常流动（恒定流动）。否则称为非定常流动（非恒定流动）。

（3）一维流动、二维流动、三维流动。

一维流动：流场中各运动要素均随一个坐标和时间变化。

二维流动：流场中各运动要素均随两个坐标和时间变化。

三维流动:流场中各运动要素均随三个坐标和时间变化。

3. 迹线和流线

(1) 迹线:流体质点的运动轨迹。

(2) 流线:用来表示某一瞬时一群流体质点的流速方向的曲线。即流线是一条空间曲线,其上各点处的瞬时流速方向与该点的切线方向重合,如图 2.7 所示。根据流线的定义,可以看出流线具有以下性质:

① 除速度等于零点外,过流场内的一点不能同时有两条不相重合的流线。即在零点以外,两条流线不能相交。

② 对于定常流动,流线和迹线是一致的。

③ 流线只能是一条光滑的曲线,而不能是折线。

4. 流管和流束

(1) 流管:在流场中经过一封闭曲线上各点作流线所组成的管状曲面称为流管。由流线的性质可知:流体不能穿过流管表面,而只能在流管内部或外部流动,如图 2.8 所示。

(2) 流束:过空间一封闭曲线围成曲面上各点作流线所组成的流线束,称为流束,如图 2.9 所示。

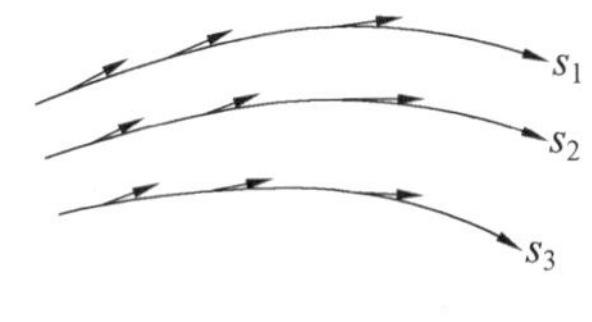

图 2.7　流线

图 2.8　流管(空心)

图 2.9　流束(实心)

5. 过流断面、流量和平均流速

(1) 过流断面:流束的一个横断面,在这个断面上所有各点的流线均在此点与这个断面正交。即过流断面就是流束的垂直横断面。过流断面可能是平面,也可能是曲面,如图 2.10 所示,A 和 B 均为过流断面。

(2) 流量:单位时间内流过过流断面的流体体积和质量称为体积流量和质量流量。在流体力学中,一般把体积流量简称为流量。在国际单位制中的单位为立方米每秒(m^3/s),在工程上用的单位为升每分(L/min)。由图 2.11 可得

$$q = \frac{V}{t} = \int_A u\mathrm{d}A \tag{2.5}$$

(3) 平均流速:流量 q 与过流断面面积 A 的比值,称为这个过流断面上的平均流速。即

$$v = \frac{q}{A} = \frac{\int_A u\mathrm{d}A}{A} \tag{2.6}$$

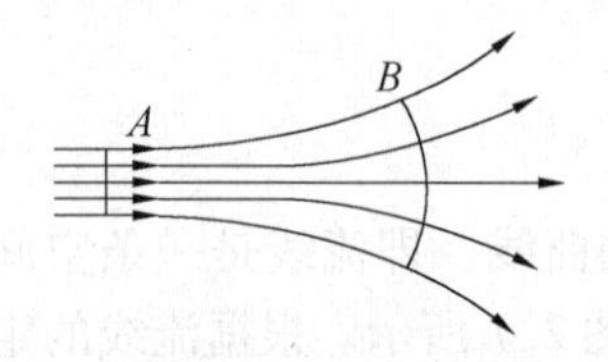

图 2.10　过流断面

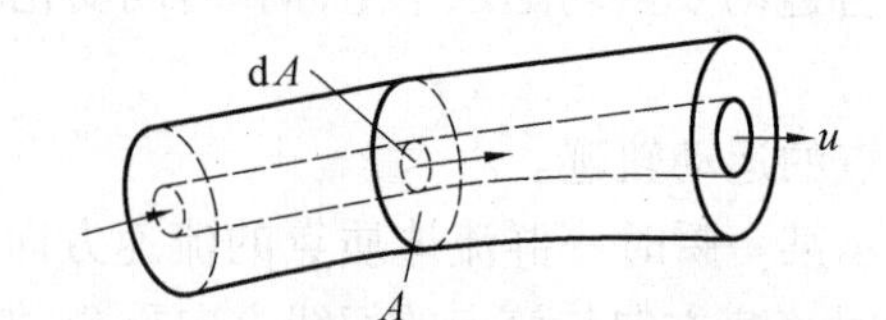

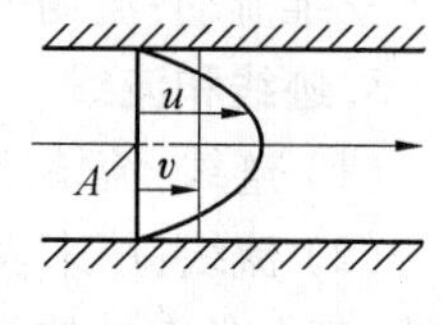

图 2.11　流量和平均流速

用平均流速代替实际流速，只在计算流量时是合理而精确的，在计算其他物理量时就可能产生误差。

6. 流动液体的压力

静止液体内任意点处的压力在各个方向上都是相等的，可是在流动液体内，由于惯性力和黏性力的影响，任意点处在各个方向上的压力并不相等，但在数值上相差甚微。当惯性力很小，且把液体当作理想液体时，流动液体内任意点处的压力在各个方向上的数值仍可以看作相等。

2.2.2　连续性方程

根据质量守恒定律和连续性假定，建立运动要素之间的运动学联系。

设在流动的液体中取一控制体积 V，如图 2.12 所示，其密度为 ρ，则其内部的质量 $m=\rho V$。单位时间内流入、流出的质量流量分别为 q_{m1}、q_{m2}。根据质量守恒定律，经 $\mathrm{d}t$ 时间，流入、流出控制体积的净质量应等于控制体积内质量的变化，即

$$(q_{m1}-q_{m2})\mathrm{d}t=\mathrm{d}m$$

$$q_{m1}-q_{m2}=\frac{\mathrm{d}m}{\mathrm{d}t}$$

而

$$q_{m1}=\rho_1 q_1,\quad q_{m2}=\rho_2 q_2,\quad m=\rho V$$

故

$$\rho_1 q_1-\rho_2 q_2=\frac{\mathrm{d}(\rho V)}{\mathrm{d}t}=V\frac{\mathrm{d}\rho}{\mathrm{d}t}+\rho\frac{\mathrm{d}V}{\mathrm{d}t} \tag{2.7}$$

式(2.7)是液体流动时的连续性方程。其中，$V\frac{\mathrm{d}\rho}{\mathrm{d}t}$ 是控制体积中液体因压力变化引起密度变化，使液体受压缩而增补的液体质量；$\rho\frac{\mathrm{d}V}{\mathrm{d}t}$ 是因控制体积的变化而增补的液体质量。

在液压传动中经常遇到的是一维流动的情况，下面就来研究一下一维定常流动时的连续性方程。

如图 2.13 所示，液体在不等截面的管道内流动，取截面 1 和 2 之间的管道部分为控制体积。设截面 1 和 2 的面积分别为 A_1 和 A_2，平均流速分别为 v_1 和 v_2。在这里，控制体积不随时间而变，即 $\frac{\mathrm{d}V}{\mathrm{d}t}=0$；定常流动时 $\frac{\mathrm{d}\rho}{\mathrm{d}t}=0$。于是有

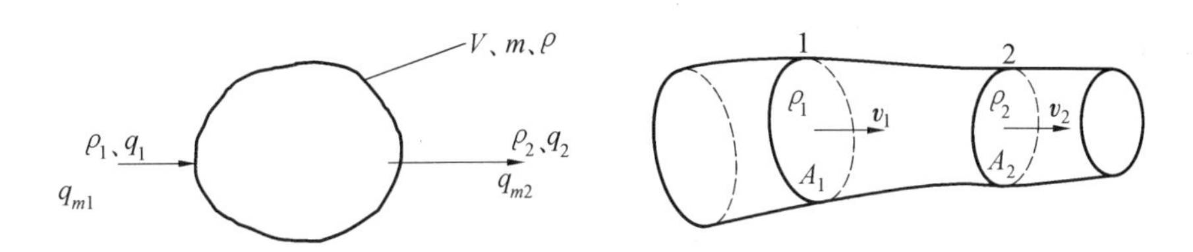

图 2.12　连续性方程推导　　　　图 2.13　一维定常流动的连续性方程

$$\rho_1 q_1 - \rho_2 q_2 = 0$$

即

$$\rho_1 A_1 v_1 = \rho_2 A_2 v_2 \tag{2.8}$$

亦即

$$\rho A v = \text{const}（常数）$$

对于不可压缩性流体，$\rho = \text{const}$，则有

$$A_1 v_1 = A_2 v_2 \tag{2.9}$$

即

$$q = Av = \text{const}(常数)$$

式(2.9) 是液体一维定常流动时的连续性方程。它说明流过各截面的不可压缩性流体的流量是相等的，而液流的流速和管道过流断面的大小成反比。

2.2.3　伯努利方程

伯努利方程表明了液体流动时的能量关系，是能量守恒定律在流动液体中的具体体现。

要说明流动液体的能量问题，必须先说明液流的受力平衡方程，亦即它的运动微分方程。由于问题比较复杂，先进行几点假定：

(1) 流体沿微小流束流动。所谓微小流束是指流束的过流断面面积非常小，可以把这个流束看成一条流线。这时流体的运动速度和压力只沿流束改变，在过流断面上可认为是一个常数。

(2) 流体是理想不可压缩的。

(3) 流动是定常的。

(4) 作用在流体上的质量力是有势的。所谓有势就是存在力势函数 W，使得$\frac{\partial W}{\partial x} = X$；$\frac{\partial W}{\partial y} = Y$；$\frac{\partial W}{\partial z} = Z$ 存在。而我们所研究的是质量力只有重力的情况。

1. 理想流体的运动微分方程

如图 2.14 所示，某一瞬时 t，在流场的微小流束中取出一段过流断面面积为 $\mathrm{d}A$、长度为 $\mathrm{d}s$ 的微元体积 $\mathrm{d}V$，$\mathrm{d}V = \mathrm{d}A\mathrm{d}s$。流体沿微小流束的流动可以看作一维流动，其上各点的流速和压力只随 s 和 t 变化。即 $u = u(s,t)$，$p = p(s,t)$。对理想流体来说，作用在微元体上的外力有以下两种：

(1) 压力在两端截面上所产生的作用力。(截面 1 上的压力为 p，则截面 2 上的压力为 $p + \frac{\partial p}{\partial s}\mathrm{d}s$)

$$p\mathrm{d}A - \left(p + \frac{\partial p}{\partial s}\mathrm{d}s\right)\mathrm{d}A = -\frac{\partial p}{\partial s}\mathrm{d}s\mathrm{d}A$$

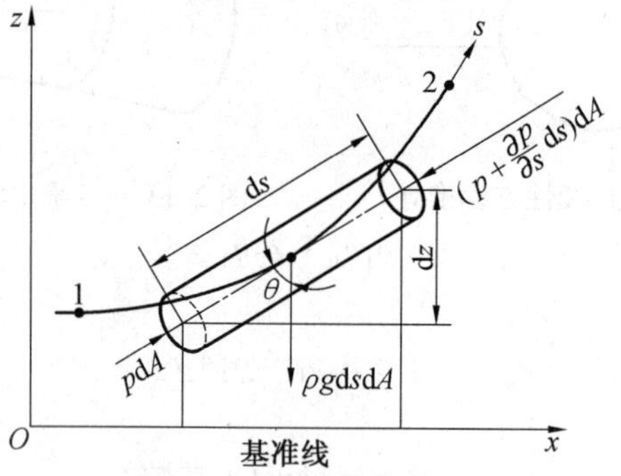

图 2.14　理想流体一维流动伯努利方程推导

(2) 质量力只有重力。

$$mg = (\rho\mathrm{d}A\mathrm{d}s)g$$

根据牛顿第二定律有

$$-\frac{\partial p}{\partial s}\mathrm{d}s\mathrm{d}A - mg\cos\theta = ma \tag{2.10}$$

其中

$$\cos\theta = \frac{\mathrm{d}z}{\mathrm{d}s} = \frac{\partial z}{\partial s}$$

$$ma = \rho\mathrm{d}A\mathrm{d}s\frac{\mathrm{d}u}{\mathrm{d}t} = \rho\mathrm{d}A\mathrm{d}s\left(\frac{\partial u}{\partial s}\frac{\mathrm{d}s}{\mathrm{d}t} + \frac{\partial u}{\partial t}\right) = \rho\mathrm{d}A\mathrm{d}s\left(u\frac{\partial u}{\partial s} + \frac{\partial u}{\partial t}\right)$$

代入式(2.10)得

$$-\frac{\partial p}{\partial s}\mathrm{d}s\mathrm{d}A - \rho g\mathrm{d}s\mathrm{d}A\frac{\partial z}{\partial s} = \rho\mathrm{d}s\mathrm{d}A\left(u\frac{\partial u}{\partial s} + \frac{\partial u}{\partial t}\right)$$

即

$$-g\frac{\partial z}{\partial s} - \frac{1}{\rho}\frac{\partial p}{\partial s} = u\frac{\partial u}{\partial s} + \frac{\partial u}{\partial t} \tag{2.11}$$

式(2.11)是理想流体在微小流束上的运动微分方程,也称欧拉方程。

2. 理想流体微小流束定常流动的伯努利方程

要在图2.14所示的微小流束上寻找其各处的能量关系,将运动微分方程的两边同乘ds,并从流线 s 上的截面1积分到截面2,即

$$\int_1^2\left(-g\frac{\partial z}{\partial s} - \frac{1}{\rho}\frac{\partial p}{\partial s}\right)\mathrm{d}s = \int_1^2\left(u\frac{\partial u}{\partial s} + \frac{\partial u}{\partial t}\right)\mathrm{d}s$$

$$-g\int_1^2\frac{\partial z}{\partial s}\mathrm{d}s - \frac{1}{\rho}\int_1^2\frac{\partial p}{\partial s}\mathrm{d}s = \int_1^2\frac{\partial}{\partial s}\left(\frac{u^2}{2}\right)\mathrm{d}s + \int_1^2\frac{\partial u}{\partial t}\mathrm{d}s$$

$$-g(z_2 - z_1) - \frac{1}{\rho}(p_2 - p_1) = \frac{u_2^2}{2} - \frac{u_1^2}{2} + \int_1^2\frac{\partial u}{\partial t}\mathrm{d}s$$

上式两边各除以 g,移项后整理得

$$z_1 + \frac{p_1}{\rho g} + \frac{u_1^2}{2g} = z_2 + \frac{p_2}{\rho g} + \frac{u_2^2}{2g} + \frac{1}{g}\int_1^2 \frac{\partial u}{\partial t}\mathrm{d}s \tag{2.12}$$

对于定常流动来说

$$\frac{\partial u}{\partial t} = 0$$

故式(2.12)变为

$$z_1 + \frac{p_1}{\rho g} + \frac{u_1^2}{2g} = z_2 + \frac{p_2}{\rho g} + \frac{u_2^2}{2g} \tag{2.13}$$

即

$$z + \frac{p}{\rho g} + \frac{u^2}{2g} = \text{const}(常数) \tag{2.14}$$

式中，z 为单位重量流体所具有的势能（比位能）；$p/\rho g$ 为单位重量流体所具有的压力能（比压能）；$\frac{u^2}{2g}$ 为单位重量流体所具有的动能（比动能）。

式(2.14)是理想流体在微小流束上定常流动时的伯努利方程。

理想流体定常流动时，流束任意截面处的总能量均由位能、压力能和动能组成。三者之和为定值，这正是能量守恒定律的体现。

3. 理想流体总流定常流动的伯努利方程

（1）对流动的进一步简化。

总流的过流断面较大，p、v 等运动要素是在断面上位置的分布函数。为了克服这个困难，需对流动做进一步的简化。

① 缓变流动和急变流动。满足下面条件的流动称为缓变流动：

a. 在某一过流断面附近，流线之间夹角很小，即流线近乎平行。

b. 在同一过流断面上，所有流线的曲率半径都很大，即流线近乎是一些直线。

也就是说，如果流束的流线在某一过流断面附近是一组“近乎平行的直线”，则流动在这个过流断面上是缓变的。如果在各断面上均符合缓变的条件，则说明流体在整个流束上是缓变的。

不满足上述条件的流动称为急变流动。

在图 2.15 所示的流束中，1、2、3 断面处是缓变流动。液体在缓变过流断面上流动时，惯性力很小，满足 $z + \frac{p}{\rho g} = \text{const}$（常数）。即符合静力学的压力分布规律。

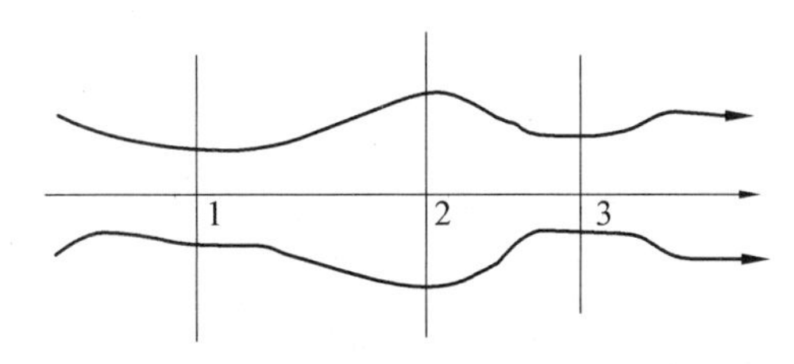

图 2.15　缓变流动与急变流动

② 动量和动能修正系数。由前面分析可知，用平均流速 v 表示的流量和用真实流速 u

表示的流量是相等的,但用平均流速写出其他与速度有关的物理量时,则与其实际的值不一定相同。为此我们引入一个修正系数来加以修正。

例如用平均流速表示的动量是

$$mv=(\rho Av\mathrm{d}t)v=\rho Av^2\mathrm{d}t$$

而真实动量为

$$\int_A \rho \mathrm{d}Au\mathrm{d}tu=\rho\mathrm{d}t\int_A u^2\mathrm{d}A$$

因此动量修正系数β为真实动量与用平均流速表示的动量的比值,即

$$\beta=\frac{\int_A u^2\mathrm{d}A}{v^2A} \tag{2.15}$$

同样动能修正系数α为真实动能与用平均流速表示的动能的比值,即

$$\alpha=\frac{\int_A u^3\mathrm{d}A}{v^3A} \tag{2.16}$$

α和β是由速度在过流断面上分布的不均性所引起的大于1的系数。其值通常是由实验来确定,而在一般情况下,常取为1。

(2)理想流体总流定常流动的伯努利方程。

液体沿图2.16所示流束作定常流动,并假定在1、2两断面上的流动是缓变的。设过流断面1的面积为A_1,2的面积为A_2。在总流中任取一个微小流束,过流断面面积分别为$\mathrm{d}A_1$和$\mathrm{d}A_2$;压力分别为p_1和p_2;流速分别为u_1和u_2;断面中心的几何高度分别为z_1和z_2。对这个微小流束可列出伯努利方程和连续性方程,即

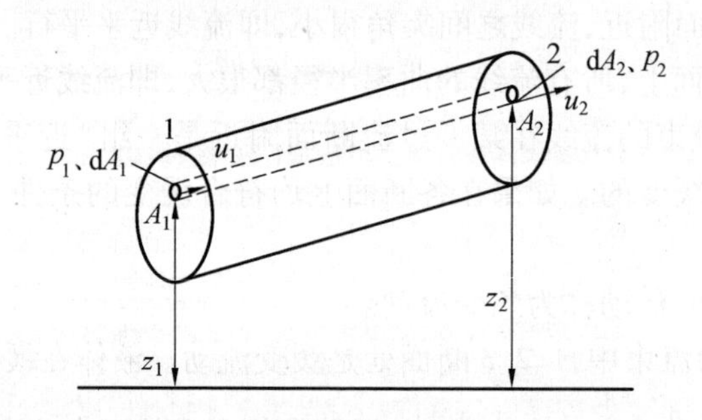

图2.16　理想流体总流定常流动的伯努利方程推导

$$z_1+\frac{p_1}{\rho g}+\frac{u_1^2}{2g}=z_2+\frac{p_2}{\rho g}+\frac{u_2^2}{2g}$$

$$u_1\mathrm{d}A_1=u_2\mathrm{d}A_2$$

因此

$$\left(z_1+\frac{p_1}{\rho g}+\frac{u_1^2}{2g}\right)u_1\mathrm{d}A_1=\left(z_2+\frac{p_2}{\rho g}+\frac{u_2^2}{2g}\right)u_2\mathrm{d}A_2$$

由于在A_1和A_2中$\mathrm{d}A_1$和$\mathrm{d}A_2$是一一对应的,因此上式两端分别在A_1和A_2上积分后,仍然相等,即

$$\int_{A_1}\left(z_1+\frac{p_1}{\rho g}+\frac{u_1^2}{2g}\right)u_1\mathrm{d}A_1=\int_{A_2}\left(z_2+\frac{p_2}{\rho g}+\frac{u_2^2}{2g}\right)u_2\mathrm{d}A_2 \tag{2.17}$$

$$\int_{A_1}\left(z_1+\frac{p_1}{\rho g}\right)u_1\mathrm{d}A_1+\int_{A_1}\frac{u_1^3}{2g}\mathrm{d}A_1=\int_{A_2}\left(z_2+\frac{p_2}{\rho g}\right)u_2\mathrm{d}A_2+\int_{A_2}\frac{u_2^3}{2g}\mathrm{d}A_2$$

因流动在 1、2 断面上是缓变的，故 $z+p/\rho g=\mathrm{const}$（常数）。同时考虑到动能修正系数，并令 A_1 上的动能修正系数为 α_1，A_2 上的动能修正系数为 α_2，则有

$$\left(z_1+\frac{p_1}{\rho g}\right)q+\frac{\alpha_1 v_1^3}{2g}A_1=\left(z_2+\frac{p_2}{\rho g}\right)q+\frac{\alpha_2 v_2^3}{2g}A_2 \tag{2.18}$$

消去流量 q 得

$$z_1+\frac{p_1}{\rho g}+\frac{\alpha_1 v_1^2}{2g}=z_2+\frac{p_2}{\rho g}+\frac{\alpha_2 v_2^2}{2g} \tag{2.19}$$

式(2.19)为理想流体总流定常流动的伯努利方程。

4. 实际流体的伯努利方程

对于实际流体的伯努利方程为

$$z_1+\frac{p_1}{\rho g}+\frac{\alpha_1 v_1^2}{2g}=z_2+\frac{p_2}{\rho g}+\frac{\alpha_2 v_2^2}{2g}+h_\omega \tag{2.20}$$

其适用条件与理想流体的伯努利方程相同，不同的是多了一项 h_ω，它表示两断面间的单位能量损失。h_ω 为长度量纲，单位是米(m)。

如果在上式两端同乘 ρg，则方程变为

$$\rho g z_1+p_1+\frac{1}{2}\alpha\rho v_1^2=\rho g z_2+p_2+\frac{1}{2}\alpha\rho v_2^2+\rho g h_\omega \tag{2.21}$$

式中，$\rho g h_\omega=\Delta p$，表示两断面间的压力损失。

在液压系统中，油管的高度 z 一般不超过 10 m，管内油液的平均流速也较低，除局部油路外，一般不超过 7 m/s。因此油液的位能和动能相对于压力能来说微不足道。例如设一个液压系统的工作压力为 $p=5$ MPa，油管高度 $z=10$ m，管内油液的平均流速 $v=7$ m/s，则压力能 $p=5$ MPa；动能 $p_v=\frac{1}{2}\rho v^2=0.022$ MPa；位能 $p_z=\rho g z=0.09$ MPa。可见，在液压系统中，压力能要比动能和位能之和大得多。所以在液压传动中，动能和位能忽略不计，主要依靠压力能来做功，这就是“液压传动”这个名称的来由。据此，伯努利方程在液压传动中的应用形式就是 $p_1=p_2+\Delta p$ 或 $p_1-p_2=\Delta p$。

由此可见，液压系统中的能量损失表现为压力损失或压力降 Δp。

5. 伯努利方程的应用

(1) 应用条件：

① 流体流动必须是定常的；

② 所取的有效断面必须符合缓变流条件；

③ 流体流动沿程流量不变；

④ 适用于不可压缩性流体的流动；

⑤ 在所讨论的两有效断面间必须没有能量的输入或输出。

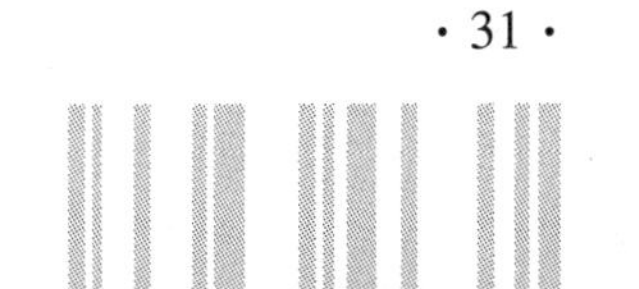

(2) 应用实例。

例 2.5 计算图 2.17 所示的液压泵吸油口处的真空度。

解 对油箱液面 1—1 和泵吸油口截面 2—2 列伯努利方程,有

$$p_1 + \rho g z_1 + \frac{1}{2}\rho\alpha_1 v_1^2 = p_2 + \rho g z_2 + \frac{1}{2}\rho\alpha_2 v_2^2 + \Delta p_\omega$$

图 2.17 所示油箱液面与大气接触,故 p_1 为大气压力,即 $p_1 = p_a$;v_1 为油箱液面下降速度,v_2 为泵吸油口处液体的流速,它等于液体在吸油管内的流速,由于 $v_1 \ll v_2$,故 v_1 可近似为零;$z_1 = 0, z_2 = h$;Δp_ω 为吸油管路的能量损失。因此,上式可简化为

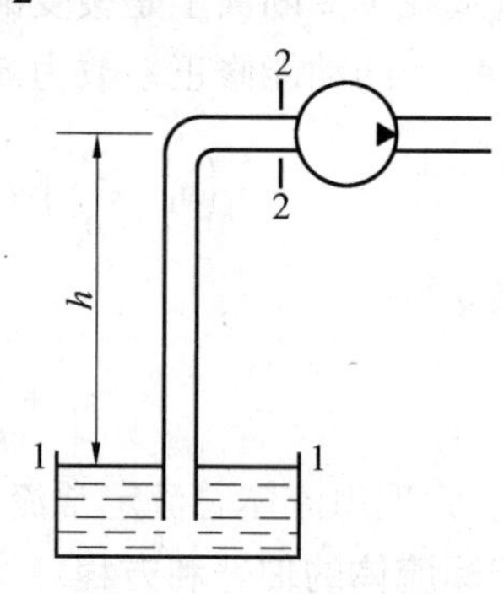

图 2.17 例 2.5 图

$$p_a = p_2 + \rho g h + \frac{1}{2}\rho\alpha_2 v_2^2 + \Delta p_\omega$$

所以泵吸油口处的真空度为

$$p_a - p_2 = \rho g h + \frac{1}{2}\rho\alpha_2 v_2^2 + \Delta p_\omega$$

由此可见,液压泵吸油口处的真空度由 3 部分组成:把油液提升到高度 h 所需的压力,将静止液体加速到 v_2 所需的压力,吸油管路的压力损失。

2.2.4 动量方程

由理论力学知道,任意质点系运动时,其动量对时间的变化率等于作用在该质点系上全部外力的合力。用矢量 $\boldsymbol{I}$ 表示质点系的动量。而用 $\sum \boldsymbol{F}_i$ 表示外力的合力,则有

$$\frac{\mathrm{d}\boldsymbol{I}}{\mathrm{d}t} = \sum \boldsymbol{F}_i \quad (2.22)$$

现在我们考虑理想流体沿流束的定常流动。如图2.18 所示,设流束段1—2 经 dt 时间运动到 1′—2′,由于流动是定常的,因此流束段 1′—2 在 dt 时间内在空间的位置、形状等运动要素都没有改变,故经 dt 时间,流束段 1—2 的动量改变为

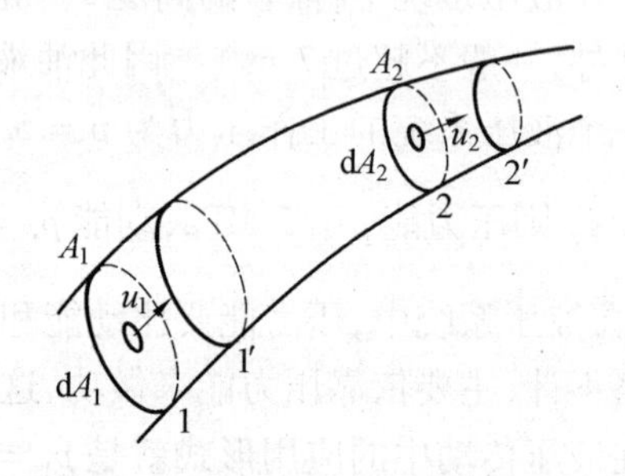

图 2.18 动量方程推导

$$\mathrm{d}\boldsymbol{I} = \boldsymbol{I}_{1'2'} - \boldsymbol{I}_{12} = \boldsymbol{I}_{22'} - \boldsymbol{I}_{11'} \quad (2.23)$$

而

$$\boldsymbol{I}_{22'} = \int_{A_2} \rho u_2 \mathrm{d}t \mathrm{d}A_2 \boldsymbol{u}_2 = \rho \mathrm{d}t \int_{A_2} u_2^2 \mathrm{d}A_2 = \rho \mathrm{d}t \beta_2 v_2^2 A_2 = \rho q \mathrm{d}t \beta_2 \boldsymbol{v}_2$$

同理

$$\boldsymbol{I}_{11'} = \rho q \mathrm{d}t \beta_1 \boldsymbol{v}_1$$

故

$$\mathrm{d}\boldsymbol{I} = \rho q \mathrm{d}t(\beta_2 \boldsymbol{v}_2 - \beta_1 \boldsymbol{v}_1)$$

其中 β_1 和 β_2 为断面 1 和 2 上的动量修正系数。

于是我们得到

$$\frac{\mathrm{d}\boldsymbol{I}}{\mathrm{d}t}=\rho q(\beta_2\boldsymbol{v}_2-\beta_1\boldsymbol{v}_1)=\sum\boldsymbol{F} \tag{2.24}$$

式中，$\sum\boldsymbol{F}$ 是作用在该流束段上所有质量力和所有表面力之和。

式(2.24) 即为理想流体定常流动的动量方程。此式为矢量形式，在使用时应将其化成标量形式(投影形式)，即

$$\rho q(\beta_2 v_{2x}-\beta_1 v_{1x})=\sum F_x \tag{2.25}$$

$$\rho q(\beta_2 v_{2y}-\beta_1 v_{1y})=\sum F_y \tag{2.26}$$

$$\rho q(\beta_2 v_{2z}-\beta_1 v_{1z})=\sum F_z \tag{2.27}$$

注意：由 1 断面指向 2 断面的力取为“+”；由 2 断面指向 1 断面的力取为“-”。

例 2.6　求图 2.19 中滑阀阀芯所受的轴向稳态液动力。

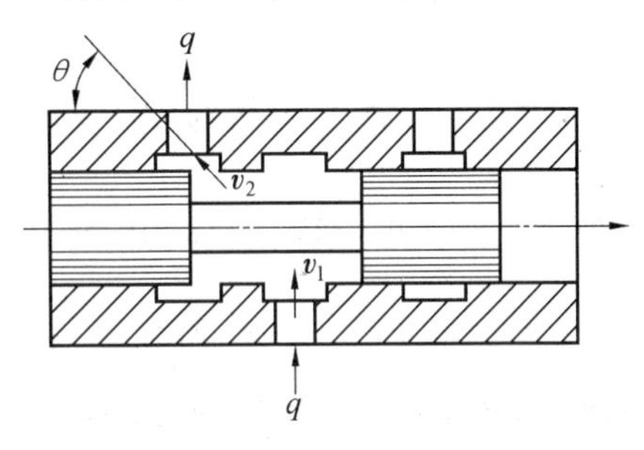

图 2.19　滑阀上的稳态液动力

解　取阀进出口之间的液体为研究体积，设阀芯对液体的作用力为 F_x，方向向左，则根据动量方程得

$$F_x=\rho q[\beta_2 v_2\cos\theta-\beta_1 v_1\cos 90°]$$

取 $\beta_2=1$，得

$$F_x=\rho q v_2\cos\theta$$

而阀芯所受的轴向稳态液动力为

$$F_x'=-F_x=-\rho q v_2\cos\theta$$

方向向右，即这时液流有一个力图使阀口关闭的力。

例 2.7　如图 2.20 所示，已知喷嘴挡板式伺服阀中工作介质为水，其密度 $\rho=1\ 000\ \mathrm{kg/m^3}$，若中间室直径 $d_1=3\times10^{-3}$ m，喷嘴直径 $d_2=5\times10^{-4}$ m，流量 $q=\pi\times4.5\times10^{-6}\ \mathrm{m^3/s}$，动能修正系数与动量修正系数均取为 1。试求：

(1) 不计损失时，系统向该伺服阀提供的压力 p_1 =?

(2) 作用于挡板上的垂直作用力为多少?

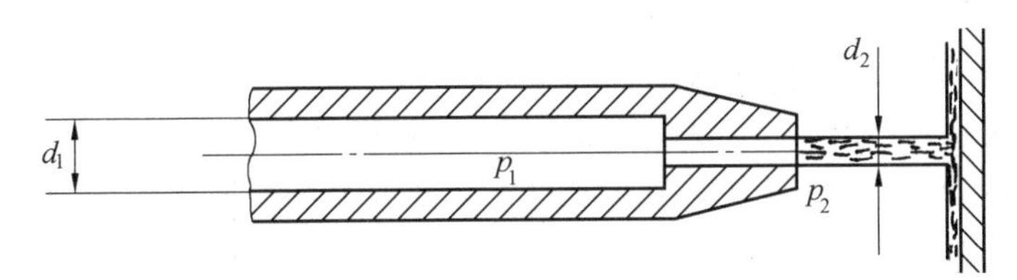

图 2.20　例 2.7 图

解　(1) 根据连续性方程有

$$v_1=\frac{q}{\frac{\pi}{4}d_1^2}=\frac{\pi\times4.5\times10^{-6}}{\frac{\pi}{4}\times(3\times10^{-3})^2}\ \mathrm{m/s}=2\ \mathrm{m/s}$$

$$v_2 = \frac{q}{\frac{\pi}{4}d_2^2} = \frac{\pi \times 4.5 \times 10^{-6}}{\frac{\pi}{4} \times (5 \times 10^{-4})^2}\ \text{m/s} = 72\ \text{m/s}$$

根据伯努利方程有(用相对压力列伯努利方程)

$$\frac{p_1}{\rho g} + \frac{v_1^2}{2g} = \frac{v_2^2}{2g}$$

$$p_1 = \frac{1}{2}\rho(v_2^2 - v_1^2) = \left[\frac{1}{2} \times 1\ 000 \times (72^2 - 2^2)\right]\ \text{Pa} = 2.59\ \text{MPa}$$

(2) 取喷嘴与挡板之间的液体为研究对象列动量方程,有

$$\rho q(0 - v_2) = F$$

$$F = -\rho q v_2 = -(1\ 000 \times \pi \times 4.5 \times 10^{-6} \times 72)\ \text{N} \approx -1.02\ \text{N}$$

F 为挡板对水的作用力,水对挡板的作用力为其反力(大小相等,方向相反)。

2.3　流动阻力和能量损失(压力损失)

在2.2节中讲了实际流体的伯努利方程,即

$$z_1 + \frac{p_1}{\rho g} + \frac{\alpha_1 v_1^2}{2g} = z_2 + \frac{p_2}{\rho g} + \frac{\alpha_2 v_2^2}{2g} + h_\omega$$

式中,h_ω 表示单位重量流体的能量损失,那么 h_ω 如何求呢?这是本节要解决的问题。即本节讨论实际流体(黏性流体)运动时的流动阻力及能量损失(压力损失)以及黏性流体在管道中的流动特性。

2.3.1　流动阻力及能量损失(压力损失)的两种形式

实际流体是具有黏性的。当流体微团之间有相对运动时,相互间必产生切应力,对流体运动形成阻力,称为流动阻力。要维持流动就必须克服阻力,从而消耗能量,使机械能转化为热能而损耗掉。这种机械能的消耗称为能量损失。能量损失多半是以压力降低的形式体现出来的,因此又称压力损失。下面介绍流动阻力形成的物理原因及计算公式。

流体本身具有黏性是流动阻力形成的根本原因。但是,同是黏性流体,由于流动的边界条件不同,其阻力形成的过程也不同。

1. 沿程阻力、沿程压力损失 Δp_λ

(1) 产生的原因:黏性。主要是由于流体与壁面、流体质点与质点间存在着摩擦力,阻碍着流体的运动,这种摩擦力是在流体的流动过程中不断地作用于流体表面的。流程越长,这种作用的累积效果也就越大。也就是说这种阻力的大小与流程的长短成正比,因此,这种阻力称为沿程阻力。由于沿程阻力是直接由流体的黏性引起的,因此,流体的黏性越大,这种阻力也就越大。

(2) 发生的边界:发生在沿流程边界形状变化不很大的区域,一般在缓变流区域,如直管段。

(3) 计算公式(达西公式):由因次分析法得出管道流动中的沿程压力损失 Δp_λ 与管长(l)、管径(d)、平均流速(v) 的关系为

$$\Delta p_\lambda = \lambda \frac{l}{d}\frac{\rho v^2}{2} \tag{2.28}$$

式中,λ 为沿程阻力系数;ρ 为流体的密度;l 为管长;d 为管径;v 为管内液流速度。

2. 局部阻力、局部压力损失 Δp_ξ

(1) 产生的原因:流态突变。在流态发生突变的地方附近,质点间发生撞击或形成一定的旋涡,由于黏性作用,质点间发生剧烈的摩擦和动量交换,必然要消耗流体的一部分能量。这种能量的消耗就构成了对流体流动的阻力,这种阻力一般只发生在流道的某个局部,因此称为局部阻力。实验表明,局部阻力的大小主要取决于流道变化的具体情况,而几乎和流体的黏性无关。

(2) 发生的边界:发生在流道边界形状急剧变化的地方,一般在急变流区域,如弯管、过流截面突然扩大或缩小、阀门等处。

(3) 计算公式:由大量的实验知 Δp_ξ 与流速的平方成正比,可写成

$$\Delta p_\xi = \xi \frac{\rho v^2}{2} \tag{2.29}$$

式中, ξ 为局部阻力系数;ρ 为流体的密度;v 为流态变化后的液流速度。

流体流过各种阀类的局部压力损失,亦可以用式(2.29)计算。但因阀内的通道结构复杂,按此公式计算比较困难,故阀类元件局部压力损失 Δp_v 的实际计算公式常表示为

$$\Delta p_v = \Delta p_n \left(\frac{q}{q_n}\right)^2 \tag{2.30}$$

式中,q_n 为阀的额定流量;q 为通过阀的实际流量;Δp_v 为阀在额定流量 q_n 下的压力损失(可从阀的产品样本或设计手册中查出)。

3. 管路中总的压力损失

整个管路系统的总压力损失应为所有沿程压力损失和所有局部压力损失之和,即

$$\sum \Delta p = \sum \Delta p_\lambda + \sum \Delta p_\xi + \sum \Delta p_v = \sum \lambda \frac{l}{d}\frac{\rho v^2}{2} + \sum \xi \frac{\rho v^2}{2} + \sum \Delta p_n \left(\frac{q}{q_n}\right)^2 \tag{2.31}$$

从计算压力损失的公式可以看出,减小流速、缩短管道长度、减少管道截面的突变、提高管道内壁的加工质量等,都可以使压力损失减小。其中以流速的影响为最大,故液体在管路系统中的流速不应过高。但流速太低,也会使管路和阀类元件的尺寸加大,并使成本增高。

2.3.2　流体的两种流动状态

实践表明,流体的能量损失(压力损失)与流体的流动状态有密切的关系。英国物理学家雷诺(Reynolds)于1883年发表了他的实验成果。他通过大量的实验发现,实际流体运动存在着两种状态,即层流和紊流。并且测定了流体的能量损失(压力损失)与两种状态的关系,此即著名的雷诺实验。雷诺实验的装置如图2.21所示。水箱1由进水管不断供水,并保持水箱水面高度恒定。水杯5内盛有红色水,将开关6打开后,红色水即经细导管2流入水平玻璃管3中。调节阀门4的开度,使玻璃管中的液体缓慢流动,这时,红色水

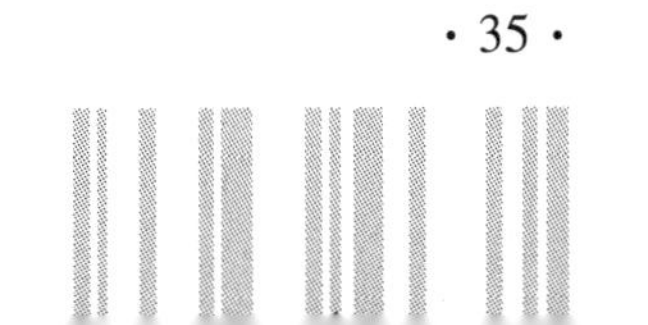

在水平玻璃管3中呈一条明显的直线,这条红线和清水不相混杂,表明管中的液流是分层的,层与层之间互不干扰,液体的这种流动状态称为层流。调节阀门4,使玻璃管中的液体流速逐渐增大,当流速增大至某一值时,可看到红线开始抖动而呈波纹状,这表明层流状态受到破坏,液流开始紊乱。若使管中流速进一步增大,红色水流便和清水完全混合,红线完全消失,表明管道中液流完全紊乱,这时液体的流动状态称为紊流。如果将阀门4逐渐关小,就会看到相反的过程。

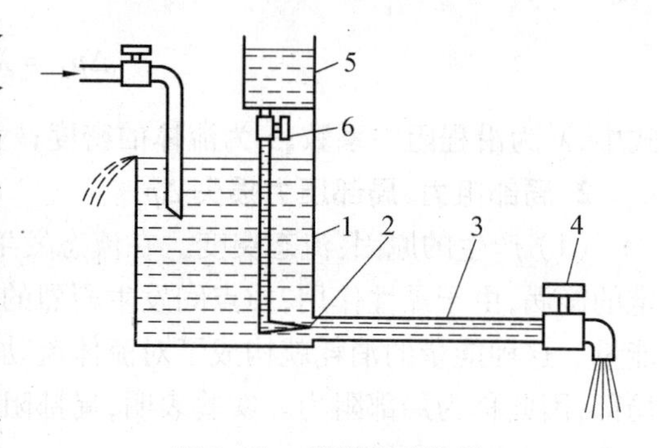

图2.21　雷诺实验装置

1—水箱;2—细导管;3—水平玻璃管;4—阀门;5—水杯;6—开关

1. 层流和紊流

层流:液体的流动呈线性或层状,各层之间互不干扰,即只有纵向运动。

紊流:液体质点的运动杂乱无章,除了有纵向运动外,还存在着剧烈的横向运动。

层流时,液体流速较低,质点受黏性制约,不能随意运动,黏性力起主导作用;液体的能量主要消耗在摩擦损失上,它直接转化为热能,一部分被液体带走,一部分传给管壁。

紊流时,液体流速较高,黏性的制约作用减弱,惯性力起主导作用;液体的能量主要消耗在动能损失上,这部分损失使流体搅动混合,产生旋涡、尾流,造成气穴,撞击管壁,引起振动和噪声,最后化作热能消散掉。

2. 雷诺数(Re)

雷诺通过大量实验证明,液体在圆管中的流动状态不仅与管内的平均流速v有关,还和管道内径d、液体的运动黏度ν有关。实际上,判定液流状态的是上述3个参数所组成的一个无量纲的数,即

$$Re = \frac{vd}{\nu} \tag{2.32}$$

式中,Re为雷诺数,即对过流截面相同的管道来说,若雷诺数(Re)相同,它的流动状态就相同。

液流由层流转变为紊流时的雷诺数和由紊流转变为层流时的雷诺数是不同的,后者的数值较前者小,所以一般都用后者作为判断液流流动状态的依据,称为临界雷诺数,记作Re_c。当液流的实际雷诺数(Re)小于临界雷诺数(Re_c)时,为层流;反之,为紊流。常见液流管道的临界雷诺数由实验求得,见表2.1。

表2.1　常见液流管道的临界雷诺数

管道	Re_c	管道	Re_c
光滑金属圆管	2 320	带环槽的同心环状缝隙	700
橡胶软管	1 600 ~ 2 000	带环槽的偏心环状缝隙	400
光滑的同心环状缝隙	1 100	圆柱形滑阀阀口	260
光滑的偏心环状缝隙	1 000	锥阀阀口	20 ~ 100

雷诺数中的 d 代表了圆管的特征长度，对于非圆截面的流道，可用水力直径（等效直径）d_H 来代替，即

$$Re = \frac{vd_H}{\nu} \tag{2.33}$$

$$d_H = 4R \tag{2.34}$$

$$R = \frac{A}{\chi} \tag{2.35}$$

式中，R 为水力半径；A 为过流截面面积；χ 为湿周长度（过流截面上与液体相接触的管壁周长）。

水力半径 R 综合反映了过流截面上 A 与 χ 对阻力的影响。对于具有同样湿周长度 χ 的两个过流截面，A 越大，液流受到壁面的约束就越小；对于具有同样过流面积 A 的两个过流截面，χ 越小，液流受到壁面的阻力就越小。综合这两个因素可知，$R = \frac{A}{\chi}$ 越大，液流受到的壁面阻力作用越小，即使过流截面面积很小也不易堵塞。

2.3.3　圆管层流

液体在圆管中的层流运动是液压传动中最常见的现象，在设计和使用液压系统时，就希望管道中的液流保持这种状态。

图 2.22 所示为液体在等径水平圆管中做层流流动时的情况。在图中的管内取出一段半径为 r、长度为 l，与管轴相重合的小圆柱体，作用在其两端面上的压力分别为 p_1 和 p_2，作用在其侧面上的内摩擦力为 F_f。液流做匀速运动时处于受力平衡状态，故有

$$(p_1 - p_2)\pi r^2 = F_f$$

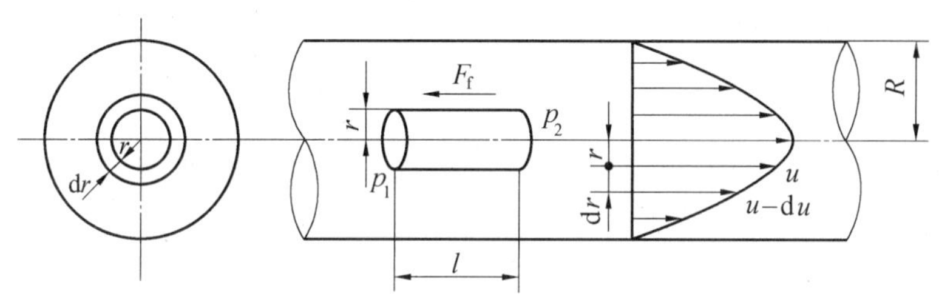

图 2.22　圆管中的层流

根据内摩擦定律有，$F_f = -2\pi rl\mu \frac{du}{dr}$（因 du/dr 为负值，故前面加负号）。令 $\Delta p = p_1 - p_2$，将这些关系代入上式得

$$\frac{du}{dr} = -\frac{\Delta p}{2\mu l}r$$

即

$$du = -\frac{\Delta p}{2\mu l}r dr$$

积分并考虑到当 $r = R$ 时，$u = 0$，得

$$u=\frac{\Delta p}{4\mu l}(R^2-r^2) \tag{2.36}$$

可见管内流速随半径按抛物线规律分布，最大流速发生在轴线上，其值为 $u_{\max}=\frac{\Delta p}{4\mu l}R^2$。

在半径 r 处取出一厚为 $\mathrm{d}r$ 的微小圆环（见图 2.22），通过此环形面积的流量为 $\mathrm{d}q=u2\pi r\mathrm{d}r$，对此式积分，得通过整个管路的流量 q

$$q=\int_0^R \mathrm{d}q=\int_0^R u2\pi r\mathrm{d}r=\int_0^R \frac{2\pi\Delta p}{4\mu l}(R^2-r^2)r\mathrm{d}r=\frac{\pi R^4}{8\mu l}\Delta p=\frac{\pi \mathrm{d}^4}{128\mu l}\Delta p \tag{2.37}$$

式（2.37）是哈根－泊肃叶公式。当测出除 μ 以外的各有关物理量后，应用此式便可求出流体的黏度 μ。

圆管层流时的平均流速为

$$v=\frac{q}{\pi R^2}=\frac{\Delta p R^2}{8\mu l}=\frac{\Delta p d^2}{32\mu l}=\frac{u_{\max}}{2} \tag{2.38}$$

同样可求出其动能修正系数 $\alpha=2$，动量修正系数 $\beta=4/3$。

现在再来看看沿程压力损失 Δp_λ，由平均流速表达式可求出

$$\Delta p_\lambda=\frac{32\mu l v}{d^2}=\frac{32\times 2}{\frac{\rho v d}{\mu}}\frac{l}{d}\frac{\rho v^2}{2}=\frac{64}{Re}\frac{l}{d}\frac{\rho v^2}{2} \tag{2.39}$$

把式（2.39）与 $\Delta p_\lambda=\lambda\frac{l}{d}\frac{\rho v^2}{2}$ 比较得，沿程阻力系数 $\lambda=64/Re$。由此可看出，层流流动的沿程压力损失 Δp_λ 与平均流速 v 的二次幂成正比，沿程阻力系数 λ 只与 Re 有关，与管壁壁面粗糙度无关。这一结论已被实验所证实。但实际上流动中还夹杂着油温变化的影响，因此油液在金属管道中流动时宜取 $\lambda=75/Re$，在橡胶软管中流动时则取 $\lambda=80/Re$。

2.3.4 圆管紊流

在实际工程中常遇到紊流运动，但由于紊流运动的复杂性，虽然近几十年来许多学者做了大量研究工作，仍未得到满意的结果，尚需进一步探讨，目前所用的计算方法常常依赖于实验。

1. 脉动现象和时均化

在雷诺实验中可以观察到，在紊流运动中，流体质点的运动是极不规则的，它们不但与邻层的流体质点互相掺混，而且在某一固定的空间点上，其运动要素（压力、速度等）的大小和方向也随时间变化，并始终围绕某个“平均值”上下脉动，如图 2.23 所示。

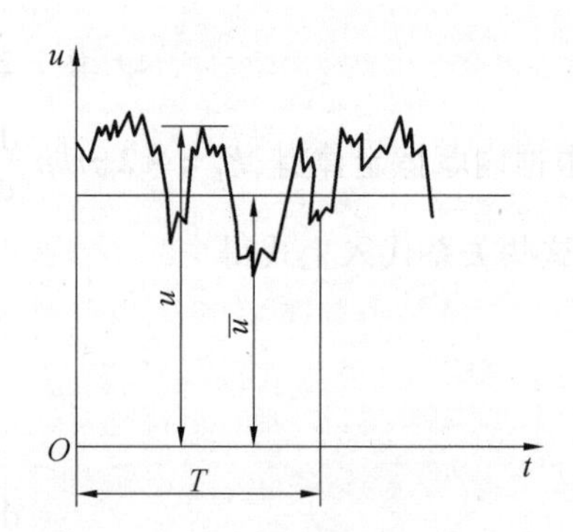

图 2.23　紊流流速的脉动

如取时间间隔 T（时均周期），瞬时速度在 T 时间内的平均值称为时间平均速度，简称时均速度，可表示为

$$\bar{u} = \frac{\int_0^T p\mathrm{d}t}{T} \tag{2.40}$$

同样,某点的时均压力可表示为

$$\bar{p} = \frac{\int_0^T p\mathrm{d}t}{T} \tag{2.41}$$

由以上讨论可知,紊流运动总是非定常的,但如果流场中各空间点的运动要素的时均值不随时间变化,就可以认为是定常流动。因此紊流的定常流动,是指时间平均的定常流动。在工程实际的一般问题中,只需研究各运动要素的时均值,用运动要素的时均值来描述紊流运动即可,使问题大大简化。但在研究紊流的物理实质时,例如研究紊流阻力时,就必须考虑脉动的影响。

2. 黏性底层(层流边界层)、水力光滑管与水力粗糙管

流体做紊流运动时,由于黏性的作用,管壁附近的一薄层流体受管壁的约束,仍保持为层流状态,形成一极薄的黏性底层(层流边界层)。离管壁越远,管壁对流体的影响越小,经一过渡层后,才形成紊流。即管中的紊流运动沿横截面可分为三部分:黏性底层、过渡层和紊流核心区,如图 2.24 所示。过渡层很薄,通常和紊流核心区合称为紊流部分。黏性底层的厚度 δ 也很薄,通常只有几分之一毫米,它与主流的紊动程度有关,紊动越剧烈,δ 就越小。δ 与 Re 成反比,可用半经验公式来求,即

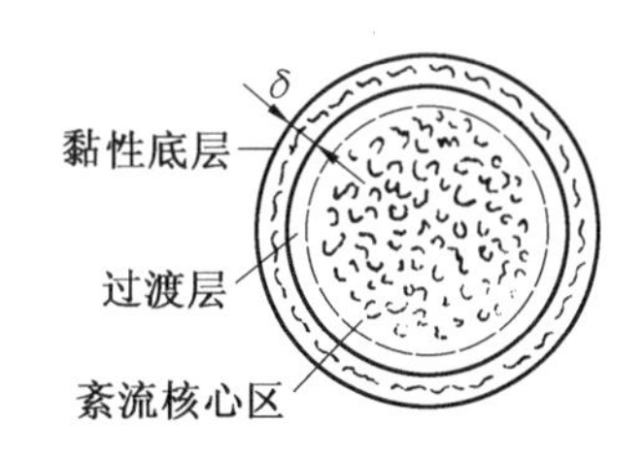

图 2.24　圆管中的紊流

$$\delta = \frac{32 \times 8d}{Re\sqrt{\lambda}} \tag{2.42}$$

式中,d 为管径;λ 为沿程阻力系数;Re 为雷诺数。

根据黏性底层的厚度 δ 与管内壁绝对粗糙度 ε 之间的关系,可以把做紊流运动的管道分为水力光滑管和水力粗糙管。

水力光滑管:$\delta \geqslant \varepsilon/0.3$,如图 2.25(a) 所示。

水力粗糙管:$\delta \leqslant \varepsilon/6$,如图 2.25(b) 所示。

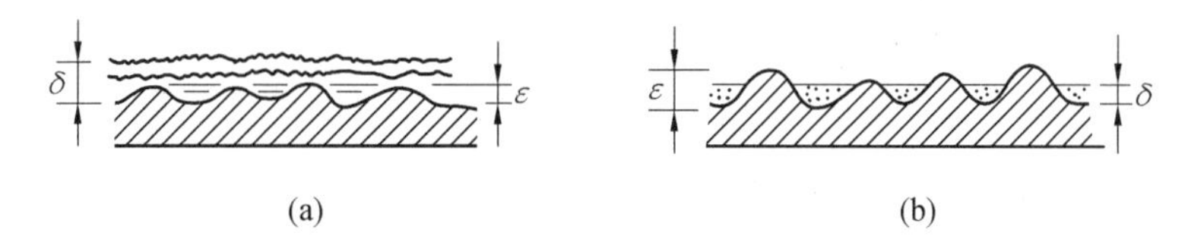

(a)　　(b)

图 2.25　水力光滑管与水力粗糙管

水力光滑管与水力粗糙管的概念是相对的,随着流动情况的改变,Re 会变化,δ 也相应地会变化。所以同一管道(其 ε 是固定不变的),Re 变小时,可能是光滑管,而 Re 变大时,又可能是粗糙管了。

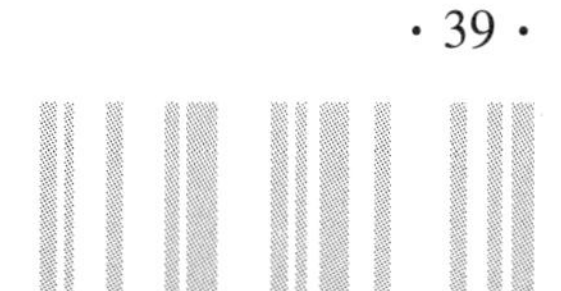

3. 截面速度分布

对于充分的紊流流动来说,其过流截面上流速的分布如图 2.26 所示。由图可见,紊流中的流速分布是比较均匀的。其最大流速 $u_{max}=(1\sim1.3)v$,动能修正系数 $\alpha\approx1.05$,动量修正系数 $\beta\approx1.04$,因而这两个系数均可近似地取为 1。

由半经验公式推导可知,对于光滑圆管内的紊流来说,其截面上的流速分布遵循对数规律。在雷诺数为 $3\times10^3\sim10^5$ 的范围内,它符合 1/7 次幂的规律,即

$$u=u_{max}\left(\frac{y}{R}\right)^{1/7} \tag{2.43}$$

式中符号的意义如图 2.26 所示。

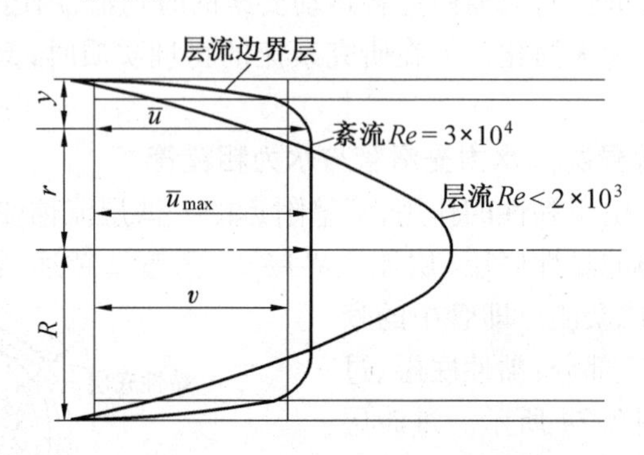

图 2.26　紊流时圆管中的速度分布

2.3.5　沿程阻力系数 λ

对于层流,沿程阻力系数 λ 值的公式已经导出,并被实验所证实。对于紊流,尚无法完全从理论上求得,只能借助于管道阻力试验来解决。一般说,在压力管道中的 λ 值与 Re 和管壁相对粗糙度 ε/d 有关,即 $\lambda=f\left(Re,\frac{\varepsilon}{d}\right)$。

下面简单介绍一下尼古拉兹(J. Nikuradse)对于人工粗糙管所进行的水流阻力试验结果。

尼古拉兹用不同粒径的均匀砂粒粘贴在管内壁上,制成各种相对粗糙度的管子,实验时测出 v、Δp_λ,然后代入公式 $\Delta p_\lambda=\lambda\frac{l}{d}\frac{\rho v^2}{2}$,在各种相对粗糙度 ε/d 的管道下,得出 λ 和 Re 的关系曲线,如图 2.27 所示。这些曲线可分为五个区域。

Ⅰ 为层流区:$Re<2\,320$,各管道的实验点均落在同一直线上。λ 只与 Re 有关,与粗糙度无关。理论上 $\lambda=64/Re$,实验测得 $\lambda=\frac{75}{Re}$。

Ⅱ 为过渡区:$2\,320<Re<4\,000$,为层流向紊流的过渡区,不稳定,范围小。对它的研究较少,一般按下述水力光滑管处理。

Ⅲ 为紊流光滑管区:$4\,000<Re<26.98(d/\varepsilon)^{8/7}$,各种相对粗糙度管道的实验点又都落在同一条直线 Ⅲ 上。λ 值只与 Re 有关,与 ε/d 无关。这是因为黏性底层掩盖了粗糙度。但是随着 ε/d 值的不同,各种管道离开此区的实验点的位置不同,ε/d 越大离开此区

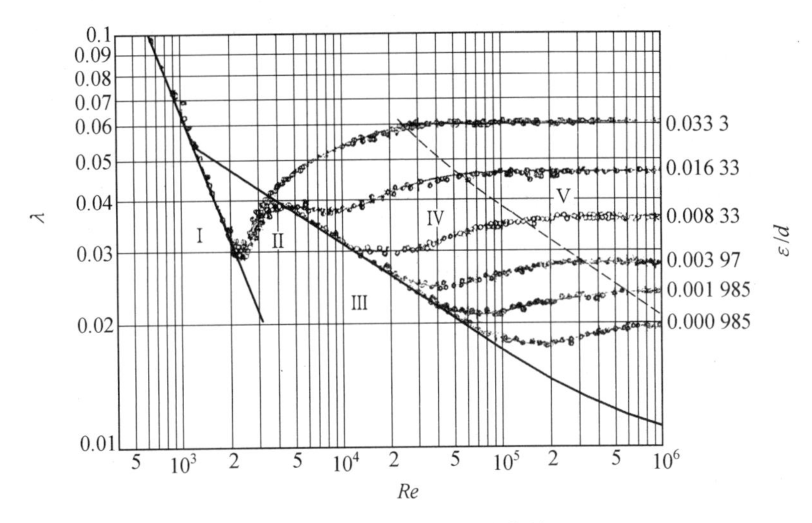

图 2.27　尼古拉兹实验曲线

越早。

关于此区的 λ 有以下计算公式:

$4\ 000 < Re < 10^5$ 时,可用布拉休斯公式计算:

$$\lambda = \frac{0.316\ 4}{Re^{0.25}} \tag{2.44}$$

$10^5 < Re < 3 \times 10^6$ 时,可用尼古拉兹公式计算:

$$\lambda = 0.003\ 2 + \frac{0.221}{Re^{0.237}} \tag{2.45}$$

Ⅳ 为光滑管至粗糙管过渡区:$26.98(d/\varepsilon)^{8/7} < Re < 4\ 160(d/2\varepsilon)^{0.85}$,又称为第二过渡区。在此区,随着 Re 的增大,黏性底层变薄,管壁粗糙度对流动阻力的影响亦逐渐明显。λ 值与 ε/d 和 Re 均有关。曲线形状与工业管道的偏差较大,一般计算公式为

$$\frac{1}{\sqrt{\lambda}} = 1.74 - 2\lg\left(\frac{2\varepsilon}{d} + \frac{18.7}{\sqrt{\lambda}} \cdot \frac{1}{Re}\right) \tag{2.46}$$

Ⅴ 为紊流粗糙管区:$Re > 4\ 160(d/2\varepsilon)^{0.85}$,在此区,$\lambda = f(\varepsilon/d)$,紊流已充分发展,$\lambda$ 值与 Re 无关,表现为一水平线。λ 值的计算公式为

$$\lambda = \frac{1}{\left(1.74 + 2\lg\dfrac{d}{2\varepsilon}\right)^2} \tag{2.47}$$

因 λ 与 Re 无关,可知 $\Delta p_\lambda \propto v^2$,故此区又称为阻力平方区。

尼古拉兹实验结果适用于人工粗糙管,对于工业管道不是很适用。莫迪对工业管道进行了大量实验,作出了工业管道的阻力系数图,即莫迪图(见有关的书或手册)。为工业管道的计算提供了很大方便。

2.3.6　局部阻力系数 ξ

局部压力损失 $\Delta p_\xi = \xi\dfrac{\rho v^2}{2}$,它的计算关键在于对局部阻力系数 ξ 的确定。由于流动情

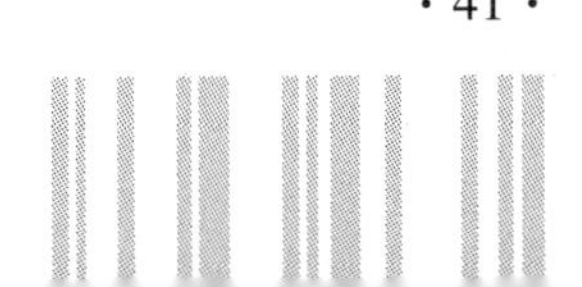

况的复杂，只有极少数情况可用理论推导求得，一般都只能依靠实验来测得（或利用实验得到的经验公式求得）。

下面以截面突然扩大的情况为例，来讲一下局部阻力系数的推导过程。如图 2.28 所示，由于过流断面突然扩大，流线与边界分离，并发生涡旋撞击，从而造成局部损失。以管轴为基准面，对截面 1、2 列伯努利方程有

$$\frac{p_1}{\rho g}+\frac{v_1^2}{2g}=\frac{p_2}{\rho g}+\frac{v_2^2}{2g}+h_\xi$$

式中，h_ξ 为局部损失，$h_\xi=\dfrac{\Delta p_\xi}{\rho g}=\xi\dfrac{v^2}{2g}$。

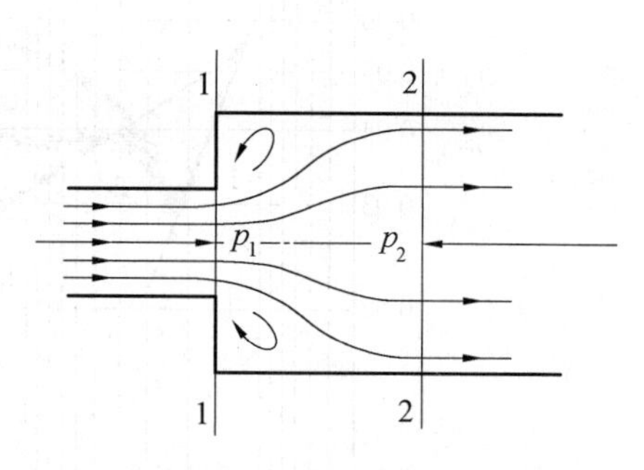

图 2.28　过流截面突然扩大处的局部损失

由此得

$$h_\xi=\frac{p_1-p_2}{\rho g}+\frac{v_1^2-v_2^2}{2g} \tag{2.48}$$

取截面 1—1，2—2 及两截面之间的管壁为控制面，对控制面内的流体沿管轴方向列动量方程，略去管侧壁面的摩擦切应力时有

$$p_1A_1-p_2A_2+p(A_2-A_1)=\rho q(v_2-v_1)$$

式中，p 为涡流区环形面积 A_2-A_1 上的平均压力；p_1、p_2 分别为截面 1、2 上的压力。实验证明 $p\approx p_1$，于是式(2.48) 可写成为

$$(p_1-p_2)A_2=\rho v_2A_2(v_2-v_1)$$

即

$$\frac{p_1-p_2}{\rho g}=\frac{v_2}{g}(v_2-v_1)=\frac{1}{2g}(2v_2^2-2v_1v_2) \tag{2.49}$$

将式(2.49) 代入式(2.48) 得

$$h_\xi=\frac{(v_1-v_2)^2}{2g}$$

按连续性方程有 $v_1A_1=v_2A_2$，于是上式可改写成

$$h_\xi=\left(1-\frac{A_1}{A_2}\right)^2\frac{v_1^2}{2g}=\xi_1\frac{v_1^2}{2g} \tag{2.50}$$

或

$$h_\xi=\left(\frac{A_2}{A_1}-1\right)^2\frac{v_2^2}{2g}=\xi_2\frac{v_2^2}{2g} \tag{2.51}$$

式中，$\xi_1=\left(1-\dfrac{A_1}{A_2}\right)^2$，对应小截面的速度 v_1；$\xi_2=\left(\dfrac{A_2}{A_1}-1\right)^2$，对应大截面的速度 v_2。

由此可见，对应不同的速度（变化前和变化后的速度），局部阻力系数不同。一般情况下，用的是变化后的速度，即

$$h_\xi=\xi\frac{v_2^2}{2g}\quad 或 \quad \Delta p_\xi=\xi\frac{\rho v_2^2}{2}$$

2.4　孔口和缝隙流量

本节主要介绍液流经过小孔和缝隙的流量公式。在研究节流调速及分析计算液压元件的泄漏时，它们是重要的理论基础。

2.4.1　孔口流量

液体流经孔口的水力现象称为孔口出流。它可分为三种：当孔口的长径比 $l/d \leqslant 0.5$ 时，称为薄壁孔；当 $l/d > 4$ 时，称为细长孔；当 $0.5 < l/d \leqslant 4$ 时，称为短孔。当液体经孔口流入大气中时，称为自由出流；当液体经孔口流入液体中时，称为淹没出流。

1. 薄壁小孔

在液压传动中，经常遇到的是孔口淹没出流问题，所以我们就用前面学过的理论来研究一下薄壁小孔淹没出流时的流量计算问题。薄壁小孔的边缘一般都做成刃口形式，如图2.29所示（各种结构形式的阀口就是薄壁小孔的实际例子）。由于惯性作用，液流通过小孔时要发生收缩现象，在靠近孔口的后方出现收缩最大的过流截面。对于薄壁圆孔，当孔前通道直径与小孔直径之比 $d_1/d \geqslant 7$ 时，流束的收缩作用不受孔前通道内壁的影响，这时的收缩称为完全收缩；反之，当 $d_1/d < 7$ 时，孔前通道对液流进入小孔起导向作用，这时的收缩称为不完全收缩。

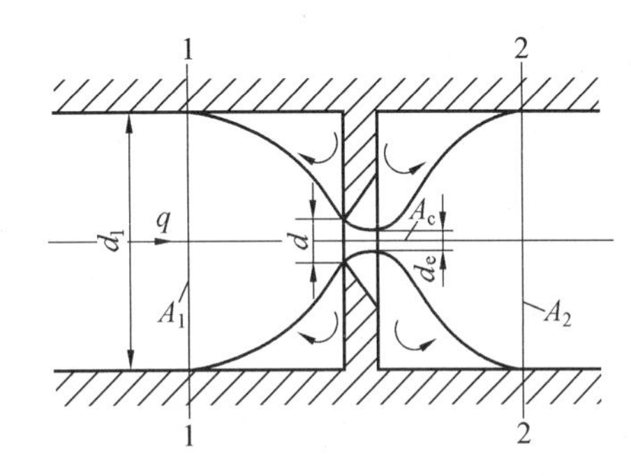

图2.29　薄壁小孔的液流

现对孔前、后通道断面1—1、2—2之间的液体列伯努利方程，并设动能修正系数 $\alpha = 1$，则有

$$\frac{p_1}{\rho g} + \frac{v_1^2}{2g} = \frac{p_2}{\rho g} + \frac{v_2^2}{2g} + \sum h_\xi$$

式中，$\sum h_\xi$ 为液流流经小孔的局部能量损失，它包括两部分：液流经断面突然缩小时的 $h_{\xi 1}$ 和突然扩大时的 $h_{\xi 2}$。$h_{\xi 1} = \xi \frac{v_e^2}{2g}$；$h_{\xi 2} = \left(1 - \frac{A_e}{A_2}\right)^2 \frac{v_e^2}{2g}$。由于 $A_e \ll A_2$，所以，$\sum h_\xi = h_{\xi 1} + h_{\xi 2} = (\xi + 1)\frac{v_e^2}{2g}$。将此式代入上式，并注意到 $A_1 = A_2$ 时，$v_1 = v_2$，得出

$$v_e = \frac{1}{\sqrt{\xi + 1}}\sqrt{\frac{2}{\rho}(p_1 - p_2)} = C_v\sqrt{\frac{2\Delta p}{\rho}}$$

式中，$C_v = \frac{1}{\sqrt{\xi + 1}}$，为速度系数，它反映了局部阻力对速度的影响；$\Delta p = p_1 - p_2$，为小孔前后的压差。

经过薄壁小孔的流量为

$$q = A_e v_e = C_c A_T v_e = C_c C_v A_T \sqrt{\frac{2\Delta p}{\rho}} = C_q A_T \sqrt{\frac{2\Delta p}{\rho}} \tag{2.52}$$

式中,$A_T = \pi d^2/4$,为小孔截面积;$A_e = \pi d_e^2/4$,为收缩断面面积;$C_c = A_e/A_T = d_e^2/d^2$,为断面收缩系数;$C_q = C_v C_c$,为流量系数。

流量系数 C_q 的大小一般由实验确定,在液流完全收缩($d_1/d \geqslant 7$)的情况下,C_q = 0.60 ~0.61(可认为是不变的常数);在液流不完全收缩($d_1/d < 7$)时,这时由于管壁对液流进入小孔起导向作用,C_q 可增至 0.7 ~ 0.8。

2. 短孔

短孔的流量表达式与薄壁小孔的相同。即 $q = C_d A_T \sqrt{\frac{2\Delta p}{\rho}}$ 。但流量系数 C_q 增大了,Re 较大时,C_q 基本稳定在0.8左右。C_q 增大的原因是,液体经过短孔出流时,收缩断面发生在短孔内,这样在短孔内形成了真空,产生了吸力,结果使得短孔出流的流量增大。由于短孔比薄壁小孔容易加工,因此短孔常用作固定节流器。

3. 细长孔

流经细长孔的液流,由于黏性的影响,流动状态一般为层流,所以细长孔的流量可用液流经圆管的流量公式计算,即 $q = \frac{\pi d^4}{128\mu l}\Delta p$。从此式可看出,液流经过细长孔的流量和孔前后压差 Δp 成正比,而和液体黏度 μ 成反比,因此流量受液体温度影响较大,这是和薄壁小孔不同的。

纵观各小孔流量公式,可以归纳出一个通用公式

$$q = KA_T \Delta p^m \tag{2.53}$$

式中,K 为由孔口的形状、尺寸和液体性质决定的系数,对于细长孔:$K = d^2/(32\mu l)$,对于薄壁孔和短孔:$K = C_q\sqrt{2/\rho}$;A_T 为孔口的过流断面面积;Δp 为孔口两端的压力差;m 为由孔口的长径比决定的指数,薄壁孔 $m = 0.5$,细长孔 $m = 1$。

这个孔口的流量通用公式常用于分析孔口的流量压力特性。

2.4.2 缝隙流量

缝隙就是两固壁间的间隙与其宽度和长度相比小得多的地方。液体流过缝隙时,会产生一定的泄漏,这就是缝隙流量。由于缝隙通道狭窄,液流受壁面的影响较大,故缝隙流动的流态基本为层流。

缝隙流动分为三种情况:一种是压差流动(固壁两端有压差);另一种是剪切流动(两固壁间有相对运动);还有一种是这两种的组合,即压差剪切流动(两固壁间既有压差又有相对运动)。

1. 平行平板缝隙流量(压差剪切流动)

图2.30所示为平行平板缝隙,缝隙的高度为 h,长度为 l,宽度为 b,$l \gg h$, $b \gg h$。在液流中取一个微元体 $\mathrm{d}x\mathrm{d}y$(宽度方向取为1,即单位宽度),其左右两端面所受的压力为 p 和 $p + \mathrm{d}p$,上下两面所受的切应力为 $\tau + \mathrm{d}\tau$ 和 τ,则微元体在水平方向上的受力平衡方程为

$$p\mathrm{d}y + (\tau + \mathrm{d}\tau) = (p + \mathrm{d}p) + \tau\mathrm{d}x$$

整理后得

$$\frac{\mathrm{d}\tau}{\mathrm{d}y} = \frac{\mathrm{d}p}{\mathrm{d}x} \tag{2.54}$$

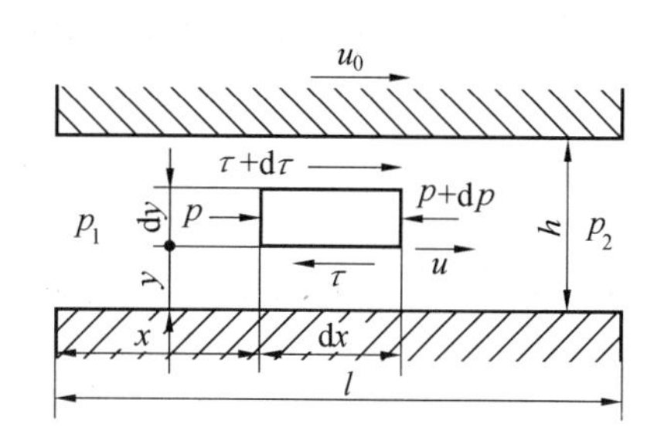

图 2.30　平行平板缝隙液流

根据牛顿内摩擦定律有

$$\tau = \mu\frac{\mathrm{d}u}{\mathrm{d}y}$$

故式(2.54)可变为

$$\frac{\mathrm{d}^2u}{\mathrm{d}y^2} = \frac{1}{\mu}\frac{\mathrm{d}p}{\mathrm{d}x} \tag{2.55}$$

将式(2.55)对 y 积分两次得

$$u = \frac{1}{2\mu}\frac{\mathrm{d}p}{\mathrm{d}x}y^2 + C_1y + C_2 \tag{2.56}$$

当 $y = 0$ 时，$u = 0$，得 $C_2 = 0$；当 $y = h$ 时，$u = u_0$，得 $C_1 = \frac{u_0}{h} - \frac{1}{2\mu}\frac{\mathrm{d}p}{\mathrm{d}x}h$。此外，液流做层流运动时 p 只是 x 的线性函数，即 $\frac{\mathrm{d}p}{\mathrm{d}x} = \frac{p_2 - p_1}{l} = -\frac{\Delta p}{l}(\Delta p = p_1 - p_2)$，将这些关系式代入式(2.56)并考虑到运动平板有可能反向运动得

$$u = \frac{y(h - y)}{2\mu l}\Delta p \pm \frac{u_0}{h}y \tag{2.57}$$

由此得通过平行平板缝隙的流量为

$$q = \int_0^h ub\mathrm{d}y = \int_0^h\left[\frac{y(h - y)}{2\mu l}\Delta p \pm \frac{u_0}{h}y\right]b\mathrm{d}y = \frac{bh^3\Delta p}{12\mu l} \pm \frac{u_0}{2}bh \tag{2.58}$$

很明显，只有在 $u_0 = -h^2\Delta p/(6\mu l)$ 时，平行平板缝隙间才不会有液流通过。对于式(2.58)中的“±”号规定为：当运动平板移动的方向和压差方向相同时，取“+”号；方向相反时，取“-”号。

当平行平板间没有相对运动($u_0 = 0$)时，为纯压差流动，其流量为

$$q = \frac{bh^3\Delta p}{12\mu l} \tag{2.59}$$

当平行平板两端没有压差($\Delta p = 0$)时，为纯剪切流动，其流量为

$$q = \frac{u_0}{2}bh \tag{2.60}$$

从以上各式可以看到，在压差作用下，流过平行平板缝隙的流量与缝隙的三次幂成正比，这说明液压元件内缝隙的大小对其泄漏量的影响非常大。

2. 圆环缝隙流量

在液压元件中，某些相对运动零件，如柱塞与柱塞孔，圆柱滑阀阀芯与阀体孔之间的间隙为圆环缝隙。根据二者是否同心可分为同心圆环缝隙和偏心圆环缝隙两种。

(1) 同心圆环缝隙。

图 2.31 所示为同心圆环缝隙，如果将环形缝隙沿圆周方向展开，就相当于一个平行

平板缝隙。因此只要将$b=\pi d$代入平行平板缝隙流量公式就可以得到同心圆环缝隙的流量公式,即

$$q=\frac{\pi dh^3}{12\mu l}\Delta p \pm \frac{\pi dh}{2}u_0 \tag{2.61}$$

若无相对运动,即$u_0=0$,则同心圆环缝隙的流量公式为

$$q=\frac{\pi dh^3}{12\mu l}\Delta p \tag{2.62}$$

(2) 偏心圆环缝隙。

图2.32所示为偏心圆环缝隙间液流,把偏心圆环缝隙简化为平行平板缝隙,然后利用平行平板缝隙的流量公式进行积分,就得到了偏心圆环缝隙的流量公式

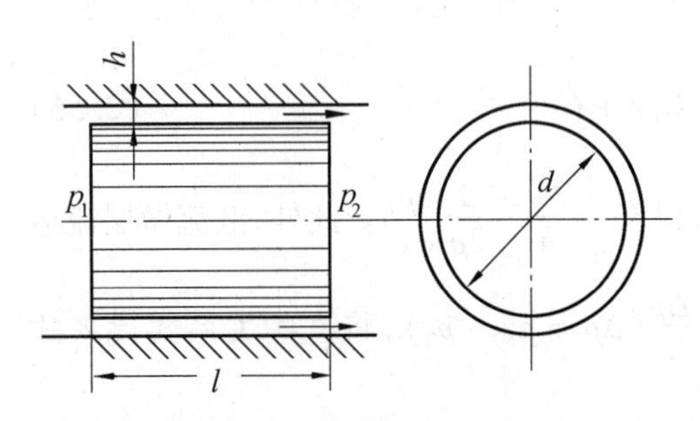

图2.31　同心圆环缝隙间液流

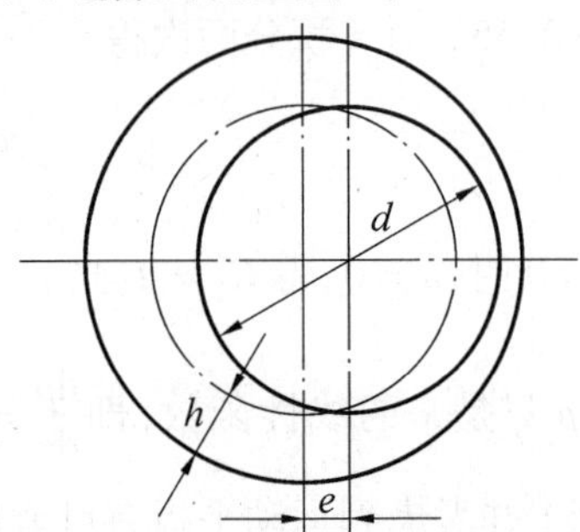

图2.32　偏心圆环缝隙间液流

$$q=\frac{\pi dh^3\Delta p}{12\mu l}(1+1.5\varepsilon^2) \pm \frac{\pi dh}{2}u_0 \tag{2.63}$$

式中,h为内外圆同心时半径方向的缝隙值;ε为相对偏心率,$\varepsilon=e/h$;e为偏心距。

当内外圆之间没有轴向相对移动时,即$u_0=0$时,其流量为

$$q=\frac{\pi dh^3\Delta p}{12\mu l}(1+1.5\varepsilon^2) \tag{2.64}$$

由式(2.64)可以看出,当$\varepsilon=0$时,它就是同心圆环缝隙的流量公式;当偏心距$e=h$,即$\varepsilon=1$(最大偏心状态)时,其通过的流量是同心圆环缝隙流量的2.5倍。因此在液压元件中,有配合的零件应尽量使其同心,以减小缝隙泄漏量。

2.5　空穴现象和液压冲击

在液压传动中,空穴现象和液压冲击都会给液压系统的正常工作带来不利影响,因此需要了解这些现象产生的原因,并采取相应的措施以减少其危害。

2.5.1　空穴现象

在流动的液体中,由于压力的降低,将溶解于液体中的空气分离出来(压力低于空气分离压)或使液体本身汽化(压力低于饱和蒸气压),而产生大量气泡和汽泡的现象,称为空穴现象。

空穴多发生在阀口和液压泵的进口处。由于阀口的通道狭窄,液流的速度增大,压力

下降，容易产生空穴；当泵的安装高度过高时，吸油管直径太小，吸油管阻力太大或泵的转速过高，都会造成进口处真空度过大，而产生空穴。此外，惯性大的油缸和马达突然停止或换向时，也会产生空穴（见液压冲击）。

1. 空穴现象的危害

降低油的润滑性能，使油的压缩性增大（使液压系统的容积效率降低），破坏压力平衡、引起强烈的振动和噪声，加速油的氧化，产生“气蚀”和“气塞”现象。

（1）气蚀：溶解于油中的气泡随液流进入高压区后急剧破灭，高速冲向气泡中心的高压油互相撞击，动能转化为压力能和热能，产生局部高温高压。如果发生在金属表面上，将加剧金属的氧化腐蚀，使镀层脱落，形成麻坑，这种由于空穴引起的损坏，称为气蚀。

（2）气塞：溶解于油液中的气泡分离出来以后，互相聚合，体积膨大，形成具有相当体积的气泡，引起流量的不连续。当气泡达到管道最高点时，会造成断流。这种现象称为气塞。

2. 减少空穴现象的措施

空穴现象的产生对液压系统非常不利，必须加以防止。一般采取如下一些措施：

（1）减小阀孔或其他元件通道前后的压力降，一般使压力比 $p_1/p_2 < 3$。

（2）尽量降低液压泵的吸油高度，采用内径较大的吸油管并少用弯头，吸油管端的过滤器容量要大，以减少管道阻力。必要时可采用辅助泵供油。

（3）各元件的连接处要密封可靠，防止空气进入。

（4）对容易产生气蚀的元件，如泵的配油盘等，要采用抗腐蚀能力强的金属材料，增强元件的机械强度。

要计算产生空穴的可能程度，规定判别允许的和不允许的空穴界限。到目前为止，还没有判别空穴界限的通用标准，例如，对油泵吸油口的空穴，油缸和油马达中的空穴，压力脉动所引起的空穴，都有各自的专用判别系数，在此就不讨论了。

2.5.2　液压冲击

在输送液体的管路中，由于流速的突然变化，常伴有压力的急剧增大或降低，并引起强烈的振动和剧烈的撞击声。这种现象称为液压冲击。

1. 液压冲击的危害

引起振动、噪声，使管接头松动，密封装置破坏，产生泄漏，或使某些工作元件产生误动作。在压力降低时，会产生空穴现象。

2. 液压冲击产生的原因

在阀门突然关闭或运动部件快速制动等情况下，液体在系统中的流动会突然受阻。这时，由于液流的惯性作用，液体就从受阻端开始，迅速将动能逐层转换为压力能，因而产生了压力冲击波；此后，这个压力波又从该端开始反向传递，将压力能逐层转化为动能，这使得液体又反向流动；然后，在另一端又再次将动能转化为压力能，如此反复地进行能量转换。由于这种压力波的迅速往复传播，便在系统内形成压力振荡。由于液体受到摩擦力以及液体和管壁的弹性作用不断消耗能量，才使这一振荡过程逐渐衰减而趋向稳定。

3. 冲击压力

假设系统正常工作的压力为 p,则产生压力冲击时的最大压力为

$$p_{max} = p + \Delta p \tag{2.65}$$

式中,Δp 为冲击压力的最大升高值。

由于液压冲击是一种非定常流动,动态过程非常复杂,影响因素很多,故精确计算 Δp 值很困难。下面介绍两种液压冲击情况下的 Δp 值的近似计算公式。

(1) 管道阀门关闭时的液压冲击。

设管道截面积为 A,产生冲击的管长为 l,压力冲击波第一波在 l 长度内传播的时间为 t_1,液体的密度为 ρ,管中液体的流速为 v,阀门关闭后的流速为零,则由动量方程得

$$\Delta pA = \rho Al \frac{v}{t_1}$$

即

$$\Delta p = \rho \frac{l}{t_1} v = \rho cv \tag{2.66}$$

式中,c 为压力波在管中的传播速度,$c = l/t_1$。

应用式(2.66)时,需先知道 c 值的大小,而 c 不仅和液体的体积弹性模量 K 有关,而且还和管道材料的弹性模量 E、管道的内径 d 及壁厚 δ 有关,c 值的计算式为

$$c = \frac{\sqrt{K/\rho}}{\sqrt{1 + Kd/E\delta}} \tag{2.67}$$

在液压传动中,c 值一般为 900 ~ 1 400 m/s。

若流速 v 不是突然降为零,而是降为 v_1,则式(2.66) 可写成

$$\Delta p = \rho c(v - v_1) \tag{2.68}$$

设压力冲击波在管中往复一次的时间为 t_c,$t_c = 2l/c$。当阀门关闭时间 $t < t_c$ 时,此时压力峰值很大,称为直接冲击,其 Δp 值可按式(2.66) 或式(2.68) 计算。当 $t > t_c$ 时,压力峰值较小,称为间接冲击,这时 Δp 值的计算式为

$$\Delta p = \rho c(v - v_1) \frac{t_c}{t} \tag{2.69}$$

(2) 运动的工作部件突然制动或换向时,因工作部件的惯性而引起的液压冲击。

以液压缸为例进行说明。设运动部件的总质量为 $\sum m$,减速制动时间为 Δt,速度的减小值为 Δv,液压缸有效工作面积为 A,则根据动量定理可求得系统中的冲击压力的近似值为

$$\Delta p = \frac{\sum m\Delta v}{A\Delta t} \tag{2.70}$$

式(2.70) 中因忽略了阻尼和泄漏等因素,计算结果比实际值要大,但偏于安全,因而具有实用价值。

4. 减小液压冲击的措施

分析前面各式中 Δp 的影响因素,可以归纳出减小液压冲击的主要措施有:

(1) 延长阀门关闭和运动部件制动、换向的时间。在液压传动中采用换向时间可调

的换向阀就可做到这一点。

(2) 正确设计阀口,限制管道流速及运动部件速度,使运动部件制动时速度变化比较均匀。

(3) 加大管径或缩短管道长度。加大管径不仅可以降低流速,而且可以减少压力冲击波速度 c 值;缩短管道长度的目的是减小压力冲击波的传播时间 t_c。

(4) 设置缓冲用蓄能器或用橡胶软管。

(5) 装设专门的安全阀。

思考题与习题

2.1　何谓液压油的黏度? 影响黏度的因素有哪些?

2.2　液压油有哪几种类型? 液压油的牌号与黏度有什么关系? 如何选用液压油?

2.3　何谓相对压力? 何谓绝对压力? 何谓真空度? 三者之间的关系如何?

2.4　何谓流线? 有什么特点?

2.5　解释下列概念:理想流体、定常流动、过流断面、流量、平均流速、层流、紊流、雷诺数、缓变流动、液压冲击和空穴现象。

2.6　说明伯努利方程的物理意义并指出其应用时要注意哪些问题?

2.7　如图 2.33 所示的 U 形管中装有水银和水,试求:(1) A、C 两点的绝对压力及表压力各为多少? (2) A、B 两点的高度差 h 为多少?

2.8　如图 2.34 所示,直径为 d,重量为 G 的活塞浸入充满容器的密度为 ρ 的油液中的深度为 h,并在外力 F 作用下处于静止平衡状态,求测压管中油液上升的高度 H 为多少?

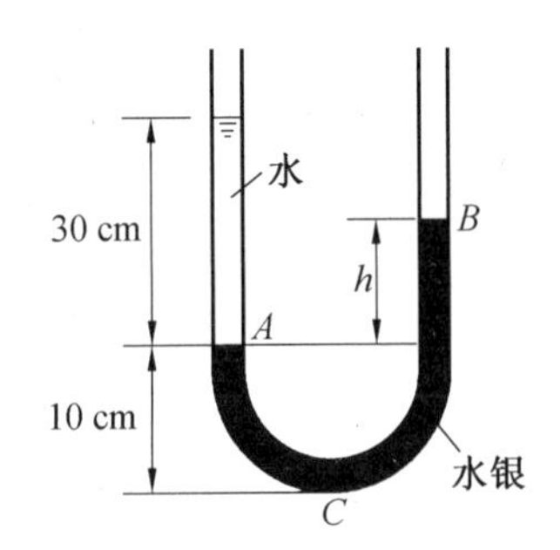

图 2.33　题 2.7 图

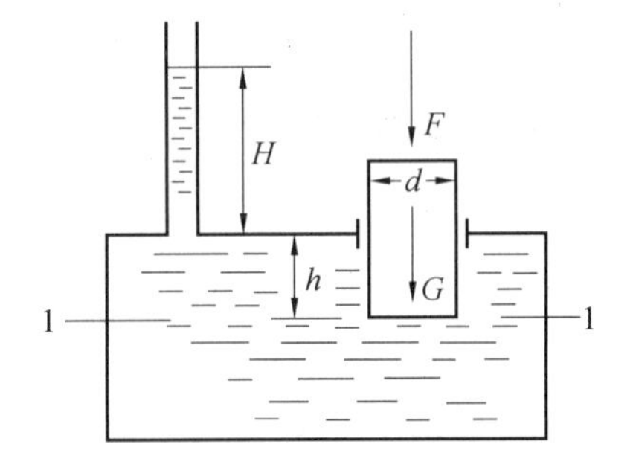

图 2.34　题 2.8 图

2.9　图 2.35 所示液压泵的流量 $q = 0.001\ \mathrm{m^3/s}$, 吸油管的直径 $d = 0.025\ \mathrm{m}$,管长 $l = 2\ \mathrm{m}$,滤油器的压力降 $\Delta p_\xi = 0.05\ \mathrm{MPa}$(不计其他局部损失)。液压油的运动黏度 $\nu = 1.42 \times 10^{-5}\ \mathrm{m^2/s}$,密度 $\rho = 900\ \mathrm{kg/m^3}$,空气分离压 $p_d = 0.04\ \mathrm{MPa}$。求泵的最大安装高度 H_{max}。

2.10　如图 2.36 所示的渐扩水管,已知 $d = 0.01\ \mathrm{m}$, $D = 0.02\ \mathrm{m}$, $p_A = 3.58 \times 10^4\ \mathrm{Pa}$, $p_B = 2.18 \times 10^4\ \mathrm{Pa}$, $h = 1\ \mathrm{m}$, $v_B = 1\ \mathrm{m/s}$。试判断水流的方向并计算 A、B 两点间的压力损失。

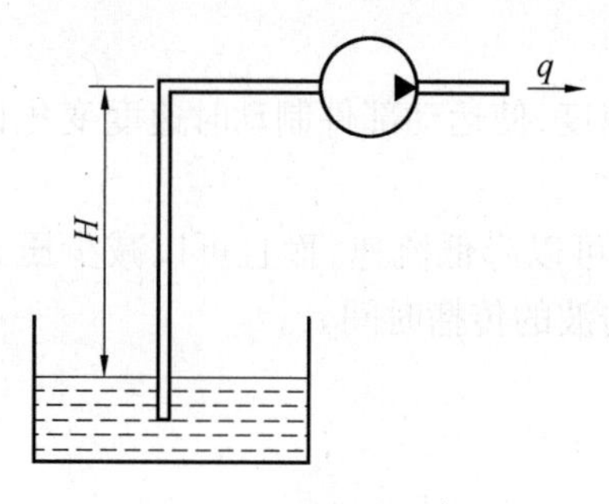

图 2.35　题 2.9 图

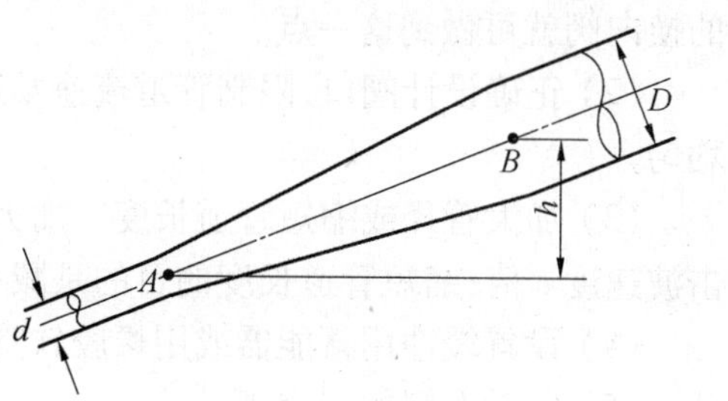

图 2.36　题 2.10 图

2.11　如图 2.37 所示，水平放置的光滑圆管由两段组成，直径分别为 $d_1=0.01$ m 和 $d_2=0.006$ m，每段长度 $l=3$ m，液体密度 $\rho=900$ kg/m^3，运动黏度 $\nu=2\times10^{-5}$ m^2/s，通过的流量为 $q=3\times10^{-4}$ m^3/s，管道突然缩小处的局部阻力系数 $\xi=0.35$（对应断面突变后的速度）。试求管内的总压力损失及两端的压力差。

2.12　如图 2.38 所示，水流经过 60° 渐缩弯头 AB，已知 A 处管径 $d_A=0.5$ m，B 处管径 $d_B=0.25$ m，通过的流量为 $q=0.1$ m^3/s，B 处压力 $p_B=1.8\times10^5$ Pa。设弯头在同一水平面上，摩擦力不计，求弯头所受的作用力。

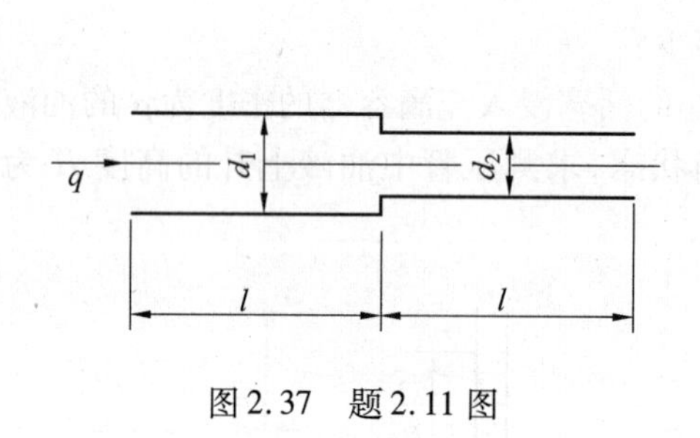

图 2.37　题 2.11 图

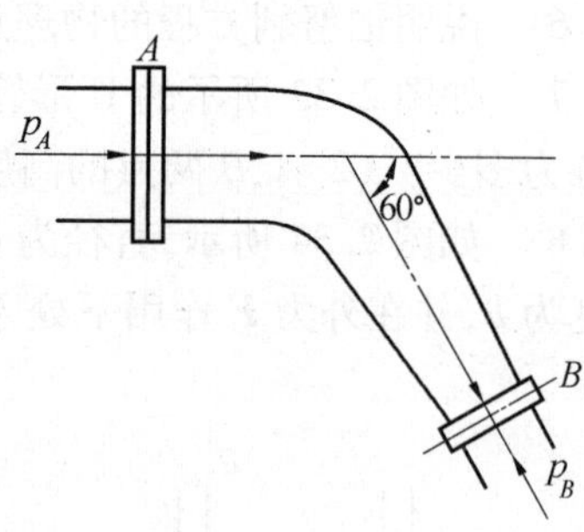

图 2.38　题 2.12 图

第3章 液压泵和液压马达

3.1 液压泵概述

液压泵是液压系统的动力元件,功能是将原动机输出的机械能转变为油液的压力能。它是液压系统的心脏,为整个液压系统提供能量。

3.1.1 液压泵的基本工作原理

图3.1是容积式液压泵的工作原理图。此图为一个单缸液压泵,由偏心轮、柱塞、缸体、弹簧、单向阀等组成。其工作原理为:图中柱塞2装在缸体3中形成一个密封容积a,柱塞在弹簧4的作用下始终压紧在偏心轮1上。原动机驱动偏心轮1旋转使柱塞2做往复运动,导致密封容积a的大小发生周期性的交替变化。当a由小变大时就形成部分真空,使油箱中油液在大气压作用下,经吸油管顶开单向阀6进入油腔a而实现吸油;反之,当a由大变小时,a腔中吸满的油液将顶开单向阀5流入系统而实现压油。这样液压泵就将原动机输入的机械能转换成液体的压力能,原动机驱动偏心轮不断旋转,液压泵就不断地吸油和压油。

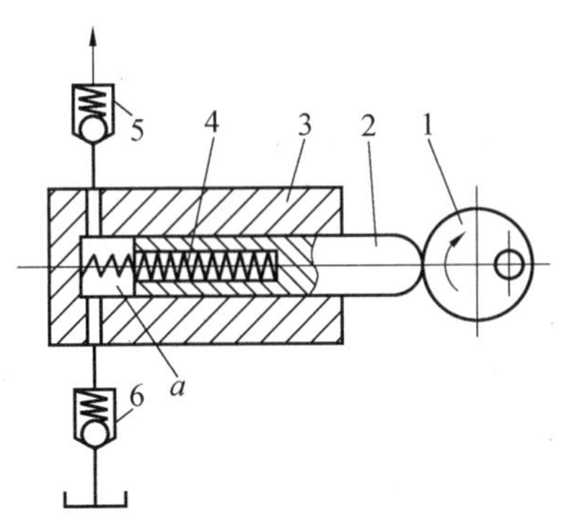

图3.1 液压泵工作原理图

1—偏心轮;2—柱塞;3—缸体;4—弹簧;5、6—单向阀

由上所述,容积式液压泵工作的基本原理就是密封腔容积变化,配油装置与之配合,将原动机输出的机械能转变为压力能。泵输出的流量取决于密封腔容积大小及其变化次

数。泵输出的压力取决于负载，并与结构强度有关。其工作必须具备三个要素：

(1)密封腔容积变化。这是容积式液压泵能够吸、排油的根本原因。

(2)油箱内液体的绝对压力必须恒等于或大于大气压力。这是容积式液压泵能够吸入油液的外部条件。因此，为保证液压泵正常吸油，油箱必须与大气相通，或采用密闭的充压油箱。

(3)有配油装置配合。将吸液腔和排液腔隔开，保证液压泵有规律地连续吸排液体。

液压泵的结构原理不同，其配油装置也不相同。图 3.1 所示的单柱塞泵的配油机构就是单向阀 5 和 6。

3.1.2 液压泵的分类

1. 液压泵的分类

(1)按液压泵单位时间内输出油液的体积能否变化分为定量泵和变量泵。

定量泵：单位时间内输出的油液体积不能变化。

变量泵：单位时间内输出油液的体积能够变化。

(2)按泵的结构来分主要有齿轮泵、叶片泵、柱塞泵、螺杆泵。液压泵按其组成还可以分为单泵和复合泵。

2. 液压泵的图形符号

图 3.2 所示为液压泵的图形符号。

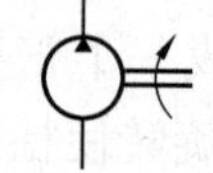
(a) 单向定量液压泵

(b) 双向定量液压泵

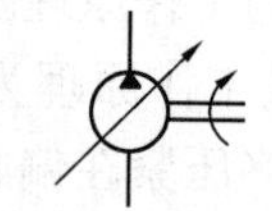
(c) 单向变量液压泵

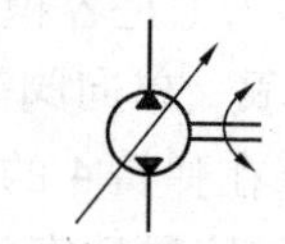
(d) 双向变量液压泵

图 3.2 液压泵的图形符号

3.1.3 液压泵的主要性能参数

液压泵性能参数主要是指液压泵的压力、流量、功率和效率等。

1. 压力

(1)吸入压力：泵入口处必须保证的压力(此压力越低表明泵的自吸能力越强，但是太低反而对泵不利)。

(2)额定压力：在正常工作条件下，泵能够连续运转的最高压力(由结构强度和密封好坏决定，出厂测得)。

(3)工作压力：泵实际工作中的压力(由负载决定)。

2. 流量

(1) 理论流量 q_t：根据泵的几何尺寸及转速计算而得到的流量，即

$$q_t = Vn \tag{3.1}$$

式中，V 为排量，即泵每转所排出液体的体积；n 为电机转速。

工程上常把零压差下的流量视为理论流量。

(2) 额定流量 q_n：它是泵在额定转速和额定压力下输出的最大流量(出厂测得)。

(3) 实际流量 q:泵工作时的实际流量,简称泵的流量。

$$q = q_t - \Delta q \tag{3.2}$$

式中,Δq 为泵的泄漏量,它随着泵工作压力的升高而增大。

这三个流量中理论流量 q_t 最大,额定流量 q_n 最小,实际流量 q 略大于额定流量 q_n。

3. 功率

液压泵的输入能量为机械能,其表现为转矩 T 和转速 ω;液压泵的输出能量为液压能,表现为压力 p 和流量 q。

(1) 输入功率 P_i:实际驱动泵轴所需要的机械功率,即

$$P_i = \omega T = 2\pi nT \tag{3.3}$$

(2) 输出功率 P_o: 泵输出的液体功率,等于泵实际输出流量 q 与泵输出压力 p 的乘积,即

$$P_o = pq \tag{3.4}$$

式中,p 的单位符号为 Pa, q 的单位符号为 m^3/s,则 P_o 的单位符号为 W。

4. 效率

(1) 容积效率 η_{pv}: 液压泵实际流量与理论流量之比,即

$$\eta_{pv} = \frac{q}{q_t} = \frac{q_t - \Delta q}{q_t} = 1 - \frac{\Delta q}{q_t} = 1 - \frac{\Delta q}{Vn} \tag{3.5}$$

容积效率表示泵抵抗泄漏的能力。它与泵的工作压力、泵腔中的间隙大小、工作液体的黏度及泵的转速等有关。

(2) 机械效率 η_{pm}:泵所需要的理论转矩 T_t 与实际转矩 T 之比,即

$$\eta_{pm} = \frac{T_t}{T} \tag{3.6}$$

也可以这样来定义: 泵的理论输出功率与其输入功率的比值,即

$$\eta_{pm} = \frac{pq_t}{P_i} \tag{3.7}$$

泵的理论输出功率与理论输入功率是相等的,即

$$pq_t = T_t\omega \tag{3.8}$$

机械效率表示了泵体内的摩擦情况。它与泵的工作压力、运动件间的间隙大小、工作液体的黏度等有关。

(3) 总效率 η_p:泵的总效率是泵输出功率 P_o 与输入功率 P_i 的比值,即

$$\eta_p = \frac{P_o}{P_i} = \frac{pq}{P_i} = \frac{pq_t\eta_{pv}}{P_i} = \eta_{pv}\eta_{pm} \tag{3.9}$$

液压泵的总效率等于容积效率和机械效率的乘积,液压泵的总效率、容积效率和机械效率可以通过实验测得。

3.1.4 液压泵的特性曲线

液压泵的容积效率 η_{pv}、机械效率 η_{pm}、总效率 η_p、理论流量 q_t、实际流量 q,实际输入功率 P_i 与工作压力 p 的关系曲线如图 3.3 所示。它是液压泵在特定的介质、转速和油温等

条件下通过实验得出的。由图3.3可知,液压泵在零压时的流量即为q_t。由于泵的泄漏量随压力升高而增大,所以泵的容积效率η_{pv}及实际流量q随泵的工作压力的升高而降低,压力为零时的容积效率$\eta_{pv}=100\%$,这时的实际流量q等于理论流量q_t。总效率η_p开始随压力p的增大很快上升,接近液压泵的额定压力时总效率η_p最大,达到最大值后,又逐渐降低。由容积效率和总效率这两条曲线的变化,可以看出机械效率的变化情况。

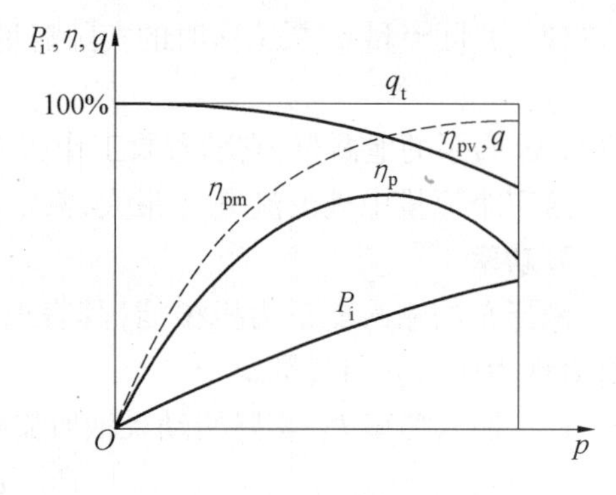

图3.3　液压泵的特性曲线

泵在低压时,机械摩擦损失在总损失中所占的比重较大,所以机械效率η_{pm}很低。随着工作压力的提高,机械效率很快上升。在达到某一值后,机械效率大致保持不变,从而表现出总效率曲线几乎和容积效率曲线平行下降的变化规律。

3.2　齿轮泵

齿轮泵在液压系统中应用非常广泛,齿轮泵的种类也较多,如外啮合式、内啮合式、直齿式、斜齿式、人字齿式、二齿轮式、多齿轮式、单级的、多级的等。它一般做成定量泵,而以外啮合齿轮泵应用最广,下面以外啮合齿轮泵为例来讲一下齿轮泵的结构、工作原理、流量计算、存在的问题以及优缺点等。

3.2.1　齿轮泵的结构及工作原理

图3.4为外啮合齿轮泵的工作原理图,外啮合齿轮泵主要由泵体、一对(模数相同、齿数相同的)互相啮合的齿轮、端盖等组成。其工作原理是:壳体、端盖和齿轮的各个齿间槽组成了许多密封腔,一个齿轮由电动机带动旋转,另一个齿轮被动旋转,脱开啮合的一侧容积扩大,形成真空,完成吸油。吸入的油被齿间带到另一侧,进入啮合的一侧容积减少,油被挤出去,完成压油。吸油腔和压油腔是由相互啮合的齿轮以及泵体分隔开的(相当于配油装置)。

3.2.2　齿轮泵的流量计算

外啮合齿轮泵的排量就是齿轮每转一转齿间工作腔从吸油区带入压油区的油液的容积的总和,其精确的计算要根据齿轮的啮合原理来进行,计算过程比较复杂。一般情况下用近似计算来考虑,认为齿间槽的容积近似于齿轮轮齿的体积。因此,设齿轮齿数为z,节圆直径为D,齿高为h,模数为m,齿宽为b时,泵的排量近似计算为

$$V=\pi Dhb=2\pi Zm^2b \tag{3.10}$$

但实际上,泵的齿间槽的容积要大于轮齿的体积,所以,将2π修正为6.66～6.70。齿轮泵的流量通常计算为(齿数小时取大值,齿数多时取小值)

$$q=nV=(6.66\sim6.70)Zm^2nb \tag{3.11}$$

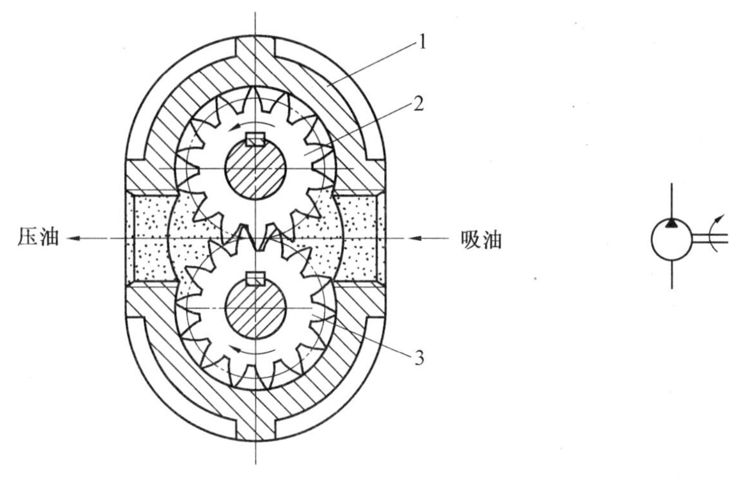

图 3.4　外啮合齿轮泵工作原理

1— 泵体;2— 主动轮;3— 从动齿轮

式(3.11) 只是齿轮泵的平均流量,实际上齿轮啮合过程中瞬时流量是脉动的(这是因为压油腔容积变化率是不均匀的)。设最大流量和最小流量分别为 q_{max} 和 q_{min},则流量脉动率为

$$\sigma = \frac{q_{max} - q_{min}}{q} \tag{3.12}$$

3.2.3　齿轮泵存在的问题

1. 泄漏问题

齿轮泵在工作中其实际输出流量比理论流量要小,主要原因是泄漏(内漏)。齿轮泵从高压腔到低压腔的油液泄漏主要通过三个渠道:一个是通过齿轮两侧面与两侧盖板之间的间隙;二是通过齿轮顶圆与泵体内孔之间的径向间隙;三是通过齿轮啮合处的间隙。其中,第一种间隙为主要泄漏渠道,大约占泵总泄漏量的 75% ~ 85%。正是由于这个原因,使得齿轮泵的输出压力不能达到要求值,影响了齿轮泵的使用范围。所以,解决齿轮泵输出压力低的问题,就要从解决端面泄漏入手。一些厂家采用在齿轮两侧面加浮动轴套或弹性挡板,将齿轮泵输出的压力油引到浮动轴套或弹性挡板外部,增加对齿轮侧面的压力,以减小齿侧间隙,达到减少泄漏的目的,目前不少厂家生产的高压齿轮泵都是采用这种措施。

2. 径向不平衡力的问题

在齿轮泵中,作用于齿轮外圆上的压力是不相等的,在吸油腔中压力最低,而在压油腔中,压力最高,在整个齿轮外圆与泵体内孔的间隙中,压力是不均匀的,存在着压力的逐渐升级,因此,对齿轮的轮轴及轴承产生了一个径向不平衡力。这个径向不平衡力不仅加速了轴承的磨损,影响了它的使用寿命,并且可能使齿轮轴变形,造成齿顶与泵体内孔的摩擦,损坏泵体,使得泵不能正常工作。解决的办法一种是可以开压力平衡槽,将高压油引到低压区,但这样做会造成泄漏增加,影响容积效率;另一种是采用缩小压油腔的办法,使作用于轮齿上的压力区域减小,从而减小径向不平衡力。

3. 困油问题

为了使齿轮泵能够平稳地运转及连续均匀地供油，在设计上就要保证齿轮啮合的重叠系数大于1($\varepsilon > 1$)，也就是说，齿轮泵在工作时，在啮合区有两对齿轮同时啮合，形成封闭的容腔，这个封闭容积既不同吸油腔相通，又不同压油腔相通，便使油液困在其中，如图3.5所示。齿轮泵在运转中，封闭腔的容积不断地变化，当封闭腔容积变小时，油液受很高的压力，从各处缝隙挤压出去，造成油液发热，并使机件承受额外负载。而当封闭腔容积增大时，又会造成局部真空，使油液中溶解的气体分离出来，并使油液本身气化，加剧流量不均匀，两者都会造成强烈的振动与噪声，降低泵的容积效率，影响泵的使用寿命，这就是齿轮泵的困油现象。

解决这一问题的方法是在两侧端盖各铣两个卸荷槽，如图3.5中的双点画线所示。两个卸荷槽间的距离应保证困油空间在达到最小位置以前与压力油腔连通，通过最小位置后与吸油腔连通，同时又要保证任何时候吸油腔与压油腔之间不能连通，以避免泄漏，降低容积效率。

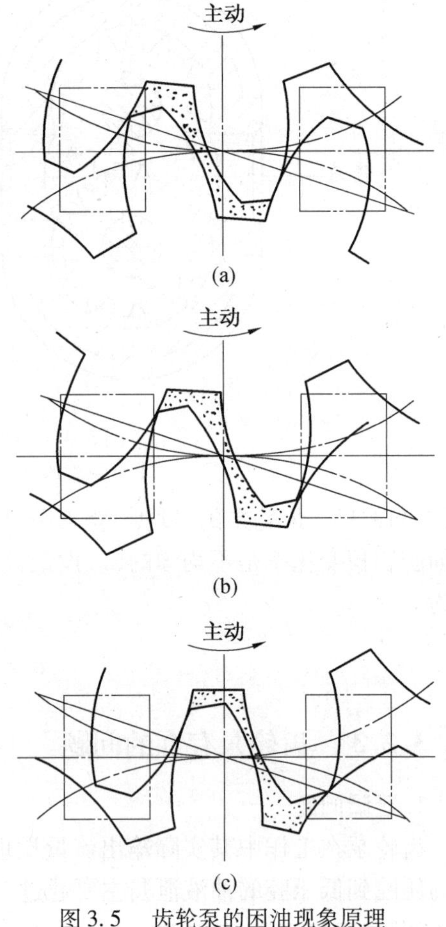

图3.5　齿轮泵的困油现象原理

3.2.4　齿轮泵的优缺点

齿轮泵的优点是，结构简单紧凑，体积小，质量轻；自吸性能好，对油的过滤精度要求低；工作可靠、寿命长、便于维护修理、成本低；允许的转速高。可广泛用于压力要求不高的场合，如磨床、珩磨机等中低压机床中。它的缺点是内泄漏较大，轴承上承受不平衡力，压力脉动和噪声较大，不能变量。

3.3　叶片泵

叶片泵也是一种常见的液压泵。根据结构来分，叶片泵有单作用和双作用两种。单作用叶片泵每转吸排油各一次，又称非平衡式泵，可以变量；双作用叶片泵每转吸排油各两次，也称平衡式泵，不能变量。

3.3.1　双作用式叶片泵

下面主要讲双作用叶片泵的结构和工作原理。

图3.6为双作用叶片泵的结构简图。该泵主要有前、后泵体8和6，在泵体中装有配流盘2和7，用长定位销将配流盘和定子定位，固定在泵体上，以保证配流盘上吸、压油窗口位置与定子内表面曲线相对应。转子4上均匀地开有叶片槽（图中为12条，在实际使用中具体数目由叶片泵的性能决定），叶片12可以在槽内沿径向方向滑动。配流盘7上开有与压油腔相通的环槽，将压力油引入叶片底部。传动轴3支承在滚针轴承1和滚动轴承9上，传动轴通过花键带动转子在配流盘之间转动。泵的左侧为吸油口，右侧（靠近伸出轴一端）为压油口。

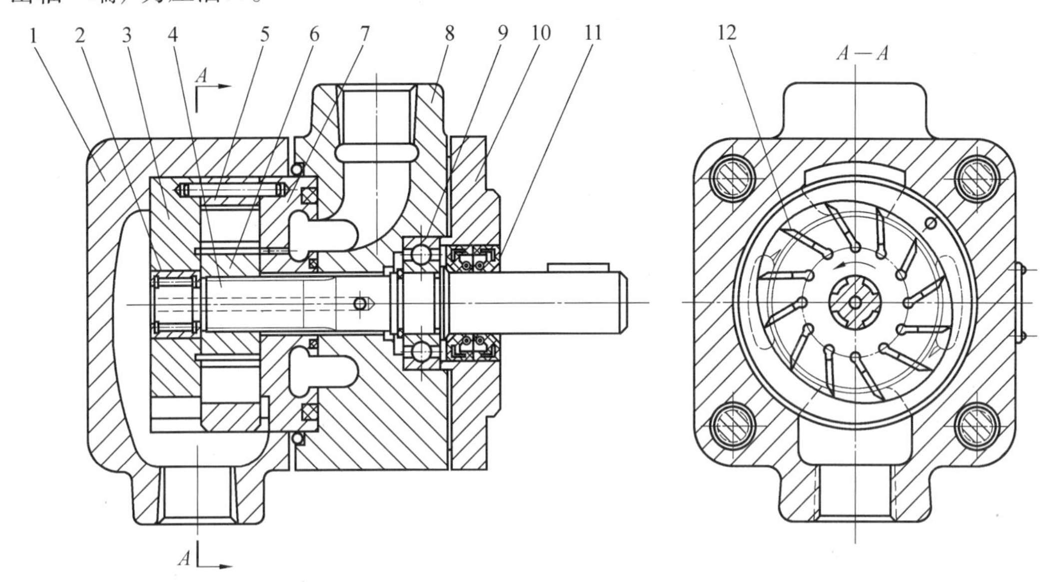

图3.6　双作用叶片泵结构简图

1—滚针轴承；2、7—配流盘；3—传动轴；4—转子 5—定子；6、8—泵体；9—滚动轴承；10—盖板；11—密封圈；12—叶片

图3.7为双作用叶片泵工作原理图。转子3和定子2是同心的，定子内表面由两段大半径为R的圆弧面、两段小半径为r的圆弧面以及连接四段圆弧面的四段过渡曲面组成。当转子沿图示方向转动时，在离心力的作用下，使叶片伸出并紧贴在定子的内表面上，在每相邻两叶片之间形成密封容积。当相邻两叶片从定子小半径r的圆弧面经过渡曲面向定子大半径R的圆弧面滑动时，叶片向外伸，使两叶片之间的密封容积变大形成真空，油箱中的油液从配流盘吸油窗口a进入并充满密封容积，这是叶片泵的吸油过程；当转子继续转动，两叶片从定子大半径R的圆弧面经过渡曲面向定子小半径r的圆弧面滑动时，叶片受定子内壁面的作用缩回转子槽内，使两叶片之间的密封容积变小，油液受到挤压，并从配流盘的压油窗口b压出进入到液压系统中，这是叶片泵的压油过程。叶片泵的转子每转一周，两相邻叶片之间的密封容积吸油和压油两次，因此这种泵称为双作用叶片泵。又因吸、压油口对称分布，转子和轴承所受的径向液压力基本平衡，使泵轴及轴承的寿命长，所以该泵又称为平衡式叶片泵。这种泵的流量均匀，噪声低。

双作用叶片泵的流量与定子的宽度和定子长短半径之差有关，定子的宽度和定子长短半径之差越大，流量越大；反之，流量越小。这种泵的排量是不可调的，只能做成定量泵。

3.3.2 单作用叶片泵

1. 普通单作用叶片泵

普通单作用叶片泵的工作原理如图 3.8 所示，泵的组成也是由转子 1、定子 2、叶片 3、配流盘和泵体组成。但是，单作用叶片泵与双作用叶片泵的最大不同在于，它的定子 2 的内曲线是圆形的，定子 2 与转子 1 的安装是偏心的。正是由于存在偏心，使得由叶片 3、转子 1、定子 2 和配油盘形成的封闭工作腔在转子旋转工作时，才会出现容积的变化。如图 3.8 所示，转子逆时针旋转时，工作腔从最下端向上通过右边区域，容积由小变大，产生真空，通过配流窗口将油吸入工作腔。而工作腔从最上端向下通过左边区域，容积由大变小，油液受压，从左边的配流窗口进入系统中。在吸油窗口和压油窗口之间，有一段封油区，将吸油腔和压油腔隔开。

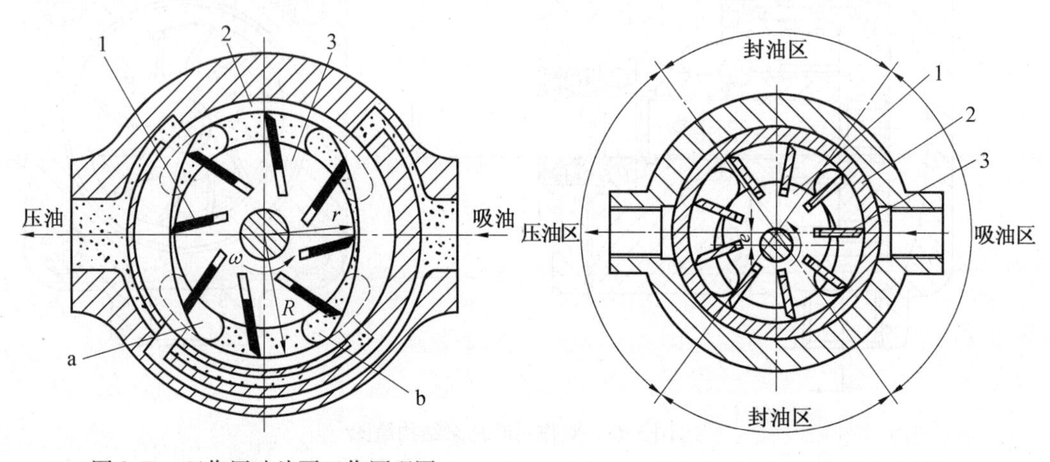

图 3.7 双作用叶片泵工作原理图
1— 叶片；2— 定子；3— 转子

图 3.8 单作用叶片泵工作原理
1— 转子；2— 定子；3— 叶片

2. 变量叶片泵

单作用叶片泵的变量方式很多，按改变偏心方向的不同为单向变量泵和双向变量泵两种。按改变偏心方式的不同又分为手调式变量泵和自动式变量泵，自动式变量泵又分为限压式变量泵和稳流量式变量泵等，限压式变量泵又可分为外反馈式和内反馈式两种。下面就以外反馈式限压变量叶片泵为例来阐明变量叶片泵的工作原理。

图3.9是外反馈式限压变量叶片泵的工作原理图。图中转子1的中心是固定不动的，定子3可以左右移动。在定子左边安装弹簧2，右边安装一个柱塞油缸5，它与泵的输出油路相连。在泵的两侧面有两个配流盘，其配流窗口上下对称，当泵以图示的逆时针旋转时，在上半部工作腔的容积由大到小，为压油区；而在下半部，工作腔的容积由小到大，为吸油区。

泵开始工作时，在弹簧力 F_s 的作用下定子处于最右端，此时偏心距 e 最大，泵的输出流量也最大。调节螺钉 6 用以调节定子能够达到的最大偏心位置，也就是由它来决定泵在本次调节中的最大流量为多少。当油泵开始工作后，其输出压力升高，通过油路返回到柱塞油缸的油液压力也随之升高，当作用于柱塞上的液压力小于弹簧力时，定子不动，泵处于最大流量；当作用于柱塞上的液压力大于弹簧力后，定子的平衡被打破，定子开始向左移动，于是定子与转子间的偏心距开始减小，从而泵输出的流量开始减少，直至偏心距为零，此时，泵输出流量也为零，不管外负载再如何增大，泵的输出压力再不会增高。因此，这种泵被称为限压变量叶片泵。

限压变量叶片泵的流量－压力特性曲线如图3.10 所示，此曲线分为两段。第一段 AB 是在泵的输出油液作用于活塞上的力还没有达到弹簧的预压紧力时，定子不动，此时，影响泵的流量只是随压力增加而泄漏量增加，相当于定量泵；第二段出现在泵输出油液作用于活塞上的力大于弹簧的预压紧力后，转子与定子的偏心距改变，泵输出的流量随着压力的升高而降低；当泵的工作压力接近于曲线上的 C 点时，泵的流量已很小，这时，压力已较高，泄漏也较多，当泵的输出流量完全用于补偿泄漏时，泵实际向外输出的流量已为零。

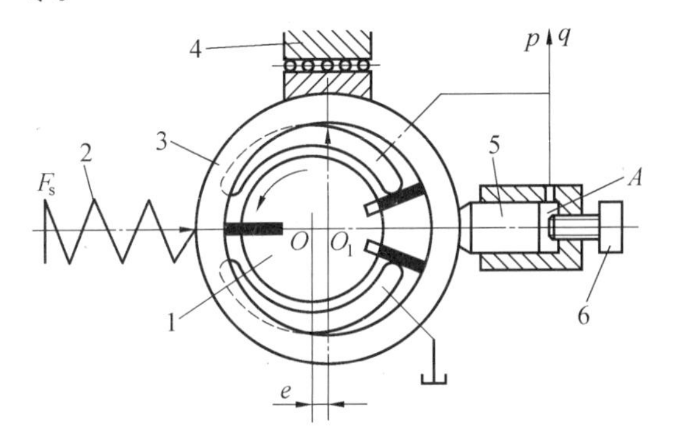

图 3.9　外反馈式限压变量叶片泵的工作原理图

1— 转子；2— 弹簧；3— 定子；4— 滑动支撑；5— 柱塞油缸；6— 调节螺钉

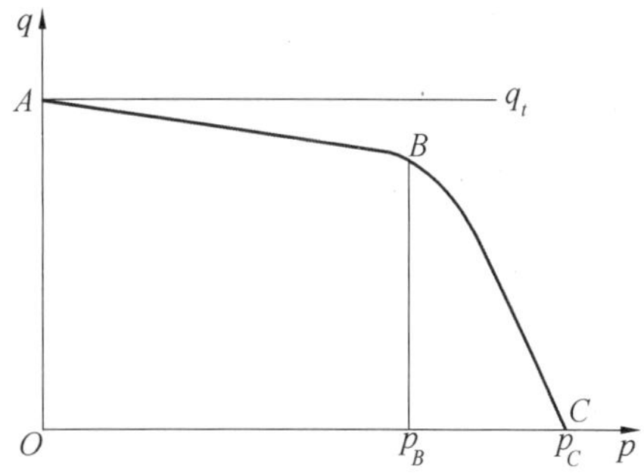

图 3.10　限压变量叶片泵特性曲线

图3.11 为 YBX 型外反馈式限压变量叶片泵的结构图。调节图3.11 中的最大偏心距调节螺钉 10，可以改变泵的最大流量，这时图 3.10 中曲线的 AB 段上下平移；通过调节螺钉 1，可调整弹簧预压紧力 F_s 的大小，这时曲线的 BC 段左右平移；如果改变调节弹簧的刚度，则可以改变曲线 BC 段的斜率。

从上面讨论可以看出，限压变量叶片泵特别适用于工作机构有快、慢速进给要求的情况，例如组合机床的动力滑台等。此时，当需要有一个快速进给运动时，所需流量最大，正好应用曲线的 AB 段；当转为工作进给时，负载较大，速度不高，所需的流量也较小，正好应用曲线的 BC 段。这样，可以降低功率损耗，减少油液发热，与其他回路相比较，简化了液压系统。

3.3.3　叶片泵的优缺点

叶片泵的优点是流量较均匀，运转平稳，噪声小，工作压力和容积效率高，特别适合用于中高压系统中。因此，在机床、工程机械、船舶、压铸及冶金设备中得到广泛的应用。其缺点是吸油特性不太好，间隙小，对油的过滤精度要求高，转速受限；结构复杂，价格高。

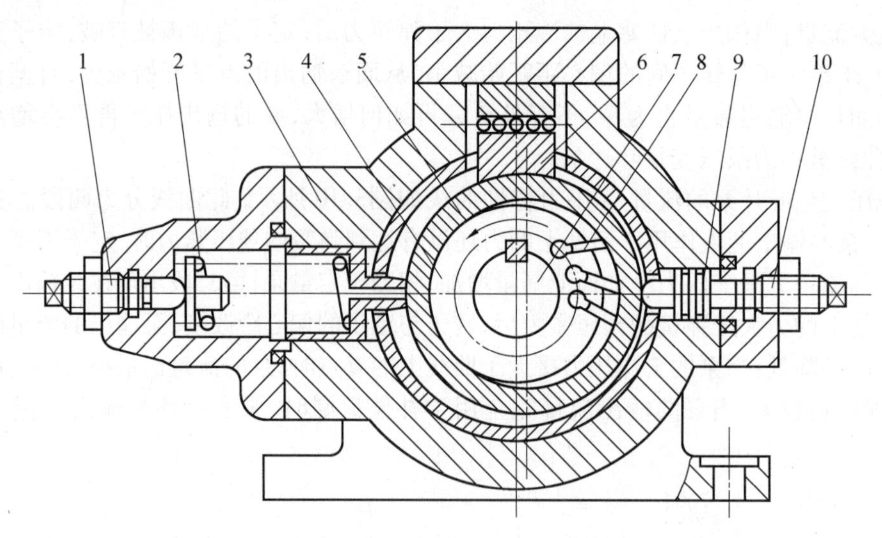

图 3.11　YBX 外反馈式限压变量泵

1— 调节螺钉;2— 弹簧;3— 泵体;4— 转子;5— 定子;6— 滑块;7— 泵轴;8— 叶片;9— 柱塞;10— 最大偏心距调节螺钉

3.4　柱 塞 泵

柱塞泵是依靠柱塞在缸体内做往复运动使泵内密封工作腔容积发生变化实现吸油和压油的。柱塞泵分为径向柱塞泵和轴向柱塞泵。

3.4.1　径向柱塞泵

1. 工作原理

径向柱塞泵的工作原理如图 3.12 所示。径向柱塞泵是由定子 4、转子 2、配流轴 5、柱塞 1 及衬套 3 等组成。柱塞 1 径向排列安装在缸体 2 中,缸体(转子)由电动机带动旋转,柱塞靠离心力(或在低压油的作用下)顶在定子的内壁上。由于转子与定子是偏心安装的,所以,转子旋转时,柱塞即沿径向里外移动,使得工作腔容积发生变化。径向柱塞泵是靠配流轴来配油的,轴中间分为上下两部分,中间隔开。若转子顺时针旋转,则上部为吸油区(柱塞向外伸出),下部为压油区,上下区域轴向各开有两个油孔,上半部的 a,b 孔为吸油孔,下半部的 c,d 孔为压油孔。衬套与工作腔对应开有油孔,安装在配流轴与转子中间。径向柱塞泵每旋转一转,工作腔容积变化一次,完成吸油、压油各一次。改变其偏心距可使其输出流量发生变化,成为变量泵。

由于该泵上部为吸油区,下部为压油区,因此,泵在工作时受到径向不平衡力的作用。

2. 流量计算

柱塞泵的排量计算较为精确,工作腔容积变化等于柱塞面积乘以 2 倍偏心距再乘以柱塞数,实际流量的计算公式为

$$q = \frac{\pi}{4}d^2 2ezn\eta_v = \frac{\pi}{2}d^2 ezn\eta_v \qquad (3.13)$$

式中,e 为转子与定子间的偏心距;d 为柱塞的直径;n 为柱塞泵的转速;z 为柱塞数。

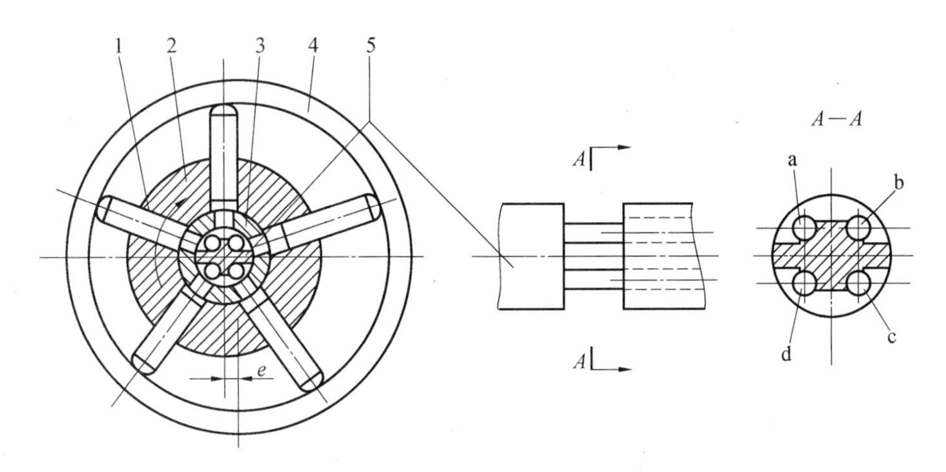

图 3. 12　径向柱塞泵的工作原理

1— 柱塞;2— 缸体(转子);3— 衬套;4— 定子;5— 配流轴

由于径向柱塞泵其柱塞在缸体中径向移动速度是变化的,而每个柱塞在同一瞬时径向移动速度不均匀,因此径向柱塞泵的瞬时流量是脉动的。而这种脉动奇数柱塞要比偶数柱塞小得多,所以,径向柱塞泵均采用奇数柱塞。

3.4.2　轴向柱塞泵

轴向柱塞泵可分为斜盘式和斜轴式两种,下面主要介绍斜盘式。

1. 工作原理

斜盘式轴向柱塞泵的工作原理如图 3. 13 所示。轴向柱塞泵是由斜盘 1、柱塞 2、配流盘 4、缸体 3 等组成。柱塞 2 轴向均匀排列安装在缸体 3 同一半径圆周处,缸体由电动机带动旋转,柱塞靠机械装置(如滑履)或在低压油的作用下顶在斜盘上。当缸体旋转时,柱塞即在轴向左右移动,使得工作腔容积发生变化。轴向柱塞泵是靠配流盘来配流的,配流盘上的配流窗口分为左右两部分。若缸体如图示方向逆时针旋转,则图中左边配流窗口 a 为吸油区(柱塞向左运动,工作腔容积变大);右边配流窗口 b 为压油区(柱塞向右运动,工作腔容积变小)。轴向柱塞泵每旋转一转,工作腔容积变化一次,完成吸油、压油各一次。轴向柱塞泵是靠改变斜盘的倾角,从而改变每个柱塞的行程使得泵的排量发生变化的。

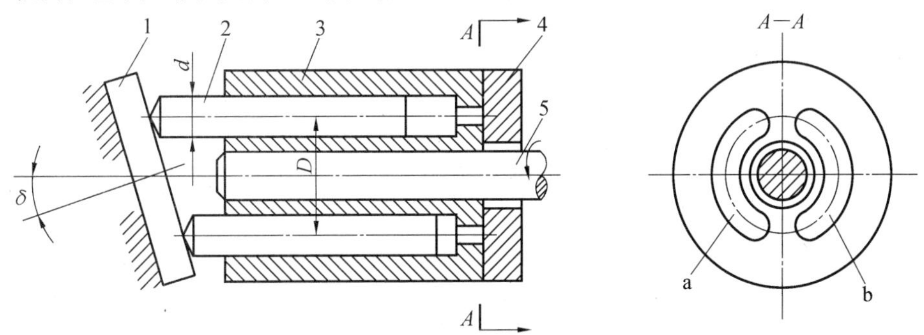

图 3. 13　轴向柱塞泵工作原理

1— 斜盘;2— 柱塞;3— 缸体;4— 配流盘;5— 转轴

2. 流量计算

同径向柱塞泵一样,轴向柱塞泵的排量也是按泵转一转每个工作腔容积变化的总和计算,实际流量的计算公式为

$$q = \frac{\pi}{4}d^2 D\tan \delta z n \eta_v \tag{3.14}$$

式中,δ 为斜盘的倾角;D 为柱塞的分布圆直径;d 为柱塞的直径;n 为柱塞泵的转速;z 为柱塞数。

以上计算的流量是泵的实际平均流量。实际上,由于该泵在工作时,其柱塞轴向移动的速度是不均匀的,它是随着转子旋转的转角而变化的,因此泵在某一瞬时的输出流量也是随转子的旋转而变化的。当柱塞数 z 为单数时,脉动较小,其脉动率为

$$\sigma = \frac{\pi}{2z}\tan\frac{\pi}{4z} \tag{3.15}$$

因此,一般常用的柱塞数视流量大小,取 7、9 或 11 个。

3.4.3 柱塞泵的优缺点

柱塞泵的优点是工作压力和容积效率高,单位重量的输出功率大;结构紧凑,容易实现变量。

柱塞泵的缺点是对油的过滤精度要求高,对材质和加工精度要求高,价格昂贵;使用和维护要求比较严格。

柱塞泵特别适合于高压、大流量和流量需要调节的场合,如工程机械、液压机、重型机床等设备中。

3.5 螺杆泵

螺杆泵实质上是一种外啮合摆线齿轮泵,按其螺杆根数有单螺杆泵、双螺杆泵、三螺杆泵、四螺杆泵和五螺杆泵等;按螺杆的横截面的不同有摆线齿形、摆线-渐开线齿形和圆形齿形三种不同形式的螺杆泵。

图 3.14 为三螺杆泵的结构简图,在三螺杆泵壳体 2 内平行地安装着三根互相啮合的双头螺杆,主动螺杆为中间凸螺杆 3,上、下两根凹螺杆 4 和 5 为从动螺杆。三根螺杆的外圆与壳体对应弧面保持着良好的配合,螺杆的啮合线将主动螺杆和从动螺杆的螺旋槽分割成多个相互隔离的、互不相通的密封工作腔。当传动轴(与凸螺杆为一整体)如图示方向旋转时,这些密封工作腔随着螺杆的转动一个接一个地在左端形成,并不断地从左向右移动,在右端消失。主动螺杆每转一周,每个密封工作腔便移动一个导程。密封工作腔在左端形成时逐渐增大,将油液吸入来完成吸油工作,最右面的工作腔逐渐减小直至消失,因而将油液压出完成压油工作。螺杆直径越大,螺旋槽越深,螺杆泵的排量越大;螺杆越长,吸、压油口之间的密封层次越多,密封就越好,螺杆泵的额定压力就越高。

螺杆泵与其他容积式液压泵相比,具有结构紧凑、体积小、重量轻、自吸能力强、运转平稳、流量无脉动、噪声小、对油液污染不敏感、工作寿命长等优点。目前常用在精密机床上和用来输送黏度大或含有颗粒物质的液体。螺杆泵的缺点是其加工工艺复杂,加工精度高,所以应用受到限制。

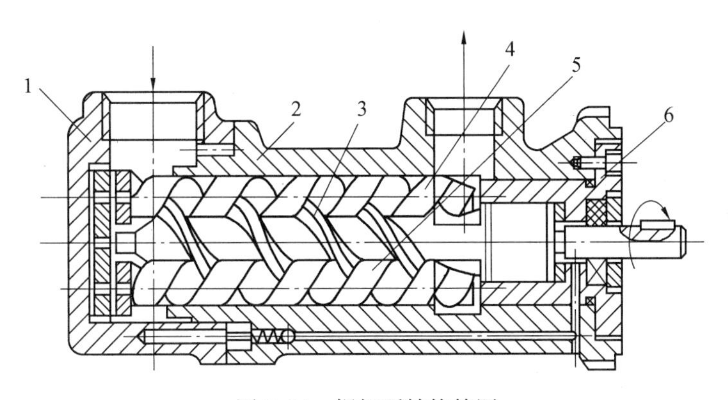

图 3.14　螺杆泵结构简图

1—后盖;2—壳体;3—主动螺杆(凸螺杆);4、5—从动螺杆(凹螺杆);6—前盖

3.6　液压泵的性能比较及应用

设计液压系统时,应根据所要求的工作情况合理选择液压泵。

首先,选择液压泵一定要了解各种液压泵的性能特点,根据本章的介绍将各种常用液压泵的技术性能及应用范围列出(见表 3.1)。

表 3.1　液压泵的性能比较及应用场合

泵类型 / 特性及应用场合	齿轮泵			叶片泵		柱塞泵			螺杆泵
	内啮合		外啮合	双作用	单作用	轴向		径向	
	渐开线	摆线				斜轴式	斜盘式		
压力范围	低压	低压	低压	中压	中压	高压	高压	高压	低压
排量调节	不能	不能	不能	不能	能	能	能	能	不能
输出流量脉动	小	小	很大	很小	一般	一般	一般	一般	最小
自吸特性	好	好	好	较差	较差	差	差	差	好
对油液污染的敏感性	不敏感	不敏感	不敏感	较敏感	较敏感	很敏感	很敏感	很敏感	不敏感
噪声	小	小	大	小	较大	大	大	大	最小
价格	较低	低	最低	较低	一般	高	高	高	高
功率质量比	一般	一般	一般	一般	小	一般	大	小	小
效率	较高	较高	低	较高	较高	高	高	高	较高
应用场合	机床,农业机械,工程机械,飞机,船舶,一般机械的润滑等系统			机床,工程机械液压机,起重机,飞机等		工程机械,运输机械,锻压机械,农业机械,飞机等			精密机床,食品化工,石油,纺织机械等

其次，在选择液压泵时，在考虑满足系统使用要求的前提下，还要考虑价格、质量、维护、外观等方面的需求。一般情况下，在负载小、功率小的机械设备中，可用齿轮泵和双作用叶片泵；精度较高的机械设备（例如磨床）可用螺杆泵和双作用叶片泵；负载较大并有快速和慢速行程的机械设备（例如组合机床）可用限压变量叶片泵；负载大、功率大的机械设备可使用柱塞泵；机械设备的辅助装置，如送料、夹紧等要求不太高的地方，可使用廉价的齿轮泵。

3.7 液压马达

液压马达是一种液压执行机构，它将液压系统的压力能转化为旋转的机械能，输出转矩和角速度。

类似于液压泵，液压马达按其结构分为齿轮马达、叶片马达及柱塞马达。若按其输入的油液的流量能否变化可以分为变量液压马达及定量液压马达。液压马达的图形符号如图3.15所示。

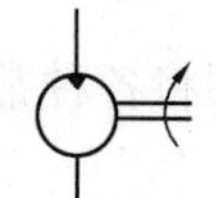

(a) 单向定量液压马达

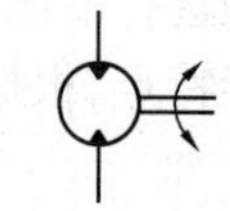

(b) 双向定量液压马达

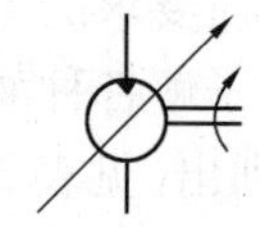

(c) 单向变量液压马达

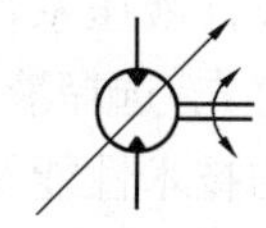

(d) 双向变量液压马达

图3.15　液压马达的图形符号

3.7.1 液压马达的工作原理

从理论上讲，液压泵与液压马达是可逆的。即液压泵也可作为液压马达使用。但由于各种泵的结构不一样，如果想当马达使用，在有些泵的结构上还需要做一些改进才行。

齿轮泵作为液压马达使用时可以不做任何改进，进、出油口尺寸要一致，只要在进油口中通入压力油，压力油作用于齿轮渐开线齿廓上的力会产生一个转矩，使得齿轮轴转动。

叶片泵是由于在离心力作用下使叶片紧贴定子内曲线上，形成密封的工作腔而工作的，因此，叶片泵作为液压马达要采取在叶片根部加弹簧等措施。否则，开始时，泵处于静止状态，没有离心力就无法形成工作腔，马达就不能工作。这种马达主要是靠压力油作用于工作腔内（双作用式叶片泵在过渡曲线段区域内）的两个不同接触面积叶片上的力不平衡而产生转矩，使得马达旋转的。

柱塞泵作为柱塞马达可以使结构简化，特别是轴向柱塞泵，在结构上，可以简化滑履结构。如图3.16所示的轴向柱塞马达，当通过配油窗口进入柱塞上的压力油在柱塞的轴向产生一个力时，在柱塞与斜盘的接触点上，斜盘会对柱塞产生支反力，由于柱塞位于斜盘的不同位置（除去最上和最下位置的柱塞），这个力会分解为几个分力，其中，沿圆周方向的分力会产生一个转矩，使得马达旋转。

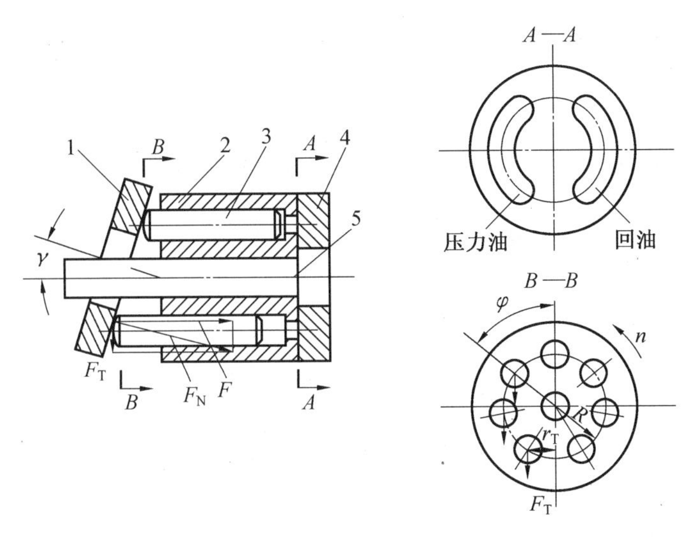

图3.16　轴向柱塞马达

1—斜盘;2—转子;3—柱塞;4—配油盘;5—转轴

3.7.2　液压马达的主要性能参数

液压马达是一个将油液的压力能转化为机械能的能量转换装置。

1. 液压马达的压力

(1) 工作压力(工作压差 Δp):液压马达在实际工作时的输入压力。马达的入口压力与出口压力的差值为马达的工作压差,一般在马达出口直接接回油箱的情况下,近似认为马达的工作压力就是马达的工作压差。

(2) 额定压力:是指液压马达在正常工作状态下,按实验标准连续使用中允许达到的最高压力。

2. 液压马达的排量

液压马达的排量 V 是指马达在没有泄漏的情况下每转一转所需输入的油液的体积。它是通过液压马达工作容积的几何尺寸变化计算得出的。

3. 液压马达的流量

液压马达的流量分为理论流量 q_t 与实际流量 q。

(1) 理论流量:是指马达在没有泄漏的情况下单位时间内其密封容积变化所需输入的油液的体积,可见,它等于马达的排量和转速的乘积。

(2) 实际流量:是指马达在单位时间内实际输入的油液的体积。

由于存在着油液的泄漏,马达的实际输入流量大于理论流量。

4. 功率

(1) 输入功率:液压马达的输入功率就是驱动马达运动的液压功率,它等于液压马达的输入压力 Δp 乘以输入流量 q,即

$$P_i = \Delta p q \tag{3.16}$$

(2) 输出功率:液压马达的输出功率就是马达带动外负载所需的机械功率,它等于马

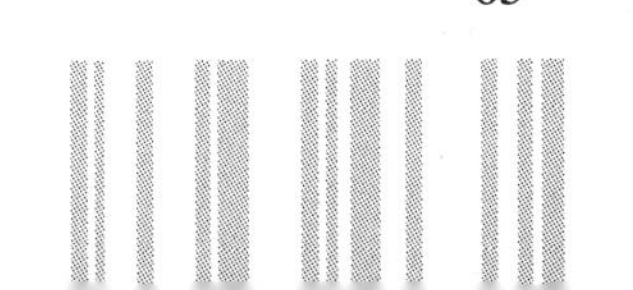

达的输出转矩 T 乘以角速度 ω，即

$$P_o = T\omega \tag{3.17}$$

5. 效率

（1）液压马达的容积效率 η_{mv} 是理论流量 q_t 与实际输入流量 q 的比值

$$\eta_{mv} = \frac{q_t}{q} = \frac{q - \Delta q}{q} = 1 - \frac{\Delta q}{q} \tag{3.18}$$

式中，Δq 为液压马达的泄漏量。

（2）液压马达的机械效率 η_{mm} 是液压马达的实际输出转矩 T 与理论输出转矩 T_t 的比值

$$\eta_{mm} = \frac{T}{T_t} = \frac{T}{T + \Delta T} \tag{3.19}$$

式中，ΔT 为液压马达的转矩损失。

（3）液压马达的总效率 η_m

$$\eta_m = \eta_{mv}\eta_{mm} \tag{3.20}$$

6. 转矩和转速

对于液压马达的参数计算，常常是要计算马达能够驱动的负载及输出的转速为多少，由前面计算可推出，液压马达的输出转矩为

$$T = \frac{\Delta p V}{2\pi}\eta_{mm} \tag{3.21}$$

马达的输出转速为

$$n = \frac{q\eta_{mv}}{V} \tag{3.22}$$

思考题与习题

3.1　容积式液压泵工作的三要素是什么？

3.2　什么是泵的工作压力、额定压力、排量、流量？

3.3　什么是泵的容积效率、机械效率？

3.4　齿轮泵的径向不平衡力产生的原因是什么？应如何消除？

3.5　什么是齿轮泵的困油现象？应如何解决？其他泵有无困油现象？

3.6　变量泵和定量泵是如何定义的？

3.7　限压变量叶片泵的流量-压力特性曲线如何调节？

3.8　轴向柱塞泵的流量如何调节？

3.9　齿轮泵、叶片泵及柱塞泵的优缺点是什么？

3.10　液压泵和液压马达的主要区别是什么？

3.11　某液压泵的工作压力为20 MPa，输出流量为60 L/min，容积效率为0.9，机械效率为0.9，试求直接驱动泵的电机功率和泵的输出功率。

3.12　某液压马达的工作压力为10 MPa，排量为250 mL/r，容积效率为0.9，机械效率为0.9，若输入流量为100 L/min，试求马达的输出转矩及转速？

3.13　某液压泵额定压力为 2.5 MPa,额定流量为 100 L/min,机械效率为 0.9,泵的转速为 1 450 r/min,由实际检测得,当泵的出口压力为零时,其流量约为 106 L/min;当泵的出口压力为 2.5 MPa,其流量约为 100.7 L/min。试求:

(1)泵在额定压力下的容积效率;

(2)若泵的转速降为 500 r/min,在额定压力下,泵的流量为多少?

(3)在上述两种转速情况下,泵的驱动功率分别为多少?

第 4 章

液压缸

液压缸是液压系统中的执行元件，它的功能是把液体压力能转变为往复运动的机械能或者摆动的机械能。

4.1 液压缸的种类及特点

液压缸的种类繁多，分类方法亦有多种。可以根据液压缸的结构形式、支承形式、额定压力、使用的工作油以及作用的不同进行分类。

液压缸按基本结构形式可分为活塞缸（单杆活塞缸和双杆活塞缸）、柱塞缸和摆动缸（单叶片式、双叶片式）；按作用方式可分为单作用缸和双作用缸两种。单作用缸是缸一个方向的运动靠液压油驱动，反向运动必须靠外力（如弹簧力或重力）来实现；双作用缸是缸两个方向的运动均靠液压油驱动。按缸的特殊用途可分为串联缸、增压缸、增速缸、步进缸和伸缩套筒缸等，此类缸都不是一个单纯的缸筒，而是和其他缸筒和构件组合而成的，所以从结构的观点看，这类缸又称为组合缸。

4.1.1 活塞缸

1. 双作用双杆缸

图4.1所示为双作用双杆缸的工作原理图。在活塞的两侧均有杆伸出，两腔有效面积相等。

（1）往复运动的速度（供油流量相同）：

$$v = \frac{q\eta_v}{A} = \frac{4q\eta_v}{\pi(D^2 - d^2)} \tag{4.1}$$

（2）往复出力（供油压力相同）：

$$F = A(p_1 - p_2)\eta_m = \frac{\pi}{4}(D^2 - d^2)(p_1 - p_2)\eta_m \tag{4.2}$$

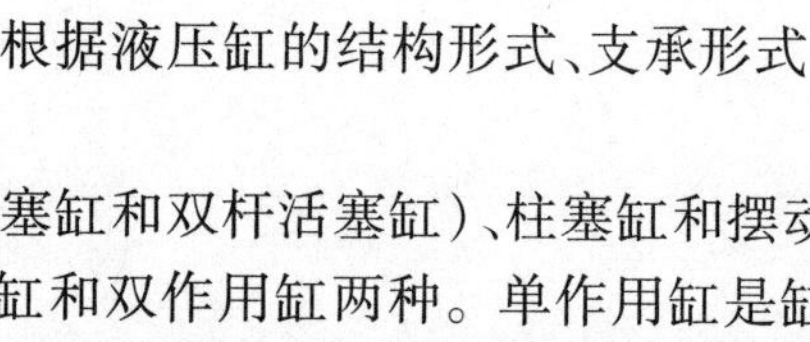

图4.1 双作用双杆缸

式中，q 为缸的输入流量；A 为活塞的有效作用面积；D 为活塞直径（缸筒内径）；d 为活塞杆直径；p_1 为缸的进口压力；p_2 为缸的出口压力；η_v 为缸的容积效率；η_m 为缸的机械效率。

(3) 特点:

① 往复运动的速度和出力相等;

② 长度方向占有的空间,当缸体固定时约为缸体长度的 3 倍;当活塞杆固定时约为缸体长度的 2 倍。

2. 双作用单杆缸

图 4.2 所示为双作用单杆缸的工作原理图。其一端伸出活塞杆,两腔有效面积不相等。

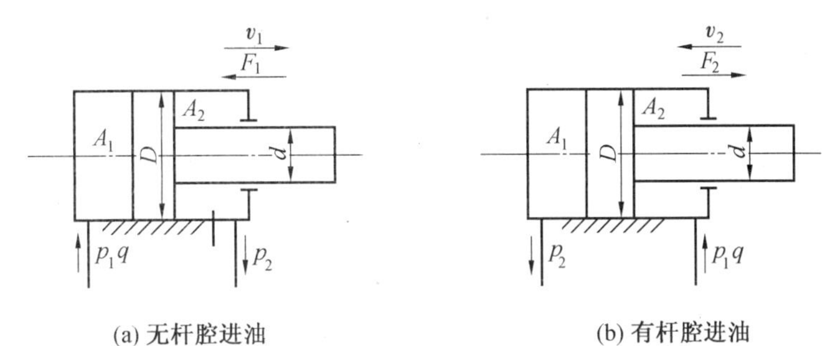

(a) 无杆腔进油　　(b) 有杆腔进油

图 4.2　双作用单杆缸

(1) 往复运动的速度(供油流量相同):

$$v_1 = \frac{q\eta_v}{A_1} = \frac{q\eta_v}{\frac{\pi}{4}D^2} \tag{4.3}$$

$$v_2 = \frac{q\eta_v}{A_2} = \frac{q\eta_v}{\frac{\pi}{4}(D^2 - d^2)} \tag{4.4}$$

速比

$$\varphi = \frac{v_2}{v_1} = \frac{D^2}{D^2 - d^2} \tag{4.5}$$

式中,q 为缸的输入流量;A_1 为无杆腔的活塞有效作用面积;A_2 为有杆腔的活塞有效作用面积;D 为活塞直径(缸筒内径);d 为活塞杆直径;η_v 为缸的容积效率。

(2) 往复出力(供油压力相同):

$$F_1 = (p_1A_1 - p_2A_2)\eta_m = \frac{\pi}{4}[p_1D^2 - p_2(D^2 - d^2)]\eta_m \tag{4.6}$$

$$F_2 = (p_1A_2 - p_2A_1)\eta_m = \frac{\pi}{4}[p_1(D^2 - d^2) - p_2D^2]\eta_m \tag{4.7}$$

式中,η_m 为缸的机械效率;p_1 为缸的进口压力;p_2 为缸的出口压力。

(3) 特点:

① 往复运动的速度及出力均不相等;

② 长度方向占有的空间大致为缸体长度的 2 倍;

③ 活塞杆外伸时受压,要有足够的刚度。

3. 差动连接缸

差动连接就是把单杆活塞缸的无杆腔和有杆腔连接在一起,同时通入高压油,如图4.3所示。由于无杆腔受力面积大于有杆腔受力面积,使得活塞所受向右的作用力大于向左的作用力,因此活塞杆做伸出运动,并将有杆腔的油液挤出,流进无杆腔。

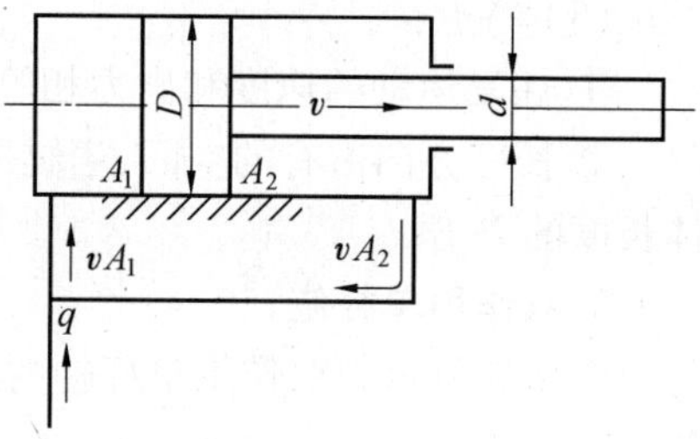

图4.3　差动连接缸

(1) 运动速度:

$$q + vA_2 = vA_1$$

在考虑了缸的容积效率 η_v 后得

$$v = \frac{q\eta_v}{A_1 - A_2} = \frac{4q\eta_v}{\pi d^2} \tag{4.8}$$

(2) 出力:

$$F = p(A_1 - A_2)\eta_m = \frac{\pi}{4}d^2 p\eta_m \tag{4.9}$$

(3) 特点:

① 只能向一个方向运动,反向时必须断开差动(通过控制阀来实现);

② 速度快、出力小。用于增速、负载小的场合。

4.1.2　柱塞缸

柱塞缸就是缸筒内没有活塞,只有一个柱塞,如图4.4(a)所示。柱塞端面是承受油压的工作面,动力通过柱塞本身传递;缸体内壁和柱塞不接触,因此缸体内孔可以只作粗加工或不加工,简化加工工艺;由于柱塞较粗,刚度强度足够,所以适用于工作行程较长的场合;只能单方向运动,工作行程靠液压驱动,回程靠其他外力或自重驱动,可以用两个柱塞缸来实现双向运动(往复运动),如图4.4(b)所示。

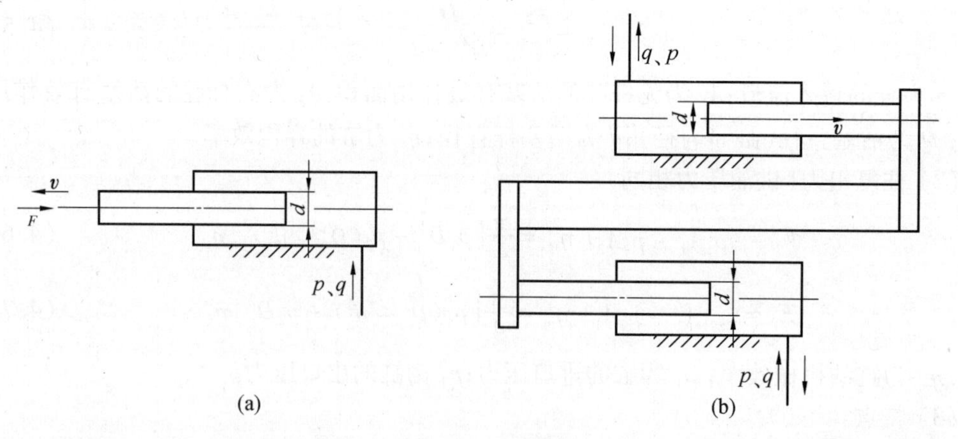

图4.4　柱塞缸

柱塞缸的运动速度和出力分别为

$$v = \frac{q\eta_v}{\frac{\pi}{4}d^2} \tag{4.10}$$

$$F = p\frac{\pi}{4}d^2\eta_m \tag{4.11}$$

式中，d 为柱塞直径；q 为缸的输入流量；p 为液体的工作压力。

4.1.3　摆动缸

摆动缸是实现往复摆动的执行元件，输入的是压力和流量，输出的是转矩和角速度。它有单叶片式和双叶片式两种形式。

图 4.5(a)、(b) 所示分别为单叶片式和双叶片式摆动缸，它们的输出转矩和角速度分别为

$$T_{单} = \left(\frac{R_2 - R_1}{2} + R_1\right)(R_2 - R_1)b(p_1 - p_2)\eta_m = \frac{b}{2}(R_2^2 - R_1^2)(p_1 - p_2)\eta_m \tag{4.12}$$

$$\omega_{单} = \frac{q\eta_v}{(R_2 - R_1)b\left(\frac{R_2 - R_1}{2} + R_1\right)} = \frac{2q\eta_v}{b(R_2^2 - R_1^2)} \tag{4.13}$$

$$T_{双} = 2T_{单},\quad \omega_{双} = \omega_{单}/2$$

式中，R_1 为轴的半径；R_2 为缸体的半径；p_1 为进油的压力；p_2 为回油的压力；b 为叶片宽度。

单叶片的摆动角度为 300° 左右，双叶片的摆动角度为 150° 左右。

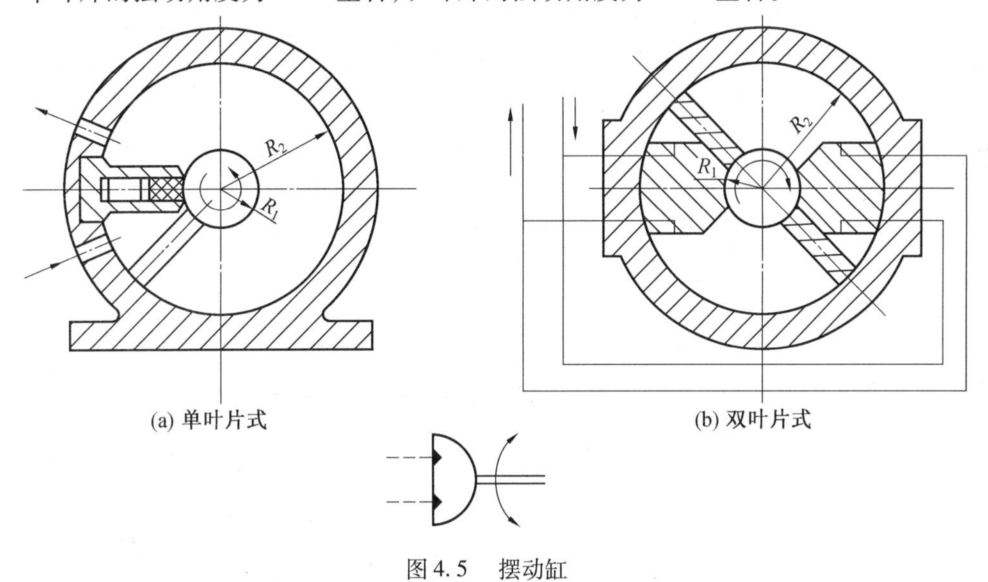

图 4.5　摆动缸

4.1.4 其他形式液压缸

1. 伸缩套筒缸

伸缩套筒缸是由两个或多个活塞式液压缸套装而成的,前一级活塞缸的活塞是后一级活塞缸的缸筒。伸出时,由大到小逐级伸出(负载恒定时油压逐级上升,负载如果由大到小变化可保证油压恒定);缩回时,由小到大逐级缩回,如图4.6所示。这种缸的最大特点就是工作时行程长,停止工作时长度较短。各级缸的运动速度和出力可按活塞式液压缸的有关公式计算。

伸缩套筒缸特别适用于工程机械和步进式输送装置上。

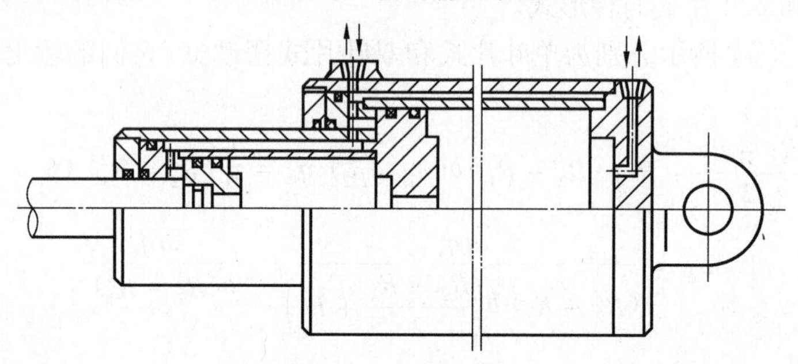

图4.6　伸缩套筒缸

2. 增压缸

增压缸又称增压器,如图4.7所示。它是在同一个活塞杆的两端接入两个直径不同的活塞,利用两个活塞有效面积之差来使液压系统中的局部区域获得高压。具体工作过程为在大活塞侧输入低压油,根据力平衡原理,在小活塞侧必获得高压油(有足够负载的前提下),即

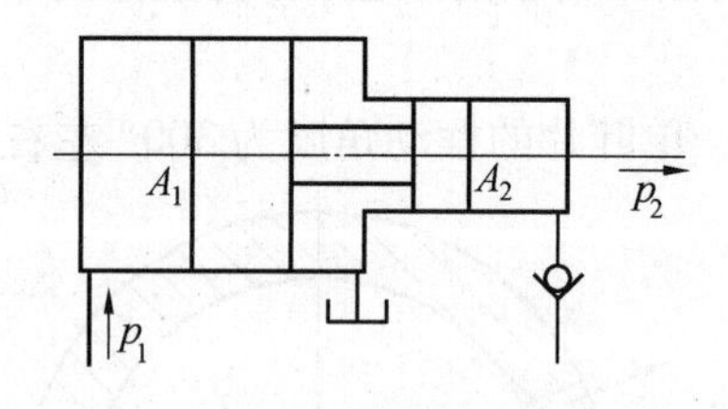

图4.7　增压缸

$$p_1A_1 = p_2A_2$$

故

$$p_2 = p_1\frac{A_1}{A_2} = p_1K \tag{4.14}$$

式中,p_1 为输入的低压;p_2 为输出的高压;A_1 为大活塞的面积;A_2 为小活塞的面积;K 为增压比,$K = A_1/A_2$。

增压缸不能直接驱动工作机构,只能向执行元件提供高压,常与低压大流量泵配合使用,以节约设备的费用。

3. 增速缸

图4.8所示为增速缸的工作原理图。先从a口供油使活塞2以较快的速度右移,活塞2运动到某一位置后,再从b口供油,活塞以较慢的速度右移,同时输出力也相应增大。常用于卧式压力机上。

4. 齿轮齿条缸

齿轮齿条缸由带有齿条杆的双活塞缸和齿轮齿条机构组成,如图 4.9 所示。它将活塞的往复直线运动经齿轮齿条机构转变为齿轮轴的转动,多用于回转工作台和组合机床的转位、液压机械手和装载机铲斗的回转等。

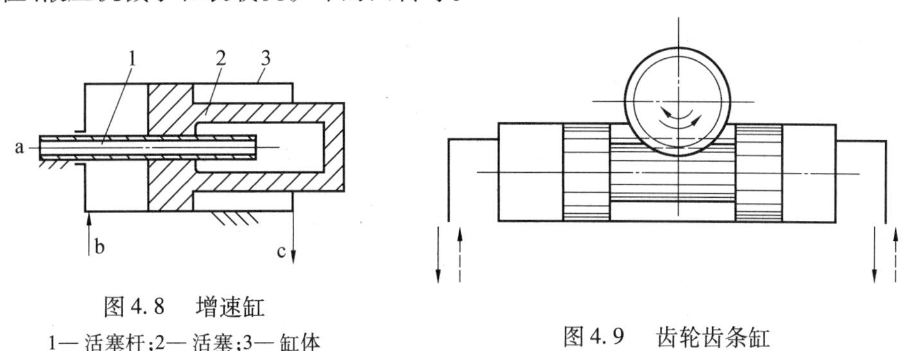

图 4.8　增速缸

1— 活塞杆;2— 活塞;3— 缸体

图 4.9　齿轮齿条缸

4.2　液压缸的结构

在液压缸中最具有代表性的结构就是双作用单杆缸的结构,如图 4.10 所示(此缸是工程机械中的常用缸)。下面就以这种缸为例来阐明液压缸的结构。

液压缸的结构基本上可以分为缸筒和缸盖组件、活塞和活塞杆组件、密封装置、缓冲装置和排气装置五个部分,分述如下。

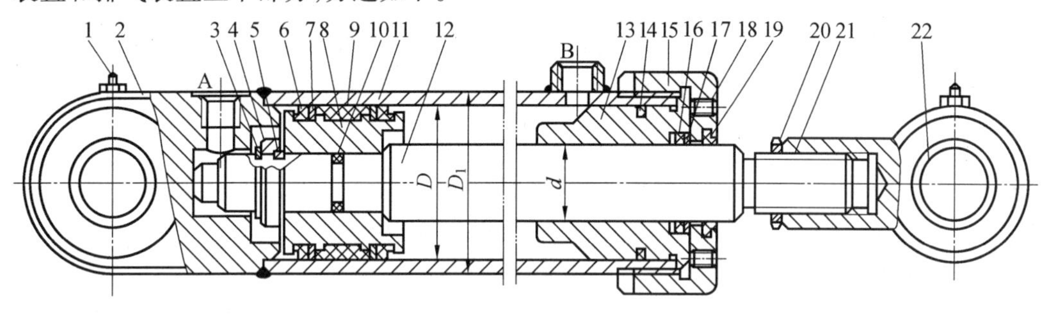

图 4.10　双作用单杆缸的结构

1—螺钉;2—缸底;3—弹簧卡圈;4—挡环;5—卡环(由2个半圆组成);6—密封圈;7—挡圈;8—活塞;9—支承环;10— 活塞与活塞杆之间的密封圈;11— 缸筒;12— 活塞杆;13— 导向套;14— 导向套和缸筒之间的密封圈;15— 端盖;16— 导向套和活塞杆之间的密封圈;17— 挡圈;18— 锁紧螺钉;19— 防尘圈;20— 锁紧螺母;21— 耳环;22— 耳环衬套圈

4.2.1　缸筒与缸盖组件

1. 连接形式(图 4.11)

(1) 法兰连接式如图 4.11(a) 所示,这种连接形式的特点是结构简单、容易加工、装拆;但外形尺寸和质量较大。

(2) 半环连接式如图 4.11(b) 所示,这种连接分为外半环连接和内半环连接两种形式(图 4.11(b) 为外半环连接)。这种连接形式的特点是容易加工、装拆,重量轻;但削弱

了缸筒强度。

(3) 螺纹连接式如图4.11(c)、(f) 所示,这种连接有外螺纹连接和内螺纹连接两种形式。这种连接形式的特点是外形尺寸和质量较小,但结构复杂,外径加工时要求保证与内径同心,装拆要使用专用工具。

(4) 拉杆连接式如图4.11(d) 所示,这种连接的特点是结构简单,工艺性好、通用性强、易于装拆;但端盖的体积和质量较大,拉杆受力后会拉伸变长,影响密封效果,仅适用于长度不大的中低压缸。

(5) 焊接连接式如图4.11(e) 所示,这种连接形式只适用缸底与缸筒间的连接。这种连接形式的特点是外形尺寸小,连接强度高,制造简单;但焊后易使缸筒变形。

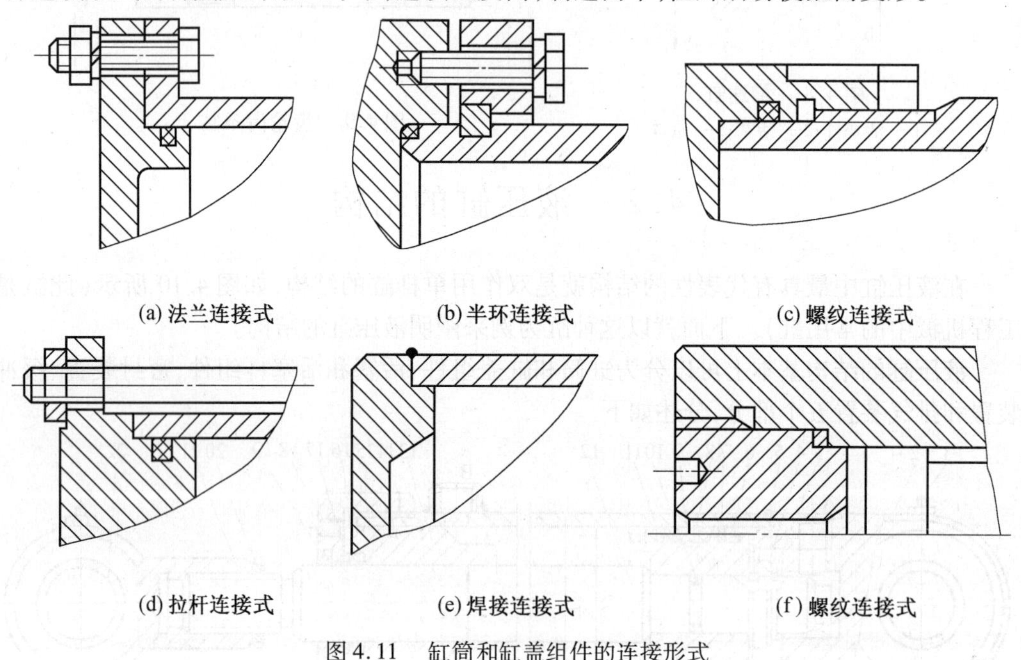

图4.11　缸筒和缸盖组件的连接形式

2. 密封形式(图4.11)

缸筒与缸盖间的密封属于静密封,主要的密封形式是采用"O" 型密封圈密封。

3. 导向与防尘

对于缸前盖还应考虑导向和防尘问题。导向的作用是保证活塞的运动不偏离轴线,以免产生"拉缸" 现象,并保证活塞杆的密封件能正常工作。导向套是用铸铁、青铜、黄铜或尼龙等耐磨材料制成,可与缸盖做成整体或另外制作。导向套不应太短,以保证受力良好,见图4.10 中的13 号件。防尘就是防止灰尘被活塞杆带入缸体内,造成液压油的污染。通常是在缸盖上装一个防尘圈,见图4.10 中的19 号件。

4. 缸筒与缸盖的材料

缸筒:35# 或45# 调质无缝钢管;也有采用锻钢、铸钢或铸铁等材料的,在特殊情况下也有采用合金钢的。

缸盖:35# 或45# 锻件、铸件、圆钢或焊接件;也有采用球铁或灰口铸铁的。

4.2.2　活塞和活塞杆组件

1. 连接形式(图4.12)

(1) 螺纹连接式如图4.12(a) 所示,这种连接形式的特点是结构简单,装拆方便;但高压时会松动,必须加防松装置。

(2) 半环连接式如图4.12(b) 所示,这种连接形式的特点是工作可靠,但结构复杂、装拆不便。

(3) 整体式和焊接式,适用于尺寸较小的场合。

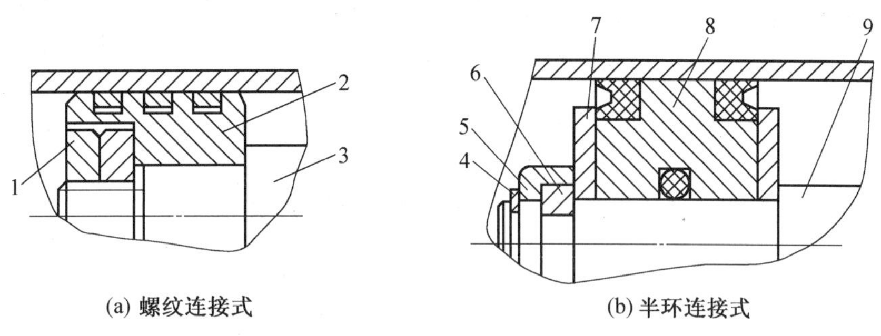

(a) 螺纹连接式　　(b) 半环连接式

图4.12　活塞和活塞杆组件的连接形式

1— 螺母;2,8— 活塞;3,9— 活塞杆;4— 弹簧卡环;5— 轴套;6— 半环;7— 压板

2. 密封形式(图4.13)

活塞与活塞杆间的密封属于静密封,通常采用O型密封圈来密封。

活塞与缸筒间的密封属于动密封,既要封油,又要相对运动,对密封的要求较高,通常采用的形式有以下几种:

(1) 图4.13(a) 所示为间隙密封,它依靠运动件间的微小间隙来防止泄漏,为了提高密封能力,常制出几条环形槽,增加油液流动时的阻力。它的特点是结构简单、摩擦阻力小、可耐高温。但泄漏大、加工要求高、磨损后无法补偿。用于尺寸较小、压力较低、相对运动速度较高的情况下。

(2) 图4.13(b) 所示为摩擦环密封,靠摩擦环支承相对运动,靠O型密封圈来密封。它的特点是密封效果较好,摩擦阻力较小且稳定,可耐高温,磨损后能自动补偿;但加工要求高,装拆较不便。

(3) 图4.13(c)、(d) 所示为密封圈密封,它利用橡胶或塑料的弹性使各种截面的环形圈贴紧在静、动配合面之间来防止泄漏。它的特点是结构简单、制造方便、磨损后能自动补偿,性能可靠。

3. 活塞和活塞杆的材料

活塞:通常用铸铁和钢,也有用铝合金制成的。

活塞杆:35#、45# 的空心杆或实心杆。

4.2.3　缓冲装置

液压缸一般都设置缓冲装置,特别是活塞运动速度较高和运动部件质量较大时,为了

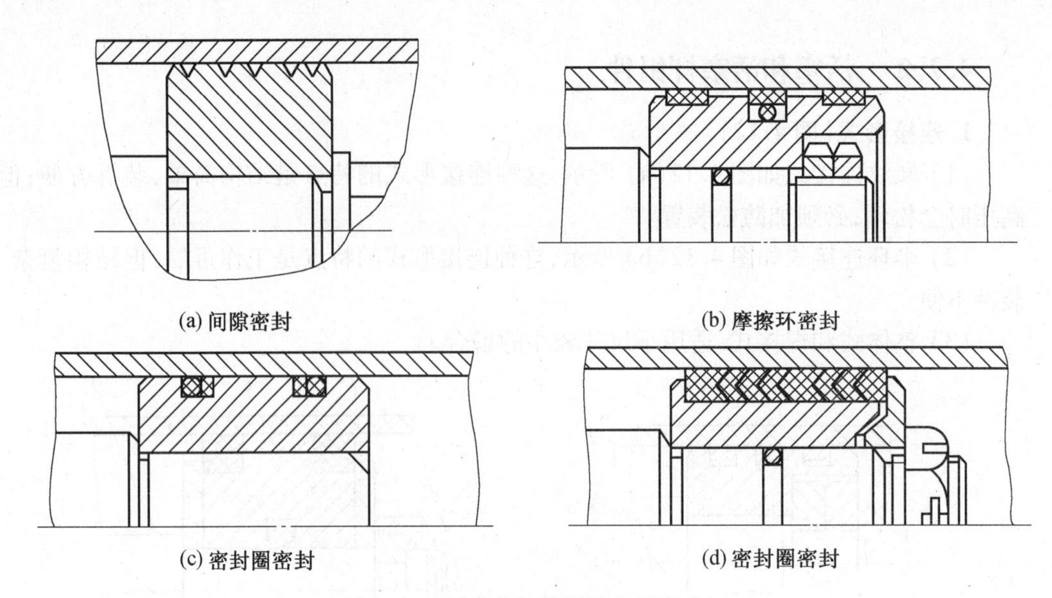

图 4.13　活塞与缸筒间的密封形式

防止活塞在行程终点与缸盖或缸底发生机械碰撞，引起噪声、冲击，甚至造成液压缸或被驱动件的损坏，必须设置缓冲装置。其基本原理就是利用活塞或缸筒在走向行程终端时在活塞和缸盖之间封住一部分油液，强迫它从小孔后细缝中挤出，产生很大阻力，使工作部件受到制动，逐渐减慢运动速度。

液压缸中常用的缓冲装置有节流口可调式和节流口变化式两种。

1. 节流口可调式

节流口可调式缓冲装置如图 4.14(a) 所示，缓冲过程中被封在活塞和缸盖间的油液经针形节流阀流出，节流阀开口大小可根据负载情况进行调节。这种缓冲装置的特点是起始缓冲效果大，后来缓冲效果差，故制动行程长；缓冲腔中的冲击压力大；缓冲性能受油温影响。缓冲性能曲线如图 4.14(b) 所示。

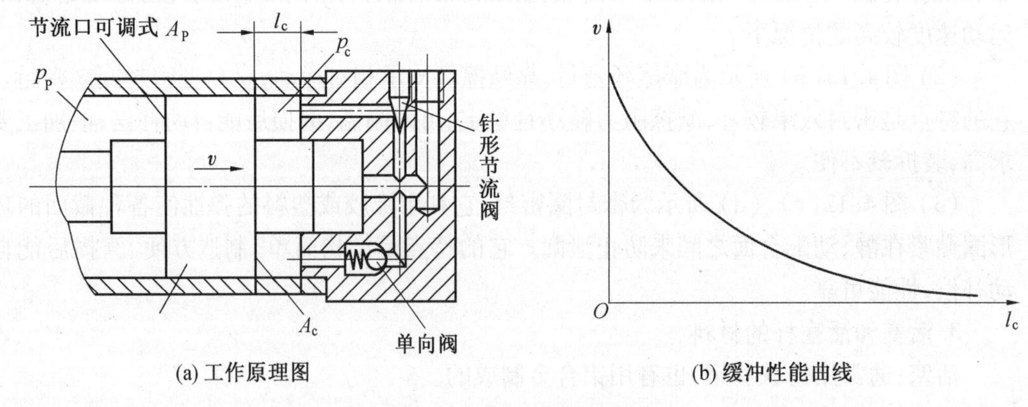

图 4.14　节流口可调式缓冲装置

2. 节流口变化式

节流口变化式缓冲装置如图 4.15(a) 所示，缓冲过程中被封在活塞和缸盖间的油液经活塞上的轴向节流阀流出，节流口过流断面面积不断减小。这种缓冲装置的特点是当节流口的轴向横截面为矩形、纵截面为抛物线形时,缓冲腔可保持恒压;缓冲作用均匀,缓冲腔压力较小,制动位置精度高。缓冲性能曲线如图 4.15(b) 所示。

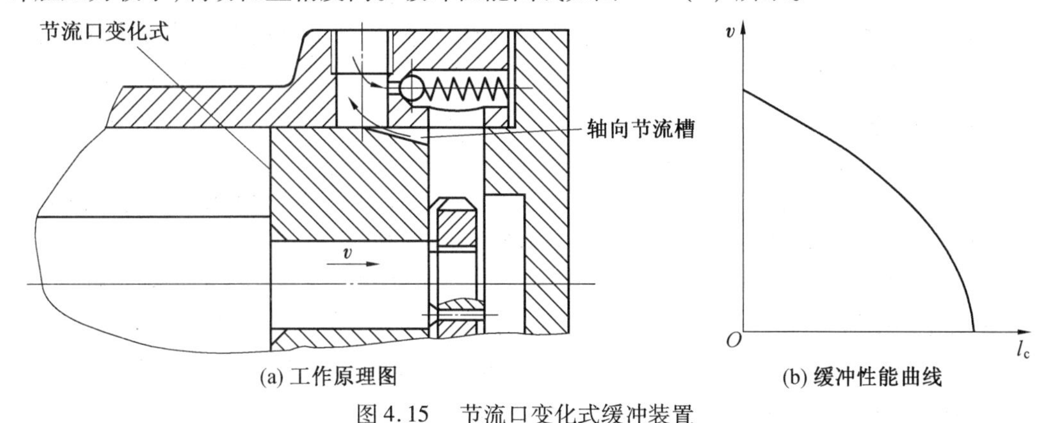

图 4.15　节流口变化式缓冲装置

4.2.4　排气装置

液压系统在安装过程中或长时间停止工作之后会渗入空气,油中也会混有空气,由于气体有很大的可压缩性,会使执行元件产生爬行、噪声和发热等一系列不正常现象,因此在设计液压缸时,要保证能及时排除积留在缸内的气体。

一般利用空气比较轻的特点可在液压缸的最高处设置进出油口把气体带走,如不能在最高处设置油口时,可在最高处设置放气孔或专门的放气阀等放气装置,如图 4.16 所示。

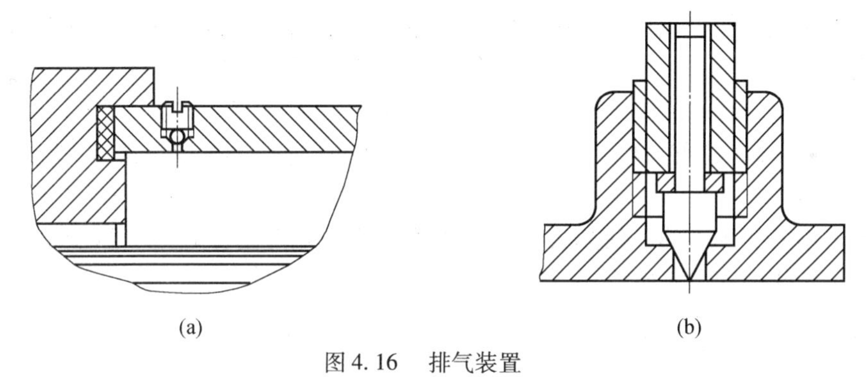

图 4.16　排气装置

4.3　液压缸的设计与计算

一般来说缸是标准件,但有时也需要自行设计或向生产厂家提供主要尺寸,本节主要介绍缸主要尺寸的计算及强度、刚度的验算方法。

4.3.1　液压缸的设计依据和步骤

1. 设计依据

(1) 主机的用途和工作条件。

(2) 工作机构的结构特点、负载情况、行程大小和动作要求等。

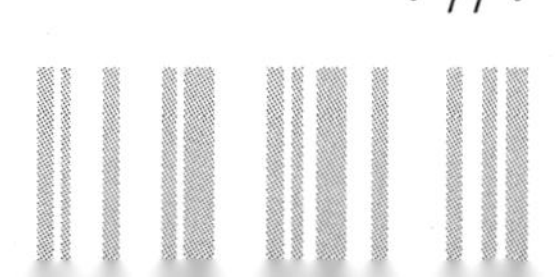

(3) 液压系统的工作压力和流量。

(4) 有关的国家标准。

国家对额定压力、速比、缸内径、外径、活塞杆直径及进出口连接尺寸等都作了规定(见有关的手册)。

2. 设计步骤

(1) 液压缸类型和各部分结构形式的选择。

(2) 基本参数的确定:工作负载、工作速度、速比、工作行程(这些参数是已知);缸内径、活塞杆直径、导向长度等(这些参数应该是未知)。

(3) 结构强度计算和验算:缸筒壁厚、缸盖厚度的计算、活塞杆强度和稳定性验算以及各部分连接结构强度计算。

(4) 导向、密封、防尘、排气和缓冲等装置的设计(结构设计)。

(5) 整理设计计算说明书,绘制装配图和零件图。

应当指出,对于不同类型和结构的液压缸,其设计内容有所不同,而且各参数之间往往具有各种内在联系,需要综合考虑反复验算才能获得比较满意的结果,所以设计步骤也不是固定不变的。

4.3.2 缸主要尺寸的确定

1. 要进行缸主要尺寸的计算应已知的参数

(1) 工作负载。

液压缸的工作负载是指工作机构在满负荷情况下,以一定加速度启动时对液压缸产生的总阻力

$$F = F_w + F_a + F_f + F_u + F_s + F_b \tag{4.15}$$

式中,F_w为负载(荷重);F_a为惯性负载;F_f为摩擦负载;F_u为黏性负载;F_s为弹性负载;F_b为背压负载。

把对应各工况下的负载都求出来,然后作出负载循环图,即 $F(t)$ 图,求出 F_{max}。

(2) 工作速度和速比。

活塞杆外伸的速度为 v_1,活塞杆内缩的速度为 v_2,两者的比值即速比 $\lambda_v = \frac{v_2}{v_1}$。

2. 缸主要尺寸的计算

(1) 缸筒内径 D 和活塞杆直径 d。

通常根据工作压力和负载来确定缸筒内径。最高速度一般在校核后通过泵的合理选择以及恰当地拟定液压系统予以满足。

对于单杆缸,当活塞杆是以推力驱动负载或以拉力驱动负载时(图 4.2) 有(缸的机械效率取为 1)

$$F_{max} = \frac{\pi}{4}D^2 p_1 - \frac{\pi}{4}(D^2 - d^2)p_2$$

或

$$F_{max} = \frac{\pi}{4}(D^2 - d^2)p_1 - \frac{\pi}{4}D^2 p_2$$

在以上两式中，已知的参数只有 F_{max}，未知的参数有 p_1、p_2、D、d，此方程无法求解。但这里的 p_1 和 p_2 可以查有关的手册选取。D 和 d 之间有如下的关系：当速比 λ_v 已知时，$d=\sqrt{\frac{(\lambda_v-1)}{\lambda_v}}\cdot D$；当速比 λ_v 未知时，可自己设定两者之间的关系，杆受拉 $d/D=0.3\sim0.5$，杆受压 $d/D=0.5\sim0.7$。这样就可以利用以上各式把 D 和 d 求出来。D 和 d 求出后要按国家标准进行圆整，圆整后 D 和 d 的尺寸就确定了。

(2) 最小导向长度 H

当活塞杆全部外伸时，从活塞支承面中点到导向套滑动面中点的距离称为最小导向长度 H，如图4.17所示。如果导向长度过小，将使液压缸的初始挠度(间隙引起的挠度)增大，影响液压缸的稳定性，因此在设计时必须保证有一定的最小导向长度。

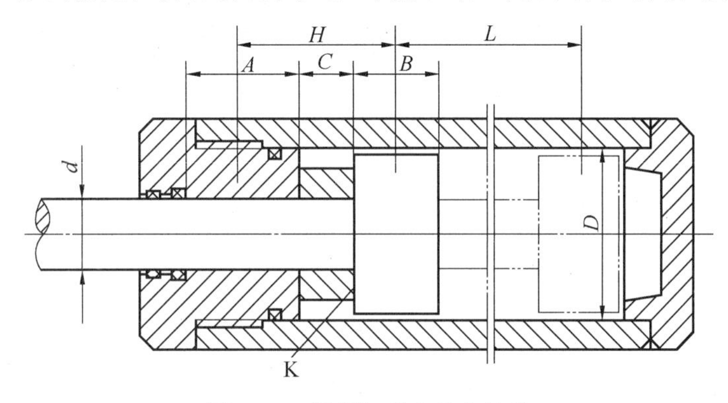

图4.17　液压缸最小导向长度

对于一般的液压缸，其最小导向长度应满足

$$H\geqslant\frac{L}{20}+\frac{D}{2} \tag{4.16}$$

式中，L 为最大行程；D 为缸筒内径。

若最小导向长度 H 不够时，可在活塞杆上增加一个导向隔套K(图4.17)来增加 H 值。

4.3.3　强度及稳定性校核

1. 缸筒壁厚的计算(主要是校核)

(1) 当 $\frac{\delta}{D}\leqslant 1/10$ 时按薄壁孔强度校核

$$\delta\geqslant\frac{p_yD}{2[\sigma]} \tag{4.17}$$

(2) 当 $\frac{\delta}{D}>1/10$ 时，按第二强度理论校核

$$\delta\geqslant\frac{D}{2}\left(\sqrt{\frac{[\sigma]+0.4p_y}{[\sigma]-1.3p_y}}-1\right) \tag{4.18}$$

式中，p_y 为缸筒试验压力(缸的额定压力 $p_n\leqslant 16$ MPa时，$p_y=1.5p_n$；缸的额定压力 $p_n>16$ MPa时，$p_y=1.25p_n$)；$[\sigma]$ 为缸筒材料的许用拉应力；D 为缸筒内径；δ 为缸筒壁厚。

2. 活塞杆强度及稳定性校核

活塞杆的强度一般情况下是足够的,主要是校核其稳定性。

(1) 活塞杆的强度校核。

活塞杆的强度按下式校核

$$d \geqslant \sqrt{\frac{4F_{max}}{\pi[\sigma]}} \tag{4.19}$$

式中,F_{max} 为活塞杆上的最大作用力;$[\sigma]$ 为活塞杆材料的许用拉应力。

(2) 活塞杆的稳定性校核。

活塞杆受轴向压缩负载时,它所承受的力(一般指 F_{max})不能超过使它保持稳定工作所允许的临界负载 F_k,以免发生纵向弯曲,破坏液压缸的正常工作。F_k 的值与活塞杆材料性质、截面形状、直径和长度以及液压缸的安装方式等因素有关。活塞杆的稳定性可按下式校核

$$F_{max} \leqslant \frac{F_k}{n} \tag{4.20}$$

式中,n 为安全系数,一般取 $n = 2 \sim 4$。

当活塞杆的细长比 $\frac{l}{r_k} > \psi_1\sqrt{\psi_2}$ 时

$$F_k = \frac{\psi_2 \pi^2 EJ}{l^2} \tag{4.21}$$

当活塞杆的细长比 $\frac{l}{r_k} \leqslant \psi_1\sqrt{\psi_2}$ 时,且 $\psi_1\sqrt{\psi_2} = 20 \sim 120$,则

$$F_k = \frac{fA}{1 + \frac{a}{\psi_2}\left(\frac{l}{r_k}\right)^2} \tag{4.22}$$

式中,l 为安装长度,其值与安装方式有关,见表 4.1;r_k 为活塞杆横截面最小回转半径,$r_k = \sqrt{\frac{J}{A}}$;ψ_1 为柔性系数,其值见表 4.2;ψ_2 为支承方式或安装方式决定的末端系数,其值见表 4.1;E 为活塞杆材料的弹性模量;J 为活塞杆横截面惯性矩;A 为活塞杆横截面积;f 为材料强度决定的实验值,其值见表 4.2;a 为系数,其值见表 4.2。

4.3.4 缓冲计算

液压缸的缓冲计算主要是确定缓冲距离及缓冲腔内的最大冲击压力。当缓冲距离由结构确定后,主要就是根据能量关系来计算缓冲腔内的最大冲击压力。

设缓冲腔内的液压能为 E_1,则

$$E_1 = p_c A_c l_c \tag{4.23}$$

设工作部件产生的机械能为 E_2,则

$$E_2 = p_p A_p l_c + \frac{1}{2} m v_0^2 - F_f l_c \tag{4.24}$$

式中，$p_{\mathrm{p}}A_{\mathrm{p}}l_{\mathrm{c}}$ 为高压腔中液压能；$\frac{1}{2}mv_0^2$ 为工作部件动能；$F_{\mathrm{f}}l_{\mathrm{c}}$ 为摩擦能；P_{c} 为平均缓冲压力；p_{p} 为高压腔中的油液压力；A_{c} 为缓冲腔的有效面积；A_{p} 为高压腔的有效面积；l_{c} 为缓冲行程长度；m 为工作部件质量；v_0 为工作部件运动速度；F_{f} 为摩擦力。实现完全缓冲的条件是 $E_1 = E_2$，故

$$p_{\mathrm{c}} = \frac{E_2}{A_{\mathrm{c}}l_{\mathrm{c}}} \tag{4.25}$$

表 4.1　液压缸支承方式和末端系数 ψ_2 的值

支　承　方　式	支承说明	末端系数 ψ_2
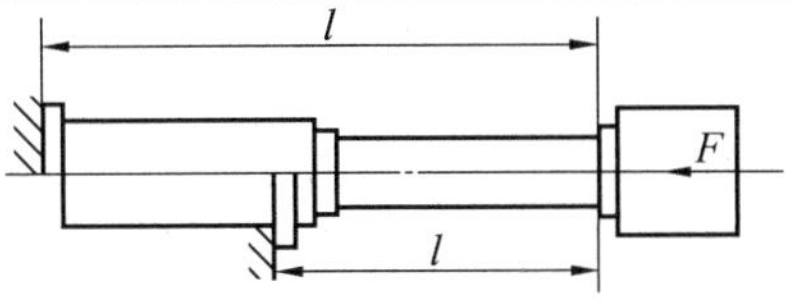	一端自由 一端固定	1/4
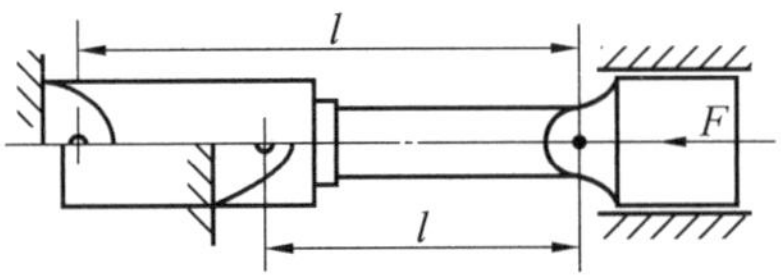	两端铰接	1
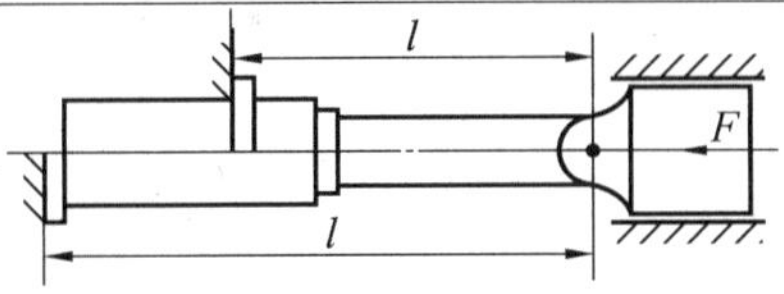	一端铰接 一端固定	2
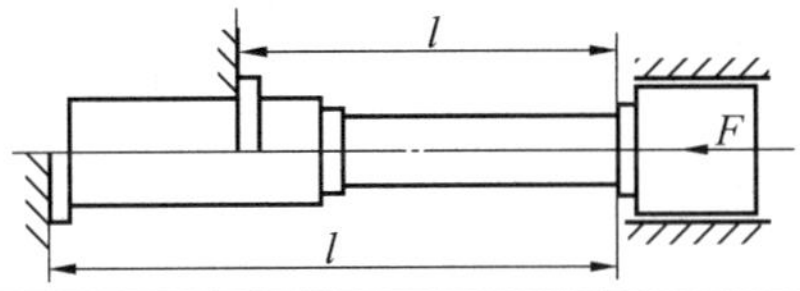	两端固定	4

如缓冲装置为节流口可调式缓冲装置，在缓冲过程中的缓冲压力逐渐降低，假定缓冲压力线性地降低，则缓冲腔中的最大冲击压力为

$$p_{\mathrm{cmax}} = p_{\mathrm{c}} + \frac{mv_0^2}{2A_{\mathrm{c}}l_{\mathrm{c}}} \tag{4.26}$$

如缓冲装置为节流口变化式缓冲装置，则由于缓冲压力 p_{c} 始终不变，即为$\frac{E_2}{A_{\mathrm{c}}l_{\mathrm{c}}}$。

表 4.2　f、a、ψ_1 的值

材料	$f/10^8$ Pa	a	ψ_1
铸铁	5.6	1/1 600	80
锻钢	2.5	1/9 000	110
软钢	3.4	1/7 500	90
硬钢	4.9	1/5 000	85

思考题与习题

4.1　液压缸的缓冲装置起什么作用？有哪些形式？各有什么特点？

4.2　在供油流量q不变的情况下，要使单杆活塞缸的活塞杆伸出速度和缩回速度相等，油路应该怎样连接，活塞杆直径d与活塞直径D之间有何关系？

4.3　增压缸的工作原理如何？用于什么场合？

4.4　柱塞缸的工作原理如何？有什么特点？

4.5　图4.18所示的三种结构形式的液压缸，活塞直径为D、活塞杆直径为d，若进入缸的压力油流量为q、压力为p，分析各缸产生的推力、速度大小以及运动方向。

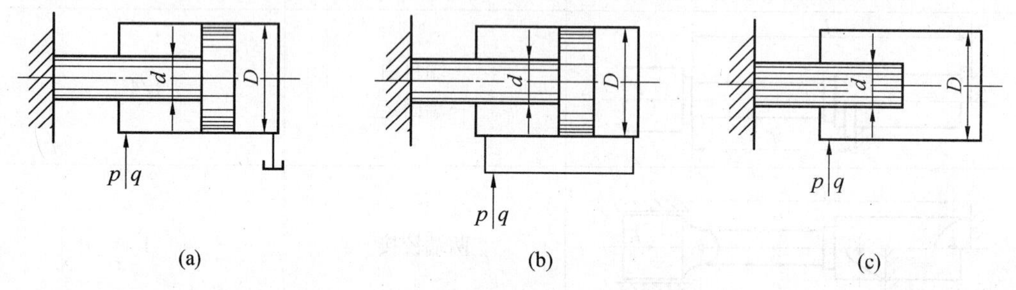

图4.18　题4.5图

4.6　图4.19所示的液压系统中，液压泵的额定流量q = 18 L/min，额定压力p = 6.3 MPa，设活塞直径D = 0.1 m，活塞杆直径d = 0.06 m，负载F = 28 000 N。在不计压力损失情况下，试求在各图示情况下压力表的读数。

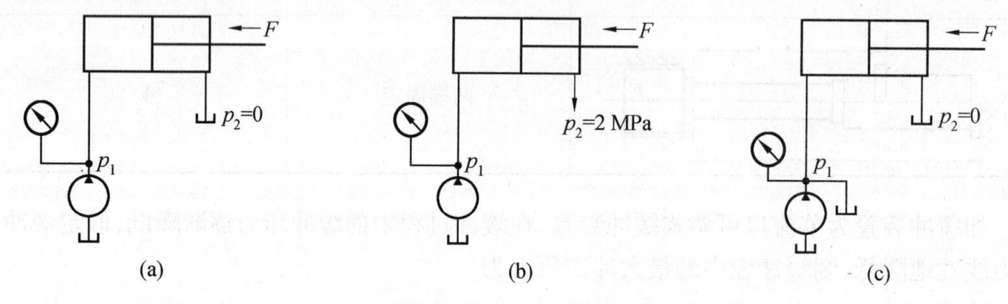

图4.19　题4.6图

4.7　图4.20所示的两个结构相同相互串联的液压缸，无杆腔的面积A_1 = 0.01 m^2，有杆腔面积A_2 = 0.008 m^2，缸1的输入压力p_1 = 9 × 10^5 Pa、输入流量q_1 = 12 L/min，不计损失和泄漏。求：

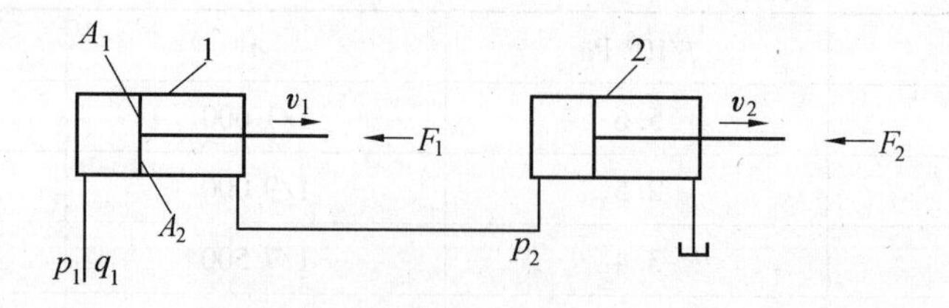

图4.20　题4.7图

（1）两缸负载相同（$F_1=F_2$）时该负载的大小及两缸的运动速度。

（2）缸2不受负载（$F_2=0$）时缸1能承受多少负载？

（3）缸1不受负载（$F_1=0$）时缸2能承受多少负载？

4.8　图4.21所示的并联液压缸中，$A_1=A_2$，$F_1>F_2$。当缸2的活塞运动时，试求v_1、v_2和液压泵的出口压力p。

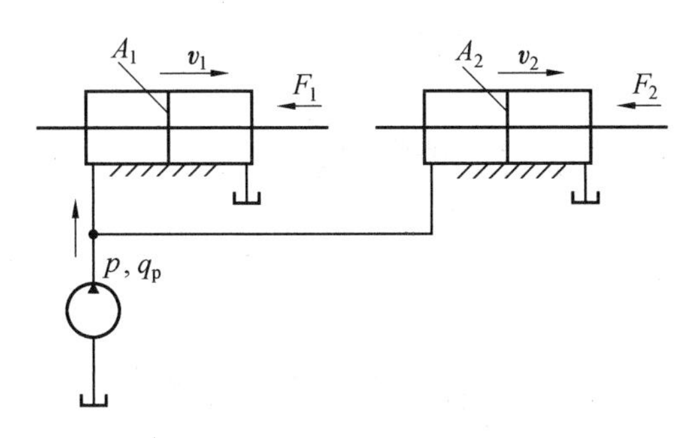

图4.21　题4.8图

4.9　一单杆液压缸快进时采用差动连接，快退时缸的有杆腔进油，无杆腔回油。设缸快进、快退时的速度均为0.1 m/s，工进时杆受压，推力为25 000 N。已知输入流量$q=25$ L/min，背压$p=2\times10^5$ Pa，求：

（1）缸筒内径D和活塞杆直径d；

（2）缸筒的壁厚δ（缸筒材料为45钢）；

（3）如活塞杆铰接，缸筒固定，安装长度为1.5 m，校核活塞杆的稳定性。

第5章 液压控制阀

5.1 液压控制阀概述

在液压系统中,除需要液压泵供油和液压执行元件来驱动工作装置外,还要配置一定数量的液压控制阀来对液流的流动方向、压力的高低以及流量的大小进行预期的控制,以满足负载的工作要求。因此,液压控制阀是直接影响液压系统工作过程和工作特性的重要元件。

1. 液压阀的分类

液压阀可按下述特征进行分类。

(1)按用途分类。

①方向控制阀:用来控制液压系统中液流的方向,以实现机构变换运动方向的要求。如单向阀、换向阀等。

②压力控制阀:用来控制液压系统中油液的压力以满足执行机构对力的要求。如溢流阀、减压阀、顺序阀等。

③流量控制阀:用来控制液压系统中油液的流量,以实现机构所要求的运动速度。如节流阀、调速阀等。

这三类阀还可以根据需要互相组合成为组合阀,如单向顺序阀、单向节流阀、电磁溢流阀等,这样在增加功能的基础上,使得其结构紧凑、连接简单,提高效率。

(2)按控制方式分类。

①开关控制或定值控制:利用手动、机动、电磁、液控、气控等方式来定值地控制液体的流动方向、压力和流量,一般普通控制阀都应用这种控制方式。

②比例控制:利用输入的比例电信号来控制流体的通路,使其能实现按比例地控制系统中液流的方向、压力及流量等参数,多用于开环控制系统中。

③伺服控制:将微小的输入信号转换成大的功率输出,连续按比例地控制液压系统中的参数,多用于高精度、快速响应的闭环控制系统。

④电液数字控制:利用数字信息直接控制阀的各种参数。

(3)按安装连接方式分类。

①管式连接(螺纹连接)方式：阀口带有管螺纹,可直接与管道及其他元件相连接。

②板式连接方式:所有阀的接口均布置在同一安装面上,利用安装板与管路及其他元件相连,这种安装方式比较美观、清晰。

③法兰连接方式:阀的连接处带有法兰,常用于大流量系统中。

④集成块连接方式:将几个阀固定于一个集成块侧面,通过集成块内部的孔实现油路的连接,控制集中、结构紧凑。

⑤叠加阀连接方式:将阀做成标准型,上下叠加而形成回路。

⑥插装阀连接方式:没有单独的阀体,通过插装块内通道把各插装阀连成回路。插装块起到阀体和管路的作用。

(4)按阀芯结构形式分类。

液压阀可分为滑阀、锥阀、球阀和转阀等。

2. 对液压阀的基本要求

(1)动作灵敏、可靠,工作时冲击、振动要小,使用寿命长。

(2)油液流经阀时压力损失要小,密封性要好,内泄漏要小,无外泄漏。

(3)结构简单紧凑,安装、维护、调整方便,通用性能好。

5.2　方向控制阀

方向控制阀主要用来通断油路或改变油液流动的方向,从而控制液压执行元件的启动或停止,改变其运动方向。方向控制阀包括单向型和换向型两大类。

5.2.1　单向阀

液压系统中,常用的单向阀有普通单向阀和液控单向阀两种。

1. 普通单向阀

普通单向阀的作用就是使油液只能向一个方向流动,不许倒流。因此,对单向阀的要求是:通油方向(正向)要求液阻尽量小,保证阀的动作灵敏,因此弹簧刚度适当小些,一般开启压力为0.035~0.05 MPa;而对截止方向(反向)要求密封尽量好一些,保证反向不漏油。如果采用单向阀做背压阀时,弹簧刚度要取得较大一些,一般取0.2~0.6 MPa。

普通单向阀由阀芯、阀体及弹簧等组成。根据使用参数不同阀芯可做成钢球形和圆锥形的,钢球形阀芯一般用于小流量的场合,图5.1(a)所示的是一种管式的普通单向阀的结构。静态时,阀芯2在弹簧力的作用下顶在阀座上,当液压油从阀的左端(P_1)进入,即正向通油时,液压力克服弹簧力使阀芯右移,打开阀口,油液经阀口从右端(P_2)流出;而当液压油从右端进入,即反向通油时,阀芯在液压力与弹簧力的共同作用下,紧贴在阀座上,油液不能通过。

普通单向阀的图形符号如图5.1(b)所示。

2. 液控单向阀

液控单向阀是一种通入控制压力油后允许油液双向流动的单向阀。它由一个普通单

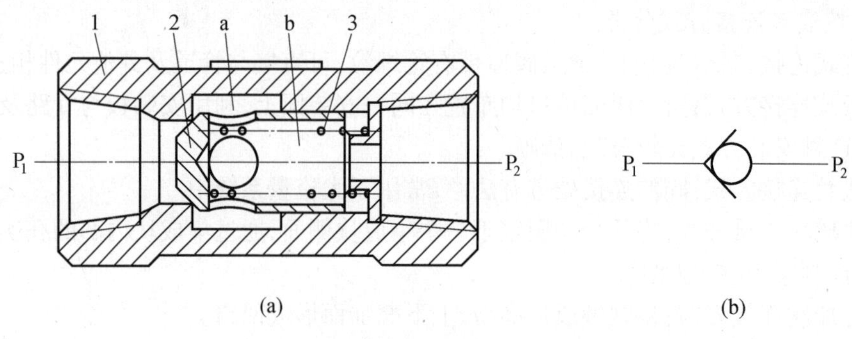

图 5.1　单向阀

1—阀体;2—阀芯(锥阀);3—弹簧

向阀和一个小型控制液压装置组成。图 5.2(a)所示是一种板式连接的液控单向阀,当控制口 K 处没有压力油输入时,这种阀同普通单向阀一样使用,油液从 P_1 口进入,顶开阀芯,从 P_2 口流出;而当油液从 P_2 口进入时,由于在油液的压力和弹簧力共同作用下使阀芯关闭,油路不通;当控制口 K 有压力油输入时,活塞在压力油作用下右移,使阀芯打开,在单向阀中形成通路,油液在两个方向可自由流通。

液控单向阀的作用是可以根据需要控制单向阀在油路中的存在,它的锥阀阀口应具有良好的反向密封性能,通常用于保压、锁紧和平衡等回路中。

3. 液压锁

液压锁实际上是两个液控单向阀的组合,如图 5.3 所示。它能在液压执行机构不运动时保持油液的压力,使液压执行机构在不运动时锁紧。

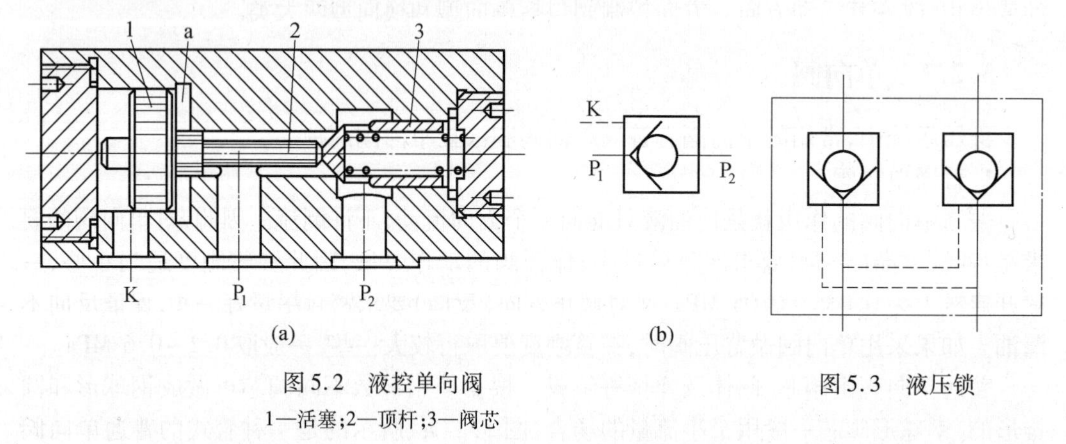

图 5.2　液控单向阀

1—活塞;2—顶杆;3—阀芯

图 5.3　液压锁

5.2.2　换向阀

换向阀是液压系统中用途较广的一种阀,它是利用阀芯在阀体中的相对运动,使液流的通路接通、关断,或变换流动方向,从而使执行机构开启、停止或变换运动方向。

1. 换向阀的分类

根据阀芯运动方式不同可分为转阀与滑阀两种;根据操纵方式不同可分为手动换向阀、机动换向阀、液动换向阀、电磁换向阀、电液换向阀;根据阀芯在阀体中所处的位置不同可分为二位阀、三位阀、多位阀等；根据换向阀的通油口数可分为二通阀、三通阀、四通阀、五通阀、多通阀等。

2. 换向阀的结构及工作原理

(1)滑阀。

①滑阀的工作原理。滑阀式换向阀是液压系统中使用最为广泛的换向阀。任何换向阀都由阀体和阀芯两部分组成，滑阀的阀芯是具有多段环形槽的圆柱体，直径大的凸起部分称为凸肩，与阀体内孔间隙配合；阀体内孔也加工环形槽，称为沉割槽，与通油口相连。在外力作用下，阀芯在阀体内做相对运动，以堵塞或开启阀孔，开闭油路，使进油口与不同的排油口接通，达到换向的目的。如图 5.4 所示，当阀芯向右运动时，P 口与 A 口通，B 口与 T_2口通；当阀芯向左运动时，P 口与 B 口通，A 口与 T_1口通；当阀芯在图示位置时，这些阀口均不通。P 口接压力油，A 口和 B 口接执行元件，T_1口和 T_2口接油箱。通过以上分析可知，阀芯在阀体内相对运动时，可以改变油路间的通断关系，使执行元件完成换向和停止。同时也可知道此阀有三个工作位置、五个通油口，所以此阀是三位五通阀。其他滑阀的工作原理与此阀相同，常见滑阀的结构形式与图形符号见表 5.1。

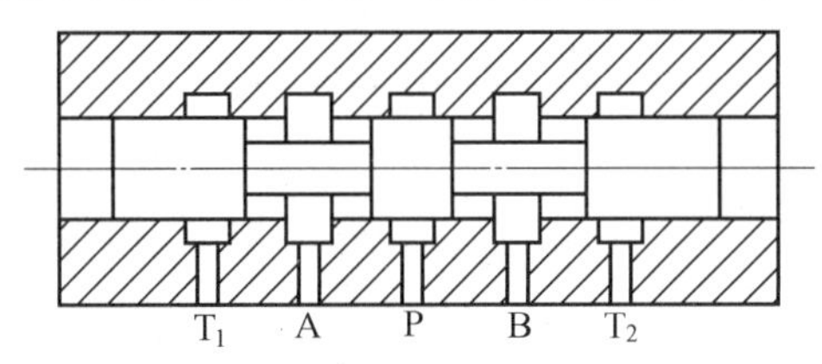

图 5.4　滑阀式换向阀工作原理图

表 5.1　常见滑阀的结构形式与图形符号

滑阀名称	结构原理图	图形符号
二位二通	A　P	
二位三通	A　P　B	A B P
二位四通	A　P　B　T	A B P T

续表 5.1

滑阀名称	结构原理图	图形符号
二位五通	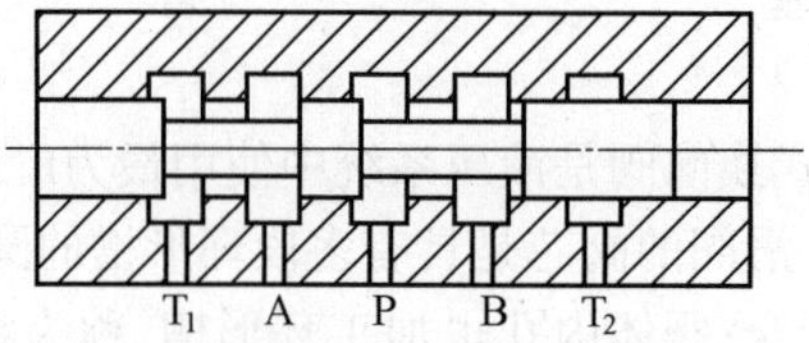 T_1 A P B T_2	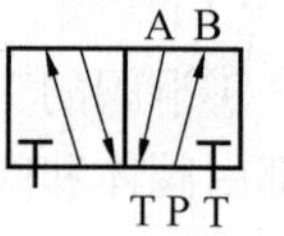 A B T P T
三位四通	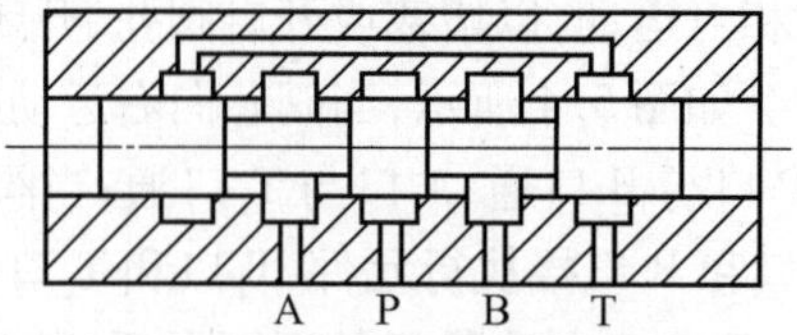 A P B T	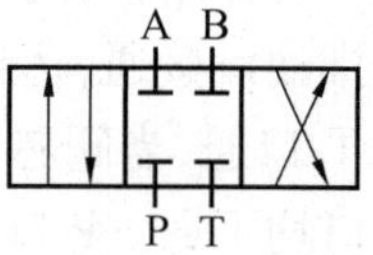 A B P T
三位五通	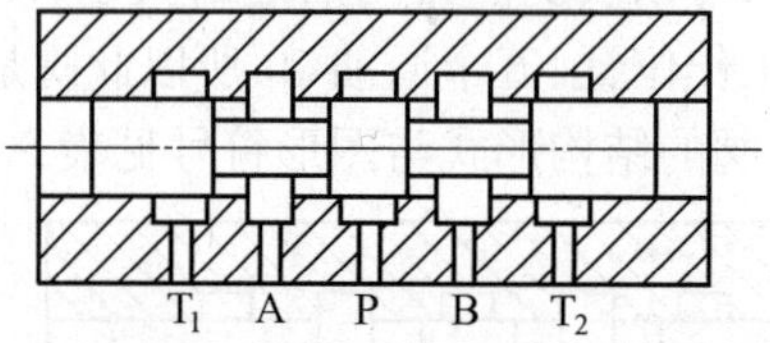 T_1 A P B T_2	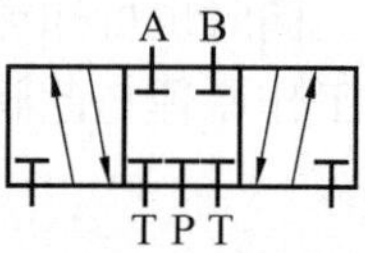 A B T P T

②滑阀的操纵方式。主要有手动、机动、液动、电磁、电液五种，各种操纵方式见表5.2。

表 5.2　滑阀的操纵方式

操纵方式	图形符号	说　　明
手动	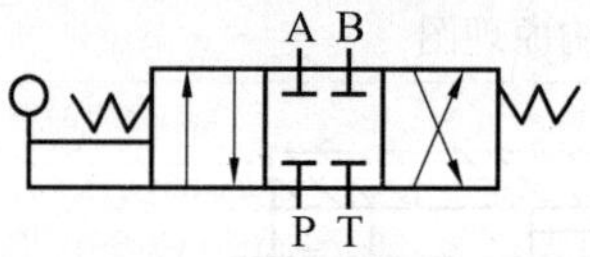 A B P T	手动操纵，弹簧复位，属于自动复位；还有靠钢球定位的，复位时需要人工操纵
机动	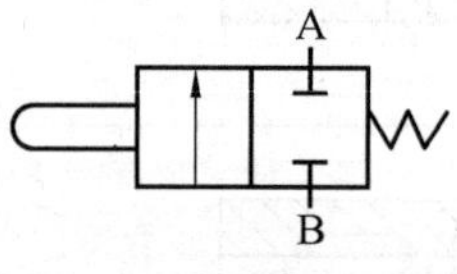 A B	二位二通机动换向阀也称行程阀，是实际应用较为广泛的一种阀，靠挡块操纵，弹簧复位初始位置时处于常闭状态
液动	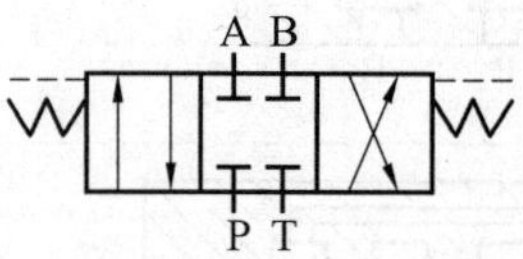 A B P T	液压力操纵，弹簧复位
电磁	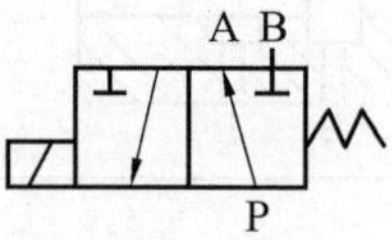 A B P	电磁铁操纵，弹簧复位，是实际应用中最常见的换向阀，有二位、三位等多种结构形式

续表 5.2

操纵方式	图形符号	说　明
电液	A B T P T A B P T	由先导阀（电磁换向阀）和主阀（液动换向阀）复合而组成。阀芯移动速度分别由两个节流阀控制，使系统中执行元件能得到平稳的换向

电磁换向阀是目前最常用的一种换向阀，利用电磁铁的吸力推动阀芯换向，电磁换向阀分为直流电磁阀和交流电磁阀。直流式电磁阀一般采用 24 V 直流电源，其特点是工作可靠、过载不会烧坏，噪声小、寿命长，但换向时间长、启动力小，工作时需直流电源；交流式电磁阀一般采用 220 V 电源，它的特点是不需特殊电源，启动力大，换向时间短，但换向冲击大、噪声大、易烧坏。电磁阀使用方便，特别适合自动化作业，但对于换向时间要求调整或流量大、行程长、移动阀芯需要力大的场合来说，采用单纯电动式是不适宜的。

液动换向阀的阀芯移动是靠两端密封腔中的油液压差来移动的，推力较大，适用于压力高、流量大、阀芯移动长的场合。

电液换向阀是一种组合阀。电磁阀起先导作用，而液动阀以其阀芯位置变化改变油路上油流方向，起“放大”作用。

③滑阀的中位机能。三位换向阀处于中位时，各通口的连通形式称为换向阀的中位机能。表 5.3 为常见的三位阀的中位机能。

表 5.3　三位换向阀的中位机能

滑阀机能	中位时的滑阀状态	中位符号		中位时的性能特点
		三位四通	三位五通	
O	$T(T_1)$　A　P　B　$T(T_2)$	A B P T	A B T_1 P T_2	各油口全部封闭，可使执行元件在任意位置停止，也可以实现多执行机构间的互锁。

续表 5.3

滑阀机能	中位时的滑阀状态	中位符号		中位时的性能特点
		三位四通	三位五通	
H	T(T1) A P B T(T2)	A B P T	A B T1 P T2	各油口全部连通，使泵卸荷，允许执行机构浮动
Y	T(T1) A P B T(T2)	A B P T	A B T1 P T2	P口封闭保压，执行元件两腔与回油腔连通
J	T(T1) A P B T(T2)	A B P T	A B T1 P T2	P口封闭保持压力，B口与回油相通
C	T(T1) A P B T(T2)	A B P T	A B T1 P T2	执行元件A口与P口相通，而B口封闭
P	T(T1) A P B T(T2)	A B P T	A B T1 P T2	P口与A口、B口相连，可形成差动回路
K	T(T1) A P B T(T2)	A B P T	A B T1 P T2	P口与A口、T口相通，泵卸荷，B口封闭
X	T(T1) A P B T(T2)	A B P T	A B T1 P T2	P口、T口、A口、B口半开启接通，P口保持一定压力
M	T(T1) A P B T(T2)	A B P T	A B T1 P T2	P口与T口相通，使泵卸荷，A口、B口封闭，使执行机构停止
U	T(T1) A P B T(T2)	A B P T	A B T1 P T2	P口封闭保持压力，A口与B口连通

换向阀的中位机能不仅在换向阀阀芯处于中位时对系统工作状态有影响，而且在换向阀切换时对液压系统的工作性能也有影响。

选择换向阀的中位机能时应注意以下几点：

a. 系统保压。在三位阀的中位时，当 P 口堵住，油泵即可保持一定的压力，这种中位机能如 O、Y、J、U 型，适用于一泵多缸的情况。如果在 P 口、T 口之间有一定阻尼，如 X 型中位机能，系统也能保持一定压力，可供控制油路使用。

b. 系统卸荷。即在三位阀处于中位时，泵的油直接回油箱，让泵的出口无压力，这时只要将 P 口与 T 口接通即可，如 M 型中位机能。

c. 换向精度。在三位阀处于中位时，A 口、B 口各自堵塞，如 O、M 型，当换向时，一侧有油压，一侧负压，换向过程中容易产生液压冲击，换向不平稳，但位置精度好。

若 A 口、B 口与 T 口接通，如 Y 型，则作用相反，换向过程中无液压冲击，但位置精度差。

d. 平稳性。当三位阀处于中位时，有一工作腔与油箱接通，如 J 型，则工作腔中无油，不能形成缓冲，液压缸启动不平稳。

e. 液压缸在任意位置上的停止和"浮动"问题：

当 A、B 油口各自封死时，如 T、M 型，液压缸可在任意位置上锁死；当 A、B 口与 P 口接通时，如 P 型，若液压缸是单作用式液压缸时，则形成差动回路，若液压缸是双作用式液压缸时，则液压缸可在任意位置上停留。

当 A、B 油口与 T 口接通时，如 H、Y 型，则三位阀处于中位时，卧式液压缸任意浮动，可用手动机构调整工作台。

(2)转阀。

转阀的主要特点是阀芯与阀体相对运动为转动，当阀芯旋转一个角度后，即转阀变换了一个工作位置。如图 5.5 所示为一种三位四通转阀的工作示意图。图中的 P、T、A、B 分别为阀的进油口、回油口及两个与执行机构工作腔相连的工作油口，这个阀有 3 个工作位置，图 5.5(a)中的 3 个图对应于图 5.5(b)职能符号中的 3 个位，中间的图表示 4 个油口互不相通，即中位状态；左位所示为 P 口与 A 口相通，B 口与 T 口相通；右位所示为 P 口与 B 口相通，A 口与 T 口相通，可见在左位与右位的两个不同位置时，油路互相交换，使得执行机构换向。

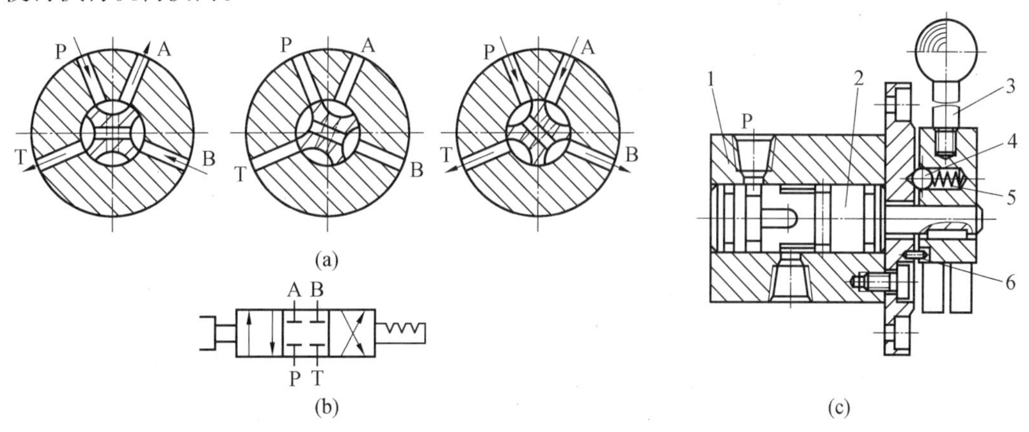

图 5.5 转阀

1—阀体；2—阀芯；3—手柄；4—定位钢球；5—弹簧；6—限位销

转阀的结构简单、紧凑,但密封性差、操纵费力、阀芯易磨损,只适用于中低压、小流量的场合。

5.3 压力控制阀

压力控制阀是用来控制和调节液压系统压力的,它包括溢流阀、减压阀、顺序阀和压力继电器等,它们都是利用作用于阀芯上的液压力和弹簧力相平衡来进行工作的。

5.3.1 溢流阀

溢流阀的基本功能就是当压力达到其调定值时打开,开始溢流,实现稳压、调压或限压的作用。经常与定量泵和节流阀配合实现节流调速,也可以对液压系统实现过载保护。

1. 溢流阀的结构和工作原理

溢流阀按结构可分为直动式和先导式两种。

(1)直动式溢流阀。

图5.6所示为直动式溢流阀的工作原理图。其中,P为进油口,O为出油口,阀芯在调压弹簧的作用下处于最下端,在阀芯中开有径向通孔,并且在径向通孔与阀芯下部之间开有一阻尼孔a。工作时,压力油从进油口P进入溢流阀,通过径向通孔及阻尼孔a进入阀芯的下部,此时作用于阀芯上的力的平衡方程为

$$pA = F_s + G + F_f + F_y \tag{5.1}$$

式中,pA 为液体作用于阀芯底部的力;F_s 为弹簧力;G 为重力;F_f 为摩擦力;F_y 为液动力。

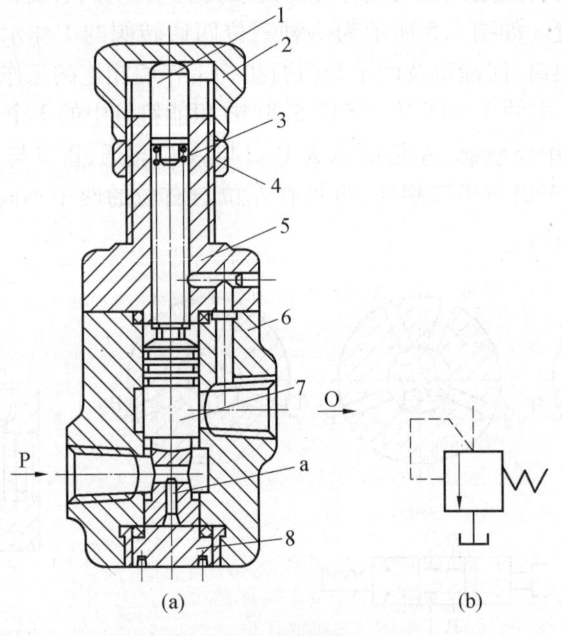

图5.6　直动式溢流阀

1—推杆;2—调节螺母;3—弹簧;4—锁紧螺母;5—阀盖;6—阀体;7—阀芯;8—塞堵

当等式左边的液压力小于等式右边的合力时，溢流阀阀芯不动，溢流阀无输出；而当等式左边的液压力大于等式右边的合力时，溢流阀阀芯上移，油液经溢流阀从出油口溢出。

上述过程的稳定需要过渡阶段，该过程经振荡后达到平衡，这时由于阻尼小孔的存在使振幅逐渐衰减而趋于稳定。

这种直动式溢流阀当压力较高、流量较大时，要求弹簧的刚度和结构尺寸较大，使溢流阀的反应变慢，在设计制造过程及使用中带来较大的不便，因此，不适合控制高压的场合。

(2) 先导式溢流阀。

先导式溢流阀一般用于中高压系统中，在结构上主要是由先导阀和主阀两部分组成，先导式溢流阀如图5.7所示，其中P为进油口，O为出油口，K为控制油口。溢流阀工作时，油液从进油口P进入(油液的压力为p_1)，并通过阻尼孔5进入主阀阀芯上腔(油液的压力为p_2)，由于主阀上腔通过孔a与先导阀相通，因此油液通过孔a进入到先导阀的右腔中。先导阀阀芯1的开启压力是通过调节螺母11、调节弹簧9的预压紧力来确定的，在进油压力没有达到先导阀的调定压力时，先导阀关闭，主阀的上、下腔油液压力基本相等(实际上这种阀的上端面积略大于下端面积，因此上腔作用的液压力略大于下腔作用的液压力)，而在弹簧力的作用下，主阀阀芯关闭。当进油压力增高至打开先导阀时，油流通过阀孔a、先导阀阀口、主阀中心孔至阀底下部的出油口O溢流回油箱。当油液通过主阀阀芯上的阻尼孔5时，在阻尼孔5的两端产生了压差，而这个压力差是随通过的流量而变化的，当它大到足够大时，主阀阀芯开始向上移动，阀口打开，溢流阀就开始溢流。

在这种溢流阀中，作用于主阀阀芯上的力平衡方程为

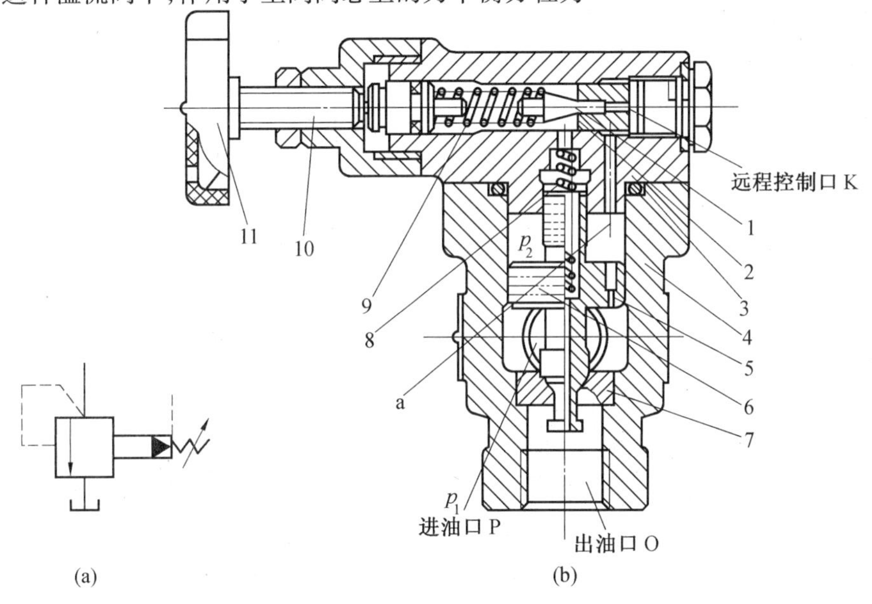

图5.7 先导式溢流阀

1—先导阀阀芯；2—先导阀阀座；3—先导阀阀体；4—主阀阀体；5—阻尼孔；6—主阀阀芯；7—主阀座；8—主阀弹簧；9—先导阀调压弹簧；10—调节螺钉；11—调压手轮

$$p_1A = p_2A + F_s + G + F_f + F_y$$

即

$$(p_1 - p_2)A = F_s + G + F_f + F_y \tag{5.2}$$

式中，p_1A 为油液作用于阀芯下腔的力；p_2A 为油液作用于主阀阀芯上腔的力；F_s 为主阀弹簧力；G 为重力；F_f 为摩擦力；F_y 为液动力。

式(5.2) 与式(5.1) 比较，与合力相平衡的液压力在直动式溢流阀中是阀芯底部的压力，而在先导式溢流阀中是主阀阀芯下腔的油液压力与主阀阀芯上腔的油液压力的差值，即 $p_1 - p_2$。因此，先导式溢流阀可以在弹簧较软、结构尺寸较小的条件下，控制较高的油液压力。

在阀体上有一个远程控制油口 K，它的作用是使溢流阀卸荷或进行二级调压。当把它与油箱连接时，溢流阀上腔的油直接回油箱，而上腔油压为零，由于主阀阀芯弹簧较软，因此，主阀阀芯在进油压力作用下迅速上移，打开阀口，使溢流阀卸荷；若把该口与一个远程调压阀连接时，溢流阀的溢流压力可由该远程调压阀在溢流阀调压范围内调节(此时的远程调压阀即为其先导阀)。

2. 溢流阀的应用

溢流阀在不同的场合，可以有不同的用途，如图 5.8 所示。

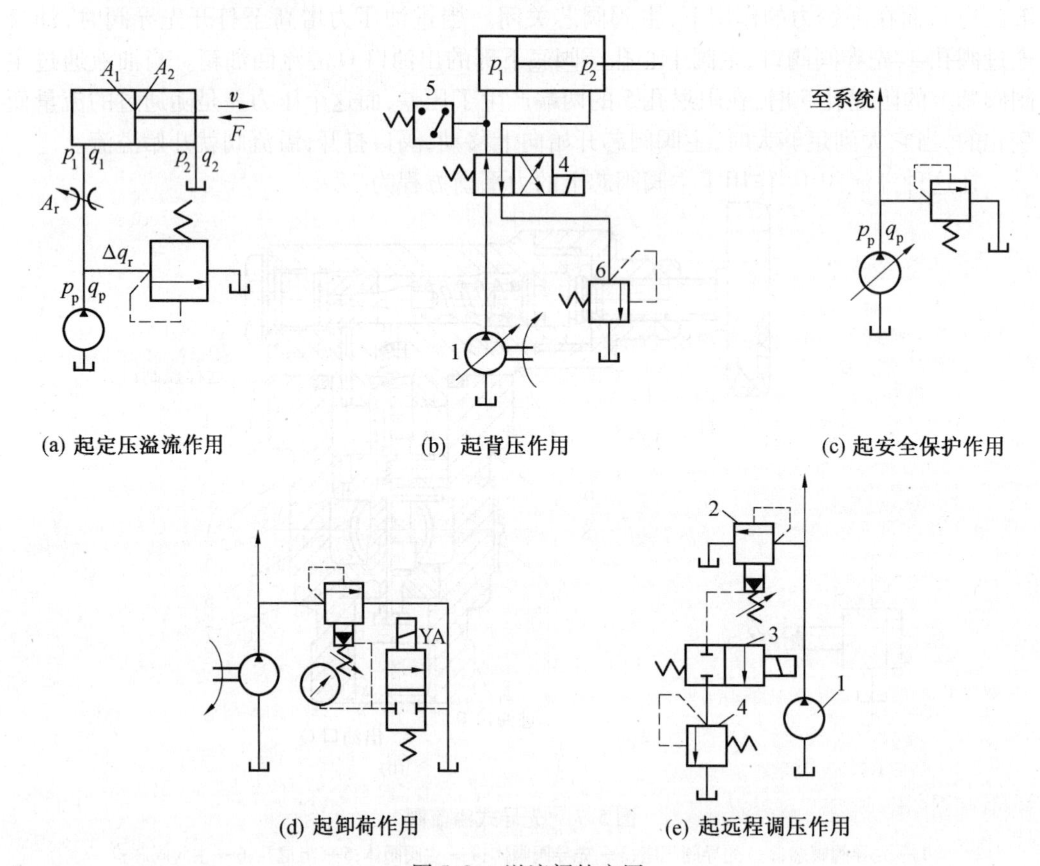

(a) 起定压溢流作用　(b) 起背压作用　(c) 起安全保护作用

(d) 起卸荷作用　(e) 起远程调压作用

图 5.8　溢流阀的应用

3. 溢流阀的性能指标

由于溢流阀具有多种用途，而不同用途对它的性能要求不同，因此常将这些要求分为静态性能指标和动态性能指标两类。

（1）静态性能指标。

① 调压范围：溢流阀所能使用的压力范围。在给定的调压范围内，溢流阀的性能不能变坏，必须满足要求。

② 启闭特性：是指溢流阀从开启到闭合过程中，通过溢流阀的流量与其控制压力之间的关系。

当溢流阀开始溢流时，阀的开度 $X_R=0$，我们将此时的溢流阀进油处的压力称为开启压力，用 p_c 表示，而随着阀口的增大，溢流阀的溢流量达到额定流量时，我们将此时的溢流阀出口处的压力称为全流压力，用 p_n 表示。对于溢流阀来说，希望在工作时，当溢流量变化时，系统中的压力较稳定，这一特性称为静态特性或启闭特性，溢流阀的静态特性曲线如图5.9所示。常用开启压力比 $\frac{p_0}{p_n}$ 和静态调压偏差 p_n-p_0 两个指标来表示溢流阀静态特性的好坏，溢流阀的静态调压偏差越小，开启压力比越大，压力控制得越稳定，其静态特性越好。

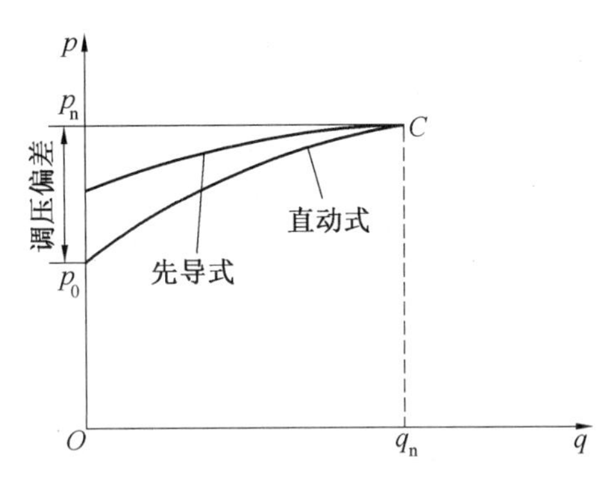

图5.9　溢流阀的静态特性曲线

③ 卸荷压力：当溢流阀做卸荷阀用时，额定流量下的压力损失称为卸荷压力。它反映了溢流阀在卸荷状态下的功率损失，其值越小越好。

（2）动态性能指标。

溢流阀的动态特性是指阀在开启过程中的特性。当溢流阀开启时，其溢流量从零开始迅速增加到额定流量，相当于给系统加一个阶跃信号，而随之响应的是进口压力也随之迅速变化，经过一个振荡过程后，逐步稳定在调定的压力上。

溢流阀的动态响应检测结果如图5.10所示，根据控制工程理论，令起始稳态压力为 p_0，最终稳态压力为 p_n，$\Delta p_t=p_n-p_0$。评价溢流阀动态特性指标主要有：

① 压力超调量 Δp：峰值压力与最终稳态压力的差值。

② 压力上升时间 t_1：压力达到 $0.9\Delta p_t$ 的时间与达到 $0.1\Delta p_t$ 的时间差值，即图中的 A、B 时间间隔，该时间也称为响应时间。

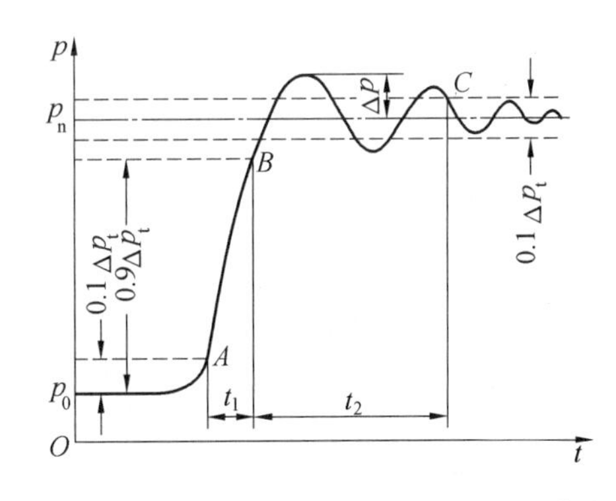

图5.10　溢流阀启动时进口压力响应特性曲线

③ 过渡过程时间 t_2：当瞬时压力进入最终稳态压力上下 $0.05\Delta p_t$ 的控制范围内而不再出来时的时间与 $0.9\Delta p_t$ 的时间差值，即图

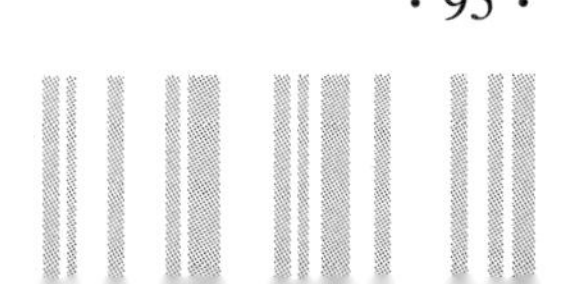

中 B、C 时间间隔。

这些指标越小,说明溢流阀的动态性能越好。

5.3.2 减压阀

1. 功用和性能

减压阀的用途是用来降低液压系统中某一部分回路上的压力,使这一回路得到比液压泵所供油压力低的稳定压力。减压阀常用在系统的夹紧装置、电液换向阀的控制油路、系统的润滑装置等。

对减压阀的要求是:减压阀出口压力维持恒定,不受进口压力及通过油液流量大小的影响。

减压阀一般分为定值式减压阀、定差式减压阀和定比式减压阀,本节主要介绍定值式减压阀。

2. 定值式减压阀的结构和工作原理

同溢流阀一样,定值式减压阀分为直动式和先导式,这里以先导式为例介绍减压阀的工作原理。如图5.11所示的是定值式减压阀的结构原理图。先导式减压阀的工作原理如下,高压油从进油口 P_1 进入阀内,初始时,减压阀阀芯处于最下端,进油口 P_1 与出油口 P_2 是相通的,因此,高压油可以直接从出油口出去。但在出油口中,压力油又通过端盖8上的通道进入主阀阀芯7的下部,同时又可以通过主阀芯7中的阻尼孔9进入主阀芯的上端,从先导式溢流阀的讨论中得知,此时,主阀阀芯正是在上下油液的压力差与主阀弹簧力的作用下工作的。当出油口的油液压力较小时,即没有达到克服先导阀阀芯弹簧力的时候,先导阀阀口关闭,通过阻尼孔9的油液没有流动,此时,主阀阀芯上下端无压力差,主阀阀芯在弹簧力的作用下处于最下端;而当出油口的油液压力大于先导阀弹簧的调定压力时,油液经先导阀从泄油口L流出,此时,主阀阀芯上下端有压力差,当这个压力差大于主阀阀芯弹簧力时,主阀阀芯上移,阀口减小,从而降低了出油口油液的压力,并使作用于减压阀阀芯上的油液压力与弹簧力达到了新的平衡,当进出口压力发生变化(大于调定值的前提下变化)时,减压阀阀芯还得回到这个平衡状态,这样出口压力就基本保持不变。由此可见,减压阀以出口油压力为控制信号,自动调节主阀阀口开度,改变液阻,保证出口压力的稳定。

3. 减压阀与溢流阀比较

由图5.10和图5.11可见,先导式减压阀与先导式溢流阀的结构非常相似,从工作原理看,它们的调节原理相同,它们的不同点如下:

① 在使用上,减压阀保持出口压力基本不变,而溢流阀保持进口压力基本不变。

② 在原始状态下,减压阀进出口是常通的,而溢流阀则是常闭的。

③ 在结构上,先导式减压阀的阀芯一般有三节、而先导式溢流阀的阀芯有二节;先导式减压阀的进油口在上、出油口在下,而先导式溢流阀则位置相反。

④ 在油路上,由于减压阀的出口与执行机构相连接。而溢流阀的出口直接回油箱,因此先导减压阀通过先导阀的油液有单独泄油通道,而先导式溢流阀则没有。即减压阀为外泄,溢流阀为内泄。

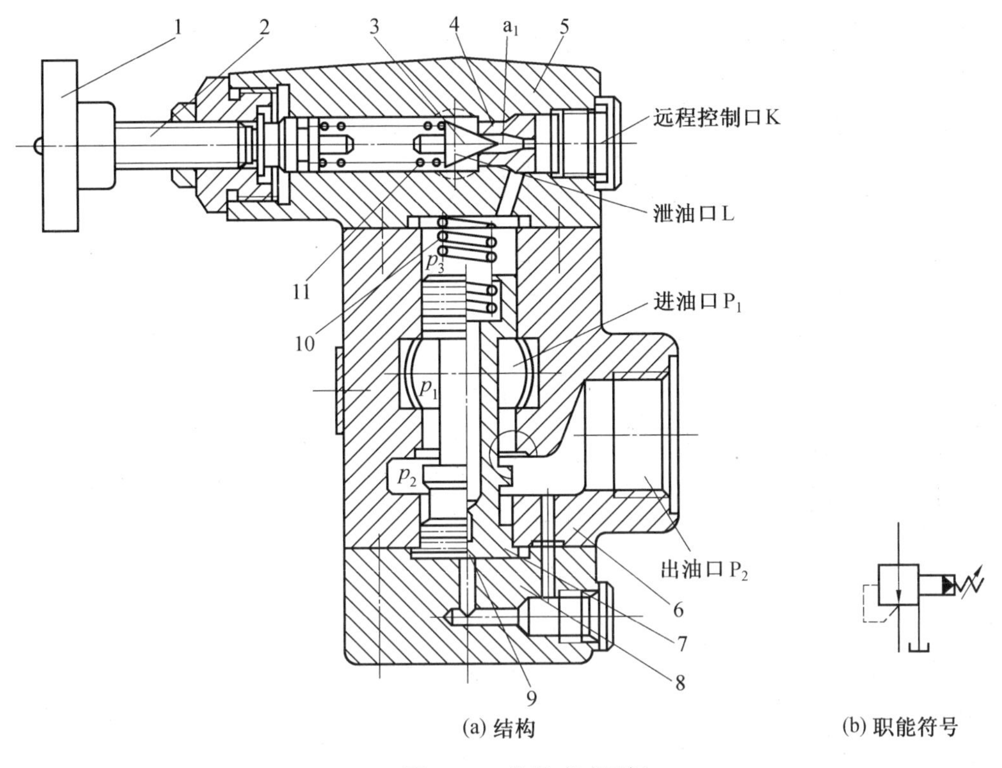

(a) 结构　　　　(b) 职能符号

图 5.11　先导式减压阀

1— 调压手轮;2— 调节螺钉;3— 锥阀;4— 阀座;5— 先导阀体;6— 阀体;7— 主阀;8— 端盖;9— 阻尼孔;10— 主阀弹簧;11— 调压弹簧

5.3.3　顺序阀

1. 功用与性能

顺序阀主要利用油路本身的压力或者外部压力来控制液压系统中执行元件的先后动作顺序,也可用来作为背压阀、平衡阀、卸荷阀等使用。

由于顺序阀的结构原理与溢流阀相似,因此,顺序阀的主要性能同溢流阀相同。但是,由于顺序阀主要起控制执行元件的动作顺序的作用,因此要求动作灵敏,调压偏差要小,在阀关闭时,密封性要好。

2. 顺序阀的结构和工作原理

从控制油液方式不同来分,顺序阀分为内控式(直控) 和外控式(远控) 两种。 直控式就是利用进油口的油液压力来控制阀芯移动;外控式就是引用外来油液的压力来遥控顺序阀。同溢流阀和减压阀相同,在结构上顺序阀也有直动式和先导式两种。

如图 5.12 所示为先导式顺序阀的结构原理图。其中 P_1 为进油口,P_2 为出油口。从结构上看,顺序阀与溢流阀的基本结构相同。所不同的是由于顺序阀出口的油液不是回油箱,而是直接输出到工作机构。因此,顺序阀打开后,出口压力可继续升高,因此,通过先导阀的泄油需单独接回油箱。图 5.12(b) 所示的是直控先导式顺序阀的结构,若将底盖旋转 90° 并打开螺堵,它将变成外控先导式顺序阀,如图 5.12(a) 所示。

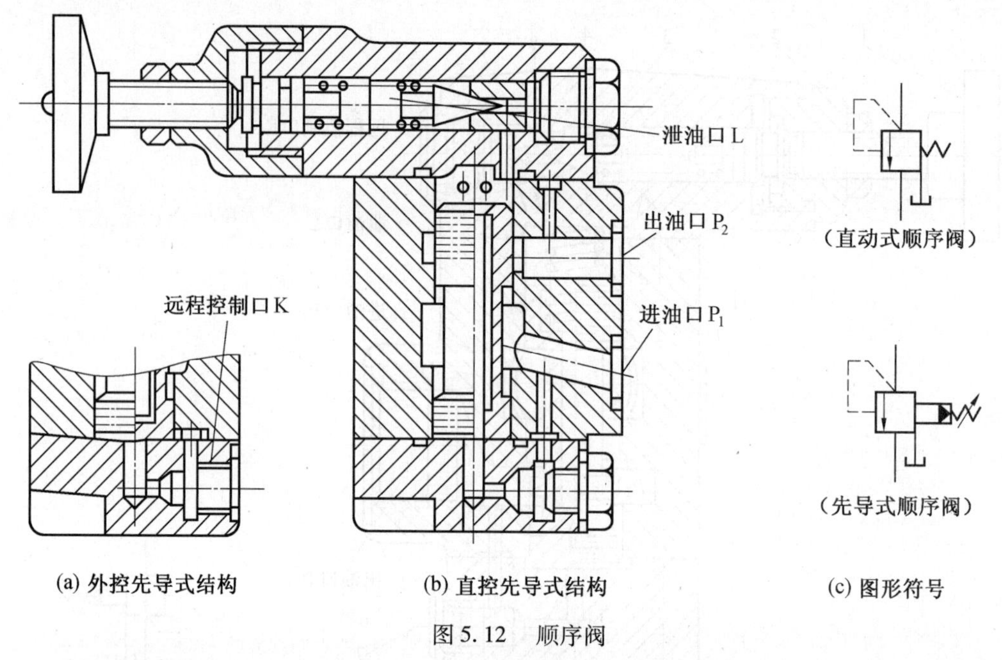

(a) 外控先导式结构　(b) 直控先导式结构　(c) 图形符号

图5.12　顺序阀

直控式顺序阀在使用时，在压力没有达到阀的调定压力之前，阀口关闭。当压力达到阀的调定压力后，阀口开启，压力油从出口输出，驱动执行机构工作，此时，油液的压力取决于负载，可随着负载的增大继续增加，而不受顺序阀调定压力的影响。

外控式顺序阀底部的远程控制口K的作用是在顺序阀需要遥控时使用，当该控制口接到控制油路中时，其阀芯的移动就取决于控制油路上油液的压力，同顺序阀的入口油液压力无关。

5.3.4　压力继电器

1. 功用与性能

压力继电器与前面所述的几种压力阀功用不同，它并不是依靠控制油路的压力来使阀口改变，而是一个靠液压系统中油液的压力来启闭电气触点的电气转换元件。在输入压力达到调定值时，它发出一个电信号，以此来控制电气元件的动作，实现液压回路的动作转换、系统遇到故障的自动保护等功能。压力继电器实际上是一个压力开关。

压力继电器的主要性能有调压范围、灵敏度、重复精度、动作时间等。

2. 结构和工作原理

如图5.13所示为一种机械方式的压力继电器，当液压力达到调定压力时，柱塞1上移通过顶杆2合上微动开关4，发出电信号。

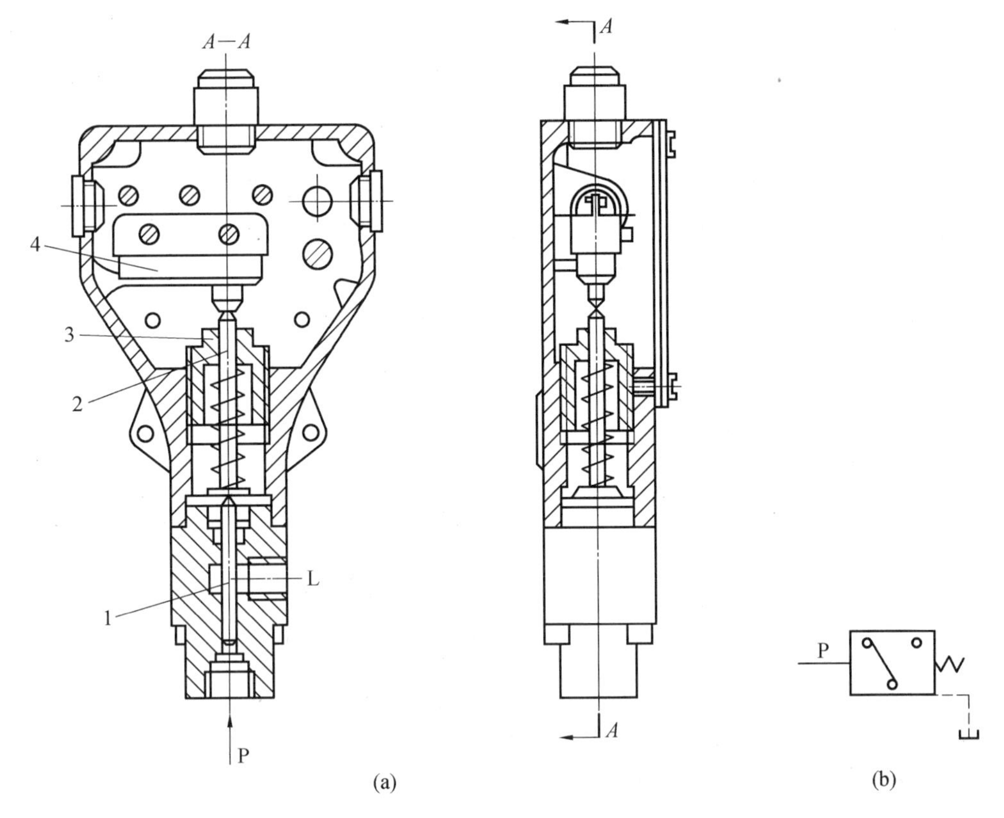

图 5.13　压力继电器

1— 柱塞；2— 顶杆；3— 调节螺钉；4— 微动开关

5.4　流量控制阀

流量控制阀的功用主要是通过改变阀口通流截面面积来调节通过阀口的流量,从而调节执行机构的运动速度。

对流量控制阀的要求主要有：

(1) 足够的流量调节范围；

(2) 较好的流量稳定性,即当阀两端压差发生变化时,流量变化要小；

(3) 流量受温度的影响要小；

(4) 节流口应不易堵塞,保证最小稳定流量；

(5) 调节方便、泄漏要小。

5.4.1　节流口的形式及流量特性方程

1. 节流口的形式

几种常见的节流口的形式如图 5.14 所示。

(1) 针式：针阀做轴向移动,调节环形通道的大小以调节流量,如图 5.14(a) 所示。

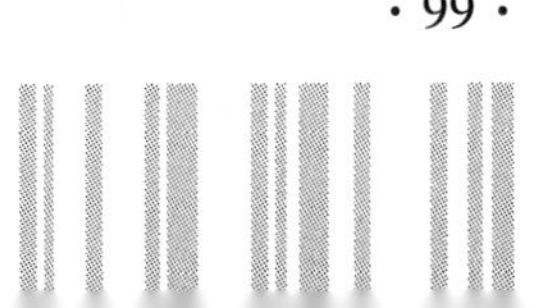

（2）偏心式：在阀芯上开一个偏心槽，转动阀芯即可改变阀开口大小，如图5.14(b)所示。

（3）三角沟式：在阀芯上开一个或两个轴向的三角沟，阀芯轴向移动即可改变阀开口大小，如图5.14(c)所示。

（4）周向缝隙式：阀芯沿圆周上开有狭缝与内孔相通，转动阀芯可改变缝隙大小以改变阀口大小，如图5.14(d)所示。

（5）轴向缝隙式：在套筒上开有轴向狭缝，阀芯轴向移动可改变缝隙大小以调节流量，如图5.14(e)所示。

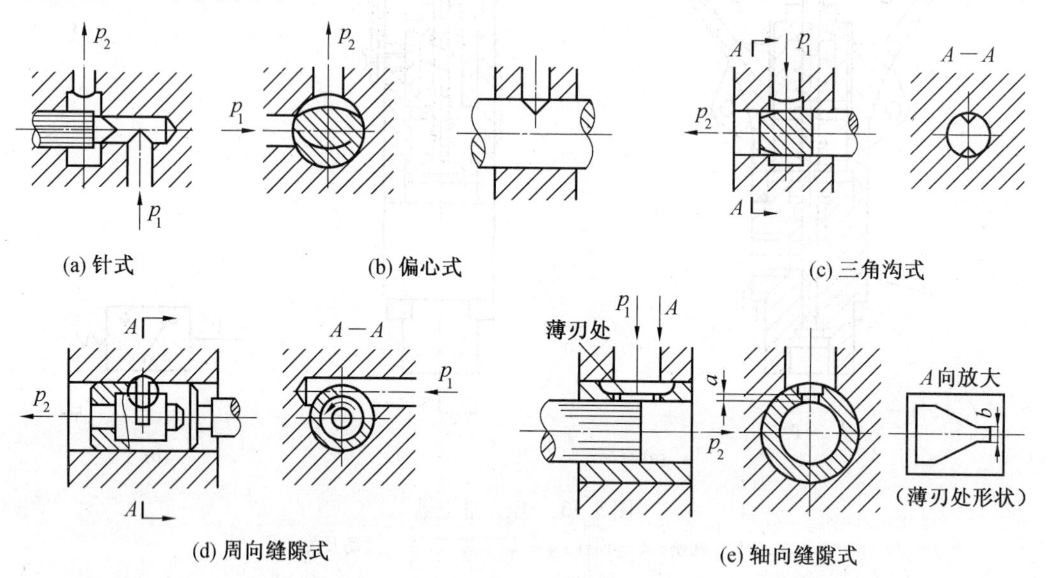

图5.14　节流阀的节流口形式

2. 节流口的流量特性方程

油液流经各种节流口的流量计算公式见式(2.53)，即 $q = KA_T \Delta p^m$。

3. 影响流量稳定的因素

液压系统在工作时，希望节流阀阀口面积A_T一经调定，通过节流阀的流量q稳定不变实际上这很难达到。液压系统在工作时，影响流量稳定的主要因素有三个。

（1）节流阀前后的压差Δp。

从节流口流量公式来看，流经节流阀的流量与其前后的压差成正比，并且与节流指数m有关，节流指数越大，影响就越大，可见，薄壁小孔($m = 0.5$)比细长孔($m = 1$)要好。

（2）油温变化的影响。

油温的变化会引起黏度的变化，从而对流量产生影响。温度变化对于细长孔流量影响较大，但对于薄壁小孔，和油液流动时的雷诺数有关，从第2章讨论的结果得知，当雷诺数大于临界雷诺数时，温度对流量几乎没有影响，而当压差较小、开口面积较小时，流量系统与雷诺数有关，温度会对流量产生影响。

（3）节流口的堵塞。

当节流口面积较小时，节流口的流量会出现周期性脉动，甚至造成断流，这种现象称为节流口的堵塞。产生这种现象的主要原因是：一方面，工作时的高温、高压使油氧化，生成胶质沉淀物、氧化物等；另一方面，还有部分没过滤干净的机械杂质。这些东西在节流口附近形成附着层，随着附着层的逐渐增加，当达到一定厚度时造成节流口堵塞，形成周期性的脉动。

综上所述，同样条件下，水力半径大的比小的流量稳定性好，在使用上选择化学稳定性和抗氧化性好的油液精心过滤，效果会更好。

5.4.2　节流阀

1. 普通节流阀

如图 5.15 所示为普通节流阀的结构，这种节流阀的阀口采用轴向三角沟式。该阀在工作时，油液从进油口 P_1 进入，经孔 b，通过阀芯 1 上左端的阀口进入孔 a，然后从出油口 P_2 流出。节流阀流量的调节是通过旋转手柄 3、推杆 2，推动阀芯移动改变阀口的开度而实现的。

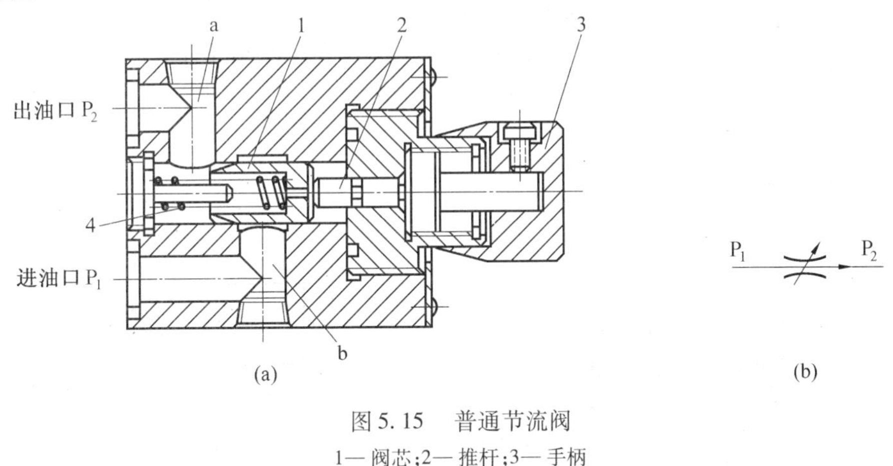

图 5.15　普通节流阀

1— 阀芯；2— 推杆；3— 手柄

2. 单向节流阀

在液压系统中，如果要求单方向控制油液流量一般采用单向节流阀。如图 5.16 所示为单向节流阀。该阀在正向通油时，即油液从 P_1 口进入，从 P_2 口输出，其工作原理与普通节流阀相同；但油液反向流动，即从 P_2 口进入，则推动阀芯压缩弹簧全部打开阀口，实现单方向控制油液的目的。

5.4.3　调速阀

在节流阀中，即使采用节流指数较小的开口形式，由于节流阀流量是其压差的函数，故负载变化时，还是不能保证流量稳定。要获得稳定的流量，就必须保证节流口两端压差不随负载变化，按照这个思想设计的阀就是调速阀。调速阀有两种形式，一种是节流阀与定差减压阀串联组成的，这种就是通常说的调速阀；另一种是节流阀与溢流阀并联组成的，这种称为溢流调速阀。下面就以前者为例，讲一下调速阀的工作原理。

如图 5.17 所示是一种先减压、后节流的调速阀。调速阀进油口就是减压阀的入口，

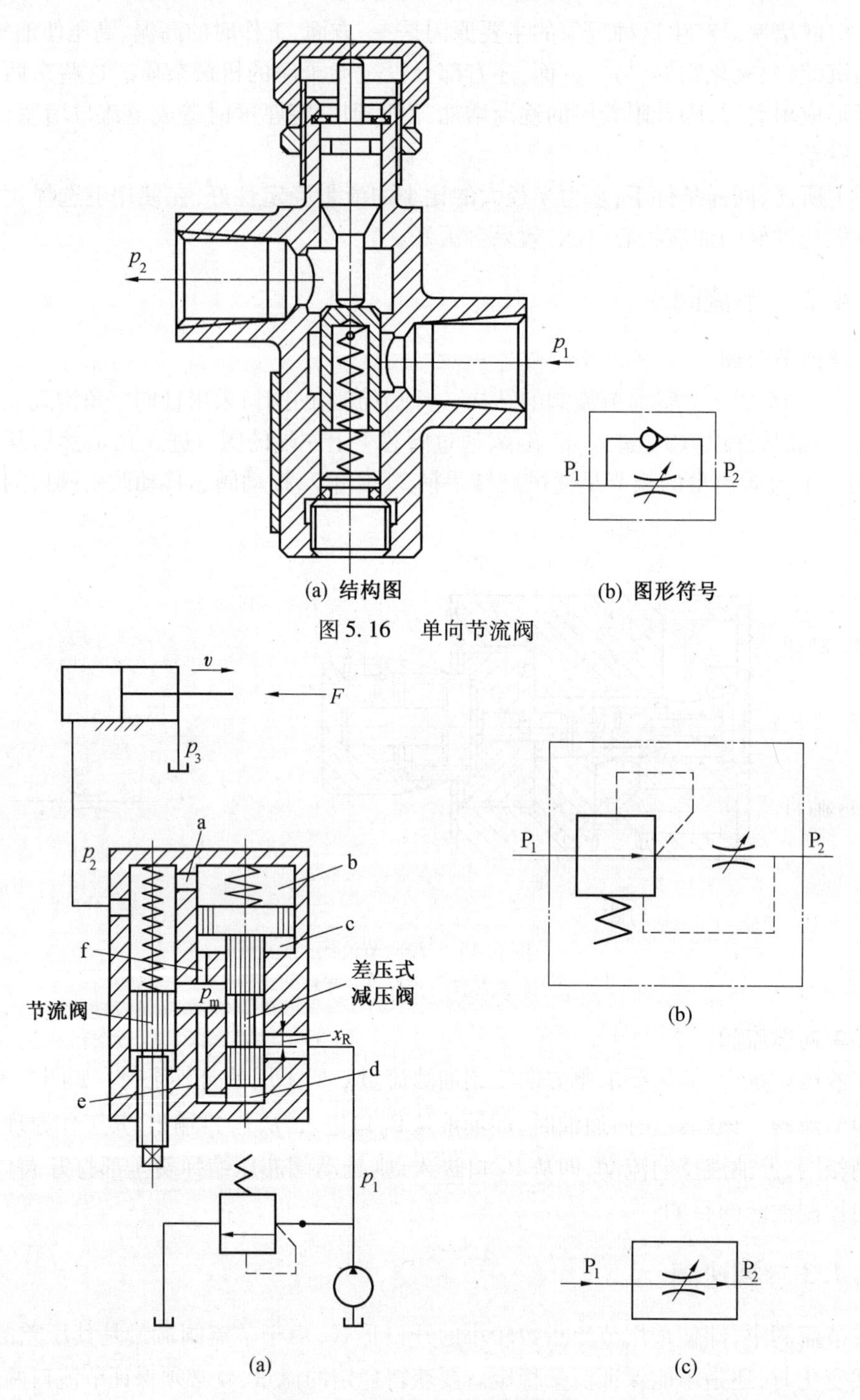

图 5.16 单向节流阀

图 5.17 调速阀的工作原理图

直接与泵的输出油口相接,入口的油液压力 p_1 是由溢流阀调定的,基本保持恒定。调速阀的出油口即节流阀的出油口与执行机构相连,其压力 p_2 由液压缸的负载 F 决定,p_2 通过孔 a 与减压阀上腔 b 相通。减压阀与节流阀中间的油液压力设为 p_m,当节流阀开口面积调定后,其流量主要由节流阀阀口两端的压差 $p_m - p_2$ 决定。当外负载 F 增大时,调速阀的出口压力 p_2 随之增大,但由于 p_2 与减压阀上腔 b 连通,因此,减压阀的上腔的油液压力也增加,由于减压阀的阀口是受作用于减压阀阀芯上的弹簧力与上下腔油液的压力控制的,当上腔油液压力增大时,减压阀阀芯必然下移,使减压阀阀口的 x_r 增大,减压作用减小,由于 p_1 基本不变,因此,势必有 p_m 增加,使得作用于节流阀两端的压差 $p_m - p_2$ 保持不变,保证了通过调速阀的流量基本恒定。如果外负载 F 减小,根据前面的讨论,不难得出,作用于节流阀阀口两端的压差 $p_m - p_2$ 仍保持不变。同样可保证调速阀的流量保持不变。

如图 5.18 所示是调速阀与节流阀的流量与压差的关系比较,由图可知,调速阀的流量稳定性要比节流阀好,基本可达到流量不随压差变化而变化。但是,调速阀特性曲线的起始阶段与节流阀重合,这是因为此时减压阀没有正常工作,阀芯处于最底端。要保证调速阀正常工作,必须达到0.4 ~ 0.5 MPa 的压力差,这是减压阀能正常工作的最低要求。

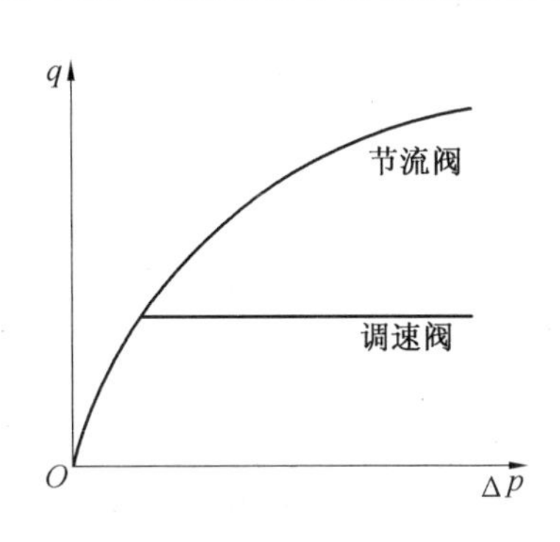

图 5.18　调速阀与节流阀的流量与压差的关系

5.4.4　分流集流阀

分流集流阀实际上是分流阀、集流阀与分流集流阀的总称。分流阀的作用是使液压系统中由同一个能源向两个执行机构提供相同的流量(等量分流),或按一定比例向两个执行机构提供流量(比例分流),以实现两个执行机构速度同步或有一个定比关系。而集流阀则是从两个执行机构收集等流量的液压油或按比例地收集回油量。同样实现两个执行机构在速度上的同步或按比例关系运动。分流集流阀则是实现上述两个功能的复合阀。

1. 分流阀的工作原理

分流阀的结构如图5.19所示。分流阀由阀体5、阀芯6、固定节流口2及复位弹簧7组成。工作时,若两个执行机构的负载相同,则分流阀的两个与执行机构相连接的出口油液压力 $p_3 = p_4$,由于阀的结构尺寸完全对称,因而输出的流量 $q_1 = q_2 = q_0/2$。若其中一个执行机构的负载大于另一个(设 $p_3 > p_4$),当阀芯还没运动,仍处于中间位置时,根据通过阀口的流量特性,必定使 $q_1 < q_2$,而此时作用在固定节流口 1、2 两端的压差的关系为 $p_0 - p_1 < p_0 - p_2$,因而使得 $p_1 > p_2$,此时阀芯在作用于两端不平衡的压力下向左移,使节流口3增大,则节流口 4 减小,从而使 q_1 增大,而 q_2 减小,直到 $q_1 = q_2$,$p_1 = p_2$,阀芯在一个新的平衡位置上稳定下来,保证了通向两个执行机构的流量相等,使得两个相同结构尺寸的执行机构速度同步。

2. 分流集流阀的工作原理

分流集流阀的结构图如图 5.20 所示。初始时,阀芯 5、6 在弹簧力的作用下处于中间平衡位置。工作时,分两种状态:分流与集流。

分流工作时,由于 $p_0 > p_1$,p_2,所以阀芯 5、6 相互分离,且靠结构相互勾住,假设 $p_4 >$

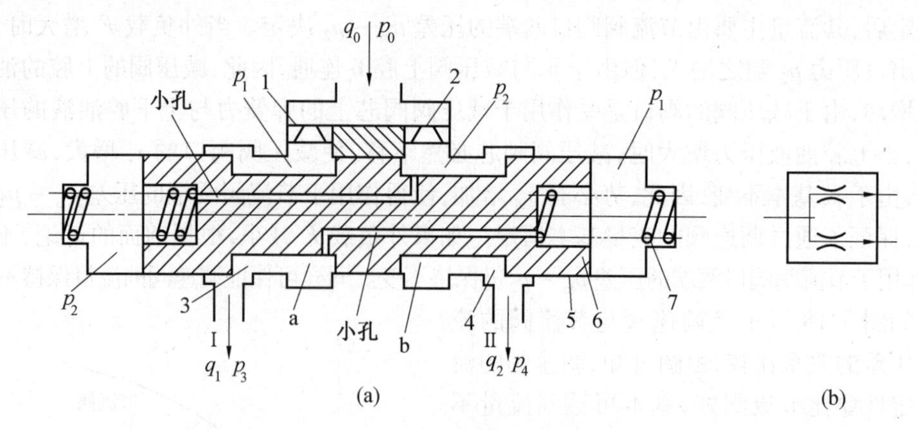

图 5.19　分流阀的工作原理图

1、2— 固定节流孔;3、4— 可变节流口;5— 阀体;6— 滑阀;7— 弹簧

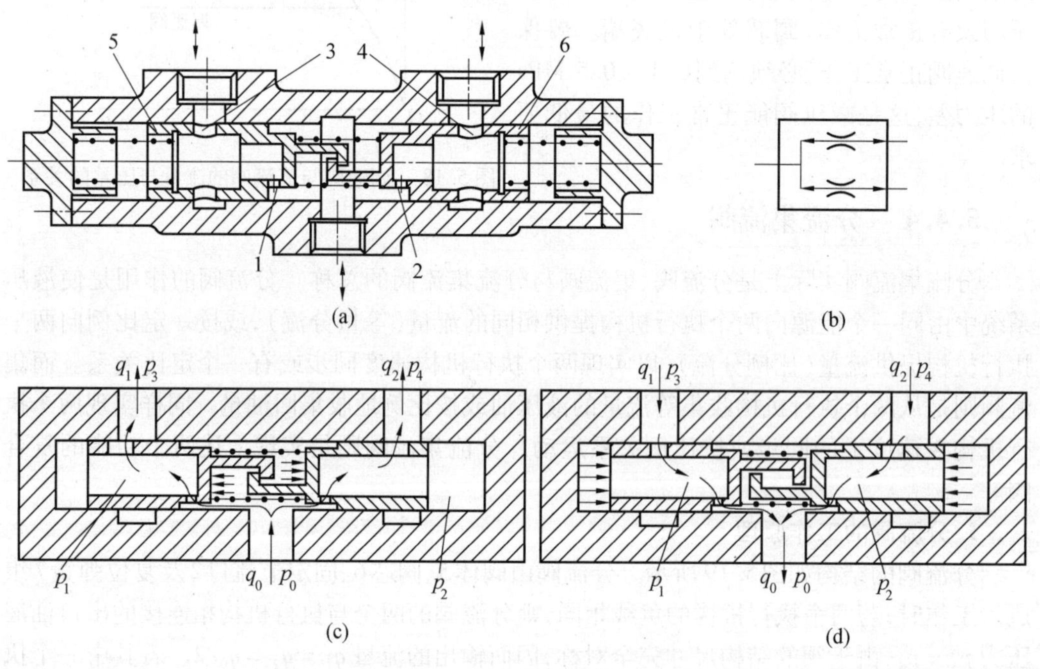

图 5.20　分流集流阀

1、2— 固定节流孔;3、4— 可变节流口;5、6— 阀芯

p_3,必然使得 $p_2 > p_1$,使阀芯向左移,此时,节流口 3 相应减小,使得 p_1 增加,直到 $p_1 = p_2$,阀芯不再移动。由于两个固定节流口 1、2 的面积相等,所以通过的流量也相等,并不因 p_3、p_4 的变化而影响。

集流工作时,由于 $p_0 < p_1, p_2$,所以阀芯 5、6 相互压紧,仍设 $p_4 > p_3$,必然使得 $p_2 > p_1$,使相互压紧的阀芯向左移,此时,节流口 4 相应减小,使得 p_2 下降,直到 $p_1 = p_2$,阀芯不再移动。与分流工作时同理,由于两个固定节流口 1、2 的面积相等,所以通过的流量也相等,并不因 p_3、p_4 的变化而受影响。

5.5　其 他 阀

5.5.1　插装阀

插装阀是 20 世纪 70 年代初开发研制出的一种较新型的液压元件。由于其具有密封性能好、动作灵敏、结构简单和通用化程度高等优点,插装阀在塑料成型机械、压力机械及重型机械等方面得到了广泛的应用。

1. 插装阀的结构和工作原理

二通插装阀由先导阀、控制盖板和插装组件等组成,如图 5. 21 所示。它由控制盖板、插装阀单元(阀套、阀芯、弹簧及密封件等组成)、插装块体和先导元件等组成。

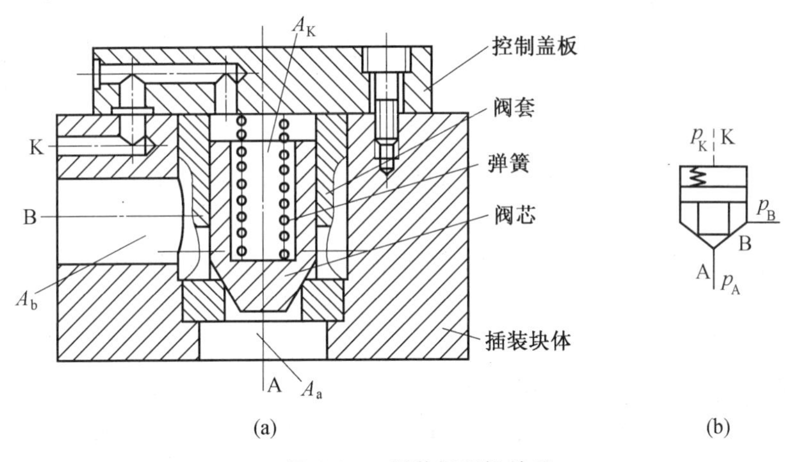

图 5. 21　插装阀逻辑单元

控制盖板的作用是用来固定插装组件及密封,还能连接插装件与先导件及起控制作用的通道等。阀的功能(控制方向、压力、流量) 不同,控制盖板的结构也不相同。插装组件上配置不同的先导控制盖板,就能实现各种不同的工作机能。

二通插装阀的工作原理相当于一个液控单向阀。图中 A 和 B 为主油路仅有的两个工作油口,主要起通、断作用,所以又称二通插装阀。K 为控制油口(与先导阀相接)。当 K 口无液压力作用时,阀芯受到的向上的液压力大于弹簧力,阀芯开启,A 口与 B 口相通,至于液流的方向,视 A 口、B 口的压力大小而定。反之,当 K 口有液压力作用时,且 K 口的油液压力大于 A 口和 B 口的油液压力,才能保证 A 口与 B 口之间关闭。阀芯的结构有滑阀和锥阀两种,多采用锥阀。插装阀与各种先导阀组合,便可组成方向控制阀、压力控制阀和流量控制阀。

2. 插装阀的种类

插装阀和各种先导阀组合,便可组成方向控制阀、压力控制阀和流量控制阀。

(1) 插装方向控制阀。

插装方向控制阀如图5. 22 所示,图中 1 是先导阀,插装方向控制阀的先导阀一般采用二位三通电磁阀、二位四通电磁阀或三位四通电磁阀。控制盖板 2 中有节流器,3 是插装组件。在下面介绍的各插装阀中,省略控制盖板,仅用图形符号表示。

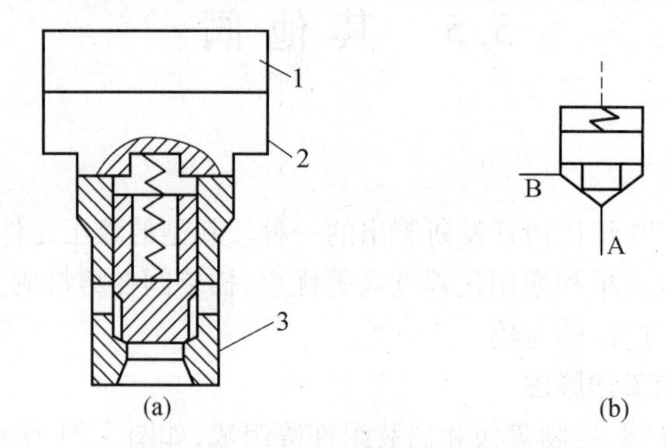

图 5.22　插装方向控制阀结构原理

1— 先导阀;2— 控制盖板;3— 插装组件

① 插装式单向阀。图5.23 所示为插装阀用作单向阀的例子。图5.23(a) 中,若控制油路K与油路A相连,当$p_A > p_B$时,锥阀关闭,油口A与B不通;当$p_A < p_B$时,锥阀开启,液体由 B 口流向 A 口。

若控制油路K和油路B相通,如图5.23(b) 所示,当$p_A > p_B$时,压力油顶开插装组件的阀芯后自 B 口流出,阀单向导通。当 $p_A < p_B$ 时,锥阀关闭,B 口和 A 口不通,液体不能反向流动。控制油路 K 和油路 B 相通时,B 腔液体不会泄漏至 A 腔,密封性能好。

插装阀下面为与之对应的普通液压元件的图形符号。

图 5.24(a) 所示为插装式液控单向阀,其控制油来自 A 口。当二位三通电磁换向阀断电时,若 $p_A < p_B$,B 口压力油可流向 A 口;若 $p_A > p_B$,锥阀关闭,A 口压力油不能流向 B 口。当电磁铁通电时,控制腔油液接通油箱,A、B 口压力油可正反向流动。

图 5.24(b) 所示的插装式液控单向阀,其控制油来自 B 口。当电磁铁断电时,若 $p_A > p_B$,则锥阀开启,A 口压力油可流向 B 口;若 $p_A < p_B$,锥阀关闭,B 口的压力油不能流向 A 口。当电磁铁通电时,A、B 口压力油可正反向流动。

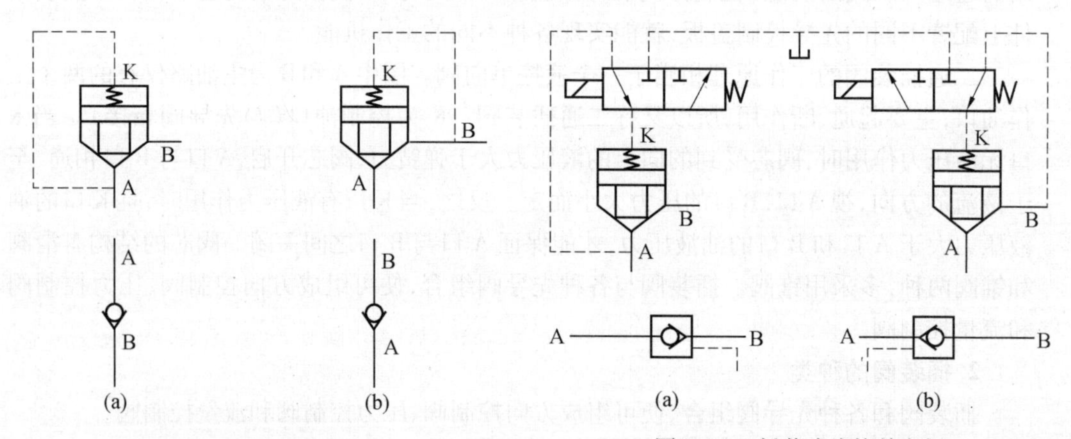

图 5.23　插装式单向阀

图 5.24　插装式液控单向阀

② 插装式二位换向阀。在图 5.25(a) 中,当电磁铁未通电时,有一定压力的控制油经二位三通先导阀和插装阀的控制口 K 作用于插装阀阀芯的上端面上,阀芯不开启,油口

A 和 B 不通;电磁铁通电后,二位三通先导阀在左位工作,插装阀的控制油口经过先导阀和油箱相通,锥阀开启,油口 A 和 B 相通,这就构成了常闭式二位二通插装阀。

图 5.25(b) 所示为常开式二位二通插装阀。

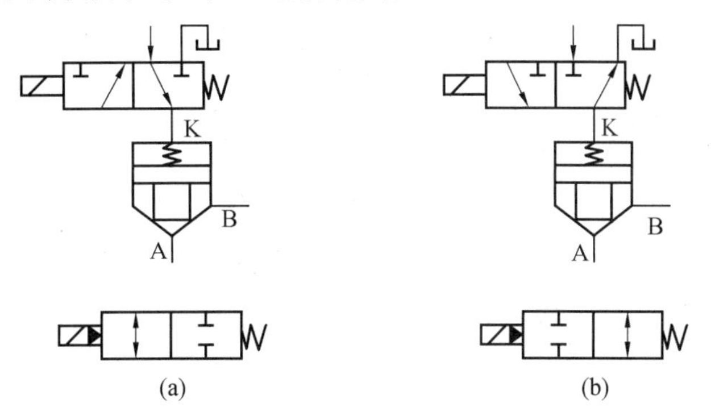

图 5.25 插装式二位二通换向阀

③ 插装式三位四通换向阀。用四个插装组件和一个三位四通电磁换向阀或两个二位三通电磁换向阀作先导阀,即可组成插装式三位四通换向阀。图 5.26 所示为用一个 Y 型机能的三位四通电磁阀作先导阀。先导阀在常态下其阀芯处于中间位置,这时压力油 p 经先导阀分别加到插装组件 1、2、3、4 的锥阀芯上端面上。在压力油作用下,四个锥阀芯均不开启,P、A、B、T 四个油口均不通。

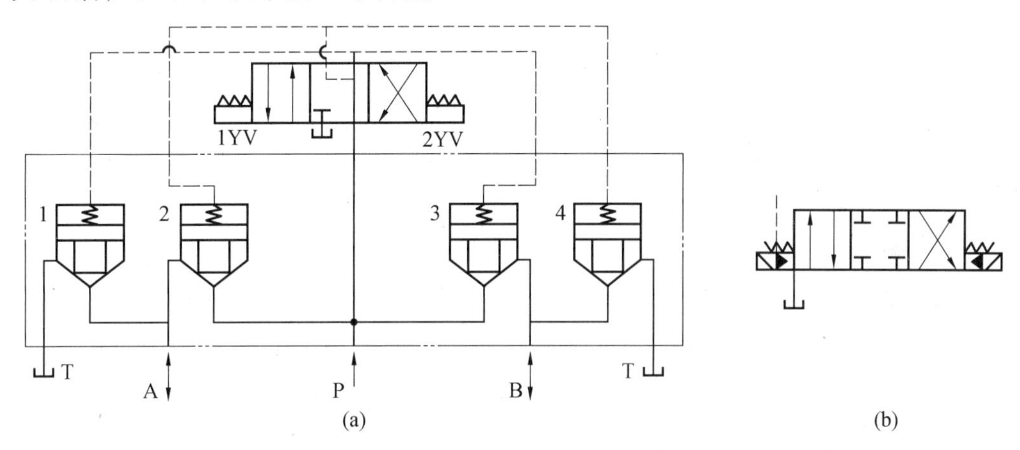

图 5.26 插装式三位四通换向阀

1,3— 插装组件;2,4— 弹簧腔

当先导阀左边电磁铁通电时,压力油 p 经先导阀左腔作用在插装组件 1、3 的控制腔,使它们的阀芯关闭。此时,插装组件 2、4 的弹簧腔和油箱相通,它们的阀芯可以开启。这时压力油经插装组件 2 自油口 A 流出到达执行元件工作腔,从执行元件回来的液体流经油口 B 及插装组件 4 回油箱。

同理,当先导阀右边电磁铁通电时,压力油经先导阀右位作用在锥阀芯 2、4 弹簧腔,使它们的阀芯关闭,而锥阀芯 1、3 的弹簧腔和油箱相通,它们的阀芯可以开启。这时,主油路的压力油经锥阀芯 3 从 B 口流出到执行元件工作腔,执行元件的回油经油口 A 和锥阀芯 1 回油箱实现了油路的换向。

上述插装式三位四通换向阀相当于普通 O 型机能的三位四通电液换向阀。

若改变先导阀的中位机能,也可使插装式换向阀的中位机能发生变化。先导阀的个数变化则可使插装式换向阀的工作位置数改变。若采用两个二位四通阀做先导阀,插装式换向阀就可能获得四个工作位置。

(2) 插装式压力控制阀。

如图 5. 27(a) 所示,在压力型插装阀芯的控制盖板上连接先导调压阀(溢流阀),当出油口接油箱时,此阀起溢流阀作用;当出油口接另一工作油路,则为顺序阀。如图 5. 27(b) 所示连接二位二通换向阀,当电磁铁通电时,出口接油箱,则构成卸荷阀。

(3) 插装式流量控制阀。

插装阀通过插装连接同样有节流阀和调速阀的功能。

在方向控制插装阀的盖板上安装阀芯行程调节器,调节阀芯和阀体间节流口的开度便可控制阀口的通流面积,起节流阀的作用。实际应用时,起节流阀作用的插装阀芯一般采用滑阀结构,并在阀芯上开节流沟槽。

插装式节流阀同样具有随负载变化流量不稳定的问题。如果采取措施保证节流阀的进、出口压力差恒定,则可实现调速阀功能。

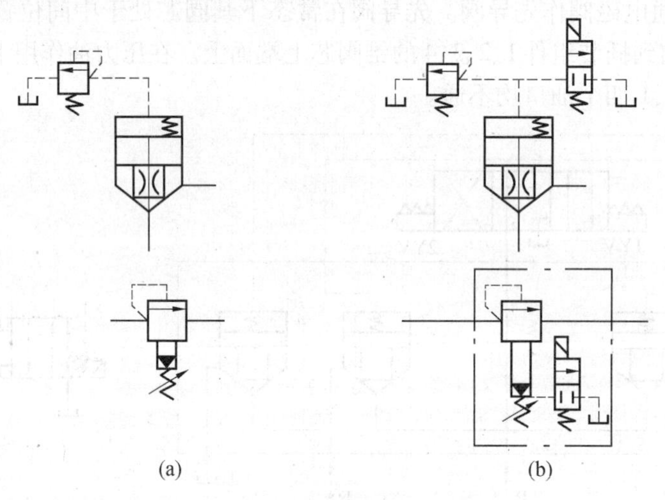

图 5. 27　插装式压力控制阀

① 插装式节流阀。

插装式节流阀由控制盖板和插装组件组成,如图 5. 28 所示。在方向控制插装阀的盖板上安装阀芯行程调节器,调节阀芯和阀体间节流口的开度,就可以控制阀口的通流面积,起节流阀的作用。

图 5. 28 中 K 为将弹簧腔和阀体外控制油路沟通的液流通道,调节螺杆即可改变控制杆的位移从而调节阀芯的开口量。流量阀中的弹簧只在阀芯开启过程中起缓冲作用而不参加阀芯力的平衡。阀芯所受到的全部外力,在阀芯到位后全部由控制杆承受。插装组件的锥阀芯带有锥台形的锥层,其上还开有三角槽。

插装式节流阀还可以控制 K 腔通入压力油或卸荷来控制阀芯的开启或关闭达到二位二通换向阀的功能,成为方向与节流复合功能的控制元件。

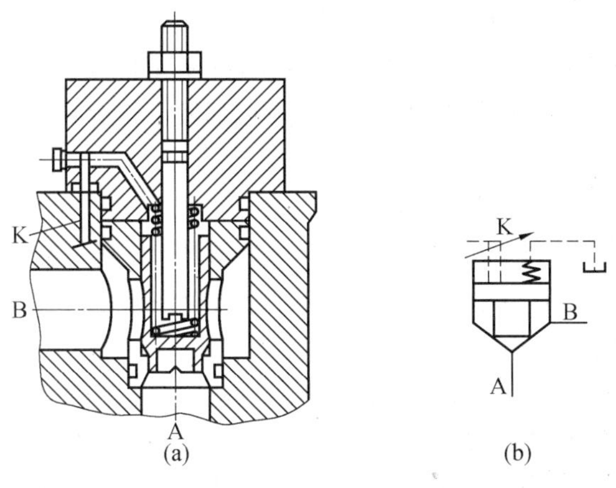

图 5. 28　插装节流阀

② 插装式调速阀。

插装式节流阀同样具有随负载变化流量不稳定的问题。如果采取措施保证节流阀的进、出口压力差恒定,则可实现调速阀功能。如图 5. 29 所示连接的减压阀和节流阀就起到这样的作用。

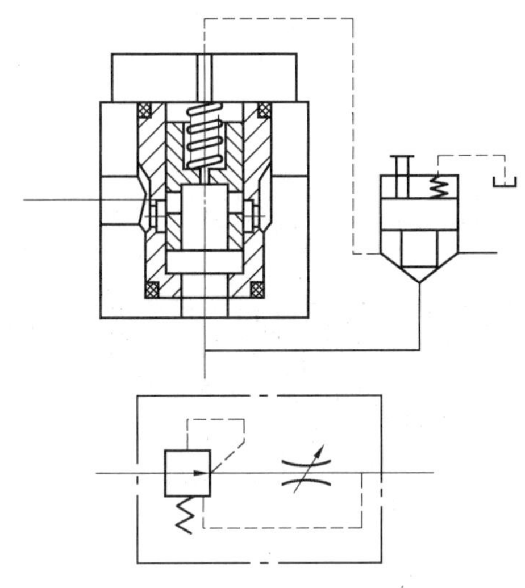
图 5. 29　插装式调速阀

3. 插装阀的特点

① 能实现一阀多能的控制。一个插装组件配上相应的先导控制机构,可以同时实现换向、调速或调压等多种功能,使一阀多用。尤其在复杂的液压系统中插装阀这一优点更突出,完成同样的功能比用普通阀所用的阀数量要少。

② 液体流动阻力小、通流能力大。特别适合于高压、大流量的液压系统。

③ 结构简单、便于制造和集成化。不同的插装阀有相同的阀芯,加工工艺简单,非常便于集成化,一阀多能。

④ 动态性能好、换向速度快。由于插装阀结构上不存在一般滑阀结构那样阀芯运动一段行程后阀口才能打开的搭合密封段,因此锥阀的响应动作迅速,动作灵敏。

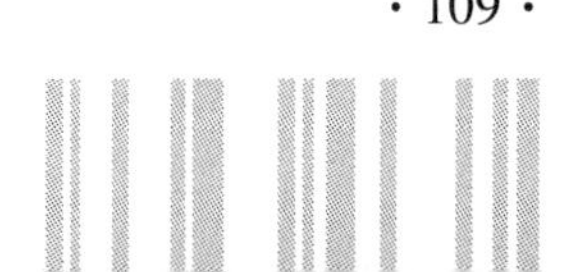

⑤ 密封性能好、内泄漏很小。油液经阀时的压力损失小。

⑥ 工作可靠、对工作介质适应性强。先导阀可使主插装阀实现柔性切换,减小了冲击。插装阀抗污染能力强,阀芯不易堵塞,对高水基液工作介质有良好的适应性。

5.5.2 叠加阀

叠加阀是在安装时以叠加的方式连接的一种液压阀,它是在板式连接的液压阀集成化的基础上发展起来的新型液压元件,不需要另外的连接块,以自身的阀体作为连接体直接叠合组成所需要的液压传动系统。

叠加阀的工作原理与一般液压阀基本相同,但在具体结构和连接尺寸上不相同。它自成系列,每个叠加阀不仅起到单个阀的功能,而且还是沟通阀与阀的通道。每种通径系列的叠加阀其主油路通道和螺栓连接孔的位置都与所选用的相应通径的换向阀相同,因此同一通径的叠加阀都能按要求叠加起来组成各种不同控制功能的系统。

叠加阀同普通阀一样,可分为压力控制阀、流量控制阀和方向控制阀三大类。其中方向控制阀仅有单向阀类,主换向阀不属于叠加阀。现对几个常用的叠加阀作简单介绍。

1. 叠加式溢流阀

先导型叠加式溢流阀由主阀和先导阀两部分组成,如图 5.30 所示。主阀芯 6 为单向阀二级同心结构,先导阀为锥阀式结构。图 5.30(a) 所示为溢流阀的结构原理图,图 5.30(b) 为其图形符号。

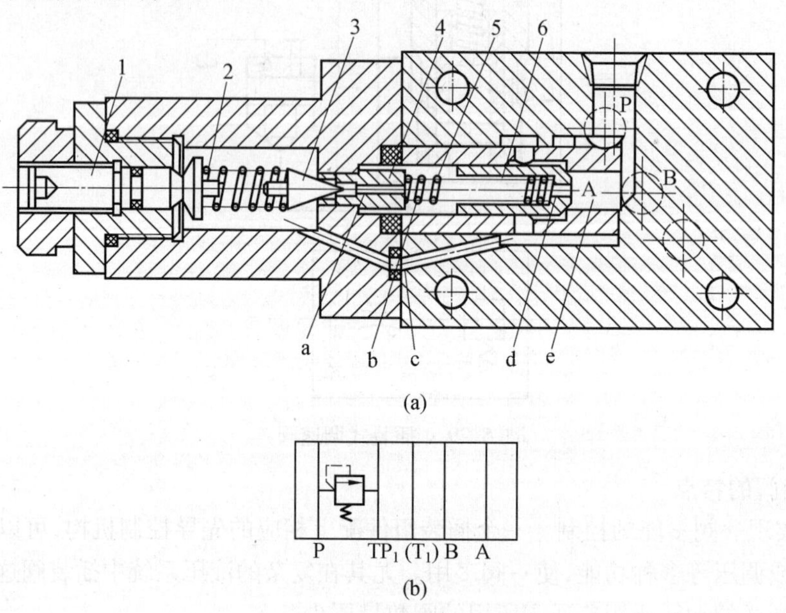

图 5.30 叠加式溢流阀

1— 推杆;2,5— 弹簧;3— 锥阀;4— 阀座;6— 主阀芯

叠加式溢流阀的工作原理与一般的先导式溢流阀相同。它利用主阀芯两端的压力差来移动主阀芯，以改变阀口的开度。油腔 e 和进油口 P 相通，孔 c 和回油口 T 相通，压力油作用于主阀芯 6 的右端，同时经阻尼小孔 d 流入阀芯左端，并经小孔 d 作用于锥阀 3 上。当系统压力低于溢流阀的调定压力时，锥阀 3 关闭，阻尼孔 d 没有液流流过，主阀芯两端液压力相等，阀芯6 在弹簧5 作用下处于关闭位置。当系统压力升高并达到溢流阀的调定值时，锥阀 3 在液压力作用下压缩先导阀弹簧 2 并使阀口打开，于是 b 腔的油液经锥阀阀口和孔 c 流入 T 口。当油液通过主阀芯上的阻尼孔 d 时产生压力降，使主阀芯两端产生压力差，在这个压力差的作用下，主阀芯克服弹簧力和摩擦力向左移动，使阀口打开，溢流阀便实现在一定压力下溢流。调节弹簧 2 的预压缩量便可改变该叠加式溢流阀的调整压力。

2. 叠加式流量阀

图 5. 31(a) 所示为 QA - F6/10D - BU 型单向调速阀的结构原理图。QA 表示流量阀、F 表示压力等级(20 MPa)、6/10 表示该阀阀芯通径为 ϕ6 mm，而其接口尺寸属于 ϕ10 mm 系列的叠加式液压阀，BU 表示该阀适用于出口节流(回油路)调速的液压缸 B 腔油路上，其工作原理与一般调速阀基本相同。当压力为 p 的油液经 B 口进入阀体后，经小孔 f 流至单向阀左侧的弹簧腔，液压力使锥阀式单向阀关闭。压力油经另一孔道进入减压阀 5(分离式阀芯)，油液经控制口后，压力降为 p_1。压力为 p_1 的油液经阀芯中心孔 a 流入阀芯左侧弹簧腔，同时作用于大阀芯左侧的环形面积上。当油液经节流阀 3 的阀口流入 e 腔并经出油口 B′ 引出的同时，油液又经油槽 d 进入油腔 c，再经孔道 b 进入减压阀大阀芯右侧的弹簧腔。这时通过节流阀的油液压力为 p_2，减压阀阀芯上受到 p_1、p_2 的压力和弹簧力的作用而处于平衡，从而保证了节流阀两端压力差 $p_1 - p_2$ 为常数，也就保证了通过节流阀的流量基本不变。图 5. 31(b) 为其图形符号。

3. 叠加阀的特点

用叠加式液压阀组成的液压系统具有以下特点：

(1) 结构紧凑，减小了装置和安装的空间。

(2) 由于叠加阀是标准化元件，设计中仅需要绘出液压系统原理图即可，因而设计工作量小，设计周期短。

(3) 不需特殊的安装技能，而且能很快和方便地增加或改变液压回路。

(4) 元件之间实现无管连接，消除了因油管、管接头等引起的泄漏、振动和噪声。

(5) 整个系统配置灵活，维护保养容易。

(6) 标准化、通用化和集成化程度较高。

5.5.3　伺服阀

电液伺服阀是一种将小功率电信号转换为大功率的液压能输出，以实现对流量和压力控制的转换装置。它集中了电信号具有传递快，线路连接方便，便于遥控，容易检测、反馈、比较、校正和液压动力具有输出力大、惯性小、反应快等优点，而成为一种控制灵活、精度高、快速性好、输出功率大的控制元件。

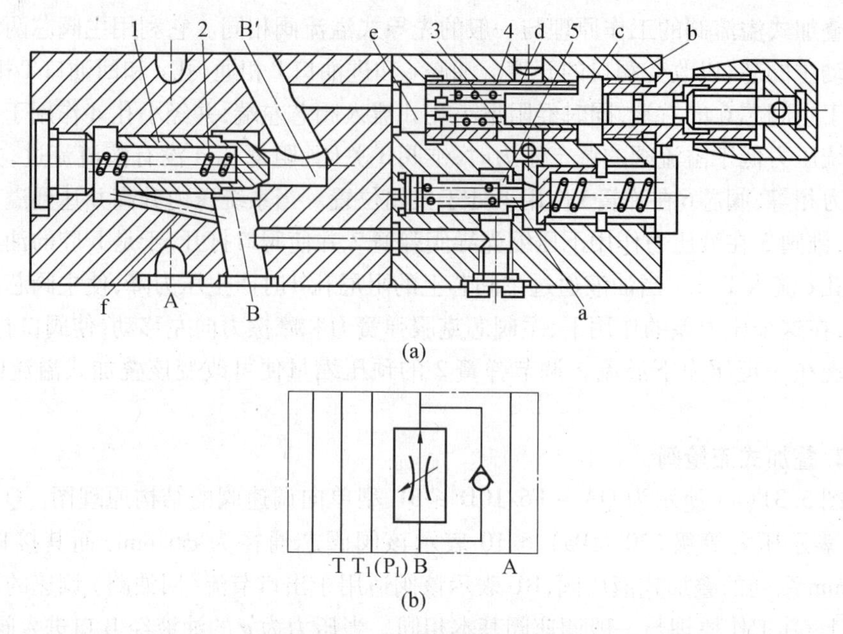

图 5.31　单向调速阀

1— 单向;2,4— 弹簧; 3— 节流阀;5— 减压阀

1. 伺服阀的分类

① 按电 – 机械转换器的结构,可分为动圈式(动圈式力矩马达常与作为前置级要求行程较长的小型滑阀式液压伺服阀配合使用)和动铁式(动铁式力矩马达常与作为前置级的工作行程较小的喷嘴挡板式及射流管式液压伺服阀配合使用)两种。

② 按液压前置放大器的结构形式,可分为滑阀式、喷嘴挡板式(双喷嘴或单喷嘴)和射流管式三种。

③ 按液压放大器的串联级数,可分为单级、二级和三级。

④ 按伺服阀的功用,可分为流量伺服阀(用于控制输出的流量)和压力伺服阀(用于力或压力控制系统)。

⑤ 按反馈方式,可分为没有反馈、机械反馈、电气反馈、力反馈、负载压力反馈、负载流量反馈等数种。

⑥ 按液压能源,可分为恒压源式(即进入液压放大器的液压源的压力为恒值,而流量是可变的)和恒流源式(即进入液压放大器的能源流量是恒值,而压力是可变的)两种。

⑦ 按力(力矩)马达是否浸在油中,可分为干式和湿式两种。

2. 伺服阀的结构和工作原理

伺服阀的种类比较多,我们以喷嘴挡板式二级四通(力反馈)电液伺服阀为例来说明伺服阀的结构和工作原理。

图 5.32 所示为喷嘴挡板式二级四通(力反馈)电液伺服阀的结构示意图。图中上半部为衔铁式力矩马达,下半部为前置级(喷嘴挡板式)和功率级(滑阀式)液压放大器。衔铁3与挡板5和反馈弹簧杆11连接在一起,由固定在阀体10上的弹簧管12支承着。弹簧杆11下端为一球头,嵌放在滑阀9的凹槽内,永久磁铁1和导磁体2、4形成一个固定磁

场。当线圈13中没有电流通过时,导磁体2、4和衔铁3间四个气隙中的磁通相等,且方向相同,衔铁3和挡板5都处于中间位置,因此滑阀没有液压油输出。当有控制电流流入线圈13时,一组对角方向的气隙中的磁通增加,另一组对角方向的气隙中的磁通减小,于是衔铁3就在磁力作用下克服弹簧管12的弹性反作用力而以弹簧管12中的某一点为支点偏转θ角,并偏转到磁力所产生的转矩与弹簧管的弹性反作用力所产生的反转矩平衡时为止。这时滑阀9尚未移动,而挡板5因随衔铁3偏转而发生挠曲,改变了它与两个喷嘴6间的间隙,一个间隙减小,另一个间隙加大。

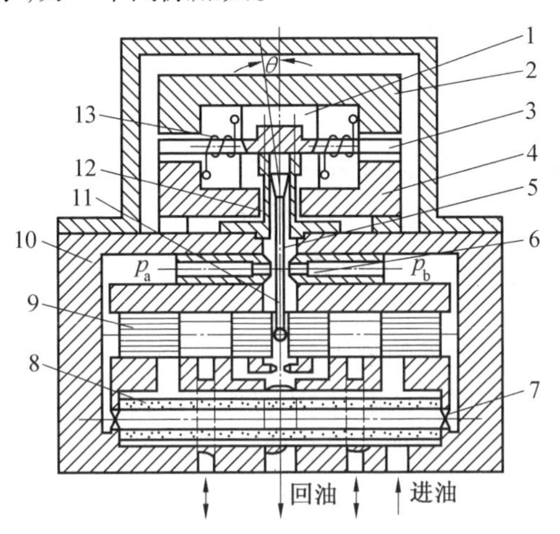

图5.32　喷嘴挡板式二级四通电液伺服阀

1—永久磁铁;2、4—导磁体;3—衔铁;5—挡板;6—喷嘴;7—固定节流孔;8—滤油器;9—滑阀;10—阀体;11—反馈弹簧杆;12—弹簧管;13—线圈

通入伺服阀的压力油经滤油器8、两个对称的固定节流孔7和左、右喷嘴6流出,通向回油。当挡板5挠曲,喷嘴挡板的两个间隙不相等时,两喷嘴后侧的压力就不相等,它们作用在滑阀9的左、右端面上,使滑阀9向相应方向移动一段距离,压力油就通过滑阀9上的一个阀口输向执行元件,由执行元件回来的油经滑阀9上另一个阀口通向回油。滑阀9移动时,弹簧杆11下端球头跟着移动。在衔铁挡板组件上产生了转矩,使衔铁3向相应方向偏转,并使挡板5在两喷嘴6间的偏移量减少,这就是所谓力反馈。反馈作用的结果是使滑阀9两端的压差减小。当滑阀9通过弹簧杆11作用于挡板5的力矩、喷嘴液流作用于挡板的力矩以及弹簧管反力矩之和等于力矩马达产生的电磁力矩时,滑阀9不再移动,并一直使其阀口保持在这一开度上。通入线圈13的控制电流越大,使衔铁3偏转的转矩、弹簧杆11的挠曲变形、滑阀9两端的压差以及滑阀9的偏移量就越大,伺服阀输出的流量也越大。由于滑阀9的位移、喷嘴6与挡板5之间的间隙、衔铁3的转角都依次和输入电流成正比,因此这种阀的输出流量也和输入电流成正比。输入电流反向时,输出流量也反向。

这种伺服阀,由于力反馈的存在,使得力矩马达在其零点附近工作,即衔铁偏转角θ很小,这保证了阀的输出有良好的线性度。另外,改变反馈弹簧杆11的刚度,就使得在相同输入电流时滑阀的位移改变,这给伺服阀的研制和系列化带来方便。这种伺服阀的结构很紧凑,外形尺寸小,响应快。但由于喷嘴挡板的工作间隙较小(0.025 ~ 0.05 mm),

使用时对系统中油液的清洁度要求较高。

5.5.4　电液比例阀

比例阀是一种按输入信号连续地、按比例地控制液流的压力、流量和方向的控制阀。由于它具有压力补偿的性能,所以其输出压力和流量可不受载荷变化的影响。在普通液压阀上用电 - 机械转换器取代原有的控制部分,即成为比例阀。

按用途和工作特点的不同,比例阀可分为比例压力阀(如比例溢流阀、比例减压阀、比例顺序阀)、比例流量阀(如比例节流阀、比例调速阀)和比例方向流量阀(如比例方向节流阀、比例方向调速阀)。

1. 电液比例阀的特点

(1) 能实现自动控制、远程控制和程序控制。

(2) 能把电的快速、灵活等优点与液压传动功率大等特点结合起来。

(3) 能连续地、按比例地控制执行元件的力、速度和方向,并能防止压力或速度变化及换向时的冲击现象。

(4) 简化了系统,减少了元件的使用量。

(5) 制造简便,价格比伺服阀低廉,但比普通液压阀高。由于在输入信号与比例阀之间需设置直流比例放大器,相应增加了投资费用。

(6) 使用条件、保养和维护与普通液压阀相同。

(7) 具有良好的静态性能和适当的动态性能。

(8) 效率比较高。

(9) 抗污染性能好。

2. 比例压力阀

比例压力阀按用途不同,有比例溢流阀、比例减压阀和比例顺序阀之分。按结构特点不同,则有直动型比例压力阀和先导型比例压力阀之别。

先导型比例压力阀包括主阀和先导阀两部分。其主阀部分与普通压力阀相同,而其先导阀本身实际就是直动型比例压力阀,它是以电 - 机械转换器(比例电磁铁、伺服电机或步进电机)代替普通直动型压力阀上的手动机构而成。

(1) 直动型比例压力阀。

图5.33所示为直动锥阀式比例压力阀。比例电磁铁1通电后产生吸力经推杆2和传力弹簧3作用在锥阀上,当锥阀底面的液压力大于电磁吸力时,锥阀被顶开,溢流。连续地改变控制电流的大小,即可连续地按比例地控制锥阀的开启压力。

直动型比例压力阀可作为比例先导压力阀用,也可做远程调压阀用。

(2) 先导锥阀式比例溢流阀。

图5.34所示的比例溢流阀,其下部为与普通溢流阀相同的主阀,上部则为比例先导压力阀。该阀还附有一个手动调整的先导阀9,用以限制比例溢流阀的最高压力。以避免因电子仪器发生故障使得控制电流过大,压力超过系统允许最大压力。

如将比例先导压力阀的回油及先导阀9的回油都与主阀回油分开,则图5.34所示比例溢流阀可做比例顺序阀使用。

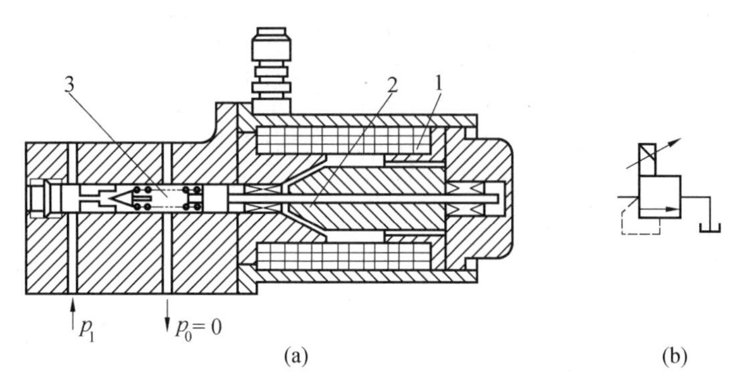

图 5.33　直动锥阀式比例压力阀

1— 比例电磁铁;2— 推杆; 3— 传力弹簧

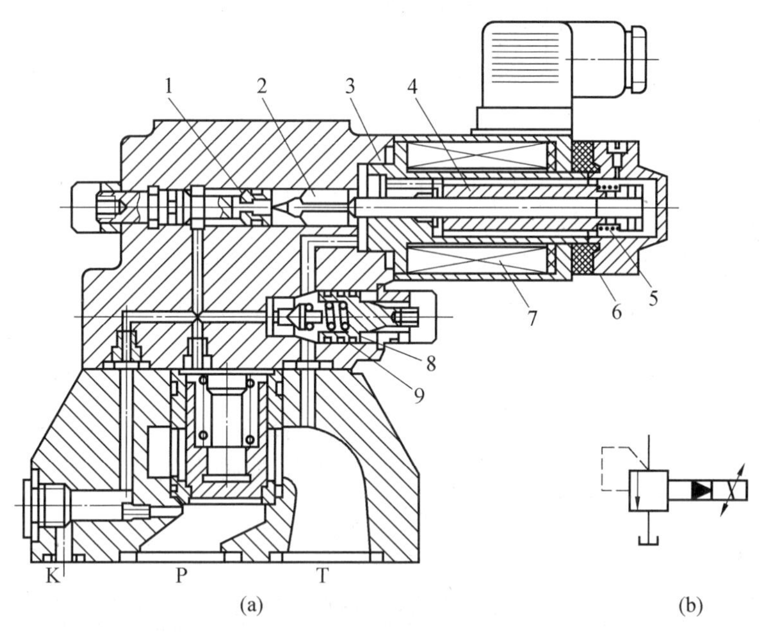

图 5.34　先导锥阀式比例溢流阀

1— 阀座;2— 先导锥阀; 3— 轭铁;4— 衔铁;5— 小弹簧;6— 推杆; 7— 线圈;8— 大弹簧;9— 先导阀

(3) 先导喷嘴挡板式比例减压阀。

如图 5.35 所示,动铁式力马达推杆 3 的端部起挡板作用,挡板的位移(即力马达的衔铁位移)与输入的控制电流成比例,从而改变喷嘴挡板之间的可变液阻,控制了喷嘴前的先导压力。此力马达的结构特点是:衔铁采用左、右两片铍青铜弹簧片悬挂的形式,所以衔铁可以与导套不接触,从而消除了衔铁组件运动时的摩擦力。所以在工作时不必在力马达的控制线圈中加入颤振信号电流,也能达到很小的滞环值。

3. 比例流量阀

比例流量阀分比例节流阀和比例调速阀两大类。

(1) 比例节流阀。

在普通节流阀的基础上,利用电 - 机械比例转换器控制阀口开启量的大小,即成为

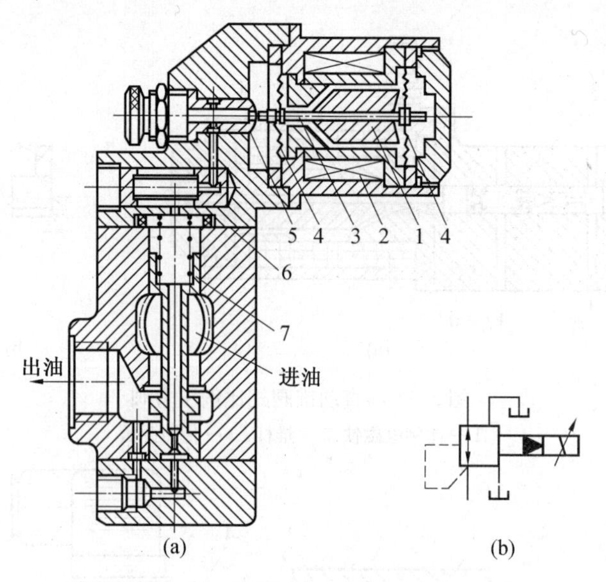

图 5.35　先导喷嘴挡板比例减压阀

1— 衔铁;2— 线圈;3— 推杆(挡板);4— 铍青铜片;5— 喷嘴;6— 精滤油器;7— 主阀

比例节流阀,有直动式和先导式两种。对移动式节流阀来说,可利用比例电磁铁推动;对旋转式节流阀而言,采用伺服电机经减速后驱动。适合于控制液压参数超过 3 个以上的场合。

(2) 比例调速阀。

电液比例调速阀由力马达和调速阀组成。图5.36 所示为比例调速阀。比例电磁阀1 的输出力作用在节流阀芯 2 上,与弹簧力、液动力、摩擦力相平衡,对一定的控制电流,对

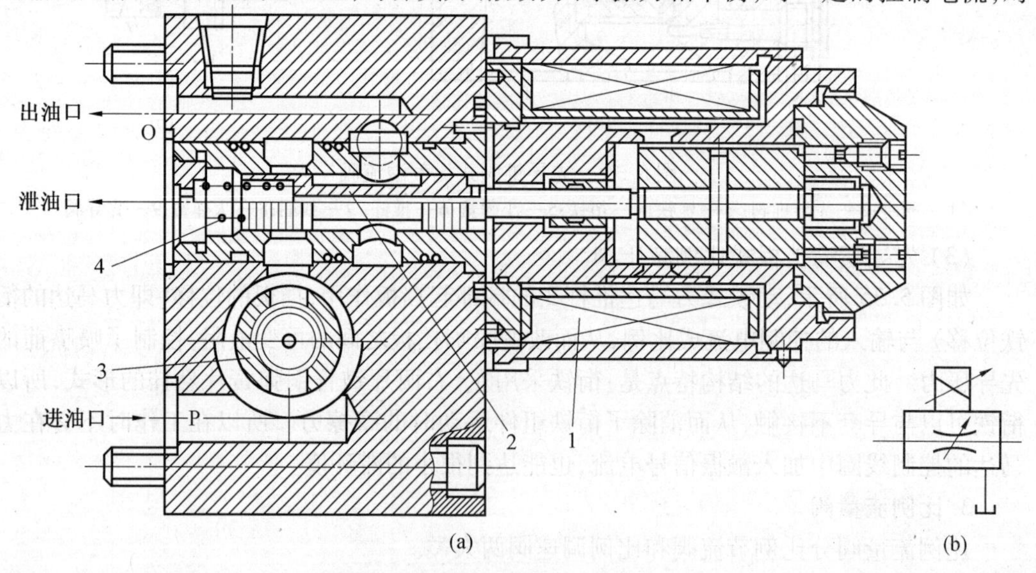

图 5.36　比例调速阀

1— 比例电磁阀;2— 节流阀芯; 3— 定差减压阀;4— 弹簧

应一定的节流开度。给力马达一定的输入电流即可得到一定的与此电流成比例的流量。当输入电流连续变化时,输出流量也就连续地按比例变化。

5.5.5　电液数字阀

用计算机的数字信息直接控制的液压阀,称为电液数字阀,简称数字阀。数字阀可直接与计算机接口,不需数/模转换器。与比例阀、伺服阀相比,这种阀结构简单、工艺性好、价廉、抗污染能力强、重复性好、工作稳定可靠、功率小。故在机床、飞行器、注塑机、压铸机等领域得到了应用。由于它将计算机和液压技术紧密结合起来,因而其应用前景十分广阔。用数字量进行控制的方法很多,目前常用的是增量控制法和脉宽调制控制法两种。相应地按控制方式可将数字阀分为增量式数字阀和脉宽调制式数字阀两类。

将普通液压阀的调节机构改用计算机发出的脉冲序列经驱动电源放大后驱动的步进电机直接驱动,即可构成增量式数字阀。步进电机直接用数字量控制,其转角与输入的数字式信号脉冲数成正比,其转速随输入的脉冲频率而变化;当输入反向脉冲时,步进电机将反向旋转。由于步进电机是按增量控制方式进行工作的,所以它所控制的阀称为增量式数字阀。

图 5.37 所示为直控式(由步进电机直接控制)数字节流阀。步进电机 4 按计算机的指令转动,通过滚珠丝杆5变为轴向位移,使节流阀芯6打开阀口,从而控制流量。该阀有两个面积梯度不同的节流口,阀芯移动时首先打开右节流口 8,由于非全周边通流,故流量较小;继续移动时打开全周边通流的左节流口 7,流量增大。阀开启时的液动力可抵消一部分向右的液压力。此阀从节流阀芯6、阀套1 和连杆2 的相对热膨胀中获得了温度补偿。零位移传感器 3 的作用是:每个控制周期结束时,控制阀芯自动返回零位,以保证每个工作周期都从零位开始,提高阀的重复精度。

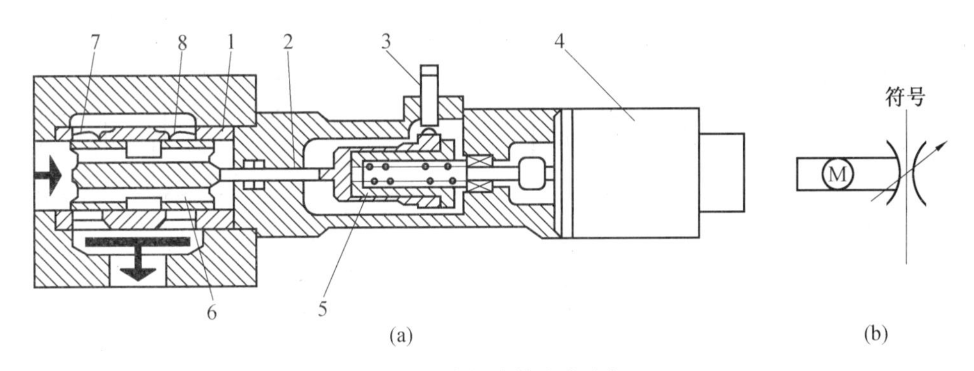

图 5.37　直控式数字节流阀

1—阀套;2—连杆; 3—零位移传感器;4—步进电机;5—滚珠丝杠;6—节流阀芯; 7—左节流口;8—右节流口

思考题与习题

5.1　说明方向阀、压力阀和流量阀的作用。

5.2　什么是三位滑阀的中位机能? 研究它有何用处?

5.3　滑阀的位及通是如何定义的? 试画出下列方向阀的图形符号:二位四通电磁换

向阀、二位二通行程阀、三位五通液动换向阀(中位机能为 M)、双向液压锁。

5.4　滑阀式换向阀的控制方式有几种？说明各自的特点及适用场合。

5.5　说明溢流阀的工作原理及静态性能指标。

5.6　二位四通电磁换向阀用作二位三通或二位二通阀时应如何处理？

5.7　试述溢流阀、减压阀的区别,顺序阀能否用溢流阀代替？为什么？

5.8　哪些阀可以用作背压阀,其差别有哪些？

5.9　影响流量阀流量稳定的因素有哪些？

5.10　调速阀的流量稳定性为什么比节流阀好？

5.11　叠加阀有什么特点？

5.12　插装阀由哪几部分组成？有何特点？

5.13　按用途比例阀可以分为几种？与普通阀相比有何特点？

5.14　如图 5.38 所示回路,若阀 1 的调定压力为 4 MPa,阀 2 的调定压力为 2 MPa,试回答下列问题:

(1)当液压缸运动时(无负载),*A* 点的压力值为(　　)、*B* 点的压力值为(　　);

(2)当液压缸运动至终点碰到挡块时,*A* 点的压力值为(　　)、*B* 点的压力值为(　　)。

5.15　如图 5.39 所示回路中,两个油缸结构尺寸相同,无杆腔面积 $A_1=100\ cm^2$,溢流阀 1 调定压力为 10 MPa,减压阀 2 调定压力为 3 MPa,顺序阀 3 调定压力为 5 MPa,试确定在下列负载条件下,p_1、p_2、p_3的值为多少？

(1)$F_1=0$,$F_2=10\ 000$ N;

(2)$F_1=10\ 000$ N,$F_2=40\ 000$ N;

(3)$F_1=120\ 000$ N,$F_2=40\ 000$ N。

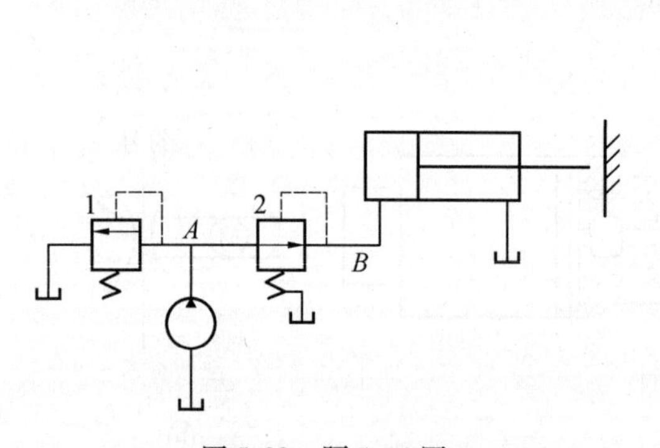

图 5.38　题 5.14 图

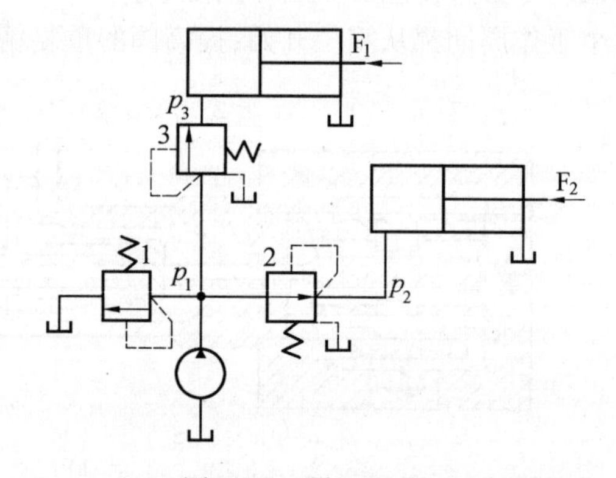

图 5.39　题 5.15 图

5.16　如图 5.40 所示的两个回路中,溢流阀 1 调定压力为 6 MPa,溢流阀 2 调定压力为 5 MPa,溢流阀 3 调定压力为 4 MPa。试求当系统负载无穷大时,液压泵的工作压力为多少？

5.17　如图 5.41 所示的回路中,溢流阀的调定压力为 4 MPa,当 YT 断电且负载压力为2 MPa时,压力表的读数为多少？当 YT 通电时,压力表的读数为多少？

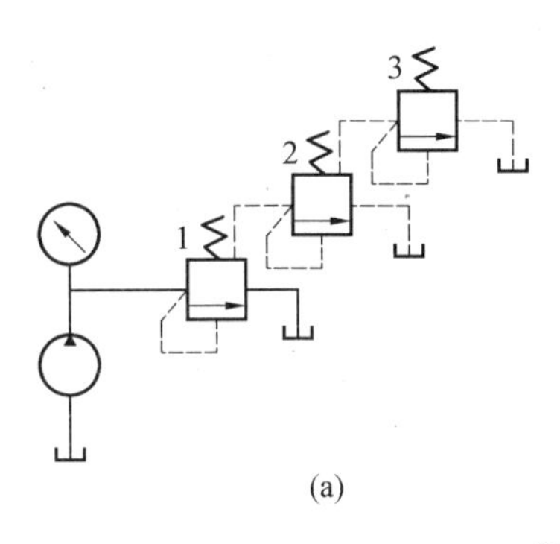

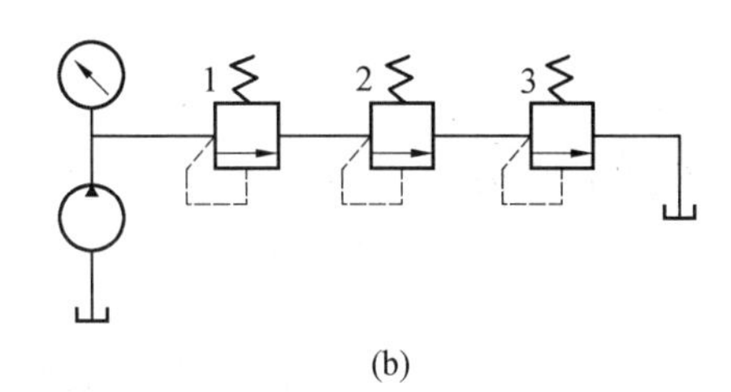

图5.40 题5.16图

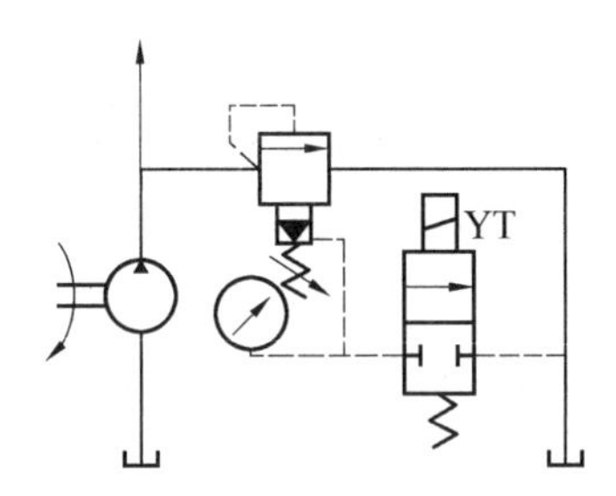

图5.41 题5.17图

第 6 章

液压辅助装置

液压辅助装置是指除动力元件、执行元件、控制元件以外的元件，主要包括蓄能器、油箱、密封装置、滤油器、冷却器或加热器、油管及管接头等。

从液压系统各组成部分在系统中的作用来看，上述各辅助元件虽仅起辅助作用，但生产实践证明，由于设计、安装和使用时对辅助装置的疏忽大意，往往造成液压系统不能正常工作。因此，对辅助装置的正确设计、选择与使用应给予足够的重视。

6.1 蓄能器

6.1.1 蓄能器的功用

蓄能器是一种能够储存液体压力能，并在需要时把它释放出来的能量储存装置。它在液压系统中的主要作用如下。

1. 储存能量、减少油泵的传动功率

对于周期性循环动作的液压系统，当在短时间内需供应大量压力油时，可采用蓄能器。这样可以减少油泵功率，节约动力并降低液压系统的温升。其具体工作过程是：当油缸需要大量压力油时，由蓄能器与油泵同时供出压力油。当油缸不工作时，油泵使蓄能器蓄压，满压后，油泵停止或卸荷。压铸机液压系统所采用的蓄能器就是起这种作用的典型实例。

2. 保持系统压力

有些液压系统在油缸停止运动后，仍要求保持恒定的压力（如压力机、夹紧装置、合模装置等的保压回路）。此时，可利用蓄能器来保持系统压力并补偿泄漏，而使油泵卸荷。这样，可节省功率损耗和减少系统发热。当蓄能器压力下降到低于规定数值时，再开动油泵将高压油储入蓄能器。

3. 吸收脉动压力和冲击压力

当液压系统采用齿轮泵和柱塞泵时，因其瞬时流量脉动将导致系统的压力脉动，从而引起振动和噪声。而液压冲击则因液流的激烈变化引起，比如说，如换向阀的突然换向，液压泵的突然停止工作等。液压系统的脉动和冲击会引起工作机构运动不均匀，严重时还会引起故障,甚至使设备发生破坏。使用蓄能器可以吸收回路的冲击压力,起安全保护作用。另外,还可使系统的压力脉动均匀化。

4. 做紧急动力源

某些液压系统要求在停电、液压泵发生故障或失去动力时,执行元件应能继续完成必要的动作以紧急避险、保证安全。为此可在系统中设置适当容量的蓄能器作为紧急动力源,避免事故发生。

6.1.2　蓄能器的种类及工作原理

蓄能器分为重力式、弹簧式和充气式三种类型。常用的是充气式,它又分为活塞式、气囊式和隔膜式三种。这里主要介绍活塞式和气囊式蓄能器。

1. 活塞式蓄能器

图6.1所示为活塞式蓄能器。它主要由活塞1、缸筒2和气门3等组成。活塞1的上部为压缩气体(一般为氮气),下部为压力油,活塞1把缸筒中的液压油和气体隔开,压缩气体(氮气或净化空气)由气门3进入活塞1上部,液压油从a口进入活塞1的下部,液压油压力增加,活塞1上移,压缩气体,这一过程为储存能量过程;液压油压力降低,气体膨胀,活塞1下移,这一过程为输出能量过程。活塞式蓄能器结构简单,寿命长。但是由于活塞运动惯性大和存在密封摩擦力等原因,反应灵敏性差,不宜用作吸收脉动和液压冲击用;缸筒与活塞配合面的加工精度要求较高;密封困难,压缩气体将活塞推到最低位置时,由于上腔气压稍大于活塞下部的油压,活塞上部的气体容易泄漏到活塞下部的油液中,使气液混合,影响系统的工作稳定性。

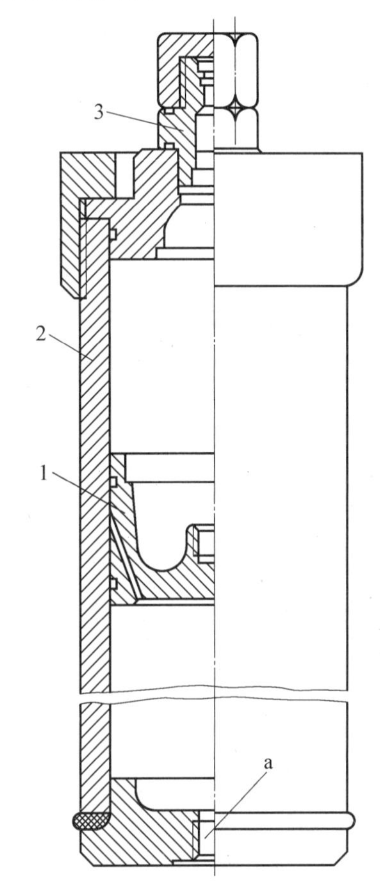

图6.1　活塞式蓄能器

1—活塞;2—缸筒;3—气门

2. 气囊式蓄能器

图6.2所示为气囊式蓄能器。它主要由壳体1、气囊2、充气阀3、限位阀4等组成。工作时,充气阀3向气囊2内充进一定压力的气体,然后关闭充气阀,使气体封闭在气囊2内,液压油从壳体底部限位阀4处引入气囊2外腔,使气囊受压缩而储存液压能。该种结构的蓄能器的优点是:气液密封可靠,能使油气完全隔离;气囊惯性小,反应灵敏;结构紧凑。其缺点是:气囊制造困难,工艺性较差。气囊有折合型和波纹型两种,前者容量较大,适用于蓄能,后者则用于吸收冲击。

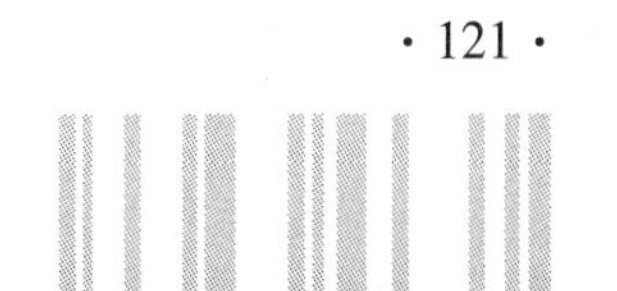

6.1.3　蓄能器的容量计算

蓄能器的容量是选用蓄能器的主要指标之一。不同的蓄能器其容量的计算方法不同,下面介绍气囊式蓄能器容量的计算方法。

1. 蓄能器做动力源使用时

蓄能器的容积V_0是充液前充气压力为p_0时的容积,V_1为气体在最低工作压力p_1下的体积,V_2为气体在最高工作压力p_2下的体积,如图6.3所示。设工作中要求蓄能器输出油液的体积为ΔV,由气体定律有

$$p_0V_0^n = p_1V_1^n = p_2V_2^n = \text{常数} \tag{6.1}$$

式中,n为指数,其值由气体工作条件决定:当蓄能器用来补偿泄漏、保持压力时,它释放能量的速度缓慢,可认为气体在等温条件下工作,$n=1$;当蓄能器用来大量供油时,它释放能量的速度很快,可认为气体在绝热条件下工作,$n=1.4$。p_0,p_1,p_2的单位均为Pa;V_0,V_1,V_2的单位均为m^3。

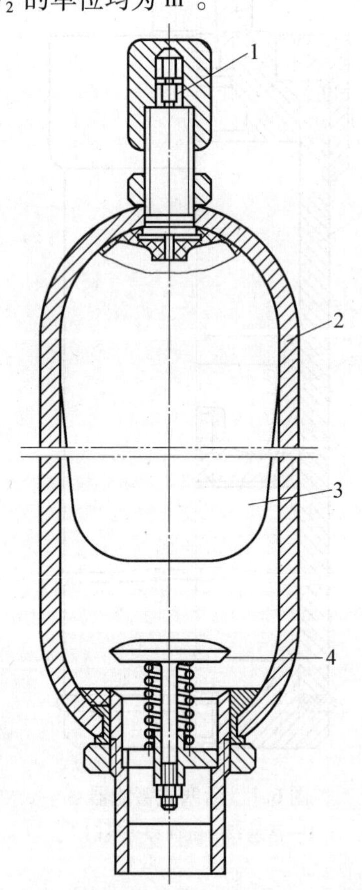

图6.2　气囊式蓄能器

1—壳体;2—气囊;3—充气阀;4—限位阀

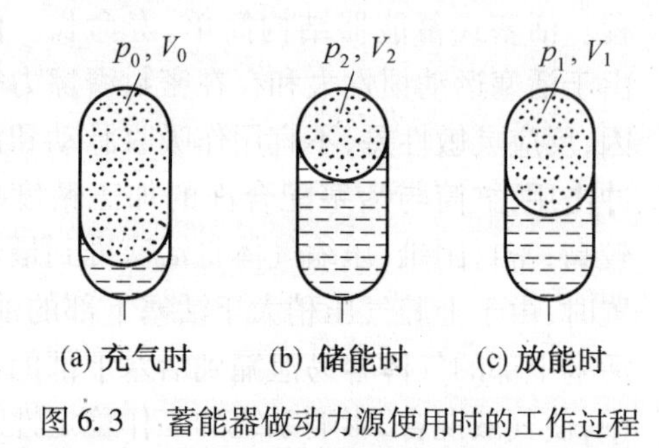

(a) 充气时　(b) 储能时　(c) 放能时

图6.3　蓄能器做动力源使用时的工作过程

当蓄能器向系统供出压力油的体积为$\Delta V = V_1 - V_2$(m^3)时,蓄能器内的压力将从p_2降到p_1,称ΔV为蓄能器的工作容积。由式(6.1)可推得

$$V_0 = \frac{\Delta V}{p_0^{\frac{1}{n}}\left[\left(\frac{1}{p_1}\right)^{\frac{1}{n}} - \left(\frac{1}{p_2}\right)^{\frac{1}{n}}\right]} \tag{6.2}$$

理论上可使 p_0 与 p_1 相等，但一般应留有一定余量，使 $p_1 > p_0$。对于折合形气囊，取 $p_0 = (0.8 \sim 0.85)p_1$；对于波纹形气囊，取 $p_0 = (0.6 \sim 0.65)p_1$。

2. 蓄能器用来吸收液压冲击时

蓄能器的容积 V_0 可近似地由其充气压力 p_0、系统中允许的最高工作压力 p_2 和瞬时吸收的动能确定。例如，管道突然关闭时，蓄能器瞬时吸收的动能为 $\rho Alv^2/2$（其中，ρ 为油液密度，$\mathrm{kg/m^3}$；A 为管道截面积，$\mathrm{m^2}$；l 为管道长度，m；v 为管道中油液的流速，m/s）。蓄能器中的气体在绝热过程中压缩，则

$$\frac{1}{2}\rho Alv^2 = \int_{v_0}^{v} p\mathrm{d}V = \int_{v_0}^{v} p_0\left(\frac{V_0}{V}\right)^{1.4}\mathrm{d}V = \frac{p_0V_0}{0.4}\left[\left(\frac{p_2}{p_0}\right)^{0.286} - 1\right]$$

故得

$$V_0 = \frac{0.2\rho Alv^2}{p_0}\left[\frac{1}{\left(\frac{p_2}{p_0}\right)^{0.286} - 1}\right] \tag{6.3}$$

式中，p_0 常取为系统工作压力的 90%。上式未考虑油液压缩性和管道弹性变形。

3. 蓄能器用来吸收液压泵压力脉动时

计算蓄能器的容量 V_0 的经验公式很多，这里介绍其中一种，即

$$V_0 = \frac{Vi}{0.6\delta_p} \tag{6.4}$$

式中，V 为泵的排量，$\mathrm{m^3/r}$；i 为排量的变化率，$i = \frac{\Delta V}{V}$，其中，ΔV 为超出平均排量的排出量，$\mathrm{m^3/r}$，如图 6.4 所示；δ_p 为压力脉动系数，$\delta_\mathrm{p} = \frac{\Delta p}{p_\mathrm{p}}$，其中，$\Delta p$ 为压力脉动单侧振幅，Pa；p_p 为压力脉动的平均值，Pa。

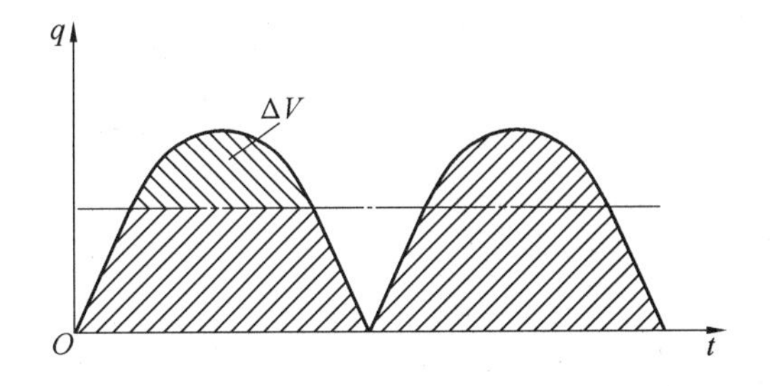

柱塞数	1	2	3
i	0.55	0.11	0.012

图 6.4　泵排量变化率的计算

使用时，蓄能器充气压力 p_0 常取为泵出口压力的 60%。

6.1.4　蓄能器的安装

蓄能器在液压系统中的安装位置随其功用而定，但在安装时应注意以下几个问题：

① 气囊式蓄能器应油口向下垂直安装；

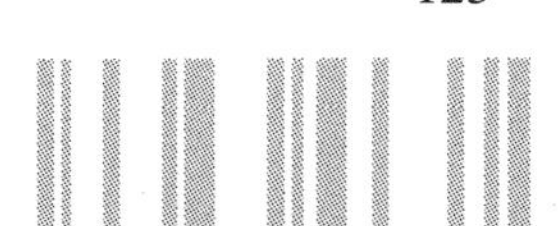

② 不能在蓄能器上进行焊接、铆焊或机械加工；

③ 用于吸收液压冲击和压力脉动的蓄能器应尽可能安装在振源附近；

④ 必须将蓄能器牢固地固定在托架或基础上；

⑤ 蓄能器与液压泵之间应安装单向阀，防止液压泵停止工作时，蓄能器储存的压力油倒流而使泵反转；

⑥ 蓄能器与管路之间应安装截止阀，供充气和检修之用。

6.2 油　箱

6.2.1　油箱的功用

油箱的功用主要是储存油液。此外还起着散发油液中热量（在周围环境温度较低的情况下则是保持油液中热量）、释放混在油液中的气体和沉淀油液中污物等作用。

液压系统中的油箱分整体式和分离式两种。整体式油箱主要利用主机的内腔作为油箱。这种油箱结构紧凑，各处漏油易于回收，但增加了设计和制造的复杂性、维修不便、散热条件不好，且会使主机产生热变形。分离式油箱通常单独设置，与主机分开，减少了油箱发热和液压源振动对主机工作精度的影响，因此得到了普遍的应用，特别在精密机械上。

油箱的典型结构如图6.5所示。由图可见，油箱内部用隔板7、9将吸油管1与回油管4隔开。顶部、侧部和底部分别装有滤油网2、油位计6和排放污油的放油阀8。安装液压泵及其驱动电机的安装板5则固定在油箱顶面上。

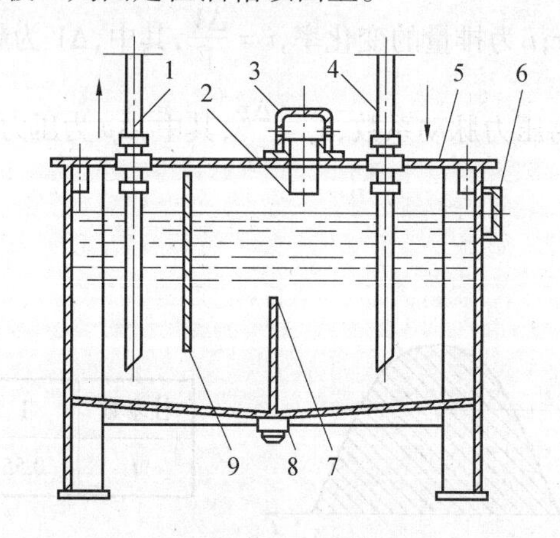

图6.5　油箱

1—吸油管；2—滤油网；3—盖；4—回油管；5—安装板；
6—油位计；7、9—隔板；8—放油阀

6.2.2　油箱的设计要点

油箱结构设计时应注意的问题有：

① 吸油管与回油管的距离应尽量远，二者之间应设置上下两个挡板，以减小液流的

速度，防止同一液流连续再循环。同时，由于油液的循环距离加长，这就有更多的时间使气泡逸出，污物沉淀和冷却油液，并使杂质多沉淀在回油管一侧。下隔板的高度约为最低油面高度的2/3。

吸油管离油箱底部的距离不能小于管径的2倍，距离箱边不应小于管径的3倍，以便油流畅通。吸油口的入口处应装有100～200目的粗滤器，过滤能力应为油泵流量的3倍以上。

回油管的管口必须浸入最低油面以下，以免回油飞溅将空气带入油中。回油管口离油箱底面的距离应大于管径的2倍，管端切成45°角，以增大排油口面积，排油口应面向箱壁。

② 为了防止脏物进入油箱，油箱应有密封的顶盖，盖上应设有带滤网的注油器和带空气滤清器的通气口。注油器应设在便于操作的地方。空气滤清器的规格应足够大，以保证在各种流量下油箱中的压力都能维持正常的大气压，否则油泵就可能出现空穴现象。

③ 油箱应便于维修清洗，油箱底部应做成倾斜的，位置最低处装有放油塞或放油阀，以便清洗时把脏物放出。油箱侧壁应装有油位指示器，并标出最高和最低油位。

④ 当油箱上需要放油泵、电机等传动装置时，箱盖应适当加厚。箱壁应涂耐腐蚀防锈涂料。

6.2.3　油箱的容量计算

从油箱的散热、沉淀杂质和分离气泡等职能来看，油箱容量越大越好。但若容量太大，会导致体积大，重量大，操作不便，特别是在行走机械中矛盾更为突出。对于固定设备的油箱，一般建议其有效容量 V 为液压泵每分钟流量的3倍以上（行走机械一般取2倍）。通常根据系统的工作压力来概略地确定油箱的有效容量 V。

① 低压系统，$V=(2\sim4)60q$，m^3。

② 中压系统，$V=(5\sim7)60q$，m^3。

式中，q 为液压泵的流量，m^3/s。

③ 压力超过中压，连续工作时，油箱有效容积 V 应按发热量计算确定。在自然冷却（没有冷却装置）情况下，对长、宽、高之比为1：（1～2）：（1～3）的油箱，油面高度为油箱高度的80%时，其最小有效容积可近似为

$$V_{min}=10^{-3}\sqrt{\left(\frac{H_i}{\Delta T}\right)^3}=10^{-3}\sqrt{\left(\frac{H_i}{T_y-T_0}\right)^3} \tag{6.5}$$

$$H_i=P(1-\eta) \tag{6.6}$$

式中，ΔT 为油液升温值，K，$\Delta T=T_y-T_0$；T_y 为系统允许的最高温度，K；T_0 为环境温度，K；H_i 为系统单位时间的总发热量，W；P 为液压泵的输入功率，W；η 为液压系统的效率。

设计时，应使 $V\geqslant V_{min}$，则油箱的散热面积为

$$A=0.065\sqrt[3]{V^2} \tag{6.7}$$

式中，V 为油箱的有效容积，L；A 为散热面积，m^2。

油箱的总容量为

$$V_a = \frac{V}{0.8} = 1.25V \tag{6.8}$$

6.2.4 冷却器和加热器

液压系统的工作温度一般希望保持在 30 ~ 50 ℃ 的范围之内，最高不超过 65 ℃，最低不低于 15 ℃。液压系统如依靠自然冷却仍不能使油温控制在上述范围内时，就须安装冷却器；反之，如环境温度太低无法使液压泵启动或正常运转时，则须安装加热器。

1. 冷却器

液压系统中的冷却器，最简单的是蛇形管冷却器，如图 6.6 所示。它直接装在油箱内，冷却水从蛇形管内部通过，带走油液中的热量。这种冷却器结构简单，但冷却效率低，耗水量大。

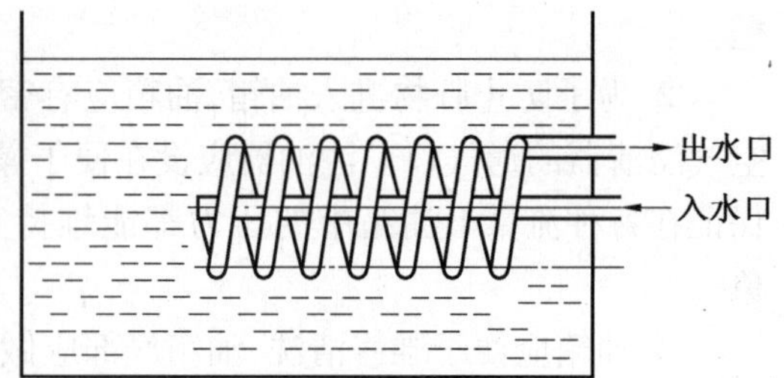

图 6.6 蛇形管冷却器

液压系统中用得较多的冷却器是强制对流式多管冷却器，如图 6.7 所示。油液从进油口 5 流入，从出油口 3 流出；冷却水从进水口 6 流入，通过多根水管后由出水口 1 流出。油液在水管外部流动时，它的行进路线因冷却器内设置了隔板而加长，因而增加了热交换效果。近年来出现一种翅片管式冷却器，在水管外面增加了许多横向或纵向的散热翅片，大大扩大了散热面积和热交换效果。如图 6.8 所示为翅片管式冷却器的一种形式，它是在圆管或椭圆管外嵌套上许多径向翅片，其散热面积可达光滑管的 8 ~ 10 倍。椭圆管的散热效果一般比圆管更好。

液压系统亦可以用汽车上的风冷式散热器来进行冷却。这种用风扇鼓风带走流入散热器内油液热量的装置不需另设通水管路，且结构简单、价格低廉，但冷却效果较水冷式差。冷却器一般应安放在回油管或低压管路上。如溢流阀的出口、系统的主回流路上或单独的冷却系统。冷却器所造成的压力损失一般约为 0.01 ~ 0.1 MPa。

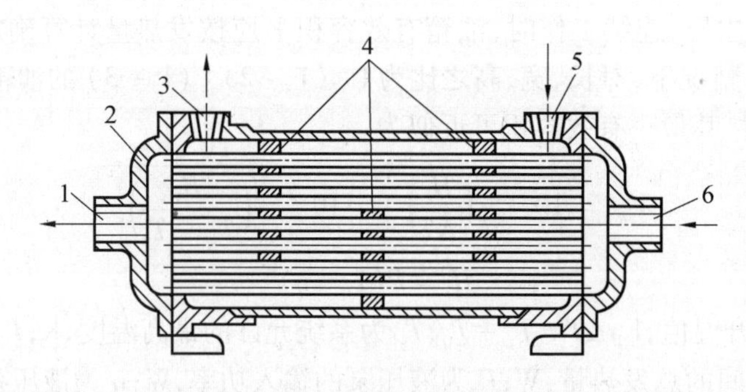

图 6.7 多管冷却器

1— 出水口；2— 端盖；3— 出油口；4— 隔板；5— 进油口；6— 进水口

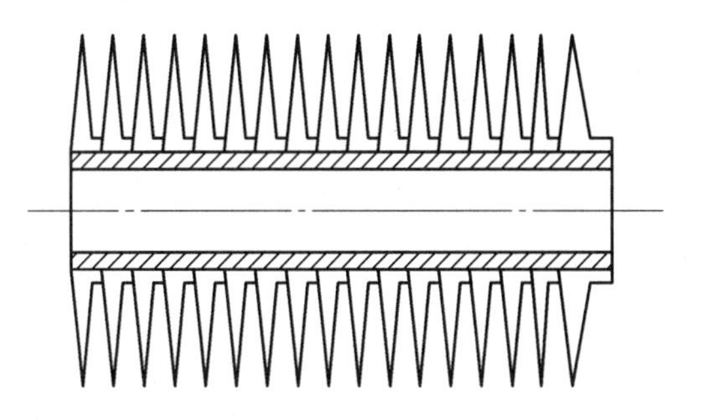

图 6.8　翅片管式冷却器

2. 加热器

液压系统的加热一般常采用结构简单、能按需要自动调节最高和最低温度的电加热器。这种加热器的安装方式是用法兰盘横装在箱壁上,发热部分全部浸在油液内。加热器应安装在箱内油液流动处,以利于热量的交换。由于油液是热的不良导体,因此单个加热器的功率容量不能太大,以免其周围油液过度受热后发生变质现象。

6.3　过 滤 器

6.3.1　过滤器的功用及结构

1. 过滤器的功用及要求

过滤器的功用是滤除油液中的杂质;实践证明,液压系统近 80% 的故障和油液的污染有关。因此,保持油液清洁是保证液压系统可靠工作的关键,而对油液进行过滤则是保持油液清洁的主要手段。

对过滤器有如下基本要求:

① 有足够的过滤精度。过滤精度是指过滤器滤去杂质的粒度大小,以其外观直径 d 的公称尺寸(μm) 表示。粒度越小,精度越高。精度分为四个等级:粗(d 为 100 μm)、普通(d 为 10 ~ 100 μm)、精(d 为 5 ~ 10 μm) 和特精(d 为 1 ~ 5 μm)。

② 有足够的机械强度,在一定的压差作用下不被破坏。

③ 有足够的过滤能力。过滤能力是指一定压力下允许通过过滤器的最大流量,一般以过滤器的有效过滤面积来表示。

④ 滤芯抗腐蚀性能好,并能在规定温度下持久地工作。

⑤ 滤芯要便于清洗、更换、拆装和维护。

2. 过滤器形式及结构

过滤器按过滤精度可划分为粗过滤器和精过滤器两大类;按滤芯结构可划分为网式、线隙式、磁性、烧结式和纸质等过滤器;按过滤方式可划分为表面型、深度型和吸附型过滤器;按过滤器的安装位置可划分为吸油过滤器、压油过滤器和回油过滤器。下面介绍几种常用的过滤器。

(1) 网式过滤器。

图6.9所示为网式过滤器,它由上盖1、下盖4、铜丝网3和塑料圆筒2等组成。铜丝网包在圆筒上(一层或两层),过滤精度由网孔大小和层数决定,有80 μm、100 μm和180 μm三种规格。网式过滤器结构简单,清洗方便,通油能力强,压力损失小,但过滤精度低。常用于泵的吸油管路,对油进行粗过滤。

(2) 线隙式过滤器。

图6.10所示为线隙式过滤器。它由芯架1、滤芯2和壳体3等组成。它的滤芯由用铜线或铝线密绕在筒形芯架1的外部而成。工作时,流入壳体内的油液经线间缝隙流入滤芯内,再从上部孔道流出。其过滤精度为30 ~ 100 μm,常安装在压力管路上,用以保护系统中较精密或易堵塞的液压元件。其通油压力可达6.3 ~ 32 MPa,用于吸油管路上的线隙式过滤器没有外壳,过滤精度为50 ~ 100 μm,压力损失为0.03 ~ 0.06 MPa,其作用是保护液压泵。

线隙式过滤器过滤效果好,结构简单,通油能力强,机械强度好,缺点是不易清洗。

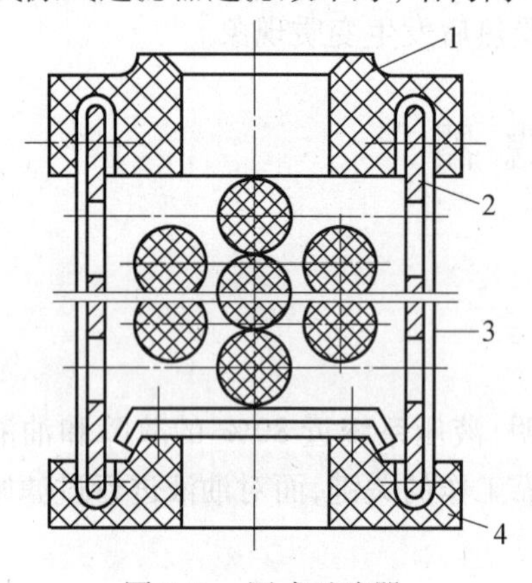

图6.9　网式过滤器

1— 上盖;2— 圆筒;3— 铜丝网;4— 下盖

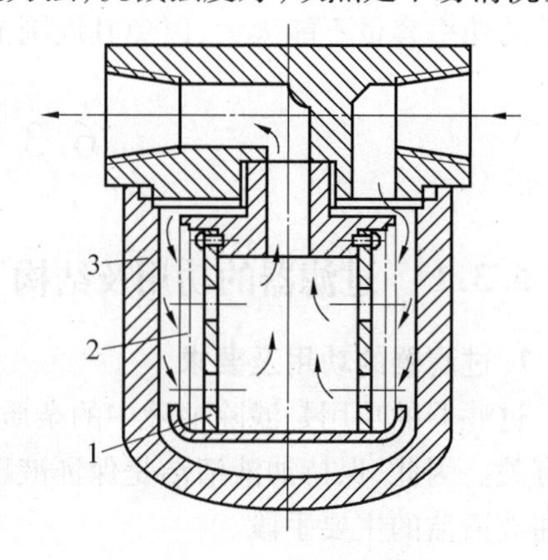

图6.10　线隙式过滤器

1— 芯架;2— 滤芯;3— 壳体

(3) 烧结式过滤器。

图6.11所示为烧结式过滤器。它由端盖1、壳体2和滤芯3组成。其滤芯用球状青铜颗粒粉末压制并烧结而成。它利用颗粒间的微孔滤去油液中杂质,其过滤精度为10 ~ 100 μm,压力损失为0.03 ~ 0.2 MPa。主要用于工程机械等设备的液压系统中。

烧结式过滤器强度好、性能稳定、抗冲击性能好、耐高温、过滤精度高、制造比较简单,但清洗困难,若有脱粒时会影响过滤精度,甚至损伤液压元件。

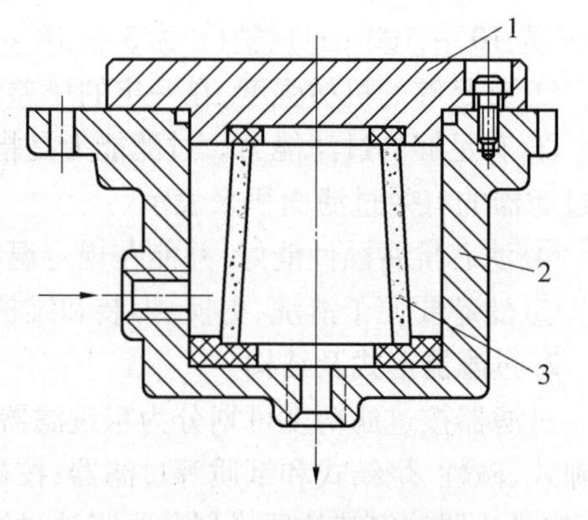

图6.11　烧结式过滤器

1— 端盖;2— 壳体;3— 滤芯

(4) 纸芯式过滤器。

图6.12所示为纸芯式过滤器。它由堵

塞状态发讯装置1、滤芯外层2、滤芯中层3、滤芯里层4和支承弹簧5以及壳体等组成。纸芯过滤器的结构与线隙式过滤器类似，只是滤芯材质和组成结构不同。它的滤芯有三层：外层为粗眼钢板网，中层为折叠成W形的滤纸，内层由金属丝网与滤纸折叠而成。这种结构，提高了滤芯强度，增大了滤芯的过滤面积。其过滤精度为5～30 μm，主要用于精密机床、数控机床、伺服机构、静压支承等要求过滤精度高的液压系统，并常与其他类型的滤油器配合使用。

纸芯式过滤器结构紧凑，通油能力强，过滤精度高，滤芯价格低，但无法清洗，需要经常更换滤芯。

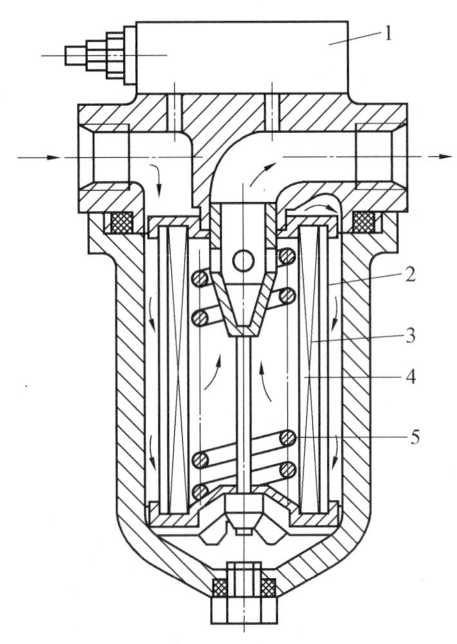

图6.12　纸芯式过滤器

1—堵塞状态发讯装置；2—滤芯外层；3—滤芯中层；4—滤芯里层；5—支承弹簧

纸芯式过滤器常装有堵塞状态发讯装置（图6.12中的件1）。图6.13所示为堵塞状态讯号发讯装置的原理，当滤芯堵塞时，其进、出口压差p_1-p_2升高。升高到规定值时，活塞1和永久磁铁2即向右移动，此时感簧管4内的触点受到磁力的作用后吸合，接通电路，指示灯3发出报警信号。

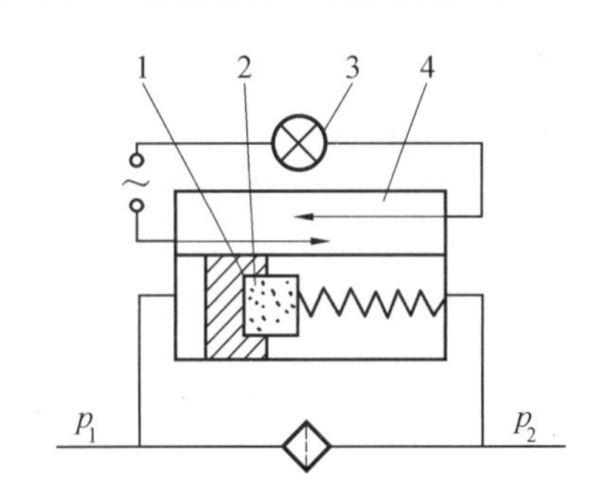

图6.13　堵塞状态讯号发讯装置原理

1—活塞；2—永久磁铁；3—指示灯；4—感簧管

6.3.2　过滤器的选用及安装

1. 选用

选用过滤器时，应根据所设计的液压系统的技术要求，按过滤精度、通油能力、工作压力、油的黏度和工作温度等来选择其类型及型号。

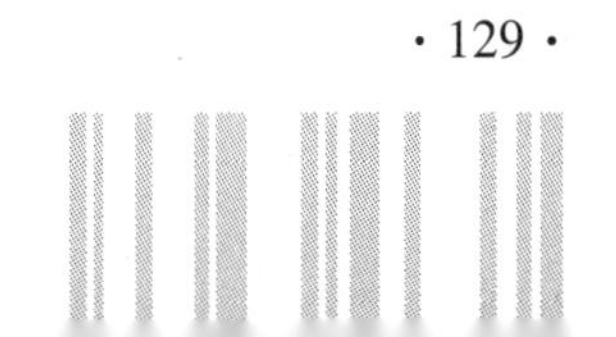

选用过滤器时,要考虑下列几点;

① 过滤精度应满足预定要求。

② 能在较长时间内保持足够的通流能力。

③ 滤芯具有足够的强度,不因液压的作用而损坏。

④ 滤芯抗腐蚀性能好,能在规定的温度下持久地工作。

⑤ 滤芯清洗或更换简便。

2. 安装

过滤器在液压系统中的安装位置通常有以下几种:

(1) 安装在泵的吸油口。

泵的吸油路上一般都装有过滤器,目的是滤去较大的杂质微粒,保护液压泵,不影响泵的吸油性能,防止气穴现象。安装在吸油路上的过滤器过滤能力应大于泵流量的 3 倍以上,压力损失不得超过 0.02 MPa。

(2) 安装在泵的出口油路上。

安装在泵出口油路上的过滤器用来滤除可能侵入阀类等元件的污染物。一般采用 10 ~ 15 μm 过滤精度的过滤器,并应能承受油路上的工作压力和冲击压力,压力应小于 0.35 MPa。为防止泵过载和滤芯损坏,应并联安全阀和设置堵塞状态发讯装置。

(3) 安装在系统的回油路上。

这种连接方式只能间接地过滤。由于回油路压力低,可采用强度低的过滤器,其压力对系统影响也不大。安装时,一般与单向阀并联,起旁通作用,当过滤器堵塞达到一定压力损失时,单向阀打开通油。

(4) 单独过滤系统

大型液压系统可专门设置由液压泵和过滤器组成的独立的过滤回路,用来清除系统中的杂质,还可与加热器、冷却器、排气器等配合使用。

6.4 管 件

6.4.1 油 管

油管应根据液压系统的流量和压力来确定。选择的主要参数是油管的内径和壁厚。

油管的内径按油管通过的最大流量和允许流速确定,即

$$d = \sqrt{\frac{4q}{\pi v}} \tag{6.9}$$

式中,d 为油管内径;q 为通过油管的最大流量;v 为油管的允许流速(对吸油管,$v \leqslant 0.5 \sim 1.5$ m/s;对压油管,$v \leqslant 2.5 \sim 5$ m/s;对回油管,$v \leqslant 1.5 \sim 2.5$ m/s)。

油管的壁厚可表示为

$$\delta \geqslant \frac{p}{[\sigma]}\frac{d}{2} \tag{6.10}$$

式中,δ 为油管壁厚;p 为油管内的最高工作压力;d 为油管内径;$[\sigma]$ 为油管材料许用应力。

油管尺寸计算后，应根据标准进行圆整选取，具体选用可参阅有关液压元件手册。

液压系统中使用的油管种类有钢管、紫铜管、橡胶软管、尼龙管和塑料管等。钢管分为焊接钢管和无缝钢管。压力小于2.5 MPa时可用焊接钢管，压力大于2.5 MPa时常用冷拔无缝钢管。紫铜管容易弯曲成形，但价格高，适用于压力在10 MPa范围内的中小型液压系统。橡胶软管常用于有相对运动部件的连接油管，分为高压和低压两种：高压管由耐油橡胶夹钢丝编织层制成，层数越多，承受的压力越高，其最高承受压力可达42 MPa；低压管由耐油橡胶夹帆布制成，承受压力一般在1.5 MPa以下。橡胶软管安装方便，不怕振动，并能吸收部分液压冲击。尼龙管是一种新型油管，其承受压力因材质而异，范围在2.5 ~ 8.0 MPa。耐油塑料管价格低，承受压力小于0.5 MPa，只用作回油管和泄油管。

6.4.2　管接头

管接头是油管与油管，油管与液压元件间的可拆卸连接件。管接头性能的好坏直接影响液压系统的泄漏和压力损失。表6.1为常用管接头的类型及特点。

各种管接头已标准化，选用时可查阅有关液压设计手册。

表6.1　常用管接头的类型和特点

类型	结构图	特　点
扩口式管接头	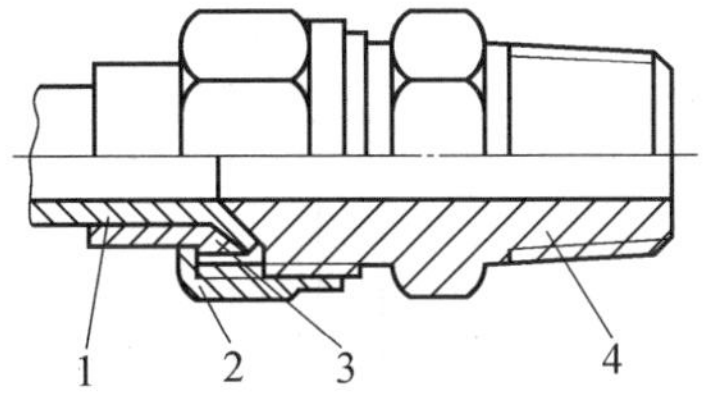	这种管接头用于铜管和薄壁钢管，也可用来连接尼龙管和塑料管。装配时先将管扩成喇叭口，再用接头螺母2将管套3连同接管1一起压紧在接头体4的锥面上形成密封。这种接头结构简单，装拆方便，但承压能力较低。
焊接式管接头	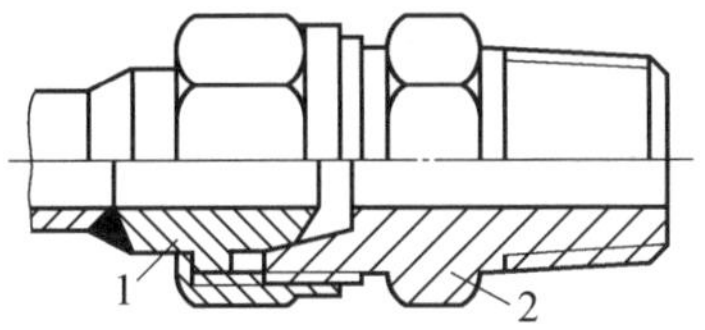	这种管接头利用接头内芯1的球面与接头体2锥孔面相连接，具有密封可靠，装拆方便，耐压能力高等优点，其缺点是装配式球形头需与接管焊接，因此，必须采用厚壁钢管，而且对焊缝质量要求高。
卡套式管接头	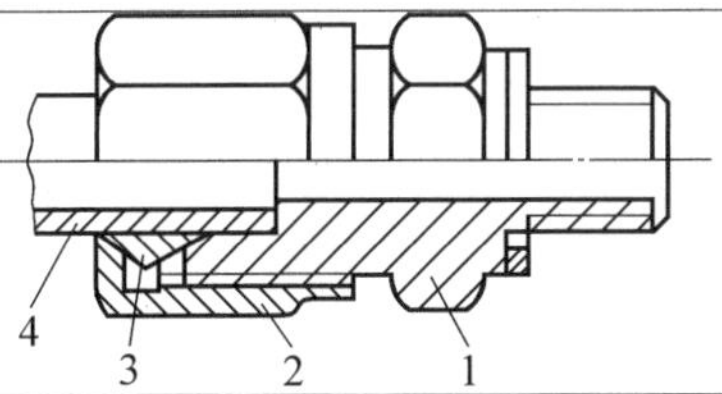	利用卡套3的变形卡住油管4并实现密封。1为接头体，2为螺母。工作可靠，拆卸方便，抗振性好，使用压力可达32 MPa，但工艺较复杂
扣压式软管接头	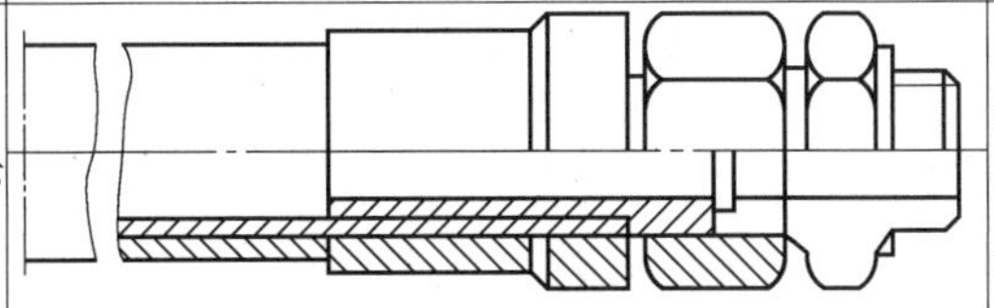	由外套和芯子组成，安装时软管被挤在外套和接头芯子之间，因而被牢固地连接在一起。工作压力在10 MPa以下，需专用扣压设备

6.5 密封装置

液压系统中的各元件都相当于一种压力容器。因此,在有可能泄漏的表面间和连接处都需要有可靠的密封。若是密封不良,会造成液压元件的内部或外部泄漏,从而降低液压系统的效率并污染工作环境。所以,密封装置性能的好坏是提高系统的压力、效率和延长元件的使用寿命的重要因素之一。

对密封装置的基本要求是:有良好的密封性能,装配和加工工艺简单,有互换性,在油液中有良好的稳定性,寿命长,动密封处的摩擦阻力小。

密封装置按工作原理可以归纳为两大类:非接触式密封(如间隙密封)和接触式密封(如密封圈等)。

按密封部分的运动特性,密封装置可分为用于固定联接件间的静密封和用于相对运动件间的动密封。

6.5.1 间隙密封

间隙密封是非接触式密封,靠相对运动的配合表面之间的微小间隙防止泄漏,广泛地应用于油泵、阀类和油马达中,是一种非常简单的密封方式。常见的有柱塞油泵的配油盘和转子端面间的配合(平面配合)、滑阀的阀芯与阀套间的配合(圆柱面配合)。

间隙密封的密封性能与间隙大小、压力差、配合表面的长度和直径以及加工精度等有关,其中以间隙的大小影响最大。在圆柱形配合面的间隙密封中,往往在配合表面上开几条环形的平衡槽,如图 6.14 所示,其目的主要是为了提高密封能力。

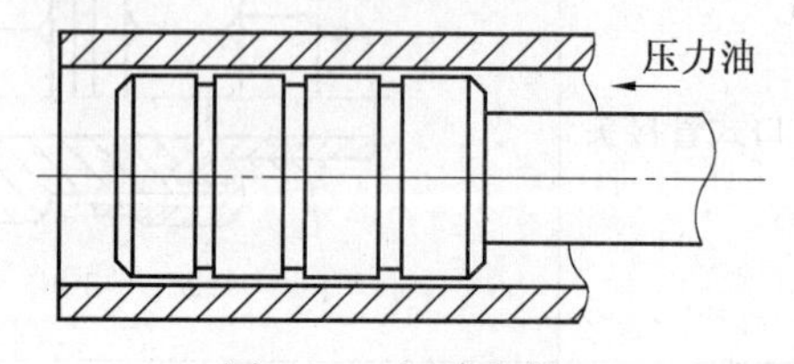

图 6.14　间隙密封

间隙密封的特点是结构简单,阻力小,经久耐用。但是不能自行补偿磨损的影响,难以完全消除泄漏,对零件的加工精度要求很高。所以,这种密封方式只适于在低压和低速的情况下使用。

6.5.2 密封圈密封

1. O 型密封圈

O 型密封圈的结构如图 6.15 所示。它一般用合成橡胶制成,截面为圆形,结构简单,密封可靠,体积小,寿命长,装卸方便,摩擦力小。主要用于静密封及滑动密封,转动密封用得较少,但也可用于圆周速度小于 0.2 m/s 的回转运动密封。其缺点是启动摩擦力较大(约为动摩擦力的 3 ~4 倍);在高压下容易被挤入间隙。

O 型密封圈属于挤压密封,它的工作原理如图 6.16 所示,在装配时,截面要受到一定的压缩变形,从而在密封面上产生预压紧力,实现初始密封;当密封面上的单位压紧力大于液体压力时,即构成了密封。而且当液体压力升高时,密封圈因为受到挤压而使密封面上的压紧力相应提高,因此仍能起密封作用。

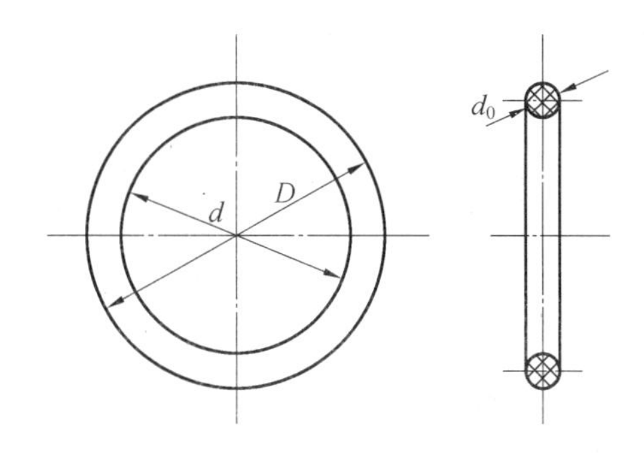

图6.15　O型密封圈

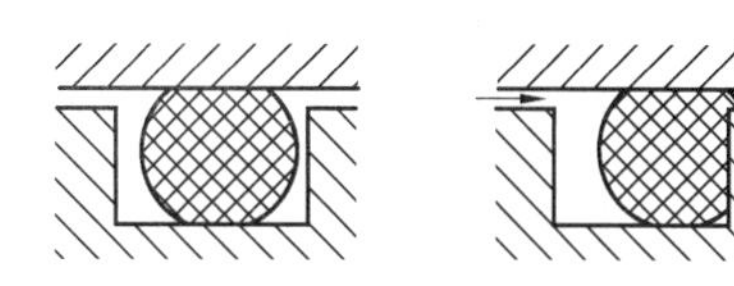

图6.16　O型密封圈原理图

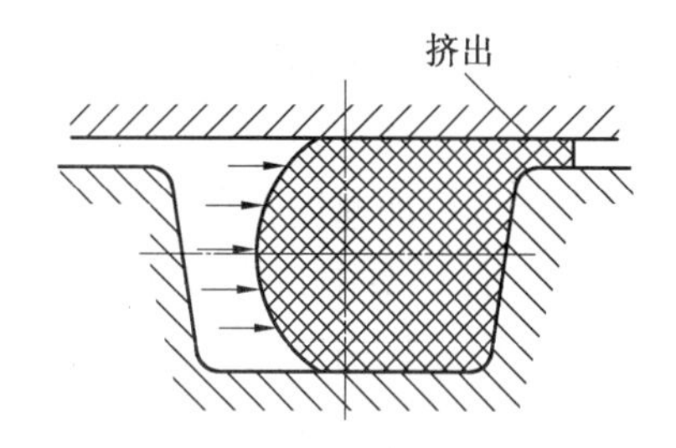

图6.17　O型密封圈的挤出现象

O型密封圈损坏的主要原因之一是被挤入间隙,如图6.17所示。这会导致密封件被挤裂,最终造成漏油,这样很有可能被密封元件就不能正常工作了。挤入间隙现象与油压的高低,间隙大小和密封件材料的硬度有关。油压越高、间隙越大、密封材料硬度越低,挤入现象越容易发生。因此,安装密封圈的沟槽尺寸和表面粗糙度必须严格遵守有关手册给出的数据。在动密封中,O型密封圈的侧面可以设置挡圈,防止O型密封圈被挤入间隙中而损坏。单向受压时,在不承受油压的一侧设置一个挡圈,如图6.18(a)所示;双向受压时,在O型密封圈的两侧都设置挡圈,如图6.18(b)所示。挡圈通常用聚四氟乙烯或尼龙制作。

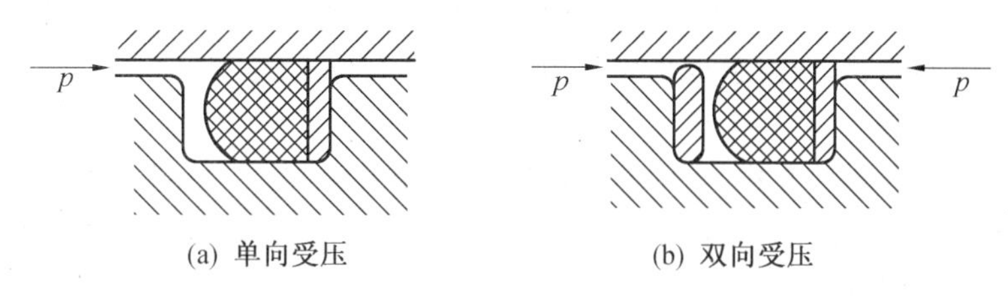

(a) 单向受压　　(b) 双向受压

图6.18　挡圈的正确使用方法

2. Y型密封圈

Y型密封圈的结构如图6.19所示,Y型密封圈的截面为Y型。一般用耐油橡胶制成,是一种密封性、稳定性和耐油性较好、摩擦阻力小、寿命较长、应用较广的密封圈。工作时,油液压力使两唇分开并紧贴密封表面,形成密封。所以,Y型密封圈在使用时,唇边一定要面对压力油腔。随着油液压力升高,唇口将变形伸展,使它与密封表面的接触面积扩大。因而,Y型密封圈的密封能力能随着油压升高而提高,并能对磨损自行补偿。此外,它还具有结构简单,摩擦阻力小、往复运动速度较高时也能使用等优点。

它适于在压力$p<21$ MPa(210 kgf/cm^2)时做内径或外径的滑动密封用。

近年来,小Y型密封圈在液压元件中的应用得越来越多。所谓“小Y型”是指断面高宽比为2以上的Y型密封圈,采用聚氨酯橡胶制成。其结构如图6.20所示。

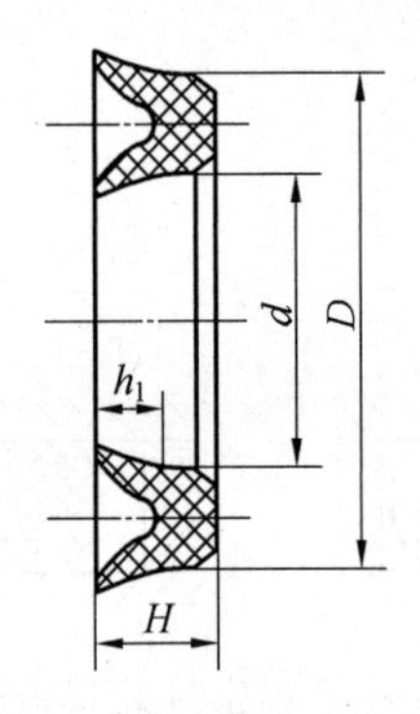

图 6.19　Y 型密封圈

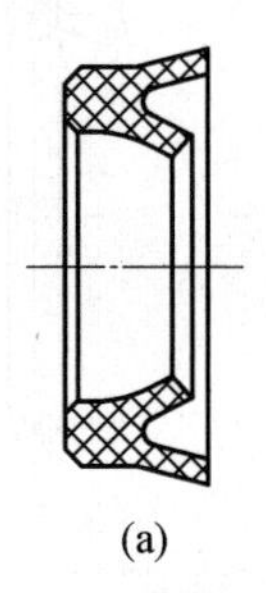
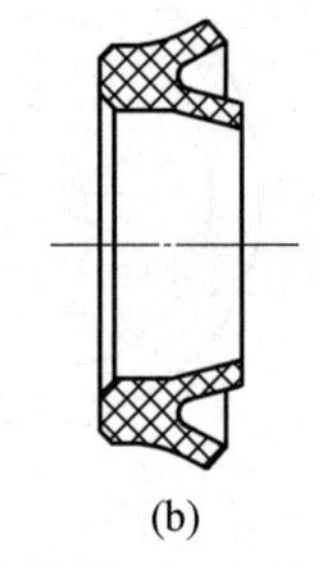

图 6.20　小 Y 型密封圈

小 Y 型密封圈的工作原理和 Y 型密封圈相似,工作时靠油压使两唇分开并紧贴密封表面形成密封。这种密封圈的硬度高,弹性、耐油性、耐磨性及耐高压性均好,但耐热性不好。可用于相对运动速度较快时的密封。它的径向断面尺寸较小,对减少液压元件的结构尺寸有利。小 Y 型密封圈分为轴用和孔用两种。轴用时,其内唇和轴面间有相对运动;孔用时,外唇和缸内壁间有相对运动。这种密封圈的两唇高度不等,在有相对运动的一侧较低,这样可以防止运动件切伤密封唇,提高密封圈的使用寿命。

3. V 型夹织物密封圈

V 型夹织物密封圈的结构如图 6.21 所示,它由支承环、密封环和压环三个不同截面的零件组成,密封环的数量由工作压力大小而定。这种密封圈可以用耐油橡胶,夹布橡胶,聚四氟乙烯和皮革等制成。它的特点是:接触面较长,密封性好,耐高压,寿命长,通过调节压紧力,可获得最佳的密封效果,但 V 型密封装置的摩擦阻力及结构尺寸较大,主要用于活塞及活塞杆的往复运动密封,其适应工作压力 $p \leq 50$ MPa。安装 V 型密封圈时,应使其唇口面对压力油腔,因为它也是靠唇边张开起密封作用的。

4. 回转轴的密封

回转轴的密封有多种方式,常用的是回转轴用橡胶密封圈,如图 6.22 所示。所用的材料是耐油橡胶。它的内部有直角形圆环铁骨架支撑着,内边围有一根螺旋弹簧,使密封圈的内边收缩紧贴在轴上,起密封作用。

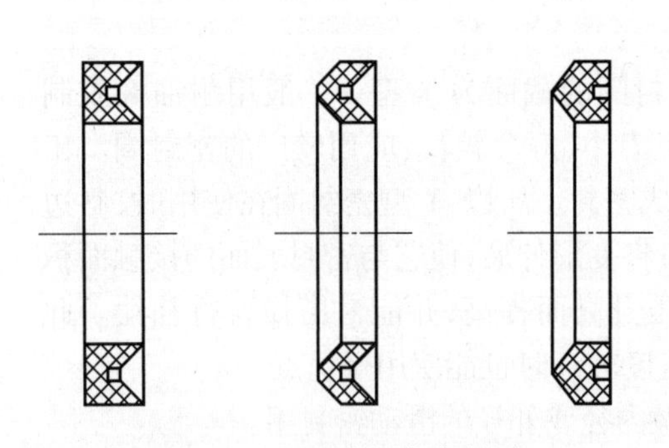

图 6.21　V 型夹织物密封圈

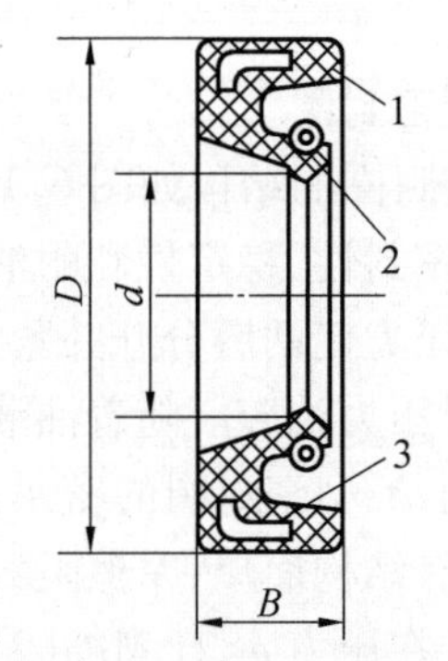

图 6.22　回转轴用橡胶密封圈

1—橡胶环;2—弹簧;3—加固环

这种密封因主要用于油泵、液压马达和回转油缸的外伸轴的密封,密封处的工作压力一般不超过100 kPa(1 kgf/cm^2),最大允许线速度为4 ~8 m/s。

5. 活塞环

活塞环用合金铸铁制成,依靠金属弹性变形的膨胀力压紧密封表面而起密封作用(见图4.12(a))。其优点是密封效果好,能用于相对运动速度大、工作温度高的场合。但是,活塞环的加工工艺复杂,密封表面的加工要求很高。因此,它近来已逐渐被密封圈所代替,仅在密封圈不能满足要求时才使用。当使用活塞环做密封装置时,要根据油缸工作压力和缸径大小,采用两个或更多的活塞环来实现密封。

6. 防尘密封圈

为了防止灰尘进入油缸,保持油液清洁,减少运动件的磨损,延长液压元件的使用寿命,对外伸活塞杆处必须采取防尘措施。这一点对铸造设备来讲,十分重要。因为铸造设备的工作环境大都比较恶劣。

常用的防尘措施是在活塞杆伸出处使用防尘密封圈。经常使用的有骨架式和三角形式两种防尘圈(参看有关设计手册)。此外,为了保护外伸的活塞杆表面的清洁,必要时可在活塞杆上加装折叠式防尘套,防尘套可用帆布或橡胶制成。

思考题与习题

6.1　蓄能器有哪些用途?

6.2　蓄能器为什么能储存和释放能量?

6.3　蓄能器的种类有哪些? 各有什么特点?

6.4　如何计算充气式蓄能器的容量?

6.5　滤油器有哪几种形式?

6.6　选择滤油器时应考虑哪些问题?

6.7　常用的密封装置有哪几种类型? 各有什么特点?

6.8　油管的种类有哪些? 各有什么特点? 分别用在什么场合?

6.9　如何计算油管的内径和壁厚?

6.10　管接头的种类有哪些?

6.11　油箱的功用是什么?

第7章 液压基本回路

液压基本回路由有关的液压元件构成,具有完成特定功能的油路,是组成液压系统最基本的组成单元。基本回路是在总结前人使用经验的基础上,后人通过定性分析得出来的,学习基本回路就是掌握液压基本回路的原理、组成和特点,以便今后根据我们的需要,合理地、正确地选用这些回路。

液压基本回路包括速度控制回路、压力控制回路、方向控制回路和多缸工作回路等。本章主要介绍液压基本回路的原理、组成、性能特点及应用。

7.1 速度控制回路

液压系统中用以控制调节执行元件运动速度的回路,称为速度控制回路,速度控制回路是液压基本回路的核心部分,它工作性能的好坏,对系统的工作性能起着决定性的作用。速度控制回路包括调速回路、快速运动回路、速度换接回路等。

7.1.1 调速回路

1.调速回路的基本概念

对于任何液压传动系统来说,调速回路在液压系统中占有重要地位,调速回路可以通过事先的调整或在工作过程中通过自动调节来改变执行元件的运行速度,调速回路性能的好坏决定了它所在液压系统的工作性能、特点和用途。

(1)对调速回路的要求:

①能在规定的范围内灵活地调节执行元件的工作速度。

②速度的刚性要好,即负载变化引起速度的变化要小。

③具有驱动执行元件所需的力或力矩。

④功率损耗要小,以便节省能量,减小系统发热。

(2)调速回路的分类。

调速回路按其调速方式的不同,主要有以下三种类型:

①节流调速,由定量泵供油、流量阀调节流量来调节执行元件的速度。

②容积调速,通过改变变量泵或变量马达的排量来调节执行元件的速度。

③容积节流调速，流量阀与变量泵配合来调节执行元件的速度。

2. 节流调速回路

节流调速回路是在液压回路上采用流量调节元件（节流阀或调速阀）通过改变流量调节元件通流截面积的大小来控制流入执行元件或从执行元件流出的流量，以实现调速的一种回路。节流调速回路按流量调节阀在回路中的位置不同分为进油节流调速、回油节流调速及旁路节流调速三种。

(1)采用节流阀的进油节流调速回路。

这种调速回路采用定量泵供油，在泵与执行元件之间串联安装节流阀，在泵的出口处并联安装一个溢流阀，如图7.1所示。其调速原理是：定量泵供出的流量 q_p 是一定的，而节流阀调好后，允许通过的流量为 q_1，显然 $q_p > q_1$，溢流阀被憋开，把多余的油 $\Delta q = q_p - q_1$ 溢走，所以这种回路工作时，溢流阀是常开的，无论负载多大，泵的工作压力基本上保持恒定，因此，该回路又称为定压式节流调速回路。即泵在工作中输出的油液根据需要一部分经节流阀进入液压缸的工作腔，推动活塞向右运动，另一部分多余油液经溢流阀溢回油箱，这是这种调速回路能够正常工作的必要条件。进入液压缸的油液流量的大小就由调节节流阀开口大小决定，实现对液压缸运动速度的调节。

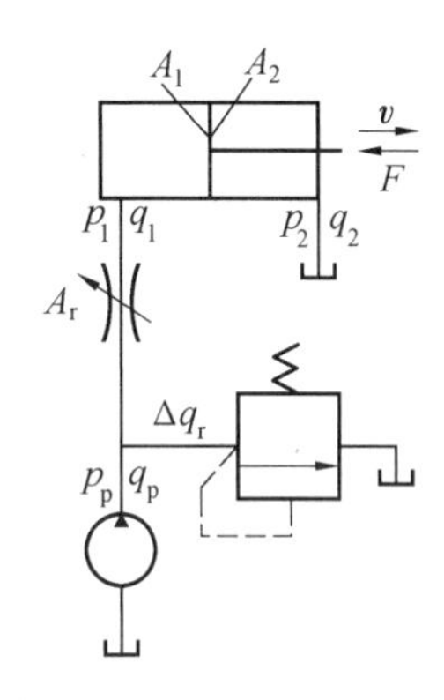

图7.1　进油节流调速回路

① 速度负载特性。

速度负载特性就是当节流阀开口面积调定后，执行元件的运动速度与负载之间的关系，即 $v = f(F)$。

根据速度负载特性定义速度刚度 $K_v = -\dfrac{\partial F}{\partial v}$，显然 K_v 越大，速度稳定性越好。所以希望 K_v 越大越好。

在进油节流调速回路中，当液压缸在稳定工作状态下，其运动速度等于进入液压缸无杆腔的流量除以有效工作面积：

$$v = \frac{q_1}{A_1} \tag{7.1}$$

式中，v 为活塞运动速度；q_1 为流入液压缸的流量；A_1 为液压缸工作腔有效工作面积，即液压缸无杆腔的活塞有效作用面积。

从回路上看，q_1 即是通过串联于进油路上的节流阀的流量，其值根据第2章油液流经阀口的流量计算公式有

$$q_1 = KA_T(\Delta p)^m \tag{7.2}$$

式中，K 为节流阀的流量系数；A_T 为节流阀的开口面积；m 为节流指数；Δp 为作用于节流阀两端的压力差，其值为

$$\Delta p = p_{\mathrm{p}} - p_1 \tag{7.3}$$

式中,p_{p} 为液压泵出口处的压力(回路工作压力),由溢流阀调定;p_1 为液压缸工作腔压力,即作用于活塞杆上的压力。

而 p_1 根据作用于活塞杆上的受力平衡方程可得,即

$$p_1 A_1 = F + p_2 A_2 \tag{7.4}$$

式中,F 为负载力;p_2 为回油路有杆腔的油液压力,由于直接回油箱,p_2 为零。

所以,作用于活塞杆上的压力

$$p_1 = \frac{F}{A_1} \tag{7.5}$$

将式(7.2) ~ (7.5) 代入式(7.1) 中有

$$v = \frac{KA_{\mathrm{T}}\left(p_{\mathrm{p}} - \dfrac{F}{A_1}\right)^m}{A_1} = \frac{KA_{\mathrm{T}}}{A_1^{m+1}}(p_{\mathrm{p}}A_1 - F)^m \tag{7.6}$$

式(7.6) 就是进油节流调速回路的速度负载特性公式,根据此式绘出的曲线即是速度负载特性曲线。进油节流调速回路在节流阀不同开口条件下的速度负载曲线如图7.2所示,图中曲线表明速度随负载变化的规律,曲线越陡,表明负载变化对速度的影响越大,即速度刚度越小。其速度刚度表达式为

$$K_{\mathrm{v}} = -\frac{\partial F}{\partial v} = \frac{p_{\mathrm{p}}A_1 - F}{mv} \tag{7.7}$$

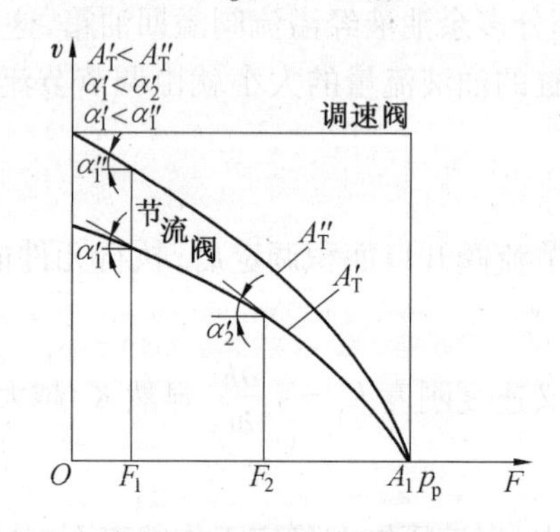

图 7.2 进油节流调速回路速度负载特性

提高溢流阀的调定压力、增大液压缸的有效工作面积、减小节流阀的节流指数或减小负载,都能提高进油节流调速回路的速度刚度。

从图 7.2 中曲线和式(7.7) 可以得到以下结论:

a. 在节流阀同一开口条件下即节流阀开口面积 A_{T} 一定时,液压缸负载 F 越小时,曲线斜率越小,速度刚度越小,速度稳定性越好。

b. 在同一负载 F 条件下,节流阀开口面积 A_{T} 越小时,曲线斜率越小,速度刚度越小,速度稳定性越好。

c. 多条曲线汇交于横轴上的一点,该点对应的 F 值即为最大承载能力 $F_{\max}$,这说明最大承载能力 $F_{\max}$ 与速度调节无关,因最大承载时缸停止运动($v=0$),可知该回路的最大承

载能力为 $F_{max}=p_pA_1$。

因此，进油节流调速回路适合于低速、轻载、负载变化不大和对速度稳定性要求不高的小功率的场合。

② 功率和效率特性。

功率特性是指功率随速度和负载变化而变化的情况，在进油节流调速回路当中，主要有两种情况：

第一种情况是在负载一定的条件下，此时，若不计损失，泵的输出功率 $P_p=p_pq_p$，作用于液压缸上的有效输出功率 $P_1=Fv$，因回油路的压力 $p_2=0$，所以 $P_1=p_1q_1$，该回路的功率损失为

$$\Delta P=P_p-P_1=p_pq_p-p_1q=p_p(\Delta q+q_1)-p_1q_1=p_p\Delta q+q_1(p_p-p_1)$$

即

$$\Delta P=\Delta P_1+\Delta P_2 \tag{7.8}$$

式中，ΔP_1 为溢流损失（油液通过溢流阀的功率损失），$\Delta P_1=p_p\Delta q$；ΔP_2 为节流损失（油液通过节流阀的功率损失），$\Delta P_2=q_1\Delta p(\Delta p=p_p-p_1)$。

可见，进油节流调速回路的功率损失由溢流损失和节流损失两项组成，如图 7.3 所示，随着速度增加，有用功率在增加，节流损失也在增加，而溢流损失在减小。这些损失将使油温升高，因而影响系统的工作。

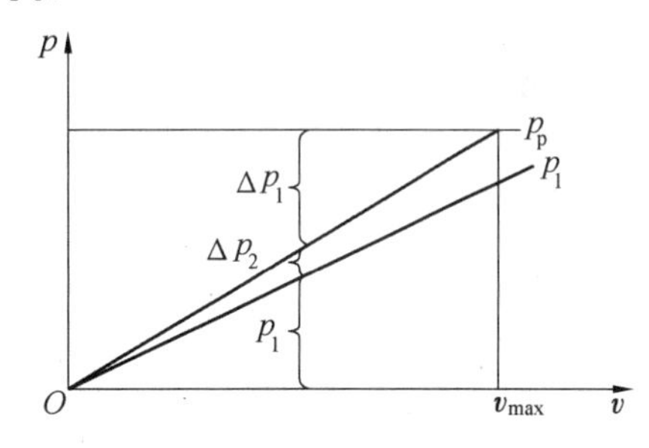

图 7.3　进油节流调速回路功率特性

在外负载一定的条件下，泵压和液压缸进口处的压力都是定值，此时，改变液压缸的速度是靠调节节流阀的开口面积来实现的。

第二种情况是在外负载变化的条件下，在进油节流调速回路中，当外负载变化时，则液压缸的进油压力 p_1 也随之变化。此时，溢流阀的调定压力按最大 p_1 来调定。液压系统的有效功率为

$$P_1=p_1q_1=p_1KA_T(p_p-p_1)^m=\frac{F}{A_1}KA_T\left(p_p-\frac{F}{A_1}\right)^m \tag{7.9}$$

由式(7.9)可见，P_1 是随 F 变化的一条曲线，且 $F=0$ 时 $P_1=0$，$F=F_{max}=p_pA_1$时 $P_1=0$。其最大值出现在曲线的极值点。若节流阀开口为薄壁小孔，令 $m=0.5$，则可求出该回路中的最大有效功率：

$$\frac{\partial P_1}{\partial p_1}=\frac{CA_T}{A^1}(p_p-p_1)^{0.5}-\frac{Cp_1A}{A^1}0.5(p_p-p_1)^{-0.5}$$

令上式为 0，有

$$p_p-p_1=0.5p_1$$

即

$$p_1=\frac{2}{3}p_p \tag{7.10}$$

故当 $p_1=\frac{2}{3}p_p$ 时，有效功率最大。

将式(7.10)代入式(7.9)中,再根据下式可计算出该回路的效率为

$$\eta = \frac{P_1}{P_p} = \frac{Fv}{p_p q_p} = \frac{p_1 q_1}{p_p q_p} = \frac{\frac{2}{3} p_p q_1}{p_p q_p}$$

在上式中,若令 q_1 最大为 q_p,则系统的最大效率为 0.66,由于存在两部分的功率损失,故这种调速回路的效率较低,当负载恒定或变化很小时,η 可达 0.2 ~ 0.6;当负载变化时,回路的效率 $\eta_{max} = 0.385$。从上面分析来看,进油节流调速回路不易在负载变化较大的工作情况下使用,这种情况下,速度变化大,效率低,主要原因是溢流损失大。机械加工设备常用快进 — 工进 — 快退的工作循环,工进时泵的大部分流量溢流,造成回路效率极低,而低效率导致温升和泄漏增加,进一步影响速度稳定性和效率,因此,在液压系统中有两种速度要求的场合最好用双泵系统。

(2) 采用节流阀的回油节流调速回路。

采用节流阀的回油节流调速回路也属于定压式节流调速回路,采用定量泵供油,在泵的出口处并联安装一个处于常开式的溢流阀来保证泵的出口压力基本保持恒定,节流阀串联安装在液压系统的回油路上,借助于节流阀控制液压缸的排油量 q_2 来实现速度调节,如图 7.4 所示。由于进入液压缸的流量 q_1 受到回油路上排出流量 q_2 的限制,因此用节流阀来调节液压缸的排油量 q_2 也就调节了进油量 q_1,定量泵的多余的油液仍经溢流阀回油箱,溢流阀调整压力 p_p 基本稳定。

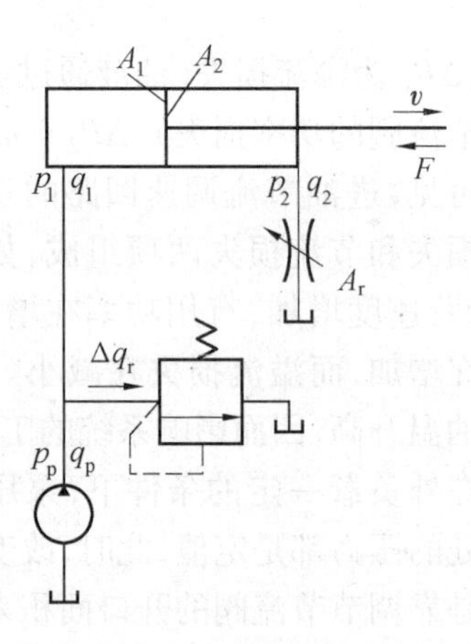

图 7.4　回油节流调速回路

① 速度负载特性。

在回油节流调速回路中,当液压缸在稳定工作状态下时,其运动速度等于流出液压缸有杆腔的流量除以有效工作面积,即

$$v = \frac{q_2}{A_2} \tag{7.11}$$

式中,v 为活塞运动速度;q_2 为流出液压缸的流量;A_2 为液压缸工作腔有效工作面积,即液压缸有杆腔的活塞有效工作面积。

从回路上看,q_2 是通过串联于回油路上的节流阀的流量,即

$$q_2 = KA_T(\Delta p)^m \tag{7.12}$$

式中,Δp 为作用于节流阀两端的压力差,其值为

$$\Delta p = p_2 \tag{7.13}$$

根据作用于活塞杆上的力平衡方程,有

$$p_1 A_1 = F + p_2 A_2 \tag{7.14}$$

$$p_2 = \frac{p_1 A_1 - F}{A_2} \tag{7.15}$$

将式(7.12)、式(7.13)、式(7.15)代入式(7.11)中,又根据 $p_p=p_1$ 有

$$v=\frac{KA_T\left(\frac{p_1A_1-F}{A_2}\right)^m}{A_2}=\frac{KA_T}{A_2^{m+1}}(p_pA_1-F)^m \tag{7.16}$$

公式(7.16)就是回油节流调速回路的速度负载特性公式。从公式可知,除了公式分母上的 A_1 变为 A_2 外,其他与进口节流调速回路的速度负载特性公式(7.6)相同,因此,其速度负载特性以及速度刚性基本相同,如果液压缸两腔有效面积相同即双杆液压缸,那么两种节流调速回路的速度负载特性和速度刚性就完全相同了。回油节流调速回路同样适合于低速、轻载、负载变化不大和对速度稳定性要求不高的小功率的场合。

② 功率特性。

下面仅讨论负载一定的条件下,功率随速度变化而变化的情况。此时,若不计损失,泵的输出功率 $P_p=p_pq_p$,作用于液压缸上的有效输出功率 $P_1=p_1q_1-p_2q_2$,该回路的功率损失为

$$\begin{aligned}\Delta P=P_p-P_1=p_pq_p-(p_1q_1-p_2q_2)=p_p(q_p-q_1)+p_2q_2=\\p_p\Delta q+p_2q_2=\Delta P_1+\Delta P_2\end{aligned}$$

可见,回油节流调速回路的功率损失也同进油节流调速回路的一样,分为溢流损失和节流损失两部分。

回路效率为

$$\eta=\frac{Fv}{p_pq_p}=\frac{p_pq_1-p_2q_2}{p_pq_p}=\frac{\left(p_p-p_2\frac{A_2}{A_1}\right)q_1}{p_pq_p}$$

在回油节流调速回路中,液压缸工作腔和回油腔的压力都比进油节流调速回路高,特别是在负载变化大,尤其是当 $F=0$ 时,回油腔的背压有可能比液压泵的供油压力还要高,这样会使节流功率损失大大提高,且加大泄漏,因而其实际效率比进油调速回路还要低。

③ 进油与回油两种节流调速回路比较。

进油节流调速与回路节流调速虽然其流量特性与功率特性基本相同,但在使用时还有以下五个不同点:

a. 承受负值负载的能力不同。负值负载就是与活塞运动方向相同的负载。例如起重机向下运动时的重力和负载,铣床上与工作台运动方向相同的逆铣等。回油节流调速回路的节流阀使液压缸回油腔形成一定的背压,背压能阻止工作部件的前冲,即能在负值负载下工作,而进油节流调速则不能,由于回油腔没有背压力,因而不能在负值负载下工作,如果需要在负值负载下工作要在回油路上加背压阀才能承受负值负载,但需提高调定压力,功率损耗大。

b. 发热及泄漏的影响不同。 回油节流调速回路中油液通过节流阀时油液温度升高,但所产生的热量直接返回油箱时将散掉;而进油节流调速回路中,则进入执行元件中,增加系统的负担,因此,发热和泄漏对进油节流调速回路的影响大于对回油节流调速的影响。

c. 运行稳定性不同。在使用单杆液压缸的场合,无杆腔的进油量大于有杆腔的回油

量，当两种回路结构尺寸相同时，若速度相等，则进油节流调速回路的节流阀开口面积要大，低速时不易堵塞，因而，可获得更低的稳定速度。

d. 实现压力控制的方便性不同。进油节流调速回路中，进油腔的压力将随负载而变化，当工作部件碰到止挡块而停止后，其压力将升到溢流阀的调定压力，利用这一压力变化来实现压力控制很方便，但在回油节流调速回路中，只有回油腔的压力才会随负载而变化，当工作部件碰到止挡块后，其压力将降到零，虽然也可以利用这一压力变化来实现压力控制，但其可靠性差，一般不采用。

e. 停车后的启动性能不同。长期停车后液压缸油腔内的油液会流回油箱，当液压泵重新向液压缸供油时，在回油节流调速回路中，由于进油路上没有节流阀控制流量，会使活塞前冲；而在进油节流调速回路中，由于进油路上有节流阀控制流量，故活塞前冲很小，甚至没有前冲。

在调速回路中，还可以在进、回油路中同时设置节流调速元件，使两个节流阀的开口能同时联动调节，以构成进出油的节流调速回路，比如由伺服阀控制的液压伺服系统经常采用这种调速方式。

(3) 采用节流阀的旁路节流调速回路。

在采用节流阀的旁路节流调速回路中，将节流阀并联安装在泵与执行元件油路的一个支路上，此时，溢流阀阀口关闭，做安全阀使用，只是在过载时才会打开。泵出口处的压力随负载变化而变化，因此，也称为变压式节流调速回路，如图 7.5 所示。此时泵输出的油液（不计损失）一部分进入液压缸，另一部分通过节流阀进入油箱，调节节流阀的开口可调节通过节流阀的流量，也就是调节进入执行元件的流量，从而调节执行元件的运行速度。

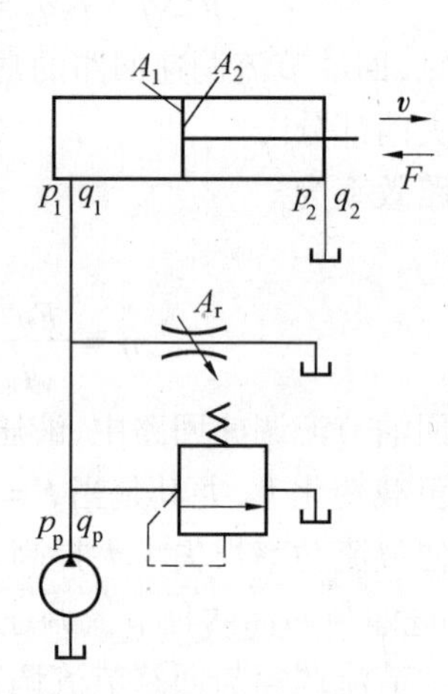

图 7.5　旁路节流调速回路

① 速度负载特性。

在旁路节流调速回路中，当液压缸在稳定工作状态下时，其运动速度等于进入液压缸无杆腔的流量除以有效工作面积：

$$v = \frac{q_1}{A_1} \tag{7.17}$$

从回路上看，q_1 等于泵的流量 q_p 减去通过并联于油路上的节流阀的流量 q_1，即

$$q_1 = q_p - q_1 \tag{7.18}$$

通过节流阀的流量根据第 2 章油液流经阀口的流量计算公式有

$$q_1 = KA_T\,(\Delta p)^m \tag{7.19}$$

式中，Δp 为作用于节流阀两端的压力差，其值为

$$\Delta p = p_p \tag{7.20}$$

$p_p = p_1$，根据作用于活塞杆上的力平衡方程，有

$$p_1A_1 = F$$

$$p_1 = \frac{F}{A_1} \tag{7.21}$$

将式(7.18)～(7.21)代入式(7.17),有

$$v = \frac{q_p - KA_T\left(\frac{F}{A_1}\right)^m}{A_1} \tag{7.22}$$

式(7.22)就是旁路节流调速回路在不考虑泄漏情况下的速度负载特性公式,但是由于该回路在工作中溢流阀是关闭的,泵的压力是变化的,因此泄漏量也是随之变化的,其执行元件的速度也受到泄漏的影响,因此,液压缸的速度公式应为

$$v = \frac{q_p - K_1\left(\frac{F}{A_1}\right) - KA_T\left(\frac{F}{A_1}\right)^m}{A_1} \tag{7.23}$$

式(7.23)中,K_1 为泵的泄漏系数。同样,根据式(7.23)绘出的曲线即是速度负载特性曲线。旁油节流调速回路在节流阀不同开口条件下的速度负载曲线如图 7.6 所示。从这个曲线上可以分析出,液压缸负载 F 越大时,其速度稳定性越好;节流阀开口面积越小时,其速度稳定性越好。因此,旁油节流调速回路适合于功率、负载较大的场合。

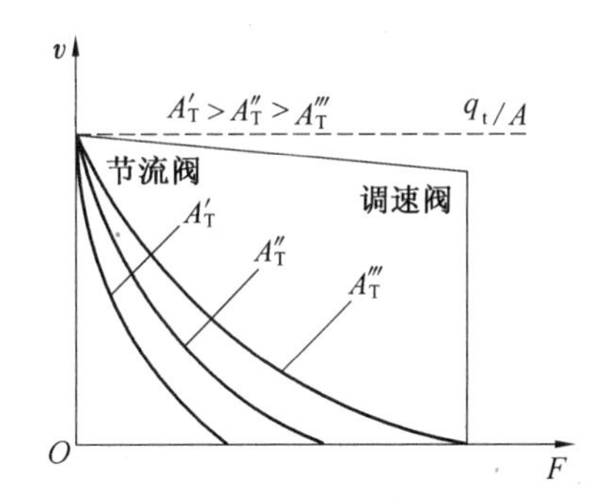

图 7.6　旁路节流调速回路的速度负载特性曲线

根据前述,亦可推出该回路的速度刚度 K_v

$$K_v = -\frac{\partial F}{\partial v} = \frac{FA_1}{m(q_p - A_1 v) + (1-m)K_1\frac{F}{A_1}} \tag{7.24}$$

② 功率特性。

在负载一定的条件下,若不计损失,泵的输出功率 $P_p = p_p q_p$,作用于液压缸上的有效输出功率 $P_1 = p_1 q_1$,该回路的功率损失为

$$\Delta P = P_p - P_1 = p_p q_p - p_1 q_1 = p_p(q_p - q_1) = p_p q_1$$

可见,该回路的功率损失只有一项,通过节流阀的功率损失,称为节流损失。其功率特性曲线如图 7.7 所示。

由图可见,这种回路随着执行元件速度的增加,有用功率在增加,而节流损失在减小。回路的效率是随工作速度及负载而变化的,并且在主油路中没有节流损失和发热现象,因此适合于速度较高、负载较大、负载变化不大且对运动平稳要求不高的场合。

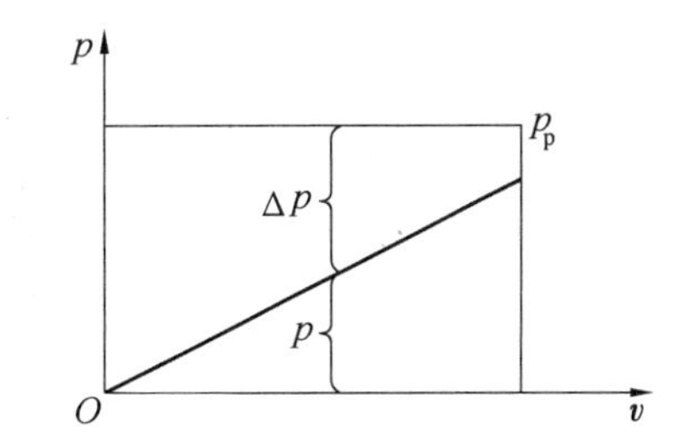

图 7.7　旁路节流调速回路的功率特性曲线

(4) 采用调速阀的调速回路。

采用节流阀的节流调速回路,由于节流阀两端的压差是随着液压缸的负载变化的,因此其速度稳定性较差。如果用调速阀来代替节流阀,由于调速阀本身能在负载变化的条件下保证其通过内部的节流阀两端的压差基本不变,因此,速度稳定性将大大提高。采用调速阀的节流调速回路的速度负载特性曲线如图7.2、图7.6所示。当旁路节流调速回路采用调速阀后,其承载能力也不因活塞速度降低而减小。

在采用调速阀的进、回油调速回路中,由于调速阀最小压差比节流阀大,因此,泵的供油压力相应高,所以,负载不变时,功率损失要大些。在功率损失中,溢流损失基本不变,节流损失随负载线性下降。适用于运动平稳性要求高的小功率系统。如组合机床等。

在采用调速阀的旁路节流调速回路中,由于从调速阀回油箱的流量不受负载影响,因而其承载能力较高,效率高于前两种。此回路适用于速度平稳性要求高的大功率场合。

3. 容积调速回路

容积调速回路主要是利用改变变量式液压泵或变量式液压马达的排量来实现调节执行元件速度的目的。由于容积调速回路中没有流量控制元件,回路工作时液压泵与执行元件的流量完全匹配,因此这种回路没有溢流损失和节流损失,回路的效率高,发热少,适用于大功率液压系统。

按油路的循环形式不同,容积式调速回路分为开式回路和闭式回路两种。

在开式回路中,液压泵从油箱中吸油,把压力油输给执行元件,执行元件排出的热油直接回油箱停留一段时间,达到降温、沉淀杂质、分离气泡的目的,如图7.8(a)所示,这种回路结构简单,冷却好,但油箱尺寸较大,空气和杂物易进入回路中,影响回路的正常工作。

在闭式回路中,液压泵排油腔与执行元件进油管相连,执行元件的回油管直接与液压泵的吸油腔相连,管路中的绝大部分油液在系统中被循环使用,只有少量的液压油通过补油泵从油箱中吸入系统中,如图7.8(b)所示。闭式回路油箱尺寸小、结构紧凑,且不易污染,但冷却条件较差,需要辅助泵进行换油和冷却。

容积调速回路可分为泵－缸组合和泵－马达组合两种,容积调速回路以泵－马达组合为主来讲。泵－马达组合回路可分为变量泵与定量马达组成的回路、定量泵与变量马达组成的回路、变量泵与变量马达组成的回路三种。

(1) 变量泵与定量马达组成的容积调速回路。

在这种容积调速回路中,采用变量泵供油,执行元件为定量液压马达,如图7.8(b)所示。在这个回路中,溢流阀2是安全阀,主要用于防止系统过载,起安全保护作用。此回路为闭式回路,补油泵7将冷油送入回路,而溢流阀8的功用是控制补油泵7的压力,溢出回路中多余的热油进入油箱冷却。

这种回路速度的调节主要是依靠改变变量泵的排量。在这种回路中,若不计损失,其转速

$$n_m = \frac{q_p}{V_m} \tag{7.25}$$

马达的排量是定值,因此改变泵的排量,即改变泵的输出流量,马达的转速也随之改变。从第3章可知,马达的输出转矩为

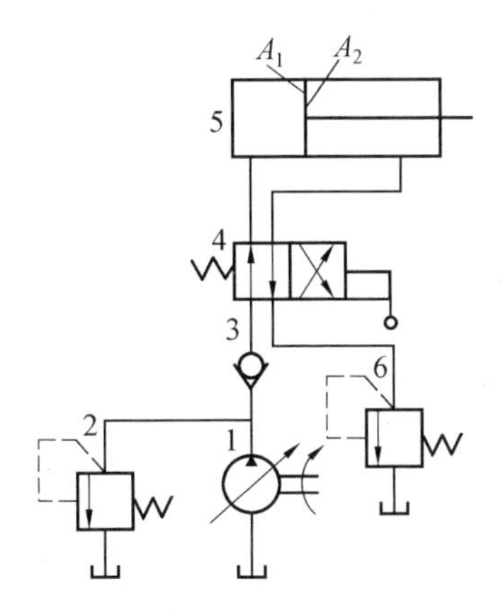

(a) 变量泵－液压缸回路（开式回路）

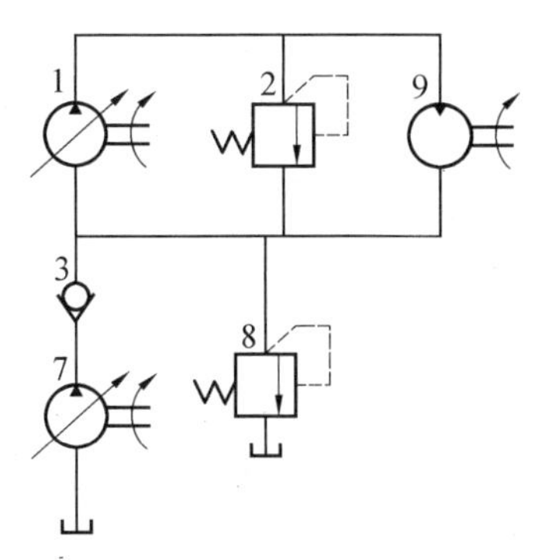

(b) 变量泵－定量马达回路（闭式回路）

图 7.8　变量泵－定量执行元件的容积调速回路

1—变量泵;2—安全阀;3—单向阀;4—换向阀;5—液压缸;6—背压阀;7—补油泵;8—溢流阀;9—定量马达

$$T_m = \frac{p_p V_m}{2\pi}\eta_m \tag{7.26}$$

从式(7.26)中可知,若系统压力恒定不变,则马达的输出转矩也就恒定不变,因此,该回路称为恒转矩调速,回路的负载特性曲线如图7.9所示。由于泵和执行元件有泄漏,所以当V_p还未调到零值时,实际的n_m、T_m和P_m也都为零值。该回路调速范围大,可连续实现无级调速,一般用于如机床上做直线运动的主运动(刨床、拉床等)。若采用高质量的轴向柱塞变量泵,其调速范围R_B(即最高转速和最低转速之比)可达100,当采用变量叶片泵时,其调速范围仅为5～10。

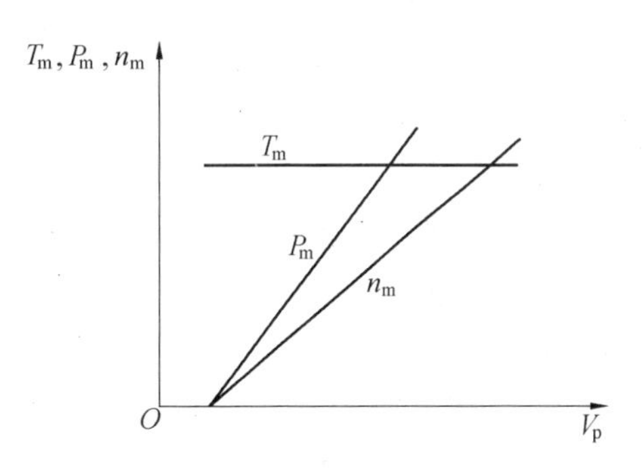

图7.9　变量泵－定量马达容积调速回路特性曲线

(2) 定量泵与变量马达组成的容积调速回路。

定量泵与变量马达组成的容积调速回路如图7.10(a)所示。在该回路中,执行元件的速度是靠改变变量马达3的排量V_m来调定的,辅助泵5的作用为补油。

若不计泵和马达效率损失的情况下,由于液压泵为定量泵,若系统压力恒定,则泵的输出功率为恒定,液压马达的输出转速与其排量成反比,故马达的输出功率P_m不变,因此,该回路也称为恒功率调速,其速度负载特性曲线如图7.10(b)所示。

当马达排量V_m减小到一定程度,T_m不足以克服负载时,马达便停止转动。这说明不仅不能在运转过程中用改变马达排量V_m的办法使用马达本身来换向,因为换向必然经过"高转速－零转速－高转速",速度转换困难,也可能低速时带不动,存在死区;而且其调速范围R_m也很小,即使采用了高效率的轴向柱塞马达,调速范围也只有40左右。这种回路能最大限度发挥原动机的作用。要保证输出功率为常数,马达的调节系统应是一个自动的恒功率装置,其原理就是保证马达的进、出口压差为常数。

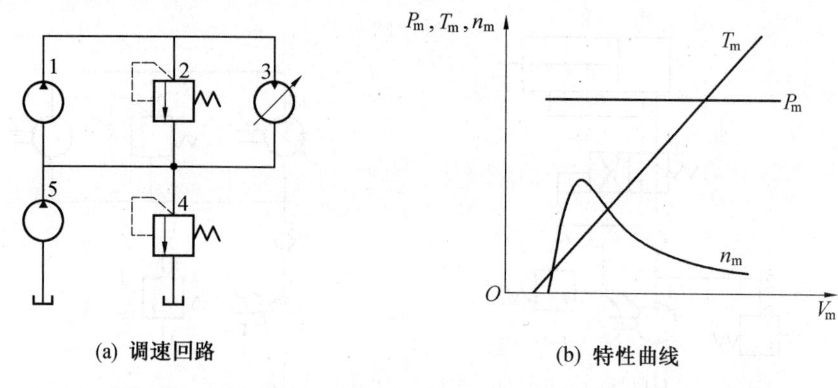

(a) 调速回路　　(b) 特性曲线

图 7.10　定量泵 - 变量马达的容积节流调速回路及特性曲线

1— 主液压泵;2— 安全阀;3— 马达;4— 低压溢流阀;5— 辅助泵

(3) 变量泵与变量马达组成的容积调速回路。

一种变量泵与变量马达组成的容积调速回路如图 7.11 所示,在一般情况下,这种回路都是双向调速,改变双向变量泵 2 的供油方向,可使双向变量马达 8 的转向改变。单向阀3 和4 保证补油泵1 能双向为泵2 补油,而且只能进入双向变量泵的低压腔,而液动滑阀7 的作用是始终保证低压溢流阀9 与低压管路相通,使回路中的一部分热油由低压管路经低压溢流阀 9 排入油箱冷却。当高、低压管路的压差很小时,液动滑阀处于中位,切断了低压溢流阀 9 的油路,此时补油泵供给的多余的油液就从低压安全阀 10 流掉。

这种回路在工作中,泵的速度 n_p 为常数,改变泵的排量 V_p 或改变马达的排量 V_m 均可达到调节转速的目的。从图7.11(a) 中可见,该回路实际上是前两种回路的组合,因此它具有前两种回路的特点。该回路的调速一般分为两段,调速输出特性如图 7.11(b) 所示。

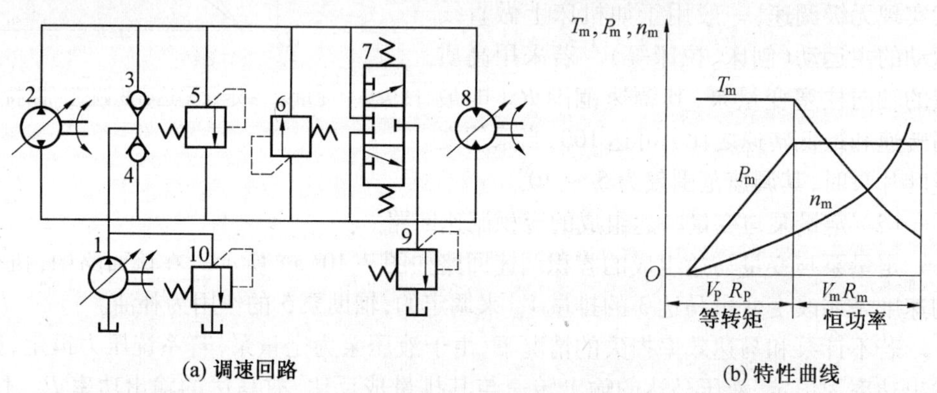

(a) 调速回路　　(b) 特性曲线

图 7.11　变量泵与变量马达的容积节流调速回路及特性曲线

1— 补油泵;2— 双向变量泵;3,4— 单向阀;5,6— 高压安全阀;7— 液动滑阀;8— 双向变量马达;9— 低压溢流阀;10— 低压安全阀

① 当马达转速 n_m 由低速向高速调节(即低速阶段) 时,将马达排量 V_m 固定在最大值上,改变泵的排量 V_p 使其从小到大逐渐增加,马达转速 n_m 也由低向高增大,直到 V_p 达到最大值。在此过程中,马达最大转矩 T_m 不变,而功率 P_m 逐渐增大,这一阶段为等转矩调速,调速范围为 R_p。

② 高速阶段时，将泵的排量 V_p 固定在最大值上，使马达排量 V_m 由大变小，而马达转速 n_m 继续升高，直至马达允许的最高转速为止。在此过程中，马达输出转矩 T_m 由大变小，而输出功率 P_m 不变，这一阶段为恒功率调节，调节范围为 R_m。

这样的调节顺序可以满足大多数机械低速时要求的较大转矩，高速时能输出较大功率的要求。其总调速范围为上述两种回路调速范围的乘积，即 $R = R_pR_m$。

4. 容积节流调速回路

容积节流调速回路就是容积调速回路与节流调速回路的组合，一般采用压力补偿变量泵供油，而在液压缸的进油或回油路上安装流量调节元件来调节进入或流出液压缸的流量，并使变量泵的输出流量自动与液压缸所需流量相匹配，由于这种调速回路没有溢流损失，其效率较高，速度稳定性也比单纯的容积调速或节流调速回路好。适用于速度变化范围大，中小功率的场合。以限压式变量泵与调速阀组成的容积节流调速回路为例来说明容积节流调速回路的原理。

限压式变量泵与调速阀组成的容积节流调速回路如图7.12所示。在这种回路中，由限压式变量泵供油，为获得更低的稳定速度，一般将调速阀2安装在进油路中，回油路中装有背压阀6。空载时，变量泵以最大流量输出，经电磁阀3进入液压缸使其快速运动；工进时，电磁阀3通电使其所在油路断开，压力油经调速阀2流入液压缸内，具有自动调节流量的功能，泵的输出流量与进入液压缸的流量相等，若关小调速阀的开口，通过调速阀的流量减小，此时，泵的输出流量大于通过调速阀的流量，因此，泵的输出压力增高，根据限压式变量泵的特性可知，变量泵将自动减小输出流量，直到与通过调速阀的流量相等。由于这种回路中泵的供油压力基本恒定，因此，也称为定压式容积节流调速回路；工进结束后，压力继电器5发信，使电磁阀3换向，调速阀再被短接，液压缸快退。

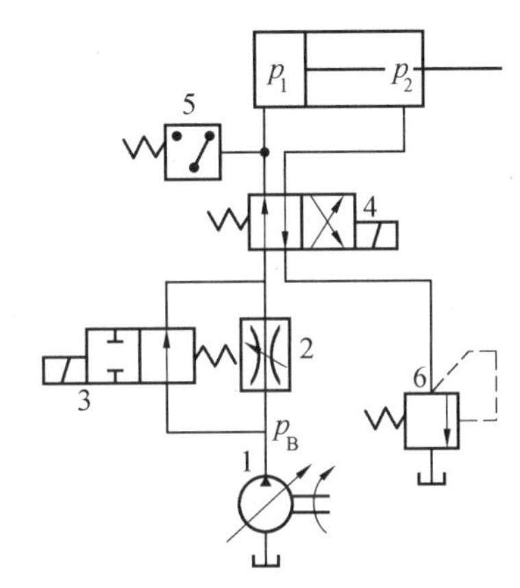

图7.12　限压式变量泵与调速阀的容积节流调速回路

1—变量泵；2—调速阀；3—电磁阀；4—两位四通电磁换向阀；5—压力继电器；6—背压阀

这种回路适用于负载变化不大的中、小功率场合，如组合机床的进给系统等。

5. 三种调速回路特性对比

节流调速回路、容积调速回路、容积节流调速回路的三种调速回路特性对比见表7.1。

7.1.2　快速运动回路

快速运动回路的功用是提高执行元件的空载运行速度，缩短空行程运行时间，以提高系统的工作效率。常见的快速运动回路有以下四种。

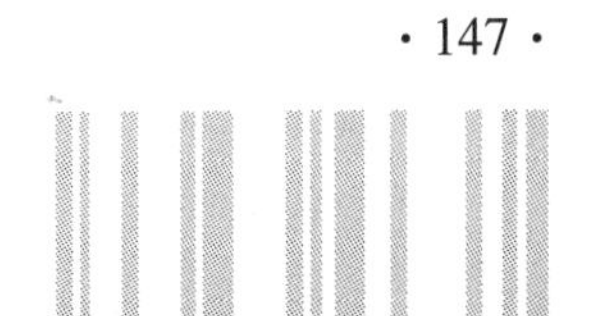

表 7.1　三种调速回路特性对比

项目	节流调速回路	容积调速回路	容积节流调速回路
调速范围与低速稳定性	调速范围较大,采用调速阀可获得稳定的低速运动	调速范围较小,获得稳定低速运动较困难	调速范围较大,能获得较稳定的低速运动
效率与发热	效率低,发热量大,旁路节流调速较好	效率高、发热量小	效率较高,发热较小
结构(泵、马达)	结构简单	结构复杂	结构较简单
适用范围	适用于小功率轻载的中低压系统	适用于大功率、重载高速的中高压系统	适用于中小功率、中压系统,在机床液压系统中获得广泛的应用

1. 液压缸采用差动连接的快速运动回路

在前面液压缸中已介绍过,单杆活塞液压缸在工作时,两个工作腔连接起来就形成了差动连接,其运行速度可大大提高。差动连接的快速运动回路如图 7.13 所示,其中图 7.13(a)采用二位三通阀,3YA 通电(电磁阀右位)时,形成差动连接,实现快速进给;其中图7.13(b)采用 P 型三位四通换向阀的中位机能实现差动连接,当 1YA 与 2YA 均不通电使三位四通换向阀 3 处于中位时实现差动联接液压缸 4 快速向前运动,当 1YA 通电而 2YA 不通电使三位四通换向阀 3 切换至左位时,液压缸 4 转为慢速前进。当 2YA 通电而 1YA 不通电使三位四通换向阀 3 切换至右位时,液压缸 4 转为快速回退。这种回路结构简单,最大好处是在不增加任何液压元件的基础上提高工作速度,因此,在液压系统中被广泛采用。

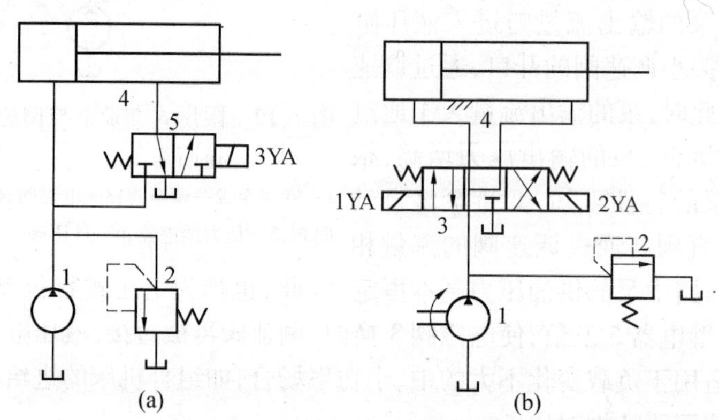

图 7.13　差动联接的快速运动回路

1—液压泵;2—溢流阀;3—三位四通电磁换向阀;4—液压缸;5—二位三通电磁换向阀

2. 采用蓄能器的快速运动回路

采用蓄能器的快速运动回路如图 7.14 所示。在这种回路中,当三位四通电磁换向阀 3 处于中位时,液压泵 6 经单向阀 4 向蓄能器 1 充液,蓄能器储存能量,达到调定压力时,控制卸荷阀 5 打开,使泵卸荷。当三位四通电磁换向阀的 1YA 通电且 2YA 不通电时换向使液压缸进给时,蓄能器和液压泵共同向液压缸供油,达到快速运动的目的。这种回路换向只能用于需要短时间快速运动的场合,行程不宜过长,且快速运动的速度是渐变的。

3. 采用双泵供油系统的快速运动回路

双泵供油系统的快速运动回路如图7.15所示。当执行元件需要快速进给运动时，系统负载较小，双泵同时供油；当执行元件转为慢速工作进给时，系统压力升高，打开液控顺序阀3，液控顺序阀的作用是使低压大流量泵1卸荷，高压小流量泵2单独供油。这种回路的功率损耗小，系统效率高，目前使用得较广泛。

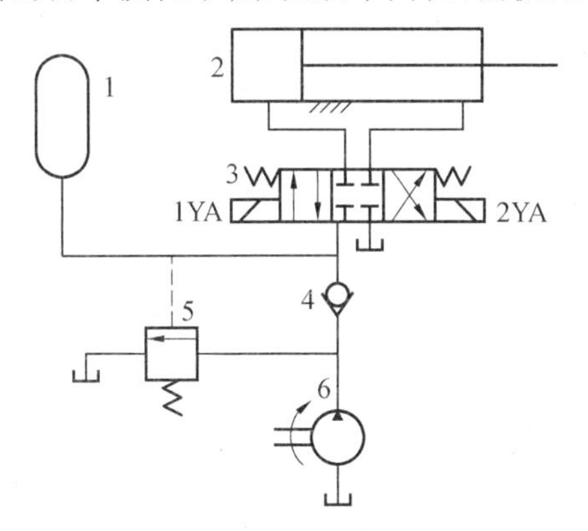

图7.14　采用蓄能器的快速运动回路

1—蓄能器；2—液压缸；3—三位四通电磁换向阀；4—单向阀；5—卸荷阀；6—液压泵

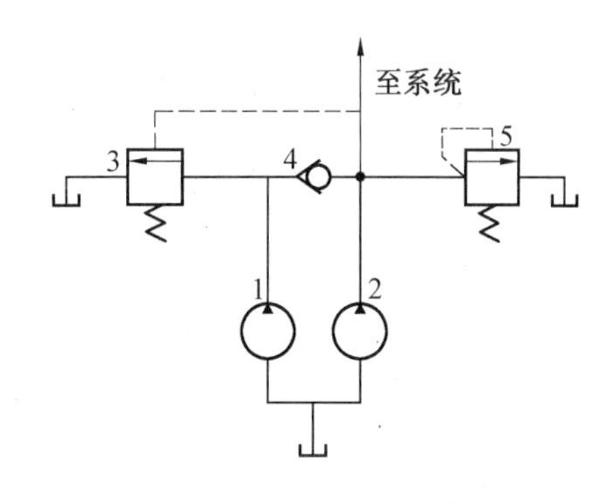

图7.15　双泵供油系统

1—低压大流量泵；2—高压小流量泵；3—液控顺序阀；4—单向阀；5—溢流阀

4. 复合缸式快速运动回路

复合缸式快速运动回路如图7.16所示。复合液压缸4有三腔（a、b、c腔，作用面积分别为A_a、A_b、A_c），通过H型三位四通电磁换向阀2和二位四通电磁换向阀5改变油液的循环方式及液压缸在各工况的作用面积，实现快慢速及运动方向的转换；单向阀1做背压阀用，以防止液压缸在上下端点及换向时产生冲击。液控单向阀3用以防止复合液压缸在系统卸荷及不工作时，其活塞（杆）及工作机构因自重而自行下落。液压泵可以通过三位四通电磁换向阀2的H型中位机能实现低压卸荷。

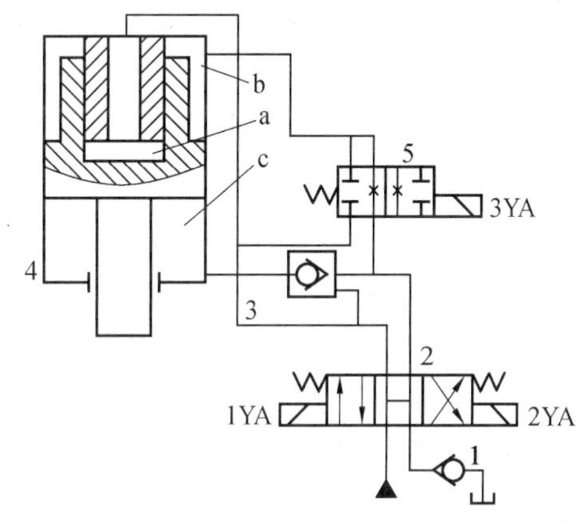

图7.16　复合缸式快速运动回路

1—单向阀；2—H型三位四通电磁换向阀；3—液控单向阀；4—复合液压缸；5—二位四通电磁换向阀

工作时，电磁铁1YA通电使H型三位四通电磁换向阀2切换至左位，液压源的压力油经H型三位四通电磁换向阀进入复合液压缸4的小腔a，同时导通液控单向阀3，压力油的作用面积A_a较小，因而活塞（杆）快速下行，复合液压缸的大腔c在经液控单向阀和二位四通电磁换向阀5向中腔b补油的同时，将少量油液通过H型三位四通电磁换向阀和单向阀排回油箱。快速下行结束时，电磁铁3YA通电使二位四通电磁换向阀切换至右位，b腔与a腔连通，复合液压缸的作用面积由A_a增大为A_a+A_b，液压源的压力油同时进入复合液压缸的a腔与b腔，故系统自动转入慢速工作过程,c 腔经 H 型三位四通电磁换向阀和单向阀向油箱排油。电磁铁 2YA 通电使 H 型三位四通电磁换向阀切换至右位时,液压源经液控单向阀向大腔 c 供油。同时,3YA 断电使二位四通电磁换向阀至左位,腔 b 与 c 连通为差动回路,因此,活塞(杆)快速上升(回程)。在等待期间,所有电磁铁断电,液压源通过 H 型三位四通电磁换向阀的中位实现低压卸荷。

复合缸式快速运动回路可以大幅度减小液压源的规格及系统的运行能耗,由于通过液压缸的面积变化实现快慢速自动转换,故运动平稳,适合在试验机、液压机等机械设备的液压系统中使用。

7.1.3 速度换接回路

速度换接回路的功用是在液压系统工作时,执行元件从一种工作速度转换为另一种工作速度。

1. 快速运动转为工作进给运动的速度换接回路

采用行程阀的快慢速换接回路是最常见的一种快速运动转为工作进给运动的速度换接回路,如图 7.17 所示,它由行程阀 4、节流阀 5 和单向阀 6 并联而成。当二位四通换向阀 1 右位接通时,液压缸 2 快速进给,当活塞上的挡块 3 碰到常通的行程阀 4,并压下行程阀时,行程阀关闭,液压缸的回油只能改走节流阀 5 才能回油箱,活塞转为慢速工作进给;当二位四通换向阀 1 左位接通时,液压油经单向阀 6 进入液压缸有杆腔,活塞反向快速退回。这种回路快慢速的换接过程比较平稳,有较好的可靠性,换接点的位置精度高,但其缺点是行程阀的安装位置不能任意布置,管路连接较为复杂,若将行程阀 4 改为电磁阀并通过用挡块压下电气行程开关操纵,也可实现快慢速的换接,其优点是安装连接比较方便,但换接的平稳性、可靠性、换向精度不如行程阀的快慢速换接回路。

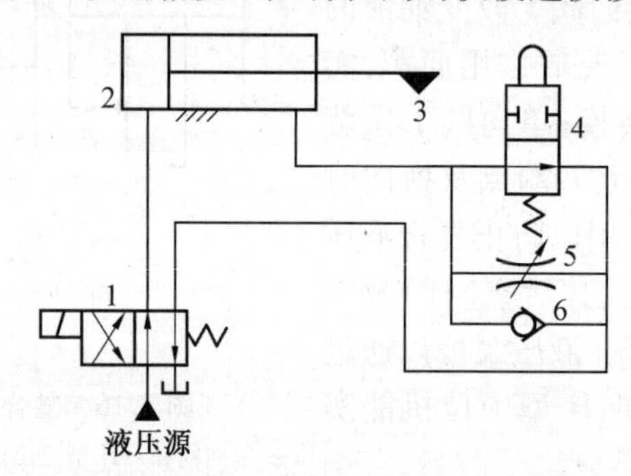

图 7.17　采用行程阀的快慢速换接回路

1—二位四通电磁换向阀;2—液压缸;3—挡块;4—行程阀;5—节流阀;6—单向阀

2. 两种不同工作进给速度的速度换接回路

两种不同工作进给速度(也称二次工进速度)的速度换接回路一般采用两个调速阀串联或并联而成,如图 7.18 所示。

图 7.18(a)所示为两个调速阀并联,由二位三通电磁换向阀 4 实现速度换接,两个调速阀分别调节两种工作进给速度,互不干扰,在图 7.18(a)所示位置,二位三通电磁换向

阀左位时，输入液压缸5的流量由调速阀2调节；当二位三通电磁换向阀右位时，输入液压缸的流量由调速阀3调节。但在这种调速回路中，一个阀处于工作状态，另一个阀则无油通过，使其定差减压阀处于最大开口位置，速度换接时，油液大量进入使执行元件突然前冲。因此，该回路不适合于在工作过程中的速度换接，只用于预先有速度换接的场合。

图7.18(b)所示为两个调速阀串联。速度的换接是通过二位二通电磁阀6的两个工作位置的换接。在图7.18(b)所示位置，因调速阀3被二位二通电磁换向阀6短路，输入液压缸5的流量由调速阀2控制，当二位二通电磁换向阀切换至右位时，所以输入液压缸5的流量由调速阀3控制。这种回路中由于调速阀2一直处于工作状态，它在速度换接时限制了进入调速阀3的流量，在这种回路中，调速阀3的流量比调速阀2的小，工作时油液通过两个调速阀，速度换接平稳性较好，但由于油液经过两个调速阀，所以能量损失较大。

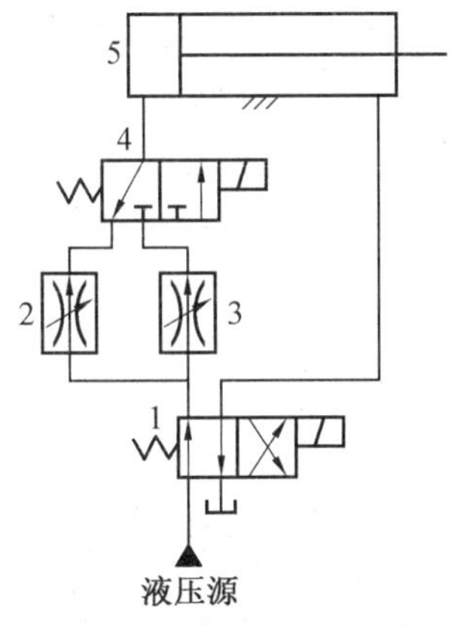

(a) 两个调速阀并联的速度换接回路

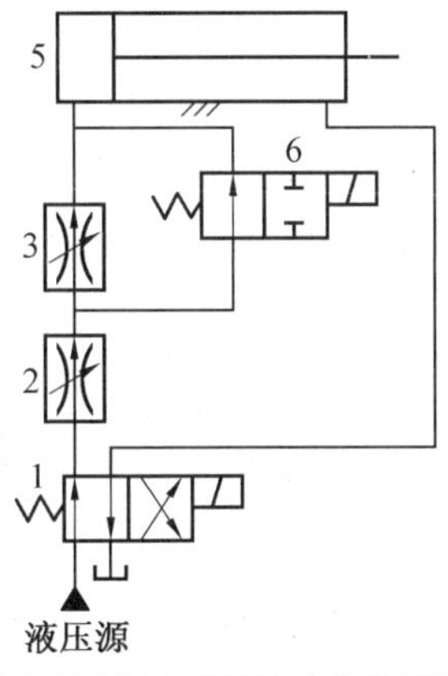

(b) 两个调速阀串联的速度换接回路

图7.18　两种工作进给的速度换接回路

1—二位四通电磁换向阀；2，3—调速阀；4—二位三通电磁换向阀；5—液压缸；6—二位二通电磁换向阀

7.2　压力控制回路

压力控制回路是利用压力控制阀来控制或调节整个液压系统或液压系统局部油路上油液的工作压力，以满足系统中不同执行元件对工作压力和转矩的要求。压力控制回路主要包括调压、增压、减压、保压、卸荷、平衡、卸压等多种回路。

7.2.1　调压回路

调压回路的功用是使液压系统整体或某一部分的压力保持恒定或限定为不许超过某个数值或者使执行元件在工作过程的不同阶段能够实现多种不同压力变换，这一功能一般由溢流阀来实现。当液压系统工作时，如果溢流阀始终能够处于溢流状态，就能保持溢流阀进口的压力基本不变；如果将溢流阀并接在液压泵的出油口，就能达到调定液压泵出口压力基本保持不变的目的。

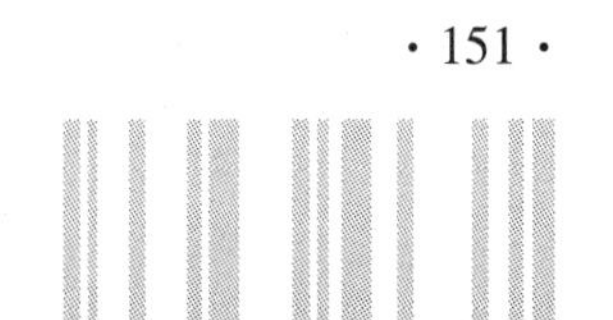

调压回路又分为单级调压和多级调压回路。

1. 单级调压回路

单级调压回路是液压系统中最为常见的回路,在液压泵的出口处并联一个溢流阀来调定系统的压力,如图7.19所示。单级调压回路中使用的溢流阀可以是直动式或先导式结构。采用直动式溢流阀的单级调压回路如图7.19(a)所示,当改变节流阀2的开口大小来调节液压缸运动速度时,由于要排掉定量泵输出的多余流量,溢流阀5始终处于开启溢流状态,使系统工作压力稳定在溢流阀5调定的压力值附近,此时的溢流阀5在系统中作为定压阀使用。如果图7.19(a)回路中没有节流阀2,则泵出口压力将直接随液压缸负载压力变化而变化,溢流阀5作为安全阀使用,即当回路工作压力低于溢流阀5的调定压力时,溢流阀处于关闭状态,此时系统压力由负载压力决定;当负载压力达到或超过溢流阀调定压力时,溢流阀处于开启溢流状态,使系统压力不再继续升高,溢流阀将限定系统最高压力,对系统起安全保护作用;采用先导式溢流阀的单级调压回路如图7.19(b)所示,在先导式溢流阀4的远控口处接上一个远程调压的直动式溢流阀5,则回路压力可由直动式溢流阀5远程调节,实现对回路压力的远程调压控制。但此时要求先导式溢流阀4的调定压力必须大于远程调压的直动式溢流阀5的调定压力,否则远程调压的直动式溢流阀5将不起远程调压作用。

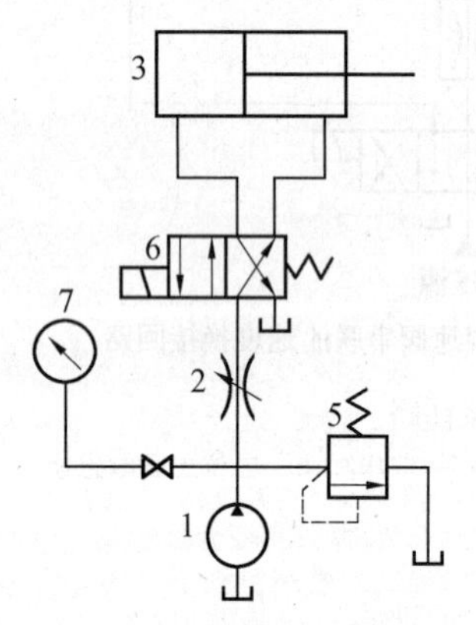

(a) 采用直动式溢流阀的单级调压回路

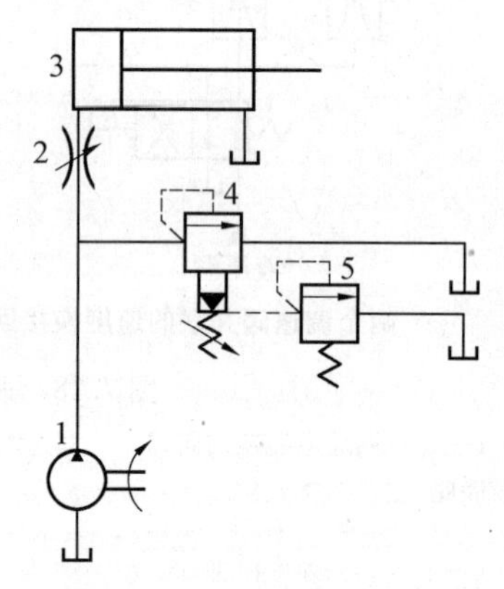

(b) 采用先导式溢流阀的单级调压回路

图7.19　单级调压回路

1—液压泵;2—节流阀;3—液压缸;4—先导式溢流阀;5—直动式溢流阀;6—二位四通电磁换向阀;7—压力表

2. 多级调压回路

液压泵1的出口处并联一个先导式溢流阀2,其远程控制口上串接一个二位二通电磁换向阀3及一个远程调压的直动溢流阀4,如图7.20所示。当先导式溢流阀2的调压高于远程调压的直动溢流阀4时,则系统的压力通过二位二通换向阀3的换向可得到两种调定压力,当二位二通换向阀3左位时,二位二通换向阀3的油路是切断的,先导式溢流阀2的远程控制端无法起作用,此时系统压力由先导式溢流阀2决定;当二位二通换向阀3右位时,二位二通换向阀3的油路是接通的,系统压力由先导式溢流阀2的远程调压的直动溢流阀4决定。当先导式溢流阀2调压低于远程调压的直动溢流阀4的调压时,则系统压力由先导式溢流阀2决定。若将溢流阀的远程控制口接一个多位换向阀,并联多个调压阀,则可获得多级调压。

如果将图 7.20 所示的回路中溢流阀换成比例溢流阀,则可将此回路变成无级调压回路,多级调压对于动作复杂,负载、流量变化较大的系统的功率合理匹配、节能、降温具有重要作用。

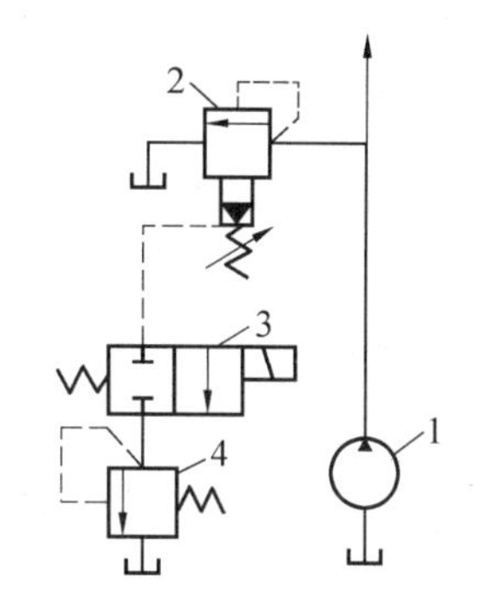

图 7.20　多级调压回路

1—液压泵;2—先导式溢流阀;3—二位二通式电磁换向阀;4—直动式溢流阀

7.2.2　减压回路

减压回路的功用是使系统中某一部分油路具有较低的稳定压力,如在机床的工件夹紧、导轨润滑及液压系统的控制油路中常需用减压回路。

最常见的减压回路是在所需低压的分支路上串接一个定值输出减压阀,如图 7.21(a)所示。图中两个执行元件(液压缸 4 与液压缸 5)需要的压力不一样,在压力较低的液压缸 4 回路上安装一个减压阀 2 以获得较低的稳定压力,单向阀 3 的作用是当主油路的压力低于减压阀 2 的调定值时,防止油液倒流,起短时保压作用。

二级减压回路如图 7.21(b)所示。在先导式减压阀 6 的远程控制口上接入远程调压的溢流阀 9,当二位二通换向阀 8 处于图示位置时,液压缸 7 的压力由先导式减压阀 6 的调定压力决定;当二位二通换向阀 8 处于右位时,液压缸 7 的压力由溢流阀 9 的调定压力决定。此时要求溢流阀 9 的调定压力必须低于先导式减压阀 6。液压泵的最大工作压力由溢流阀 1 调定。减压回路也可以采用比例减压阀来实现无级减压。

为使减压阀的回路工作可靠,减压阀的最低调压不应小于 0.5 MPa,最高压力至少比系统压力低 0.5 MPa。当回路执行元件需要调速时,调速元件应安装在减压阀的后面,以免减压阀的泄漏对执行元件的速度产生影响。

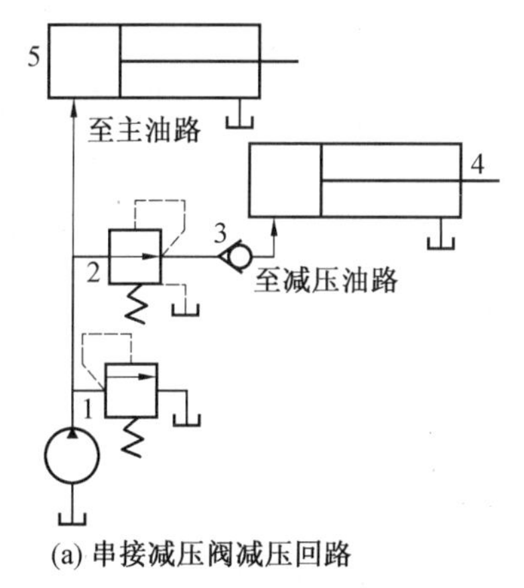

(a) 串接减压阀减压回路

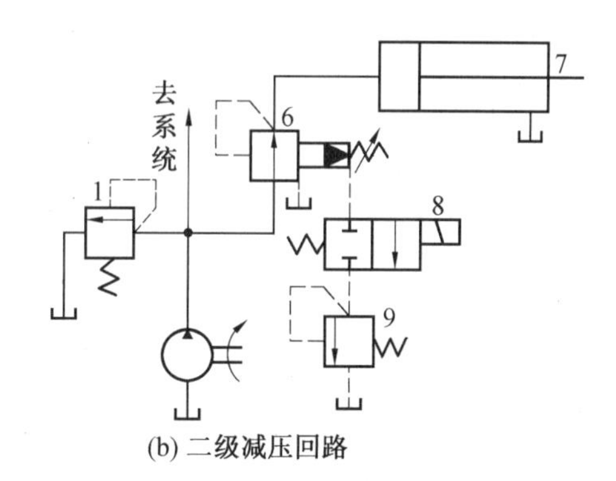

(b) 二级减压回路

图 7.21　减压回路

1,9—溢流阀;2,6—减压阀;3—单向阀;4,5,7—液压缸;8—二位二通换向阀

7.2.3 增压回路

目前国内外常规液压系统的最高压力等级只能达到 32～40 MPa,当液压系统需要高压力等级的油源时,可以通过增压回路等方法实现这一要求。

增压回路的功用是提高系统中局部油路中的压力,使系统中的局部压力远远大于液压泵的输出压力。增压回路中实现油液压力放大的主要元件是增压器。增压器的增压比取决于增压器大、小活塞的面积之比。在液压系统中的超高压支路采用增压回路可以节省动力源,且增压器的工作可靠,噪声相对较小。

1. 单作用增压器增压回路

采用单作用增压器的增压回路如图 7.22(a)所示。增压器的两端活塞面积不一样,因此,当活塞面积较大的腔中通入压力油时,在另一端,活塞面积较小的腔中就可获得较高的油液压力,增压的倍数取决于大小活塞面积的比值。它适用于单向作用力大、行程小、作业时间短的场合,如制动器、离合器等。其工作原理如下:当二位四通电磁换向阀 3 处于右位时,增压器 4 输出压力 $p_2=p_1A_1/A_2$ 的压力油进入工作液压缸 7;当二位四通电磁换向阀 3 处于左位时,工作液压缸 7 靠弹簧力回程,高位补油箱 6 的油液在大气压力作用下经油管顶开单向阀 5 向增压器 4 右腔补油。采用这种增压方式液压缸不能获得连续稳定的高压油源。

2. 双作用增压器增压回路

采用双作用增压器的增压回路如图 7.22(b)所示。它能连续输出高压油,适用于增压行程要求较长的场合。当工作液压缸 11 向左运动遇到较大负载时,系统压力升高,油液经顺序阀 9 进入双作用增压器 16,增压器活塞不论向左或向右运动,均能输出高压油,只要换向阀 17 不断切换,增压器 16 就不断往复运动,高压油就连续经单向阀 12 或 15 进入工作液压缸 11 右腔,此时单向阀 13 或 14 有效地隔开了增压器的高、低压油路。工作

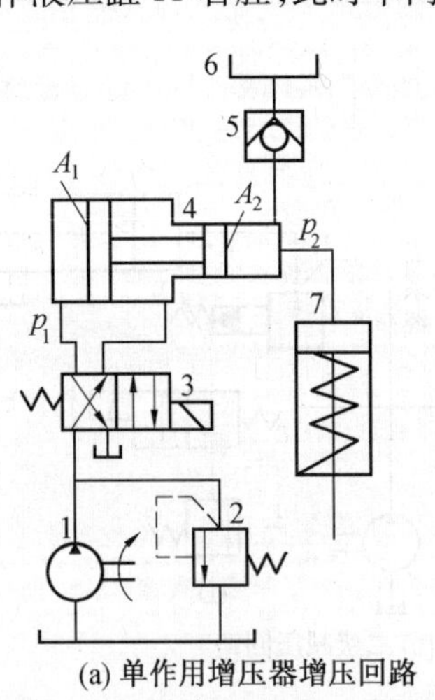

(a) 单作用增压器增压回路

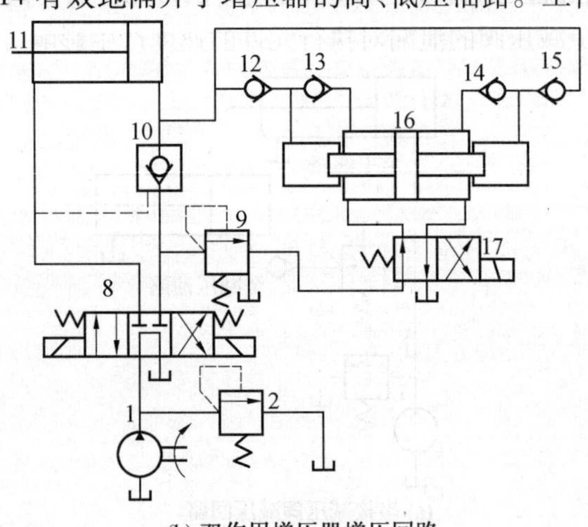

(b) 双作用增压器增压回路

图 7.22　增压回路

1—液压泵;2—溢流阀;3—二位四通电磁换向阀;4—增压器;5—单向阀;6—补油箱;7,11—工作液压缸;8,17—三位四通电磁换向阀;9—顺序阀;10—液控单向阀;12～15—单向阀;16—双作用增压器

液压缸 11 向右运动时增压回路不起作用。

7.2.4　保压回路

保压回路的功用在于使系统在液压缸加载不动或因工件变形而产生微小位移的工况下能保持稳定不变的压力，并且使液压泵处于卸荷状态。保压性能的两个主要指标为保压时间和压力稳定性。常见的保压回路有以下两种。

1. 利用蓄能器的保压回路

一种用于夹紧油路的保压回路如图 7.23 所示，当三位四通电磁换向阀 5 左位接通时，液压缸 6 右行进给，进行夹紧工作，当压力升至调定压力时，压力继电器 3 发出信号，使二位二通电磁换向阀 7 换向，油泵卸荷。此时，夹紧油路利用蓄能器 4 进行保压。

2. 利用液控单向阀的保压回路

一种采用液控单向阀和电接触式压力表的自动补油式保压回路如图 7.24 所示。主要是保证液压缸上腔通油时系统的压力在一个调定的稳定值，当 2YA 通电时，三位四通电磁换向阀 3 右位接通，压力油进入液压缸 5 上腔，处于工作状态。当压力升至电接触式压力表 6 上触点调定的上限压力值时，上触点接通，电磁铁 2YA 断电，三位四通电磁换向阀 3 处于中位，系统卸荷；当压力降至电接触式压力表上触点调定的下限压力值时，压力表又发出信号，电磁铁 2YA 通电，三位四通电磁换向阀 3 右位又接通，泵向系统补油，压力回升。

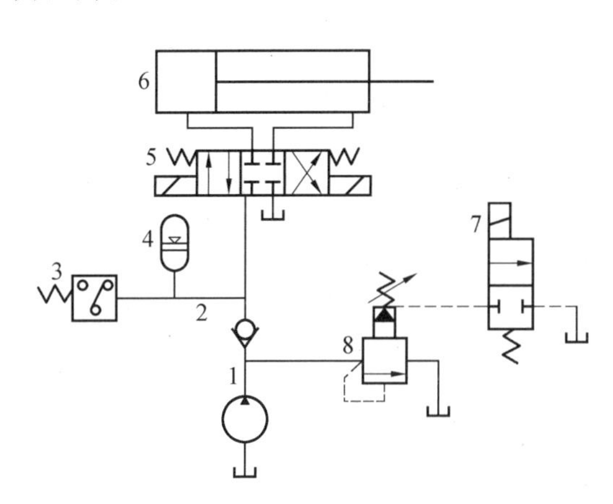

图 7.23　利用蓄能器的保压回路

1—液压泵；2—单向阀；3—压力继电器；4—蓄能器；5—三位四通电磁换向阀；6—液压缸；7—二位二通电磁换向阀；8—先导式溢流阀

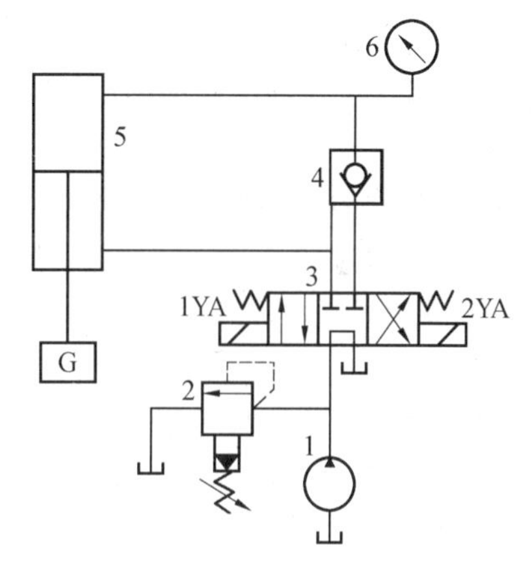

图 7.24　利用液控单向阀的保压回路

1—液压泵；2—先导式溢流阀；3—三位四通电磁换向阀；4—液控单向阀；5—液压缸；6—压力表

7.2.5　卸荷回路

许多机电设备在使用时，执行装置并不始终连续工作，然而一般设备的动力源却始终工作，以避免动力源频繁开停，因此，当执行装置处在工作的间歇状态时，要设法让液压系统输出的功率接近于零，使动力源在空载下工作，以减少动力源和液压系统的功率损失，节省能源，降低液压系统发热，这种压力控制回路称为卸荷回路。卸荷回路的功用是使液压泵处于接近零压的工作状态下运转,以减少功率损失和系统发热,延长液压泵和电动机的使用寿命。

由液压传动基本知识可知:液压泵的输出功率等于压力和流量的乘积。因此使液压系统卸荷有两种方法:一种是将液压泵出口的流量通过液压阀的控制直接接回油箱,使液压泵接近零压的状况下输出流量,这种卸荷方式称为压力卸荷;另一种是使液压泵在输出流量接近零的状态下工作,此时尽管液压泵工作的压力很高,但其输出流量接近零,液压功率也接近零,这种卸荷方式称为流量卸荷。流量卸荷仅适于在压力反馈变量泵系统中使用。常用卸荷回路有以下四种。

1. 采用先导式溢流阀和电磁阀组成的卸荷回路

一种采用先导式溢流阀和电磁阀组成的卸荷回路如图 7.23 所示,当二位二通电磁换向阀 7 通电时,溢流阀 8 的远程控制口与油箱接通,溢流阀打开,泵实现卸荷。为防止系统卸荷或升压时产生压力冲击,一般在溢流阀远程控制口与电磁阀之间可设置节流阀。

2. 采用三位阀的中位机能的卸荷回路

在定量泵系统中,利用三位换向阀 M、H、K 型等中位机能的结构特点,可以实现泵的压力卸荷。采用 M 型中位机能的卸荷回路如图 7.24 所示,当三位阀处于中位时,将回油孔 T 与同泵相连的进油口 P 接通(如 M 型),液压泵即可卸荷。这种卸荷回路的结构简单,但当压力较高、流量大时易产生冲击,一般用于低压小流量场合。当流量较大时,可用液动或电液换向阀来卸荷,但应在其回油路上安装一个单向阀(做背压阀用),使回路在卸荷状况下,能够保持 0.3 ~ 0.5 MPa 的控制压力,实现卸荷状态下对电液换向阀的操纵。

3. 采用二位二通电磁换向阀的卸荷回路

采用二位二通电磁换向阀的卸荷回路如图 7.25 所示。在这种卸荷回路中,主换向阀的中位机能为 O 型,利用与液压泵和溢流阀同时并联的二位二通电磁换向阀 3 的通与断,实现系统的卸荷与保压功能。这种卸荷回路效果较好,一般用于液压泵的流量小于 63 L/min的场合,但需要注意二位二通电磁换向阀的压力和流量参数要完全与对应的液压泵相匹配。

4. 采用液控顺序阀的卸荷回路

如图 7.15 所示的双泵供油系统,当执行元件转为慢速进给时,系统压力升高,打开液控顺序阀 3,使低压大流量泵 1 卸荷。

7.2.6 卸压回路

卸压回路的功用在于执行元件高压腔中的压力缓慢地释放、避免突然释放所引起的冲击。一种使用节流阀的卸压回路如图 7.26 所示。大功率的液压机、使高压大容量液压缸中储存的能量缓缓释放,以免它突然释放时产生很大的液压冲击。一般液压缸直径大于 250 mm、压力高于 7 MPa 时,其油腔在排油前就先须卸压。液压缸 3 上腔的高压油在换向阀 7 处于中位(液压泵卸荷)时通过节流阀 8、单向阀 9 和换向阀 7 卸压,卸压快慢由节流阀 8 调节。当此腔压力降至压力继电器 6 的调定压力时,换向阀切换至左位,液控单向阀 4 打开,使液压缸上腔的油通过该阀排到液压缸顶部的副油箱 5 中。使用这种卸压回路无法在卸压前保压;若卸压前有保压要求的,换向阀中位机能亦可用 M 型,但需另配相应的元件。

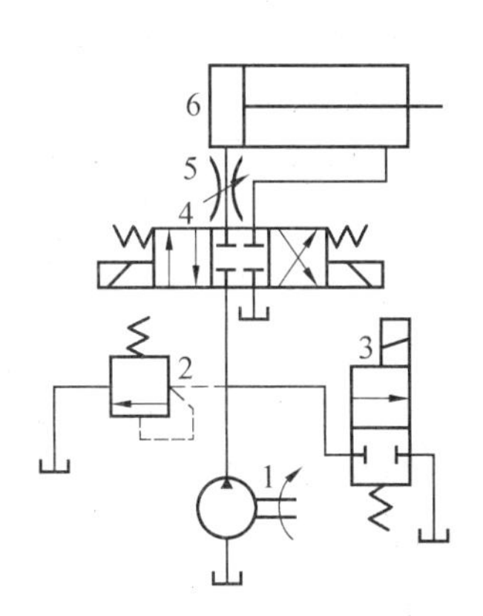

图 7.25　采用二位二通电磁换向阀的卸荷回路

1—液压泵;2—溢流阀;3—二位二通电磁换向阀;4—三位四通电磁换向阀;5—节流阀;6—液压缸

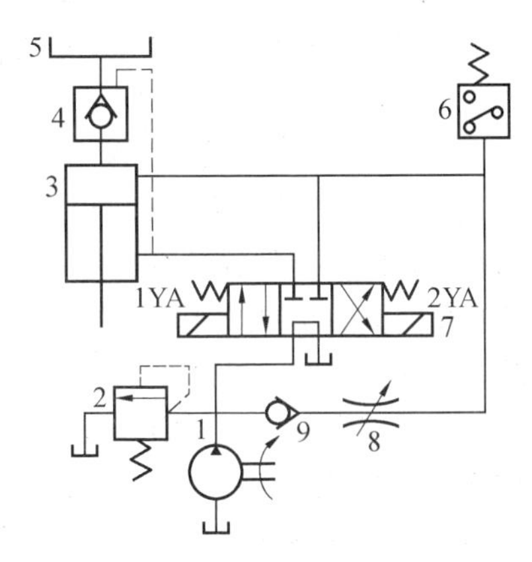

图 7.26　使用节流阀的卸压回路

1—液压泵;2—溢流阀;3—液压缸;4—液控单向阀;5—副油箱;6—压力继电器;7—换向阀;8—节流阀;9—单向阀

7.2.7　平衡回路

许多机床或机电设备的执行元件是沿垂直方向运动的,这些机床设备的液压系统无论在工作或停止时,始终都会受到执行元件较大重力负载的作用,如果没有相应的平衡措施将重力负载平衡掉,将会造成机床设备执行装置的自行下滑或操作时的动作失控。

平衡回路的功用是使液压执行元件的回油路上始终保持一定的背压力,防止立式液压缸及其工作部件因自重而自行下落或在下行运动中因自重造成的运动失控,实现液压系统对机床设备动作的平稳、可靠控制。平衡回路一般采用平衡阀(单向顺序阀),常见的平衡回路有以下几种。

1. 采用平衡阀的平衡回路

采用平衡阀实现的平衡回路如图 7.27(a)所示,在这个回路中,调整单向顺序阀 6 使其开启压力与液压缸 5 下腔作用面积的乘积稍大于垂直运动部件的重力,当活塞向下运动时,由于回油路上存在一定的背压来支承重力负载,立式油缸有杆腔中油液压力必须大于单向顺序阀的调定压力后才能将单向顺序阀打开,活塞才会平稳下落,使回油进入油箱中,单向顺序阀可以根据需要调定压力,以保证系统达到平衡,此处的单向顺序阀又称平衡阀。

在这种平衡回路中,单向顺序阀调整压力调定后,若工作负载变小,则泵的压力需要增加,将使系统的功率损失增大。由于滑阀结构的顺序阀和换向阀存在内泄漏,使活塞很难长时间稳定停在任意位置,会造成重力负载装置下滑,故这种回路适用于工作负载固定且液压缸活塞锁定定位要求不高的场合。

2. 采用液控单向阀的平衡回路

采用液控单向阀的平衡回路如图 7.27(b)所示,由于液控单向阀 7 为锥面密封结构,其闭锁性能好,能够保证活塞较长时间在停止位置处不动。在回油路上串联节流阀 4,用于保证活塞下行运动的平稳性。假如回油路上没有串接节流阀 4,活塞下行时液控单向阀7被进油路上的控制油打开,回油腔因没有背压,运动部件由于自重而加速下降,造成液压缸上腔供油不足而压力降低,使液控单向阀7因控制油路降压而关闭,加速下降的活塞突然停止;液控单向阀7关闭后控制油路又重新建立起压力,液控单向阀7再次被打开,活塞再次加速下降。这样不断重复,由于液控单向阀7时开时闭,使活塞一路抖动向下运动,并产生强烈的噪声、振动和冲击。

3. 采用远控平衡阀的平衡回路

在工程机械液压系统中常采用远控平衡阀的平衡回路如图7.27(c)所示,这种远控平衡阀是一种特殊阀口结构的外控顺序阀8,它不但具有很好的密封性,能起到对活塞长时间的锁闭定位作用,而且阀口开口大小能自动适应不同载荷对背压压力的要求,保证了活塞下降速度的稳定性不受载荷变化的影响。这种远控平衡阀又称限速锁。

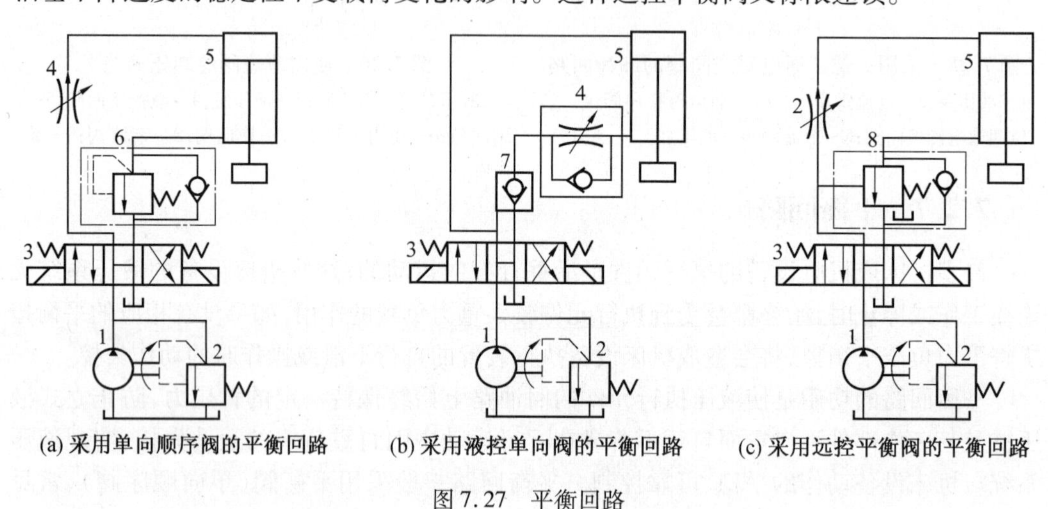

(a) 采用单向顺序阀的平衡回路　(b) 采用液控单向阀的平衡回路　(c) 采用远控平衡阀的平衡回路

图7.27　平衡回路

1—液压泵;2—溢流阀;3—三位四通电磁换向阀;4—节流阀;5—液压缸;6—单向顺序阀;7—液控单向阀;8—外控顺序阀

7.3　方向控制回路

7.3.1　简单方向控制回路

一般的方向控制回路就是在动力元件与执行元件之间采用换向阀。

1. 采用电磁换向阀的换向回路

采用电磁换向阀的换向回路如前面的图7.17、图7.18所示。

2. 采用电液换向阀的换向回路

电液换向阀的换向回路如图7.28所示。当1YA通电,2YA断电时,三位四通电磁换向阀5左位工作,控制油路的压力油推动液控三位四通换向阀4处于左位工作状态,液压泵1输出流量经液控三位四通换向阀4输入液压缸6左腔,推动活塞右移。当1YA断电,2YA通电时,三位四通电磁换向阀5换向,使液控三位四通换向阀4也换向,液压缸右腔进油,推动活塞左移。对于流量较大、换向平稳性要求较高的液压系统,除采用电液换向阀换向回路外,还经常采用手动、机动换向阀作为先导阀,以液动换向阀为主阀的换向回路。

以手动换向阀作为先导阀控制液动换向阀的换向回路如图7.29所示;行程换向阀作为先导阀控制液动换向阀的换向回路如图7.30所示。

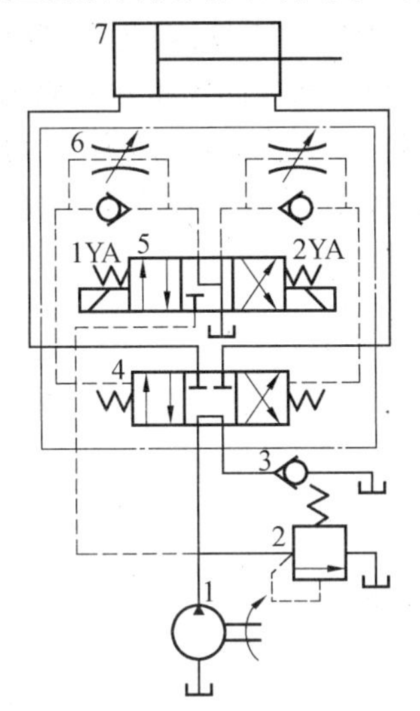

图7.28　电液换向阀的换向回路

1—液压泵;2—溢流阀;3—单向阀;4—液控三位四通换向阀;5—三位四通电磁换向阀;6—单向节流阀;7—液压缸

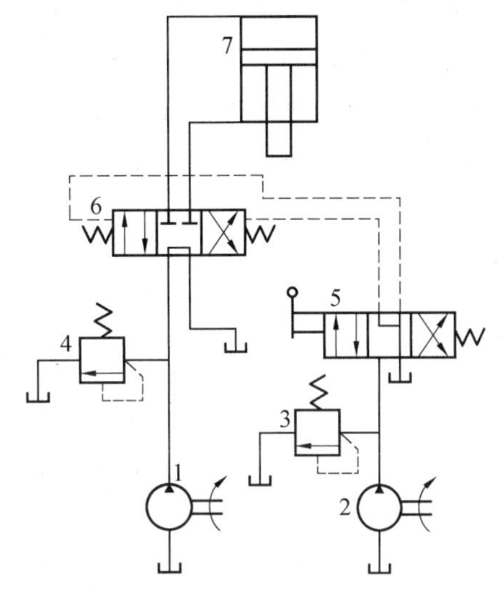

图7.29　手动换向阀控制液动换向阀的换向回路

1—主液压泵;2—辅助液压泵;3,4—溢流阀;5—手动换向阀;6—液控三位四通换向阀;7—液压缸

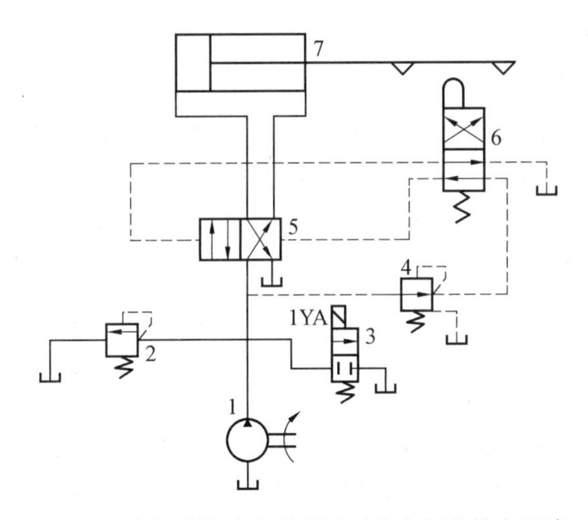

图7.30　用行程换向阀控制液动换向阀的换向回路

1—液压泵;2—溢流阀;3—二位二通电磁换向阀;4—减压阀;5—液动阀;6—行程阀;7—液压缸

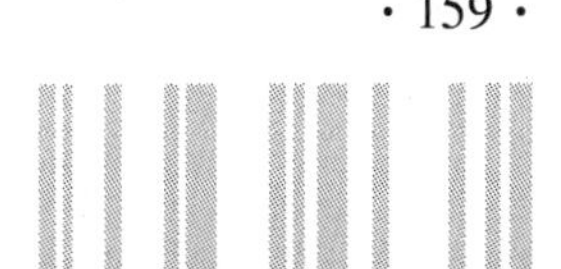

3. 采用双向变量泵的换向回路

在闭式回路中可用双向变量泵变更供油方向来直接实现液压缸(马达)换向。如图7.31所示,执行元件是单杆双作用液压缸5,活塞向右运动时,其进油流量大于排油流量,双向变量液压泵1吸油侧流量不足,可用辅助液压泵2通过单向阀3来补充;变更双向变量液压泵1的供油方向,活塞向左运动时,排油流量大于进油流量,双向变量液压泵1吸油侧多余的油液通过由液压缸5进油侧压力控制的二位二通换向阀4和溢流阀6排回油箱;溢流阀6和8既使活塞向左或向右运动时泵吸油侧有一定的吸入压力,又可使活塞运动平稳。溢流阀7是防止系统过载的安全阀。这种回路适用于压力较高、流量较大的场合。

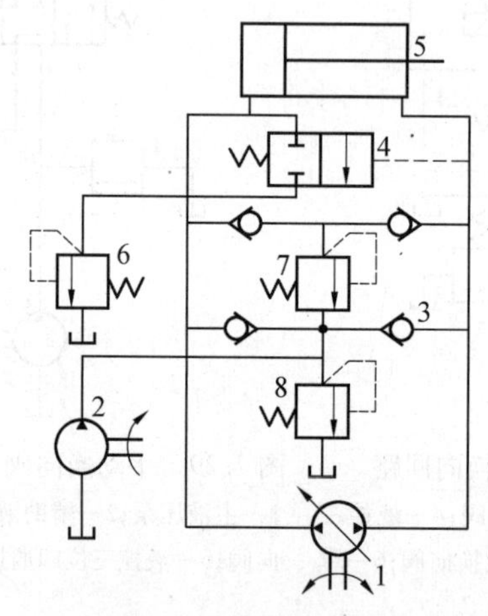

图7.31　采用双向变量液压泵的换向回路

1—双向变量液压泵;2—辅助液压泵;3—单向阀;4—二位二通换向阀;5—液压缸;6~8—溢流阀

7.3.2　锁紧回路

锁紧回路的功用是使执行元件在需要的任意运动位置上停留锁紧,且不会因外力作用而移动位置。以下几种是常见的锁紧回路。

1. 利用换向阀中位机能的锁紧回路

采用三位换向阀O型(或M型)中位机能锁紧的回路如图7.32所示。其特点是结构简单,不需增加其他装置,但由于滑阀环形间隙泄漏较大,故其锁紧效果不太理想,一般只用于要求不太高或只需短暂锁紧的场合。

2. 采用平衡阀的锁紧回路

用平衡阀锁紧的回路在前述压力控制回路中的平衡回路中已经提及。为保证锁紧可靠,必须注意平衡阀开启压力的调整,如图7.27(a)所示。在采用外控平衡阀的回路中,还应注意采用合适换向机能的换向阀,如图7.27(b)所示。

3. 采用双向液控单向阀的锁紧回路

采用双向液控单向阀(又称双向液压锁)的锁紧回路如图7.33所示。当换向阀3处于左工位时,压力油经左边液控单向阀4进入液压缸5左腔,同时通过控制口打开右边液控单向阀,使液压缸右腔的回油可经右边的液控单向阀及换向阀流回油箱,活塞向右运动;反之,活塞向左运动。到了需要停留的位置,只要使换向阀处于中位,因阀的中位为 H 形机能,所以两个液控单向阀均关闭,液压缸双向锁紧。由于液控单向阀的密封性好(线密封),液压缸锁紧可靠,其锁紧精度主要取决于液压缸的泄漏。这种回路被广泛应用于工程机械、起重运输机械等有较高锁紧要求的场合。

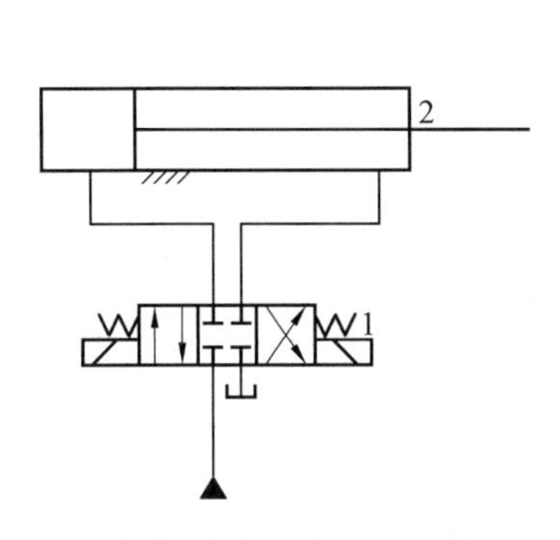

图 7.32　利用换向阀中位机能的锁紧回路

1—O 型三位四通电磁换向阀;2—液压缸

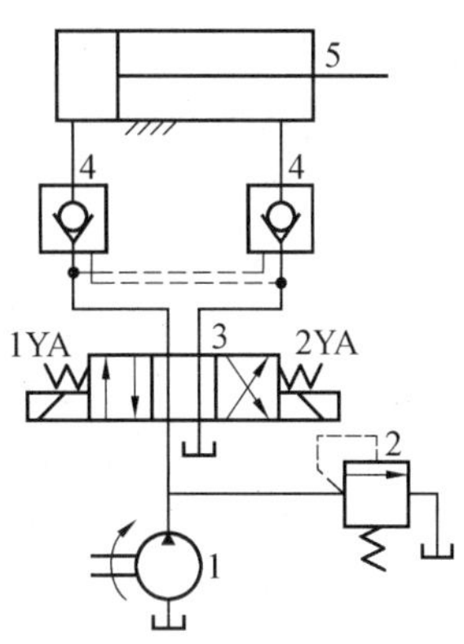

图 7.33　利用双向液控单向阀的锁紧回路

1—液压泵;2—溢流阀;3—换向阀;4—液控单向阀;5—液压缸

7.3.3　复杂方向控制回路

复杂方向控制回路是指执行元件需要频繁连续地做往复运动或在换向过程上有许多附加要求时采用的换向回路。如在机动换向过程中因速度过慢而出现的换向死点问题,因换向速度太快而出现的换向冲击问题等。复杂方向控制回路有时间控制式和行程控制式两种。

1. 时间控制式换向回路

时间控制式换向回路由两个阀组成,先导换向阀 3 和主换向阀 6。先导换向阀 3 主要提供主换向阀 6 的换向动力所需压力油。主换向阀 6 两端的节流阀 5 和 8 控制主阀 6 的换向时间,如图 7.34 所示。先导换向阀 3 的阀芯处于右端,泵输出的油液通过主换向阀 6 后,与液压缸的右端接通,活塞向左移动,而回油经换向阀 6 及节流阀 10 回油箱。当活塞带动工作台运动到终点时,工作台上的挡铁通过杠杆机构使先导换向阀 3 换向,使先导换向阀 3 的左位接通,液压泵输出的控制油经先导换向阀 3、单向阀 4 后进入主

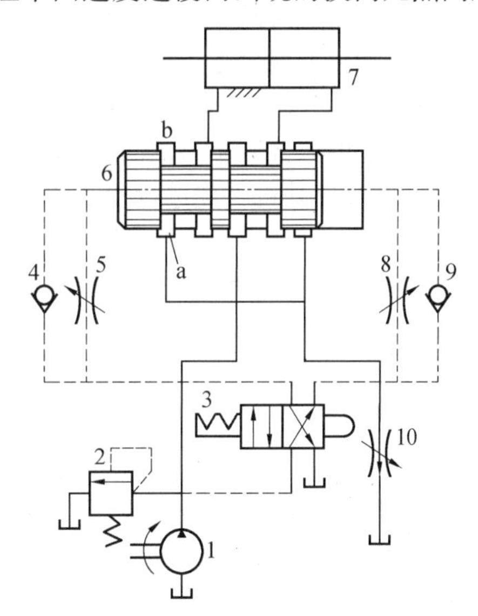

图 7.34　时间控制式换向回路

1—液压泵;2—溢流阀;3—先导换向阀;4,9—单向阀;5,8,10—节流阀;6—主换向阀;7—液压缸

换向阀6的左端,而右端的控制液压油经节流阀8回油箱。此时,阀6的阀芯右移,阀芯上的制动锥面逐渐关小回油通道b口,活塞速度减小。当换向阀移动至将阀口b全部关闭后,油路关闭,活塞停止运动。可见,换向阀换向时间取决于节流阀8的开口大小,调节节流阀8的开口即可调节换向时间,因此,该回路称为时间控制式换向回路。

这种回路主要用于工作部件运动速度较高,要求换向平稳,无冲击,但换向精度要求不高的场合,如平面磨床、插床、拉床等。

2. 行程控制式换向回路

行程控制式换向回路也由两个阀组成,主换向阀6和先导阀3。但在这种回路中,主油路除了受主换向阀6的控制外,其回油还要通过先导阀3,同时受先导阀3的控制,如图7.35所示。液压泵输出的油液经主换向阀6进入液压缸的右腔,活塞左移;液压缸左腔的油经换向阀6、先导阀3及节流阀10回油箱。当换向阀换向时,活塞杆上的拨动块拨动先导阀3的阀芯移向右端,在移动过程上,先导阀阀芯上a口中的制动锥面将主油路的回油通道逐渐关小,实现对活塞的预制动,使活塞的速度减慢。当活塞的速度变得很慢时,换向阀的控制油路才开始切换,控制油通过先导阀3、单向阀5进入主换向阀6的左端,而使主换向阀6的阀芯向右运动,切断主油路,使活塞完全停止运动,随即在相反的方向启动。可见,此种回路不论运动部件原来的速度如何,先导阀3总是要先移动一段固定行程使工作部件先进行预制动后,再由换向阀来换向的。因此,该回路称为行程控制式换向回路。

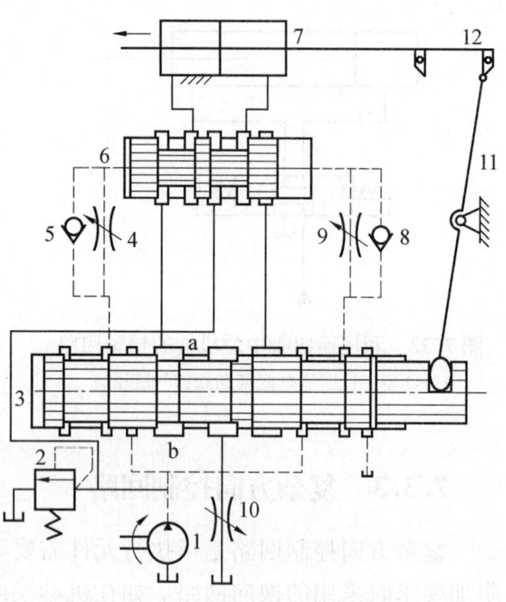

图7.35 行程控制式换向回路

1—液压泵;2—溢流阀;3—先导阀;4,9,10—节流阀;5,8—单向阀;6—主换向阀;7—液压缸;11—连杆;12—执行元件

这种回路换向精度高,冲出量小;但速度快时,制动时间短,冲击就大。另外,阀的制造精度较高,这种回路主要用于运动速度不大、换向精度要求高的场合,如外圆磨床等。

7.4 多执行元件控制回路

在液压系统中,用一个能源(泵)向多个执行元件(缸或马达)提供液压油,并能按各执行元件之间运动关系要求进行控制、完成规定的动作顺序的回路,就称为多执行元件控制回路。

7.4.1 顺序动作回路

顺序动作回路的功用是保证各执行元件严格地按照给定的动作顺序运动。

按控制方式不同,顺序动作回路可分为行程控制式、压力控制式及时间控制式。

1. 行程控制式顺序动作回路

行程控制式顺序动作回路就是将控制元件安放在执行元件行程中的一定位置,当执行元件触动控制元件时,就发出控制信号,继续下一个执行元件的动作。

采用行程阀作为控制元件的行程控制式顺序动作回路如图7.36(a)所示。当电磁换向阀3通电后,左位接通,液压油进入液压缸1的无杆腔,液压缸1的活塞向右进给,完成第一个动作。当活塞上的挡块碰到二位四通行程阀4时,压下行程阀,使其上位接通,液压油通过行程阀4进入液压缸2的无杆腔,液压缸2的活塞向右进给,完成第二个动作。当电磁换向阀3断电后,其右位接通,液压油进入液压缸1的有杆腔,液压缸1向左后退,完成第三个动作。当液压缸1活塞上的挡块脱离二位四通行程阀4时,行程阀4的下位接通,液压油进入液压缸2的有杆腔,液压缸2随之向左后退,完成第四个动作。这种回路换向可靠,但改变运动顺序较困难。

采用电磁换向阀和行程开关的行程控制式顺序动作回路如图7.36(b)所示。当二位四通电磁换向阀3的1YA通电时左位接通,液压油进入液压缸1的无杆腔,液压缸1的活塞向右进给,完成第一个动作。当活塞上的挡块碰到行程开关2S时,发出电信号,使二位四通阀7的2YA通电左位接通,液压油进入液压缸2的无杆腔,液压缸5的活塞向右进给,完成第二个动作。当液压缸2活塞上的挡块碰到行程开关4S时,发出电信号,使二位四通阀1YA断电,使其右位接通,液压油进入液压缸1的有杆腔,液压缸1的活塞向左退回,完成第三个动作。当液压缸1活塞上的挡块碰到行程开关1S时,发出电信号,使二位四通阀的2YA断电右位接通,液压油进入液压缸2的有杆腔,液压缸2的活塞向左退回,完成第四个动作,当液压缸2活塞上的挡块碰到行程开关3S时,发出电信号表明整个工作循环结束。这种回路使用调整方便,便于更改动作顺序,更适合采用PLC控制,因此,得到广泛的应用。

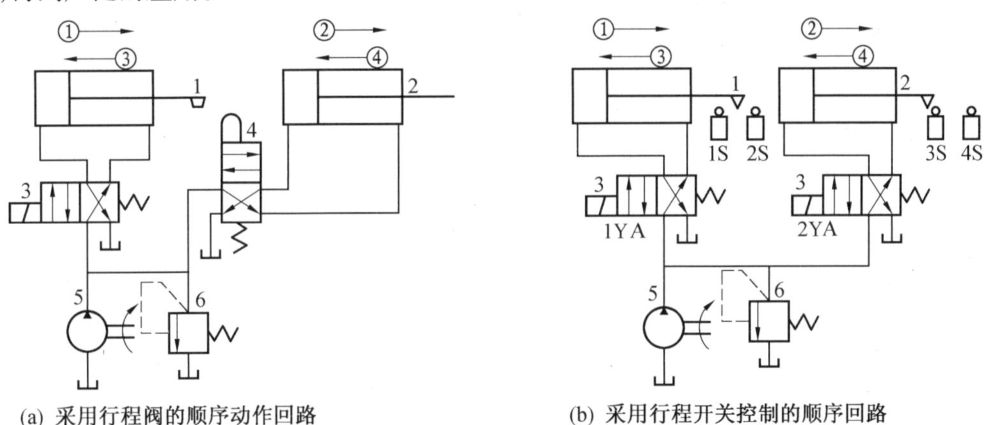

(a) 采用行程阀的顺序动作回路　　(b) 采用行程开关控制的顺序回路

图7.36　行程控制式顺序动作回路

1,2—液压缸;3—二位四通电磁换向阀;4—行程阀;5—液压泵;6—溢流阀

2. 压力控制式顺序动作回路

采用顺序阀的压力控制式顺序动作回路如图7.37(a)所示。当手控换向阀8处于左

位时，液压油进入液压缸 1 的无杆腔，液压缸 1 向右运动，完成第一个动作——夹紧。当液压缸 1 运动到终点时，油液压力升高，打开顺序阀 3，液压油进入液压缸 2 的无杆腔，液压缸 2 向右运动，完成第二个动作——进给。当手控换向阀 8 换向处于右位时，液压油进入液压缸 2 的有杆腔，液压缸 2 向左运动，完成第三个动作——退回。当液压缸 2 运动到终点时，油液压力升高，打开顺序阀 4，液压油进入液压缸 1 的有杆腔，液压缸 1 向左运动，完成第四个动作——松开。

采用压力继电器的压力控制顺序动作回路如图 7.37(b)所示。按启动电钮后电磁换向阀 6 的 1Y 通电，电磁换向阀 6 左位，夹紧缸 1 活塞向右前进到右端点后，回路压力升高，压力继电器 1K 动作，使电磁铁 3Y 得电，电磁换向阀 7 左位，进给缸 2 活塞向右运动。按返回按钮，1Y、3Y 同时失电，4Y 得电，使电磁换向阀 6 中位、电磁换向阀 7 右位，导致夹紧缸 1 锁定在右端点位置、进给缸 2 活塞向左运动。当缸 2 活塞退回原位后，回路压力升高，压力继电器 2K 动作，使 2Y 得电，电磁换向阀 6 右位，夹紧缸 1 活塞后退直至到起点。在压力控制的顺序动作回路中，顺序阀或压力继电器的调定压力必须大于前一动作执行元件的最高工作压力的 10% ~15%，否则在管路中的压力冲击或波动下会造成误动作，引起事故。这种回路只适用于系统中执行元件数目不多、负载变化不大的场合、控制比较方便、灵活，但油路中液压冲击容易产生误动作，目前应用较少。

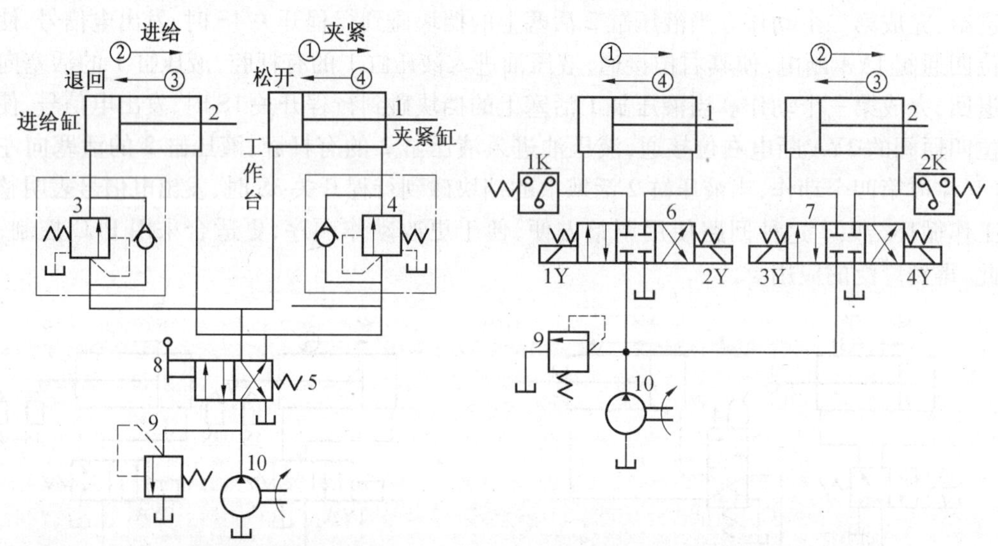

(a) 采用顺序阀控制的顺序动作回路　　(b) 采用压力继电器控制的顺序回路

图 7.37　压力控制式顺序动作回路

1—夹紧缸；2—进给缸；3，4—顺序阀；5—换向阀；6，7—电磁换向阀；8—手控换向阀；9—溢流阀；10—液压泵

3. 时间控制式顺序动作回路

时间控制式顺序动作回路是利用延时元件（如延时阀、时间继电器等）来预先设定多个执行元件之间顺序动作的间隔时间。一种采用延时阀的时间控制式顺序动作回路如图 7.38 所示。当 1YA 通电时，三位四通电磁换向阀 4 左位接通，油液进入液压缸 1 左端，液压缸 1 的活塞向右运动，而此时，油液必须使延时阀 3 换向后才能进入液压缸 2，延时阀 3 的换向时间要取决于控制油路（虚线所示）上的节流阀的开口大小，因此，实现了两个液

压缸之间顺序动作的延时。

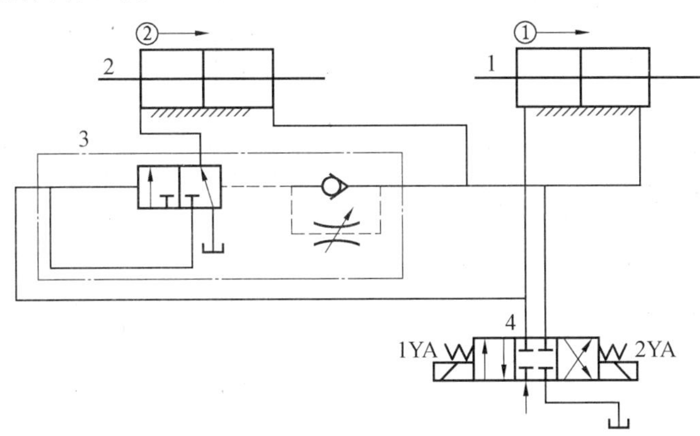

图7.38　采用延时阀的双缸顺序动作回路

1,2—液压缸;3—延时阀;4—三位四通电磁换向阀

7.4.2　同步回路

从理论上讲,只要保证多个执行元件的结构尺寸相同、输入油液的流量相同就可使执行元件保持同步动作,但由于泄漏、摩擦阻力、外负载、制造精度、结构弹性变形及油液中含气等因素,很难保证多个执行元件的同步。因此,在同步回路的设计、制造和安装过程中,要尽量避免这些因素的影响,必要时可采取一些补偿措施。

同步回路的功用是保证液压系统中两个以上执行元件克服负载、摩擦阻力、泄漏、制造质量和结构变形上的差异,而保证在运动上的同步。同步运动分为速度同步和位置同步两类。速度同步是指各执行元件的运动速度相等(或一定的速比),而位置同步是指各执行元件在运动中或停止时都保持相同的位移量。对于开式系统,严格做到每一瞬间的位置同步是困难的,所以常采用速度同步控制;如果想获得高精度的位置同步回路,则需要采用闭环控制系统才能实现。

1. 速度同步回路

速度同步回路主要有同步缸或同步马达的同步回路、采用流量控制阀的同步回路、机械式连接同步回路、串联液压缸的同步回路等。

(1)采用同步缸或同步马达的同步回路。

采用同步缸的同步回路如图7.39(a)所示。同步缸8是两个尺寸相同的缸体和两个活塞共用一个活塞杆的液压缸,活塞向左或向右运动时输出或接受相等容积的油液,在回路中起配流的作用,使有效面积相等的两个液压缸实现双向同步运动。同步缸的两个活塞上装有双作用单向阀4,可以在行程端点消除误差。和同步缸一样,用两个同轴等排量双向液压马达5做配油环节,输出相同流量的油液亦可实现两缸双向同步。如图7.39(b)所示,节流阀6用于行程端点消除两缸位置误差。这种回路的同步精度比采用流量控制阀的同步回路高,但专用元件使系统复杂,制作成本高。

(2)采用流量控制阀的同步回路。

采用调速阀的同步回路如图7.40(a)所示,在两个并联液压缸7与8的进(回)油路

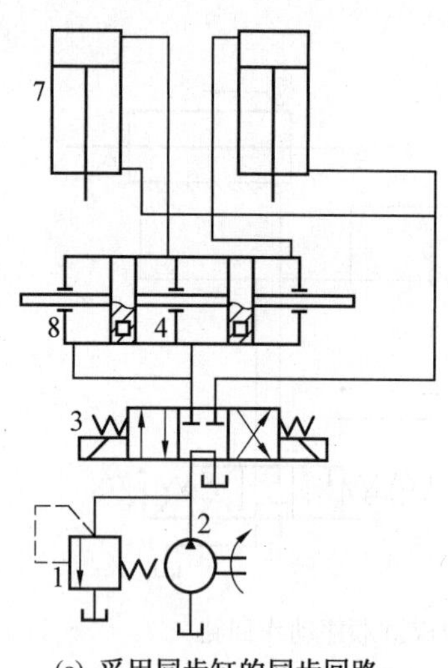

(a) 采用同步缸的同步回路

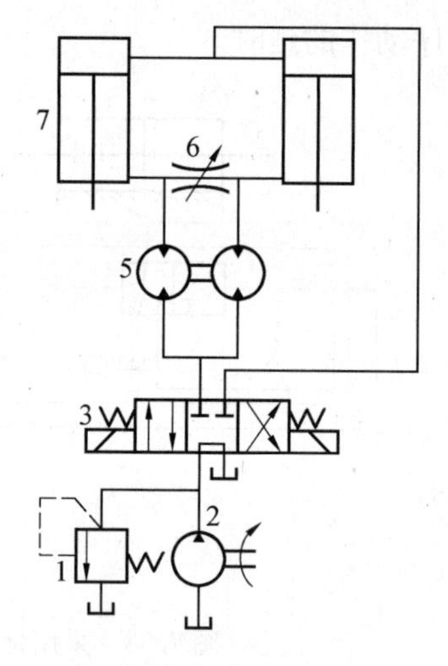

(b) 采用同步马达的同步回路

图 7.39　采用同步缸或同步马达的同步回路

1—溢流阀;2—液压泵;3—换向阀;4—双作用单向阀;5—液压马达;6—节流阀;7—液压缸;8—同步缸

上分别串接一个单向调速阀 9 与 10,仔细调整两个调速阀的开口大小,控制进入两液压缸或从两液压缸流出的流量,可使它们在一个方向上实现速度同步。这种回路结构简单,但调整比较麻烦,同步精度不高,不宜用于偏载或负载变化频繁的场合。

采用分流集流阀的同步回路如图 7.40(b)所示,采用分流阀 5(同步阀)来控制两液压缸 7 与 8 的进入或流出的流量。分流阀具有良好的偏载承受能力,可使两液压缸在承受不同负载时进入两个液压缸等量的液压油以保证两缸的同步运动。回路中的单向节流阀 4 用来控制活塞的下降速度,液控单向阀 6 是防止活塞停止时的两缸负载不同而通过分流阀的内节流孔窜油。由于同步作用靠分流阀自动调整,使用较为方便。但效率低,压力损失大,不宜用于低压系统。

2. 位置同步回路

位置同步回路主要有带补偿装置的串联缸同步回路、采用伺服阀的同步运动回路等。

(1)带补偿装置的串联缸同步回路。

将有效工作面积相等的两个液压缸串联起来便可实现两缸同步,这种回路允许较大偏载,因偏载造成的压差不影响流量的改变,只导致微量的压缩和泄漏,因此同步精度较高,回路效率也较高。这种情况下泵的供油压力至少是两缸工作压力之和。由于制造误差、内泄漏及混入空气等因素的影响,经多次行程后,将积累为两缸显著的位置差别。为此,回路中应具有位置补偿装置,如图 7.41 所示。当两缸活塞同时下行时,若液压缸 7 活塞先到达行程端点,则挡块压下行程开关 1S,电磁铁 3Y 得电,换向阀 4 左位,压力油经换向阀 4 和液控单向阀 5 进入液压缸 6 上腔,进行补油,使其活塞继续下行到达行程端点。如果液压缸 6 活塞先到达端点,行程开关 2S 使电磁铁 4Y 得电,换向阀 4 右位,压力油进入液控单向阀 5 的控制腔,打开液控单向阀 5、液压缸 7 下腔与油箱接通,使其活塞继续下行到达行程端点,从而消除积累误差。

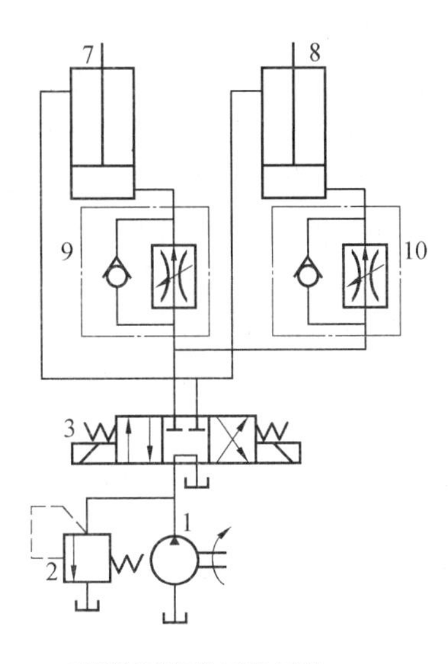

(a) 采用调速阀的同步回路

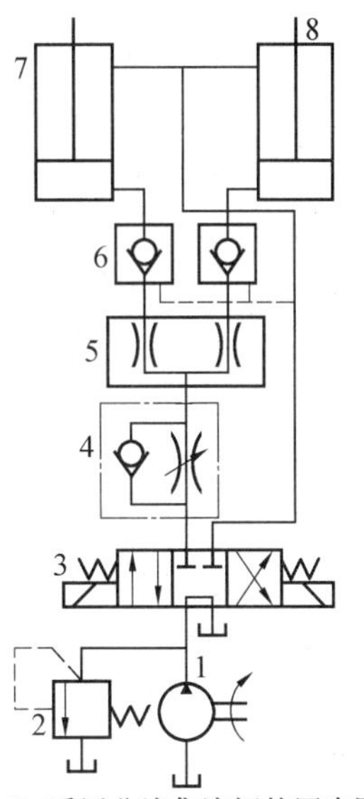

(b) 采用分流集流阀的同步回路

图7.40　采用流量控制阀的同步回路

1—液压泵;2—溢流阀;3—换向阀;4—单向节流阀;5—分流阀;6—液控单向阀;7,8—液压缸;9,10—单向调速阀

(2)采用伺服阀的同步运动回路。

当液压系统有很高的同步精度要求时,必须采用比例阀或伺服阀的同步回路,采用伺服阀的同步运动回路如图7.42所示,伺服阀4根据两个位移传感器5、6的反馈信号,持续不断地调整阀口开度,控制两个液压缸的输入或输出流量,使两个液压缸的同步。

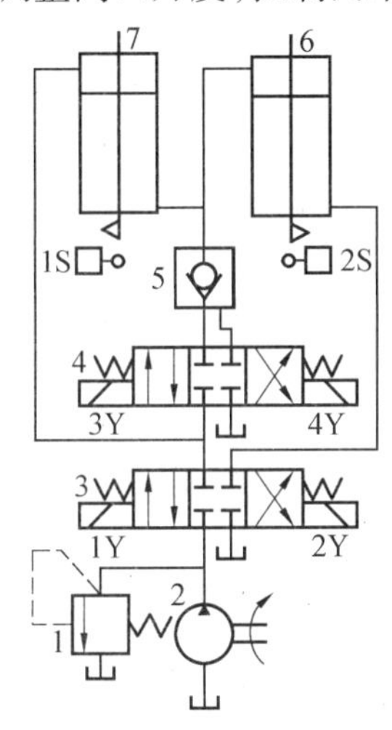

图7.41　用带补偿装置的串联缸同步回路

1—溢流阀;2—液压泵;3,4—换向阀;5—液控单向阀;6,7—液压缸

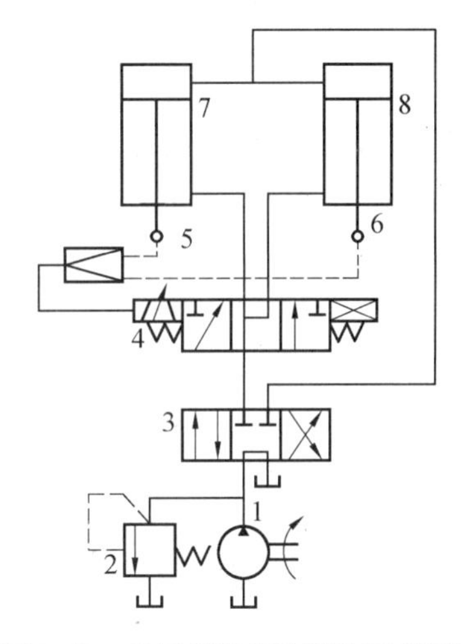

图7.42　采用伺服阀的同步运动回路

1—液压泵;2—溢流阀;3—换向阀;4—伺服阀;5,6—位移传感器;7,8—液压缸

7.4.3　多缸工作运动互不干扰回路

多缸工作运动互不干扰回路的功用是防止两个以上执行元件在工作时因速度不同而

引起的动作上的相互干扰,保证各自运动的独立和可靠。

双泵供油的快慢速运动互不干扰回路如图 7.43 所示。液压缸 1 和 2 各自要完成“快进—工进—快退”的自动工作循环。当电磁铁 1Y、2Y 得电时,两缸均由大流量液压泵 10 供油,并做差动连接实现快进。如果液压缸 1 先完成快进动作,挡块和行程开关使电磁铁 3Y 得电,1Y 失电,大流量液压泵进入液压缸 1 的油路被切断,而改为小流量液压泵 9 供油,由调速阀 7 获得慢速工进,不受液压缸 2 快进的影响。当两缸均转为工进、都由液压泵 9 供油后,若液压缸 1 先完成了工进,挡块和行程开关使电磁铁 1Y、3Y 都得电,液压缸 1 改由大流量液压泵 10 供油,使活塞快速返回。这时液压缸 2 仍由液压泵 9 供油继续完成工进,不受液压缸 1 影响。当所有电磁铁都失电时,两缸都停止运动。此回路采用快、慢速运动由大、小流量液压泵分别供油,并由相应的电磁阀进行控制的方案来保证两缸快、慢速运动互不干扰。

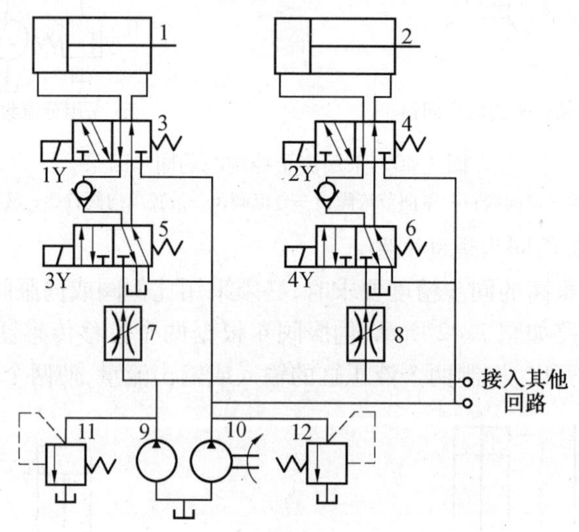

图 7.43　双泵供油的多缸快慢速运动互不干扰回路

1,2—液压缸;3 ~6—换向阀;7,8—调速阀;9,10—液压泵

思考题与习题

7.1　试举例说明什么是开式回路,什么是闭式回路,各适用什么场合?

7.2　节流调速、容积调速各有什么特点?

7.3　如何利用行程阀来实现两种不同速度的换接?

7.4　两个调速阀串联与并联实现两种不同工作速度换接如何连接?两种方法有何不同?

7.5　快速运动回路有哪几种,各有什么特点?

7.6　时间控制式和行程控制式换向回路各有什么特点,各适用什么场合?

7.7　在什么情况下需要应用保压回路?试绘出两种保压回路。

7.8　减压回路有何功用?

7.9　多级调压回路都采用哪些方式,各有什么特点?

7.10　试绘出两种多缸顺序动作回路的液压系统图。

7.11　多缸同步回路可以采用哪些方式，各有什么特点？

7.12　如何使用分流集流阀来使执行元件同步？

7.13　什么是液压基本回路？常见液压基本回路有几类？各在系统中起什么作用？

7.14　常用换向回路有哪些？一般用在什么情况下使用？

7.15　液压系统中为什么要设置背压阀？背压回路与平衡回路有何区别？

7.16　试确定如图7.44所示调压回路在下列情况下液压泵的出口压力。

(1)全部电磁铁断电。

(2)电磁铁2YA通电，1YA断电。

(3)电磁铁2YA断电，1YA通电。

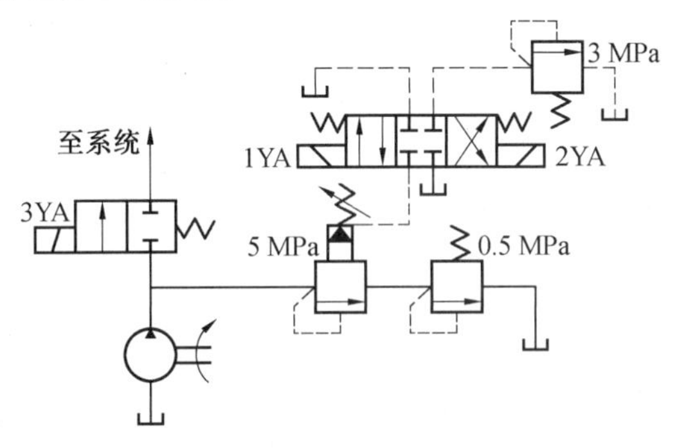

图7.44　题7.16图

7.17　在如图7.45所示调压回路中，若溢流阀的调整压力分别为 $p_{Y1}=9$ MPa、$p_{Y2}=4.5$ MPa。液压泵出口处的负载阻力为无限大，试问在不计管道损失和调压偏差时：

(1)换向阀下位接入回路时，液压泵的工作压力为多少？B 点和 C 点的压力各为多少？

(2)换向阀上位接入回路时，液压泵的工作压力为多少？B 点和 C 点的压力又各为多少？

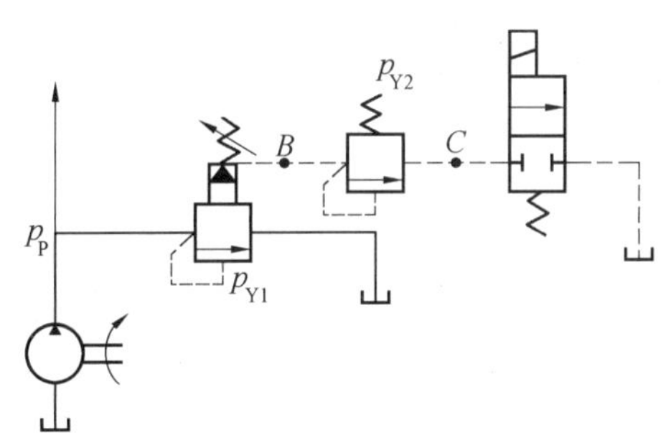

图7.45　题7.17图

7.18　在如图7.46所示的平衡回路中，若液压缸无杆腔的工作面积 $A_1=100$ cm^2，有杆腔的工作面积 $A_2=50$ cm^2，活塞与运动部件自重为6 000 N，运动时活塞上的摩擦阻力为2 000 N，活塞向下运动时要克服负载阻力为24 000 N，试问顺序阀和溢流阀的最小调定压力应各为多少？

7.19　在如图7.47所示液压系统中，无杆腔的工作面积 $A_1=100$ cm^2，有杆腔的工作

面积 $A_2=50\ \mathrm{cm}^2$,负载 $F=25\ 000\ \mathrm{N}$,试回答下列问题:($C_\mathrm{d}=0.62,\rho=900\ \mathrm{kg/m^3}$)

(1)要使节流阀上的合理压降为0.3 MP,溢流阀的调整压力应为多少?

(2)当负载短期降为10 000 N时,节流阀的压差变为多少?

(3)若节流阀开口面积 $A_\mathrm{T}=0.05\ \mathrm{cm}^2$,允许的活塞最大前冲速度为5 cm/s,活塞能承受的最大负载力是多少?

(4)节流阀的最小稳定流量为50 cm^2/min,本油路上可得到的最低进给速度为多少?

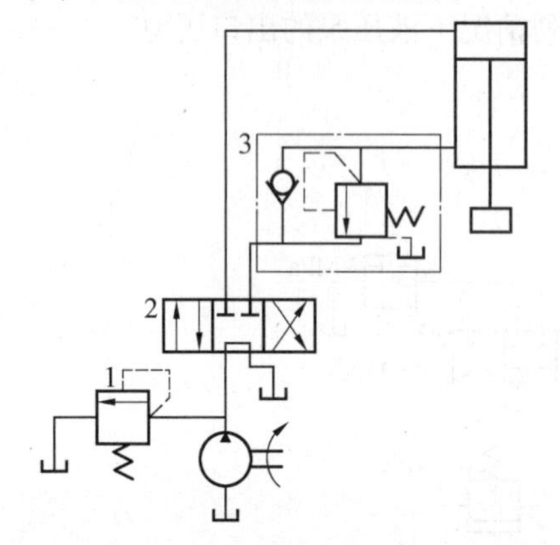

图7.46　题7.18图

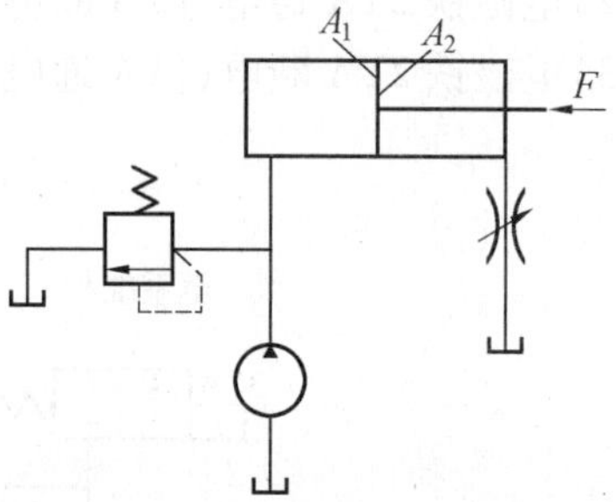

图7.47　题7.19图

7.20　在如图7.48所示的8种液压回路中,溢流阀的调定压力为2.5 MPa,无杆腔的工作面积 $A_1=50\ \mathrm{cm}^2$,有杆腔的工作面积 $A_2=25\ \mathrm{cm}^2$,泵的输出流量为10 L/min,负载 F 及节流阀开口面积 A_T 的数值已在图中标出,试分别计算各回路中活塞的运动速度、液压泵的输出压力。($C_\mathrm{d}=0.62,\rho=900\ \mathrm{kg/m^3}$)

7.21　在如图7.49所示回路中,已知泵的排量为100 $\mathrm{cm^3/r}$,转速为1 000 r/min,泵的容积效率为0.95,溢流阀的调压为6 MPa;已知马达的排量为150 $\mathrm{cm^3/r}$,马达的容积效率为0.95,机械效率为0.8,负载转矩为20 N·m,节流阀的开口面积为0.4 cm^2,管道损失不计,试求:($C_\mathrm{d}=0.62,\rho=900\ \mathrm{kg/m^3}$)

(1)通过节流阀的流量是多少?

(2)液压马达的转速是多少?液压马达的输出功率是多少?

(3)若将溢流阀的调定压力调高为9.5 MPa,其他条件不变,马达的转速是多少?

7.22　在图7.50所示回路中,已知:负载 $F=10\ 000\ \mathrm{N}$,液压缸无杆腔面积 $A_1=50\ \mathrm{cm}^2$,有杆腔面积 $A_2=25\ \mathrm{cm}^2$,节流阀的开口面积 $A_\mathrm{T}=0.01\ \mathrm{cm}^2$,(节流口为薄壁小孔),其前后压差 $\Delta p=2\times10^5\ \mathrm{Pa}$,背压阀的调整压力 $p_\mathrm{b}=6\times10^5\ \mathrm{Pa}$,当活塞向右运动时,若通过换向阀和管道的压力损失不计,节流口的流量系数 $C_\mathrm{d}=0.62$,油液密度 $\rho=900\ \mathrm{kg/m^3}$,泵的流量 $Q_\mathrm{p}=50\ \mathrm{L/min}$。试回答下列问题:

(1)液压缸进油腔的工作压力 p_1、回油路的背压力 p_b 及进入液压缸的流量 Q_1;

(2)溢流阀的调整压力 p_y 及通过溢流阀溢回油箱的流量 Q_y;

(3)活塞向右运动的速度 v;

(4)通过背压阀排入油箱的流量 Q_b;

(5)假设泵的容积效率 $\eta_v=0.8$,机械效率 $\eta_m=0.9$,求泵的驱动功率 P_p。

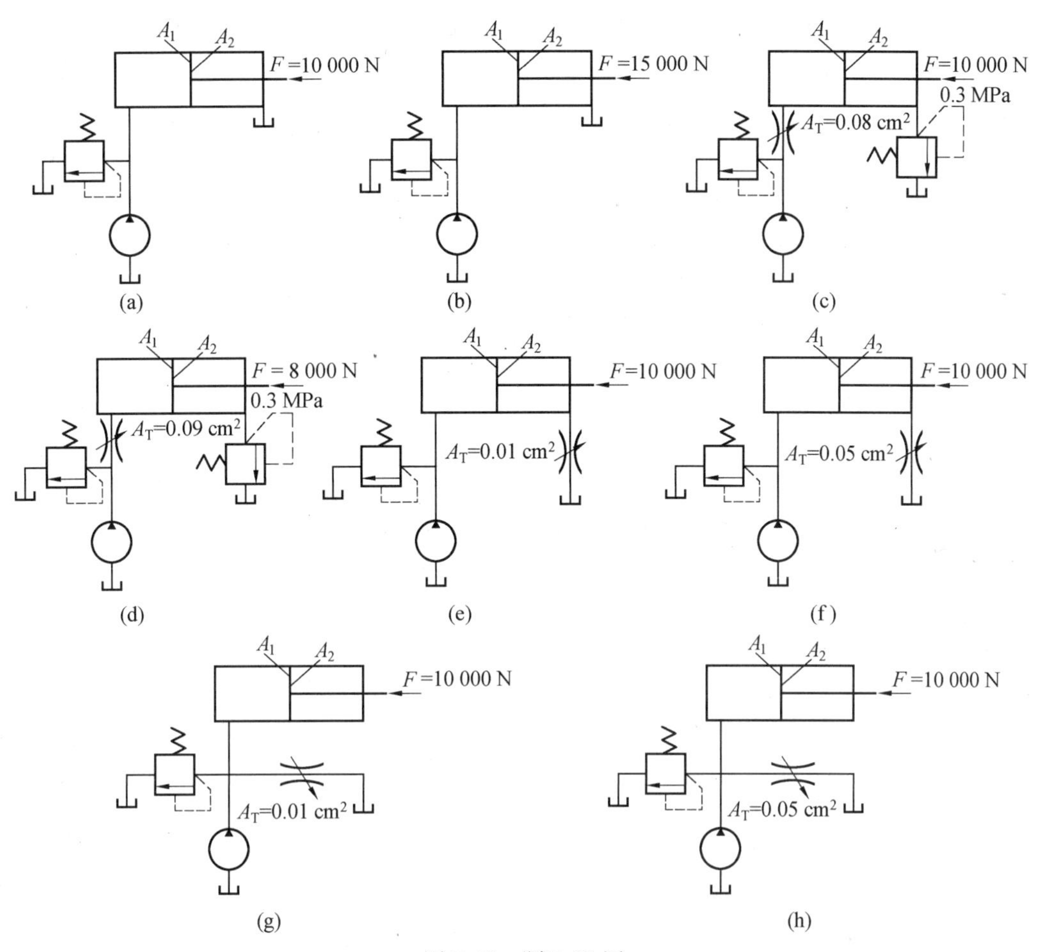

图7.48　题7.20图

7.23　试绘出能完成“快进(差动)—工进—快退”自动循环的液压回路,并说明差动回路的特点。

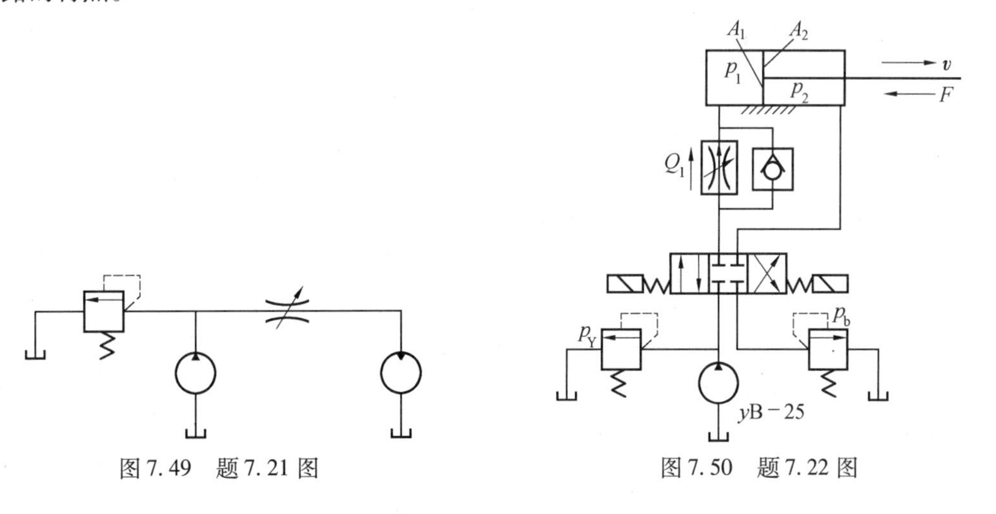

图7.49　题7.21图

图7.50　题7.22图

第8章 典型液压系统

本章主要是用典型系统说明液压传动技术是如何在生产实践中发挥其无级调速、输出力大、高速制动、易于实现自动化等种种优点的。

通过本章的学习,掌握阅读较复杂液压系统的方法和步骤;掌握典型系统的工作原理、组成和特点,为今后分析和设计液压系统打下基础。

随着科学技术的不断发展,液压传动技术也被广泛应用,诸如在机械制造、工程机械、矿山冶金、船舶、航空、轻工业等领域。液压系统反映系统执行元件所能实现的各种动作,它是从系统工作原理的角度来阐述系统回路的组成。阅读一个较复杂的液压系统图,大致可按以下步骤进行:

(1)了解机械设备工况对液压系统的要求,了解在工作循环中的各个工步对力、速度和方向这三个方面的要求。

(2)初读液压系统图,了解系统中包含哪些元件,且以执行元件为中心,将系统分解为若干个工作单元。

(3)先单独分析每个子系统,了解其执行元件与相应的阀、泵以及那些基本回路之间的关系。参照电磁铁动作表和执行元件的动作要求,理清其液流路线(一定是先看控制油路,后看主油路)。

(4)在全面读懂液压系统原理图的基础上,根据系统所使用的基本回路的性能,对系统作综合分析,归纳总结整个液压系统的特点,以加深对液压系统的理解。

本章介绍的典型液压系统,是在繁多的液压设备中,选出具有代表性的液压系统。

8.1 组合机床动力滑台液压系统

8.1.1 概 述

组合机床是一种效率较高、工序集中的专用机床,它由通用部件(如动力头、动力滑台等)和部分专用部件(如主轴箱、夹具等)组合而成,其加工能力强,自动化程度高,在成批和大量生产中得到了广泛的应用。

动力滑台是组合机床上实现进给运动的一种通用部件,配上动力头和主轴箱后可以对工件完成钻孔、扩孔、镗孔、铰孔等多孔或阶梯孔加工以及刮端面、铣平面、攻丝、倒角等工序。为了满足不同工艺方法的要求,动力滑台除提供足够大的进给力之外,还能实现“快进—工进—停留—快退—原位停止”或“快进—一工进—二工进—停留—快退—原位停止”等自动工作循环。

*YT*4543 型动力滑台由液压缸驱动,它在电气和机械装置的配合下可以实现各种循环动作。该动力滑台的台面尺寸为 0.45 *m*×0.8 *m*,进给速度范围为 0.006 ~0.66 *m/min*,最大进给速度为 7.3 *m/min*,最大进给推力为 45 *kN*,液压系统最高工作压力为 6.3 *MPa*。

8.1.2　YT4543 型动力滑台液压系统的工作原理

1. 快进

*YT*4543 型动力滑台液压系统图如图 8.1 所示,按下启动按钮,电磁铁 1*YA* 通电,电液换向阀 7 的先导阀 *A* 左位工作,液动换向阀 *B* 在控制压力油作用下将左位接入系统。

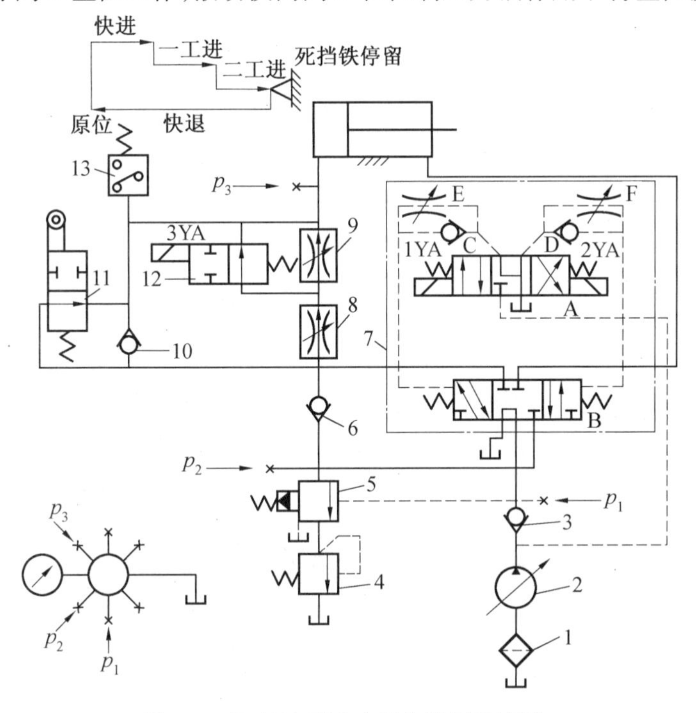

图 8.1　*YT*4543 型动力滑台液压系统图

1—滤油器；2—限压式变量泵；3,6,10—单向阀；4—背压阀；5—顺序阀；7—电液换向阀；8,9—调速阀；11—下行程阀；12—电磁阀；13—压力继电器

进油路:油箱→滤油器 1→泵 2→单向阀 3→阀 7→阀 11→液压缸左腔。

回油路:液压缸右腔→阀 7→阀 6→阀 11→液压缸左腔。

液压缸两腔连通,实现差动快进。由于快进阻力小,系统压力低,变量泵输出最大流量。

2. 第一次工作进给

当滑台快进到预定位置时,滑台上的挡块压下行程阀 11 时,第一次工作进给开始,此时切断快进通道,压力油流经调速阀 8、电磁阀 12 进入液压缸左腔。由于液压泵供油压力高,顺序阀 5 已被打开。

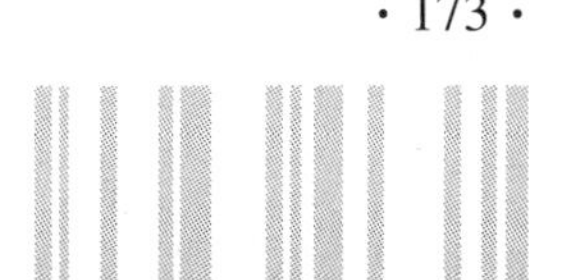

进油路：油箱→滤油器1→泵2→阀3→阀7→阀8→阀12→液压缸左腔。

回油路：液压缸右腔→阀7→阀5→阀4→油箱。

工进时系统压力升高，变量泵自动减小其输出流量，且与一工进调速阀8的开口相适应。

3. 第二次工作进给

当第一次工进结束时，挡块压下行程开关使3*YA*通电，第二次工作进给开始。这时压力油经调速阀8和9进入液压缸的左腔。液压缸右腔的回油路线与一工进时相同。此时，变量泵输出的流量自动与二工进调速阀9的开口相适应。

4. 死挡铁停留

当滑台以二工进速度行进碰到死挡铁时，滑台即停留在死挡铁处，此时液压缸左腔压力升高，使压力继电器13动作并发出电信号1*YA*断电，先导阀*A*处于中位，液动阀*B*也处于中位，使泵卸荷；同时给时间继电器，经过时间继电器的延时，使滑台停留一段时间后再返回。停留时间由时间继电器调定。

5. 快退

当滑台按调定时间停留结束后，时间继电器发出信号，使电磁铁1*YA*、3*YA*断电，2*YA*通电，这时电液换向阀7的先导阀*A*右位工作，液动换向阀*B*在控制压力油作用下将右位接入系统。

进油路：泵2→阀3→阀7→液压缸右腔。

回油路：液压缸左腔→阀10→阀7→油箱。

滑台返回时负载小，系统压力下降，变量泵流量自动恢复到最大，且液压缸右腔的有效作用面积较小，故滑台快速退回。

6. 原位停止

当滑台快退到原位时，挡块压下终点行程开关，使电磁铁2*YA*断电，电磁阀*A*和液动换向阀*B*都处于中位，液压缸两腔油路封闭，滑台停止运动。这时泵输出的油液经阀3和阀7排回油箱，泵在低压下卸荷。表8.1是该系统工作循环时电磁铁和液压元件的动作顺序表。

表8.1 电磁铁和液压元件动作顺序表

	电磁铁			液压元件状态		
动作名称	1*YA*	2*YA*	3*YA*	行程阀11	顺序阀5	压力继电器13
快　进	+	−	−	通	断	−
一工进	+	−	−	断	通	−
二工进	+	−	+	断	通	−
停　留	—	−	+	断	断	+
快　退	−	+	—	断→通	断	−
原位停止	−	−	−	通	断	−

8.1.3 YT4543型动力滑台液压系统的特点

(1)系统采用了容积节流调速回路，无溢流功率损失，系统效率较高，且能保证稳定的低速运动、较好的速度刚性和较大的调速范围。

在回油路上设置背压阀,提高了滑台运动的平稳性。把调速阀设置在进油路上,具有启动冲击小、便于压力继电器发讯控制、容易获得较低速度等优点。

(2)限压式变量泵和液压缸差动连接的快速回路,既解决了快慢速度相差悬殊的难题,又使能量利用经济合理。

(3)采用行程阀实现快慢速的转换,不仅简化了油路和电路,而且其动作可靠性、转换精度也比较高。一工进和二工进之间的转换,由于通过调速阀8的流量很小,采用电磁阀式换接已能保证所需的转换精度。

(4)限压式变量泵本身就能按预先调定的压力限制其最大工作压力,故在采用限压式变量泵的系统中,一般不需要另外设置安全阀。

(5)采用换向阀式低压卸荷回路,可以减少能量损耗,结构也比较简单。

(6)采用三位五通电液换向阀,具有换向性能好、滑台可在任意位置停止、快进时构成差动连接等优点。

8.2 液压机液压系统

8.2.1 概　述

液压机是一种利用液体静压力来加工金属、塑料、橡胶、木材、粉末等制品的机械。它常用于压制工艺和压制成形工艺,如:锻压、冲压、冷挤、校直、弯曲、翻边、薄板拉深、粉末冶金、压装等。

液压机有多种型号规格,其压制力从几十吨到上万吨。用乳化液做介质的液压机,被称作水压机,产生的压制力很大,多用于重型机械厂和造船厂等。用矿物型液压油做工作介质的液压机被称作油压机,产生的压制力较水压机小,在许多工业部门得到广泛应用。

液压机多为立式,其中以四柱式液压机的结构布局最为典型,应用也最广泛。

四柱式液压机的外形图如图8.2所示,它主要由充液筒1、上横梁2、上液压缸3、上滑块4、立柱5、下滑块6、下液压缸7等零部件组成。

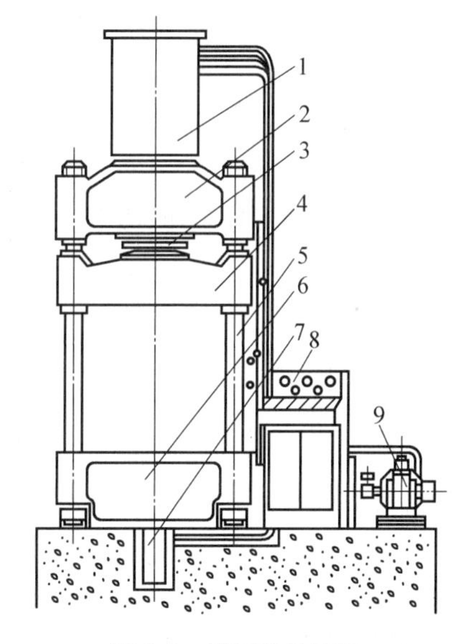

图8.2 液压机外形图

1—充液筒;2—上横梁;3—上液压缸;4—上滑块;5—立柱;6—下滑块;7—下液压缸;8—电气操纵箱;9—动力机构

这种液压机有4个立柱,在4个立柱之间安置上、下两个液压缸3和7。上液压缸驱动上滑块4,下液压缸驱动下滑块6。为了满足大多数压制工艺的要求,上滑块应能实现快速下行→慢速加压→保压延时→快速返回→原位停止的自动工作循环。下滑块应能实现向上顶出→停留→向下退回→原位停止的工作循环。上下滑块的运动依次进行,不能同时动作。液压机的工作循环如图 8.3 所示。

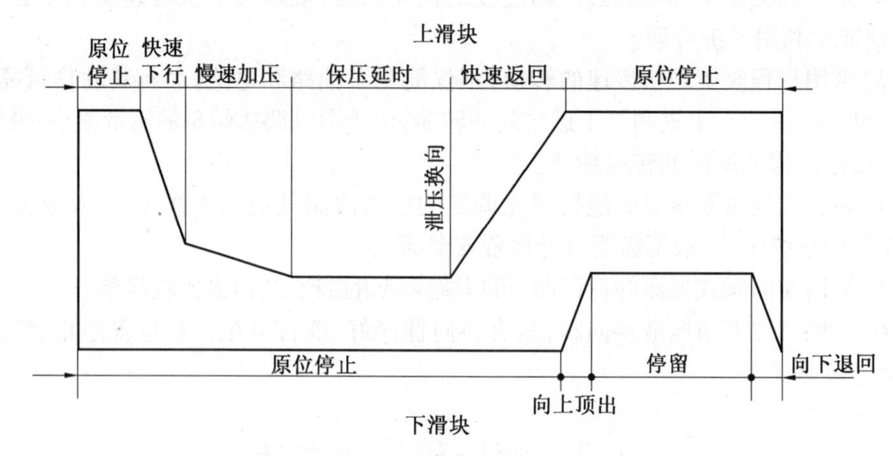

图 8.3　*YB*32-200 型液压机的工作循环

8.2.2　YB32-200 液压机液压系统的工作原理

图 8.4 所示为 *YB*32-200 型万能液压机的液压系统。

液压泵为恒功率式变量轴向柱塞泵,用来给系统供给高压油,其压力由远程调压阀调定。

1. 快速下行

按下启动按钮,电磁铁 1*YA* 通电,先导阀和主缸换向阀左位接入系统。

进油路:液压泵→顺序阀→主缸换向阀→单向阀 3→主缸上腔;

回油路:主缸下腔→液控单向阀 2→主缸换向阀→顶出缸换向阀→油箱。

这时主缸活塞连同上滑块在自重作用下快速下行,尽管泵已输出最大流量,但主缸上腔仍因油液不足而形成负压,吸开充液阀 1,充液筒内的油便补入主缸上腔。

2. 慢速加压

上滑块快速下行接触工件后,主缸上腔压力升高,充液阀 1 关闭,变量泵通过压力反馈,输出流量自动减小,此时上滑块转入慢速加压。

3. 保压延时

当系统压力升高到压力继电器的调定值时,压力继电器发出信号使 1*YA* 断电,先导阀和主缸换向阀恢复到中位。此时液压泵通过换向阀中位卸荷,主缸上腔的高压油被活塞密封环和单向阀所封闭,处于保压状态。接收电信号后的时间继电器开始延时,保压延时的时间可在 0 ~ 24 *min* 内调整。

4. 泄压后快速返回

由于主缸上腔油压高、直径大、行程长,缸内油液在加压过程中储存了很多能量,为此,主缸必须先泄压后再回程。

保压结束后,时间继电器使电磁铁 2*YA* 通电,先导阀右位接入系统,控制油路中的压

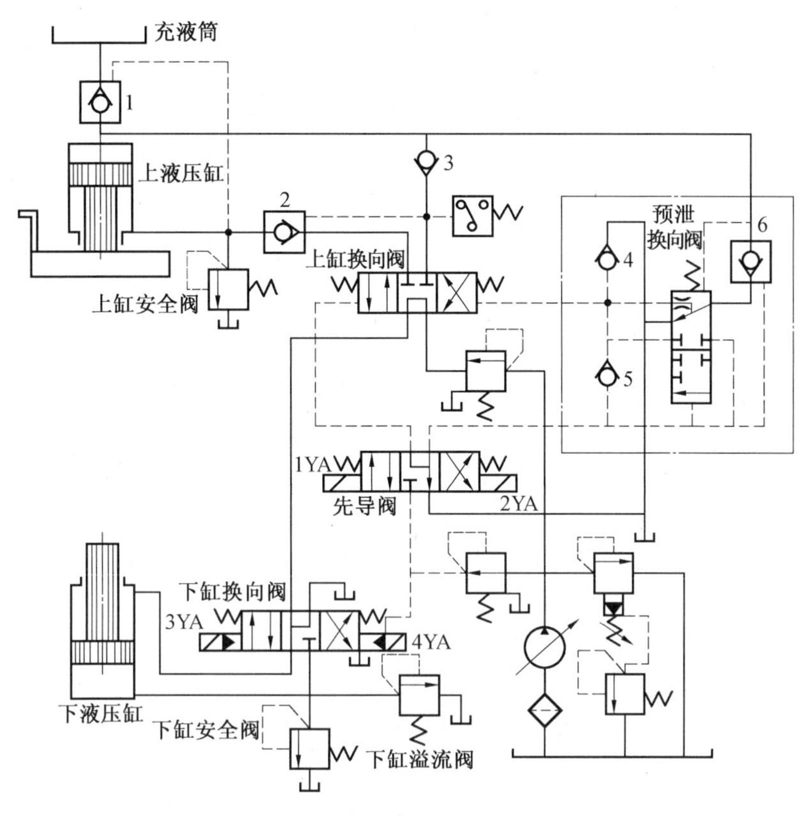

图 8.4 *YB*32-200 型液压机的液压系统

1—充液阀;2—液控单向阀;3—单向阀

力油打开液控单向阀6内的卸荷小阀芯,使主缸上腔的油液开始泄压。压力降低后预泄换向阀芯向上移动,以其下位接入系统,控制油路即可使主缸换向阀处于右位工作,从而实现上滑块的快速返回。其主油路为:

进油路:液压泵→顺序阀→主缸换向阀→液控单向阀2→主缸下腔。

回油路:主缸上腔→充液阀1→充液筒。

充液筒内液面超过预定位置时,多余油液由溢流管流回油箱。单向阀4用于主缸换向阀由左位回到中位时补油;单向阀5用于主缸换向阀由右位回到中位时排油至油箱。

5. 原位停止

上滑块回程至挡块压下行程开关,电磁铁2*YA*断电,先导阀和主缸换向阀都处于中位,这时上滑块停止不动,液压泵在较低压力下卸荷。由于阀2和上缸安全阀的支承作用,上滑块悬空停止。

6. 顶出缸活塞向上顶出

电磁铁4*YA*通电时,顶出缸换向阀右位接入系统。其油路为:

进油路:液压泵→顺序阀→主缸换向阀→顶出缸换向阀→顶出缸下腔;

回油路:顶出缸上腔→顶出缸换向阀→油箱。

7. 顶出缸活塞向下退回和原位停止

4*YA*断电、3*YA*通电时油路换向,顶出缸活塞向下退回。当挡块压下原位开关时,电磁铁 3*YA* 断电,顶出缸换向阀处于中位,顶出缸活塞原位停止。

8. 顶出缸活塞浮动压边

做薄板拉伸压边时,要求顶出缸既保持一定压力,又能随着主缸上滑块一起下降。这时 4*YA* 先通电、再断电,顶出缸下腔的油液被顶出缸换向阀封住。当主缸上滑块下压时,顶出缸活塞被迫随之下行,顶出缸下腔回油经下缸溢流阀流回油箱,从而建立起所需的压边力。

8.2.3 YB32-200 液压机液压系统的主要特点

(1)系统采用高压大流量恒功率(压力补偿)式变量泵供油,并配以由调压阀和电磁阀构成的电磁溢流阀,使液压泵空载启动,主、辅液压缸原位停止时液压泵均卸荷,这样既符合工艺要求又节省能量,这是压力机液压系统的一个特点。

(2)液压机是典型的以压力控制为主的液压系统。本机具有远程调压阀控制的调压回路、使控制油路获得稳定低压(2 *MPa*)的减压回路、高压泵的低压(约 2.5 *MPa*)卸荷回路、利用管道和油液的弹性变形及靠阀、缸密封的保压回路、采用液控单向阀的平衡回路,此外,系统中还采用了专用的泄压回路。

(3)本液压机利用上滑块的自重作用实现快速下行,并用充液阀对主缸上腔充液。这一系统结构简单,液压元件少,在中、小型液压机中常被采用。

(4)系统中上、下两缸的动作协调由两换向阀的互锁来保证,一个缸必须在另一个缸静止时才能动作。但是,在拉深操作中,为了实现"压边"这个工步,上液压缸活塞必须推着下液压缸活塞移动,这时上液压缸下腔的液压油进入下液压缸的上腔,而下液压缸下腔中的液压油则经下缸溢流阀排回油箱,这时虽两缸同时动作,但不存在动作不协调的问题。

(5)系统中的两个液压缸各由一个安全阀进行过载保护。两缸换向阀采用串联接法,这也是一种安全措施。

8.3 Q2-8 型汽车起重机液压系统

8.3.1 概 述

汽车起重机的实质就是将起重机安装到汽车底盘上的一种可移动的起重设备。由于汽车起重机具有较高的行驶速度、机动性好、工作效率高等特点,因此被广泛应用于各种频繁流动的起重作业设备中。汽车起重机属于工程机械,要求它能在冲击、振动、温差变化大和环境较差的条件下工作;起重机的动作比较简单,对位置精度要求不高,但对液压系统的安全性要求较高,控制阀一般采用手动控制。*Q*2-8 型汽车起重机的最大起重量在幅度为 3 *m* 时为 80 *kN*,最大起重高度为 11.5 *m*,起重装置可连续回转。

8.3.2 液压系统的工作原理

图 8.5 为 *Q*2-8 型汽车起重机的液压系统原理图。系统的液压泵由汽车发动机通过

汽车底盘变速箱上的取力器传动。液压泵通过中心回转接头 9、截止阀 10、过滤器 11,从油箱吸油,输出的压力油经手动换向阀组 1 和 2 串联地输送到各个执行元件。安全阀 3 用于防止系统过载,系统压力由压力表 12 指示。汽车起重机液压系统一般分为上车和下车两部分布置,液压泵、安全阀、阀组 1 和支腿部分安装在下车部分,其余部分安装在上车部分。起重油箱安装在上车部分,兼做配重。上车和下车部分油路通过中心回转接头连通。

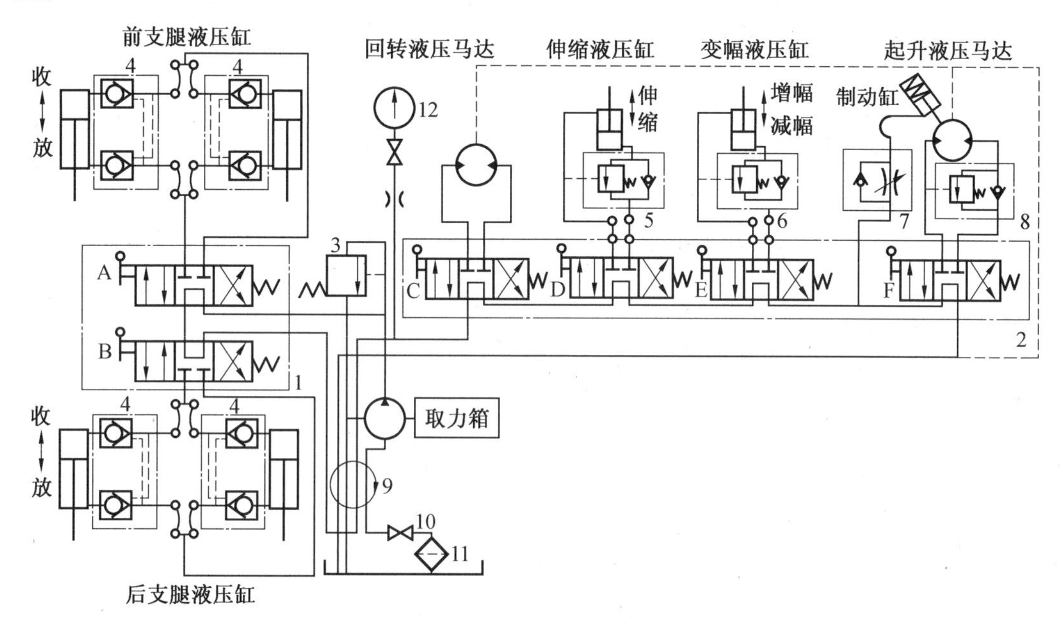

图 8.5 $Q2-8$ 型汽车起重机液压系统原理图

1,2—手动换向阀组;3—安全阀;4—液控单向阀;5,6,8—顺序阀;7—单向节流阀;9—回转接头;10—截止阀;11—过滤器;12—压力表

起重机液压系统包括支腿收放、转台回转、吊臂伸缩、吊臂变幅和吊重起升等五部分。其中,前、后支腿收放控制由双联阀组 1 实现,其余动作由四联阀组 2 实现。所有换向阀全部采用相互串联的 M 型中位机能的三位四通手动换向阀,可实现多缸卸荷。根据起重工作的具体要求,通过操纵阀芯的位移量来实现对执行元件的流量控制。

1. 支腿收放回路

在进行吊装工作时不能用车轮作为承重点,因此必须首先将四个支腿放下。前后支腿油缸可以同时工作,但考虑到起重机的稳定性,应该先放前支腿,再放后支腿,顺序不允许颠倒。收支腿时,应先收后支腿。

当阀组 1 的换向阀 A 左位工作时,前支腿放下,其油流情况为:

进油路:液压泵→换向阀 A 左位→液控单向阀 4→前支腿液压缸无杆腔;

回油路:前支腿液压缸有杆腔→液控单向阀 4→换向阀 A 左位→换向阀 B 中位→换向阀 C 中位→换向阀 D 中位→换向阀 E 中位→换向阀 F 中位→油箱。

当阀组 1 的换向阀 A 右位工作时,前支腿收回,其油流情况与前支腿放下基本相同,只不过压力油首先进入前支腿液压缸有杆腔。

当阀组1的换向阀 B 工作时,后支腿收放,其油流情况与前支腿情况类似,不再重复叙述。

2. 回转机构回路

回转机构采用一个液压马达,它通过齿轮、蜗杆蜗轮减速箱和开式小齿轮(与转盘上的内齿轮啮合)来驱动转盘回转,转盘可获得1~3 r/min的低速。手动换向阀 C 工作在左位、右位、中位时分别控制马达的正转、反转、停止三种工作状态。以控制马达正转(换向阀 C 右位工作)的工况为例,介绍油路情况。

进油路:液压泵→换向阀 A 中位→换向阀 B 中位→换向阀 C 右位→马达正转;

回油路:回转液压马达→换向阀 C 右位→换向阀 D 中位→换向阀 E 中位→换向阀 F 中位→油箱。

3. 吊臂伸缩回路

吊臂的伸缩由换向阀 D 来控制,当换向阀 D 工作在右位、左位、中位时分别控制伸缩臂的伸出、缩回、停止三种工作状态。例如,当换向阀 D 工作在左位时,吊臂缩回,其油路为:

进油路:液压泵→换向阀 A 中位→换向阀 B 中位→换向阀 C 中位→换向阀 D 左位→伸缩液压缸无杆腔;

回油路:伸缩液压缸有杆腔→阀5(顺序阀)→换向阀 D 左位→换向阀 E 中位→换向阀 F 中位→油箱。

4. 吊臂变幅回路

吊臂变幅就是由液压缸来改变吊臂的起落角度,由换向阀 E 来控制吊臂的增幅、减幅和停止三种工况,其油流情况参照吊臂伸缩回路。

5. 吊重起升回路

吊重起升回路是起重机系统中的主要工作回路。吊重的提升和落下是由一个大扭矩液压马达带动卷扬机来完成的。换向阀 F 控制液压马达的正、反转。液压马达的速度可通过改变发动机的转速来进行调节。考虑到液压马达的内泄漏因素,单独增加了制动液压缸。制动液压缸油路设置了单向节流阀7,实现了制动回路的制动快、松闸慢的动作要求。

重物起升油路为:

进油路:液压泵→换向阀 A 中位→换向阀 B 中位→换向阀 C 中位→换向阀 D 中位→换向阀 E 中位→换向阀 F 右位→阀8(顺序阀)→起升马达正转,重物提升;

回油路:起升马达→换向阀 F 右位→油箱。

重物下降油路为:

进油路:液压泵→换向阀 A 中位→换向阀 B 中位→换向阀 C 中位→换向阀 D 中位→换向阀 E 中位→换向阀 F 左位→起升马达反转,重物下落;

回油路:起升马达→阀8(顺序阀)→换向阀 F 左位→油箱。

8.3.3 液压系统的特点

(1)系统采用中位机能为 M 型的三位四通手动换向阀,能使系统卸荷,减少功率损失。

(2)系统采用了使用单向顺序阀的平衡回路、带制动缸的制动回路和采用液压锁的锁紧回路,保证了起重机操作安全、工作可靠、运行平稳。

(3)采用了手动换向阀串联组合,不仅可以灵活方便地控制各机构换向动作,还可以通过手柄操纵来控制流量,以实现节流调速。在起升工作中,将此节流调速方法与控制发动机转速方法相结合,可以实现各工作部件微速动作。另外在空载或轻载吊重作业时,可以实现各机构任意组合并同时动作,以提高生产率。

思考题与习题

8.1　分析如图 8.6 所示实现“快进→中速进给→慢速进给→快退→停止”工作循环的液压系统,回答下列问题。

(1)填写动作顺序表(表 8.2)。

(2)快进和快退速度哪个大?中速进给和慢速进给各采用什么调速?

(3)说明在“快进→中速进给→慢速进给→快退”时溢流阀的作用。

(4)说明两个三位四通电磁换向阀的中位机能。

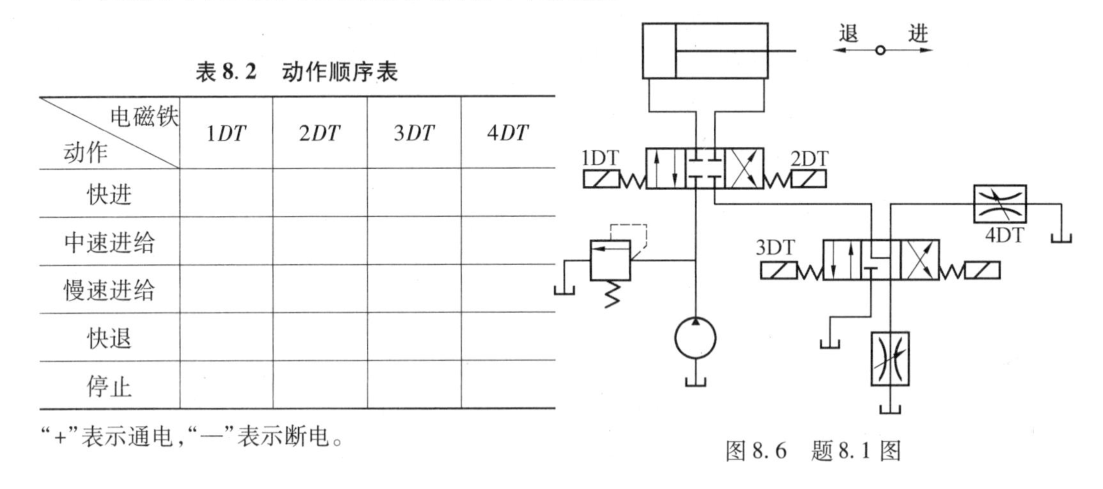

表 8.2　动作顺序表

电磁铁 动作	1*DT*	2*DT*	3*DT*	4*DT*
快进				
中速进给				
慢速进给				
快退				
停止				

“+”表示通电,“—”表示断电。

图 8.6　题 8.1 图

8.2　分析如图 8.7 所示实现“快进→工进→快退→停止,泵卸荷”工作循环的液压系统,回答下列问题。

(1)填写动作顺序表(表 8.3)。

(2)快进和快退速度哪个大?工进采用什么调速?

(3)说明在“快进→工进→快退”时溢流阀的作用。

(4)说明三位四通电磁换向阀的中位机能。

表 8.3　动作顺序表

动作 \ 电磁铁	1Y	2Y	3Y	4Y
快进				
工进				
快退				
停止、泵卸荷				

“+”表示通电，“—”表示断电

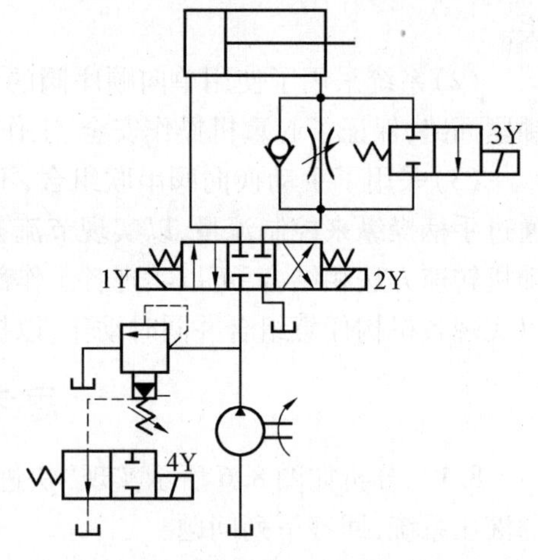

图 8.6　题 8.2 图

8.3　读懂图 8.1 所示的动力滑台液压系统，并分析该油路由哪些基本回路组成，并说明该系统是以什么回路为主？

8.4　如图 8.4 所示的液压机液压系统由哪些基本回路组成？重点分析各种压力控制回路的作用和特点。对应第 5 章插装阀的有关知识，将其转化为插装阀液压回路。

第 9 章

液压系统的设计与计算

9.1 液压系统的设计步骤和过程

液压系统设计是整机设计的重要组成部分,它除了应符合主机的动作循环和静态性能等方面要求外,还应满足结构简单、工作安全可靠、效率高、寿命长、经济性好、使用维护方便等条件。

液压系统的设计没有固定的统一步骤。根据系统的简繁、借鉴同类产品的多少和设计人员的经验不同,在设计方法上有所差异,但设计的基本内容是一致的。本章介绍液压系统常见的设计计算方法。液压系统设计的主要内容和步骤如下:

(1)明确工作要求,进行工况分析;

(2)拟定液压系统原理图;

(3)计算选择元件,设计非标件;

(4)校核液压系统性能;

(5)绘制工作图、编制技术文件。

下面就每一步的内容进行详细的阐述。

9.1.1 明确工作要求,进行工况分析

1. 明确工作要求

(1)明确主机哪些动作需要液压系统来完成。

(2)明确对液压系统的动作和运动要求。根据主机的设计要求,确定液压执行元件的数量、运动形式、工作循环、行程范围、速度范围、负载条件及各执行元件动作顺序、同步或联锁等要求。

(3)明确对液压系统的性能要求。如调速性能、运动平稳性、转换位置精度、工作可靠性、效率、温升、自动化程度、使用与维修的方便性等要求。

(4)明确液压系统的工作环境。如温度、湿度、通风、是否易燃、外界冲击振动干扰,安装空间的大小、经济性等要求。

2. 工况分析

工况分析主要指对执行元件进行负载分析与运动分析。分析的目的是了解在工作过

程中执行元件的负载与速度变化规律，并将此规律用曲线表示出来，作为拟定液压系统方案和确定系统主参数（压力和流量）的依据。一般执行元件在一个工作循环内负载、速度随时间或位移而变化的曲线用负载循环图和速度循环图表示。

（1）运动分析。

运动分析是研究工作机构根据工艺要求应以什么样的运动规律完成工作循环，运动速度的大小，加速度是恒定的还是变化的，行程大小及循环时间长短等。

现以图 9.1 所示的液压缸驱动的组合机床滑台为例来说明。图 9.1(*a*)是机床的动作循环图，图 9.1(*b*)是完成一个工作循环的速度-位移曲线，即速度图。

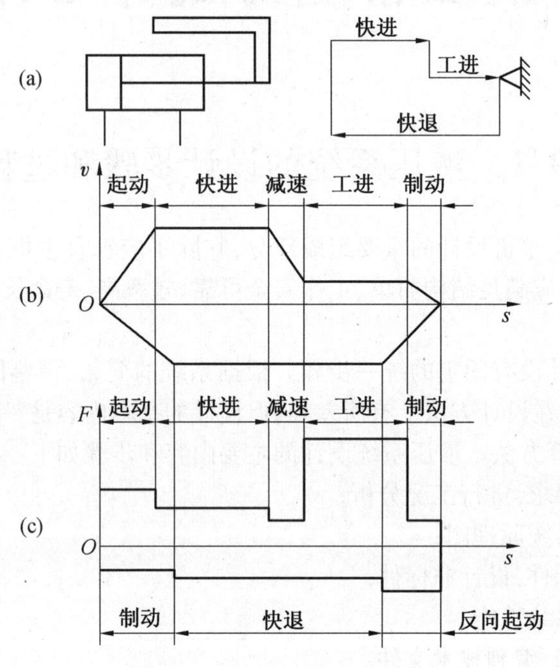

图 9.1　组合机床滑台工况图

（2）负载分析。

液压缸所承受的负载由工作负载、惯性负载、摩擦阻力负载、密封阻力负载、背压负载等组成。

工作负载 F_w 包括切削力、夹紧力、挤压力、重力等，其方向与液压缸运动方向相反时为正，相同时为负。

惯性负载 F_a 为运动部件在启动和制动时的惯性力，由其惯性而产生的负载，加速时为正，减速时为负。可用牛顿第二定律计算

$$F_a = ma = \frac{G\Delta v}{g\Delta t} \tag{9.1}$$

式中，m 为运动部件的质量，kg；a 为运动部件的加速度，m/s^2；G 为运动部件的重力，N；g 为重力加速度，m/s^2；Δv 为速度的变化量，m/s；Δt 为速度变化所需的时间，s。

摩擦阻力负载 F_f 包括导轨摩擦阻力和密封装置处的摩擦力 F_s，前者在确定摩擦系数后即可计算，后者与密封装置类型、液压缸制造质量和液压油压力有关，一般通过取（执

行元件）机械效率 $\eta_m = 0.90 \sim 0.97$ 来考虑。

$$F_f = fF_N \tag{9.2}$$

式中，F_N 为运动部件及外负载对支承面的正压力；f 为摩擦系数，分为静摩擦系数 f_s（0.2 ~0.3）和动摩擦系数 f_d(0.05 ~ 0.1)。

背压负载 F_b 是液压缸回油路上压力 p_b 所产生的阻力，初算时可暂不考虑，需要估算时背压力 p_b 可按表9.1选取。

弹性负载 F_s 是液压缸工作时带有弹性件时所产生的助力，不带弹性件时不存在。

根据上述分析，液压缸驱动执行机构进行直线往复运动时，所受到的外载荷为

$$F = F_w + F_a + F_f + F_s + F_b \tag{9.3}$$

液压缸在各工作阶段中负载按表9.2中的表达式来计算，再以液压缸所经历的时间 t 或行程 s 为横坐标，作出 $F-t$ 或 $F-s$ 负载循环图，如图9.1(c)所示。对于简单液压系统可只计算快速运动阶段和工作阶段。在负载难以计算时可通过实验来确定，也可以根据配套主机的规格确定液压系统的承载能力。

表9.1　液压系统背压力

系统结构情况	背压力 p_b/MPa	
用节流阀的回路节流调速系统	0.3 ~ 0.5	对中高压液压系统，背压力值应放大50% ~ 100%
用调速阀的回路节流调速系统	0.5 ~ 0.8	
回路上有背压阀的系统	0.5 ~ 1.5	
采用辅助泵补油的闭式回路	0.8 ~ 1.5	

表9.2　液压缸各工作阶段负载计算

工作阶段	背压力 p_b/MPa	
启动加速阶段	$F=(F_a+F_{fj}\pm F_G)/\eta_m$	F_G 为运动部件自重在液压缸运动方向的分量，液压缸上行时取正，下行时取负
快进、快退阶段	$F=(F_{fd}\pm F_G)/\eta_m$	
工进阶段	$F=(F_{fd}\pm F_w\pm F_G)/\eta_m$	
减速制动阶段	$F=(F_{fd}-F_a\pm F_G)/\eta_m$	

由工况图可直观地看出在运动过程中何时受力最大，何时受力最小等各种情况，以此作为以后的设计依据。

9.1.2　拟定液压系统原理图

拟定液压系统原理图是整个液压系统设计中最重要的一环，它的好坏直接影响整个液压系统。它从油路原理上具体体现设计任务中提出的各项性能要求。拟定液压系统的一般方法是：先根据具体动作性能要求选择液压基本回路，然后将其回路加上必要的连接措施有机地组合成完整的液压系统。拟定液压系统时，应考虑以下几个方面的问题。

1. 液压回路的选择

选择液压回路的依据是前面的设计要求和工况图。首先确定对主机主要性能起决定

性影响的主要回路，然后再考虑其辅助回路，同时，也要考虑节省能源，减少发热，减少冲击，保证动作精度等问题。在这里，收集、整理和参考同种类型液压系统先进回路的成熟经验是十分必要的。

2. 液压系统的合成

液压系统要求的各个液压回路选好之后，再配上一些必要的元件或辅助油路，就可以进行液压系统的合成了，使之成为完整的液压传动系统。进行这项工作时必须注意以下几点：

① 尽可能多地归并掉作用相同或相近的元件，力求系统结构简单。

② 归并出来的系统应保证其循环中的每个动作都安全可靠，相互之间没有干扰。

③ 尽可能使归并出来的系统保持效率高，发热少。

④ 系统中各种元件的安放位置应正确，以便充分发挥其工作性能。

⑤ 归并出来的系统应经济合理，不可盲目追求先进，脱离实际。

9.1.3 计算、选择液压元件，设计非标件

液压元件的计算主要是计算元件在工作中承受的工作压力和通过的流量，以便确定元件的规格和型号。此外还有管道的确定、电机功率的计算和油箱的设计等。元件应尽量选用标准元件，只有在特殊情况下才设计非标元件。

1. 确定液压系统的主要参数

液压系统的主要参数有工作压力和流量，它们是选择液压元件的主要依据。系统的工作压力和流量分别取决于液压执行元件工作压力及回路上压力损失和液压执行元件所需流量及回路泄漏，所以确定液压系统的主要参数实质上是确定液压执行元件的主要参数。

(1) 初选液压系统的压力。

执行元件工作压力是确定其结构参数的重要依据，决定系统的经济性和合理性。若工作压力选得低，对液压系统工作平稳性、可靠性和降低噪声等都有利，但执行元件的尺寸偏大，液压系统和元件的体积、重量就相应增大，完成给定速度所需的流量也大；若工作压力选得过高，虽然液压元件结构紧凑，但对液压元件材质、制造精度和密封要求都相应提高，制造成本也相应提高。所以应根据实际情况选取适当的工作压力。执行元件的工作压力可以根据负载或主机设备类型进行选择，见表 9.3 和表 9.4。

表 9.3　按负载选择执行元件工作压力

负载 F/kN	< 5	5 ~ 10	10 ~ 20	20 ~ 30	30 ~ 50	> 50
工作压力 p/MPa	< 0.8 ~ 1	1.5 ~ 2	2.5 ~ 3	3 ~ 4	4 ~ 5	> 5

表 9.4　各类液压设备常用工作压力

机械类型	机床				小型工程机械	液压机、大中型挖掘机
	磨床	组合机床	龙门刨床	拉床	农业机械	重型机械、起重运输机械
工作压力 p /MPa	0.8 ~ 2	3 ~ 5	2 ~ 8	8 ~ 10	10 ~ 18	20 ~ 32

(2) 确定执行元件的主要结构参数。

① 确定液压缸的主要结构参数。主要几何参数是有效工作面积 A,它可根据分析得到的最大负载 F_{max} 和初选的液压缸工作压力 p,由下式求得

$$A = \frac{F_{max}}{p\eta_{cm}} \tag{9.4}$$

式中,F_{max} 为液压缸上的最大外负载,N;η_{cm} 为液压缸的机械效率;p 为液压缸的工作压力,Pa。

这是粗略算法,详细算法见4.3节中液压缸的设计与计算。

由式(9.4)计算出的工作面积还必须满足液压缸所需求的最低稳定速度 v_{min} 的要求,即

$$A \geqslant \frac{q_{min}}{v_{min}} \tag{9.5}$$

式中,q_{min} 为回路中所用流量阀的最小稳定流量,或容积调速回路中变量泵的最小稳定流量;v_{min} 为液压缸应达到的最低运动速度。

这步计算必须在流量阀选定后才能进行。

② 确定液压马达排量 V_M。由马达的最大负载扭矩 T_{max}、初选的工作压力 p 和预估的机械效率 η_{Mm},即可计算马达排量

$$V_M = \frac{2\pi T_{max}}{p\eta_{Mm}} \tag{9.6}$$

为使马达能达到稳定的最低转速 n_{min},其排量 V_M 应满足

$$V_M \geqslant \frac{q_{min}}{n_{min}} \tag{9.7}$$

式中,q_{min} 意义与式(9.5)中的相同。同样这步计算也必须在流量阀选定后才能进行。

按求得的排量 V_M、工作压力 p 及要求的最高转速 n_{max} 从产品样本中选择合适的液压马达,然后由选择的液压排量 V_M、机械效率 η_{Mm} 和回路中的背压力 p_b 复算液压马达的工作压力。

③ 绘制执行元件的工况图。工况图指的是压力图、流量图和功率图。

在执行元件主要结构参数确定后,就可由负载循环图和速度循环图绘制出执行元件的工况图,即执行元件在一个工作循环中的工作压力 p、输入流量 q、输入功率 P 对时间的变化曲线图。执行元件的工况图显示系统在整个循环中压力、流量、功率的分布情况及最大值所在的位置,是选择液压元件、液压基本回路及为均衡功率分布而调整设计参数的依据。

2. 液压泵的选择

液压泵的选择方法是根据设计要求和系统工况确定其类型,然后根据液压泵的最高工作压力和最大供油量来选择其规格。

(1) 计算液压泵的工作压力。

液压泵的工作压力是根据执行元件的工作性质来确定的:泵的最高压力的确定分两种情况,其一是,执行元件在工作行程终点,运动停止时才需要最大压力,这时液压泵的工

作压力就等于执行元件的最大压力。其二是,执行元件是在工作行程过程中需要最大压力。这时液压泵的工作压力应满足:

$$p_p \geqslant p_1 + \sum \Delta p_1 \tag{9.8}$$

式中,p_1 为执行元件的最大工作压力;$\sum \Delta p_1$ 为进油路上的压力损失,它包括沿程压力损失和局部压力损失(系统管路未曾画出以前按经验选取,一般节流调速和简单的系统,$\sum \Delta p_1 = 0.2 \sim 0.5$ MPa。进油路有调速阀及管路复杂的系统,$\sum \Delta p_1 = 0.5 \sim 1.5$ MPa)。

(2) 计算液压泵的流量。

液压泵的流量 q_p 按执行元件工况图上最大工作流量和回路的泄漏量确定。

单液压泵供给多个同时工作的执行元件时

$$q_p \geqslant K\left(\sum q_i\right)_{\max} \tag{9.9}$$

式中,K 为回油泄漏折算系数,$K = 1.1 \sim 1.3$;$\left(\sum q_i\right)_{\max}$ 为同时工作的执行元件流量之和的最大值。

采用差动连接的液压缸时

$$q_p \geqslant K(A_1 - A_2)v_{\max} \tag{9.10}$$

式中,A_1、A_2 分别为液压缸无杆腔,有杆腔的有效工作面积;$v_{\max}$ 为液压缸或活塞的最大移动速度。

采用蓄能器储存压力油时,按系统在一个工作周期中的平均工作流量来选择

$$q_p \geqslant \frac{1}{T}\sum_{i=1}^{n} V_i \tag{9.11}$$

式中,T 为机器工作周期;V 为每个执行元件在工作周期中的总耗油量;n 为执行元件的个数。

(3) 选择液压泵的规格。

根据前面计算的 p_p 和 q_p 值,即可从产品样本中选择出合适的液压泵的型号和规格。值得注意的是计算的 p_p 是系统的静态压力。系统在工作过程中常因过渡过程内的压力超调或周期性的压力脉动而存在动态压力,其值远远超过静态压力。所以液压泵的额定压力应比系统最高压力大出 25% ~ 60%。液压泵的 q_p 应与系统所需的最大流量相适应。

(4) 驱动泵的电机功率计算。

① 若工况上的 $p-t$ 与 $q-t$ 曲线变化比较平缓,则电机所需功率为

$$P_p = p_p q_p / \eta_p \tag{9.12}$$

② 工况图上的 $p-t$ 与 $q-t$ 曲线起伏较大,则需按式(9.12)分别算出电动机在各个循环阶段内所需的功率(注意液压泵在各个阶段内的功率是不同的),然后用下式求出电动机的平均功率:

$$P_p = \sqrt{\frac{\sum_{i=1}^{n} P_{pi}^2 t_i}{\sum_{i=1}^{n} t_i}} \tag{9.13}$$

式中，$P_{pi}(P_{p1},P_{p2},P_{p3},\cdots,P_{pn})$ 为整个循环中每个动作阶段内所需的功率；$t_i(t_1,t_2,t_3,\cdots,t_n)$ 为整个循环中每个动作阶段所占用的时间。

求出了平均功率后还要返回去检查每个阶段内电动机的超载量是否在允许值范围内（电动机一般允许短期超载25%）。如果在允许超载范围内，即可根据平均功率 P_p 和泵的转速 n 从产品样本中选取电机。

3. 控制阀的选择

控制阀的规格是根据系统最高压力和通过该阀的最大流量在标准元件的产品样本中选取的。进行这项工作时应注意：液压系统有串联油路和并联油路之分。油路串联时系统的流量即为油路中各处通过的流量；油路并联且各油路同时工作时，系统的流量等于各条油路通过的流量总和，油路并联且油路顺序工作时的情况与油路串联时相同。元件选定的额定压力和流量应尽可能与其计算所需之值接近，必要时，通过元件的最大实际流量不超过其额定流量的 80%。与泵并联的溢流阀，无论起什么作用，其流量均应按泵的额定流量确定。

4. 管道尺寸的确定

管道内径 d 取决于通过的最大流量和管内允许的液体流速，其值为

$$d = \sqrt{\frac{4q_{max}}{\pi v}} \tag{9.14}$$

式中，q_{max} 为通过油管的最大流量，m^3/s；V 为管道内允许的流速，m/s，一般的吸油管取 0.5 ~1.5 m/s，压油管取 2.5 ~ 5 m/s，回油管取 1.5 ~ 2.5 m/s。

管道的壁厚取决于所承受的工作压力，其值为

$$\delta = \frac{p_n d}{2[\sigma]} \tag{9.15}$$

式中，p_n 为试验压力，当管内最大工作压力 $p \leqslant 16$ MPa 时，$p_n = 1.5p$，当管内最大工作压力 $p > 16$ MPa 时，$p_n = 1.25p$；$[\sigma]$ 为管道材料的许用拉应力。

根据计算出的管道内径和壁厚需查设计手册选取标准规格油管。

在实际设计中，管道内径 d 常常按照已选定的液压元件连接口处的尺寸确定，然后校核管内液流速度，即

$$v = \frac{q_{max}}{\frac{\pi}{4}d^2} \tag{9.16}$$

对于吸油管、压油管和回油管要分别计算，只要速度在允许范围之内即可。

5. 油箱容量的确定

液压系统中的散热主要依靠油箱：油箱体积大，散热快，但占地面积大；油箱体积小则油温较高。所以初设计时，一般先按下式确定油箱的容量，待系统确定后，再按散热的要求校核。油箱容量的经验公式为

$$V = aq_p \tag{9.17}$$

式中，q_p 为液压泵每分钟排出压力油的容积，m^3；a 为经验系数，见表 9.5。

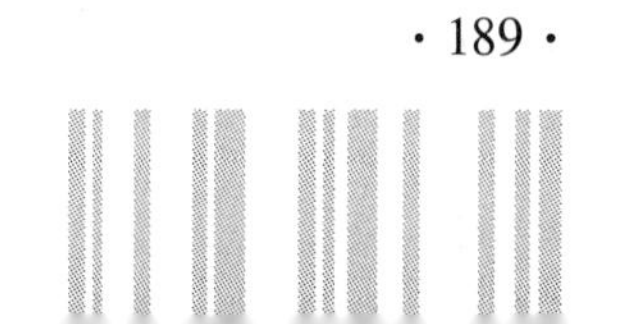

表 9.5　经验系数 a

系统类型	行走机械	低压系统	中压系统	锻压机械	冶金机械
a	1 ~ 2	2 ~ 4	5 ~ 7	6 ~ 12	10

在确定油箱尺寸时，一方面要满足系统供油的要求，另一方面要保证执行元件全部排油时，油箱的油不能溢出，以及系统中最大可能充满油时，油箱的油位不低于最低限度。

当油箱的三边长之比在 1∶1∶1 到 1∶2∶3 范围内，且油位为油箱高度的 80% 时，其散热面积可近似计算为

$$A = 0.065\sqrt[3]{V^2} \tag{9.18}$$

式中，V 为油箱的有效容积，L；A 为散热面积，m^2。

9.1.4　液压系统性能的校核

液压系统设计完成之后，需要对它的技术性能进行校核。以便判断其设计质量或从几个方案中选出最好的设计方案。然而液压系统的性能校核是一个复杂的问题，目前详细校核尚有困难，只能采用一些经过简化的公式，选用近似的粗略的数据进行估算，并以此来定性地说明系统性能上的一些主要问题。设计过程中如有经过生产实践考验的同类型系统可供参考或有较可靠的实验结果可供使用，则系统的性能估算就可省略。

1. 液压系统压力损失的校核

在系统管路布置确定后，即可计算管路的沿程压力损失 Δp_λ、局部压力损失 Δp_ξ 和液流流过阀类元件的局部压力损失 Δp_v，管路中总的压力损失为

$$\sum \Delta p = \sum \Delta p_\lambda + \sum \Delta p_\xi + \sum \Delta p_v \tag{9.19}$$

进油路和回油路上的压力损失应分别计算，并且回油路上的压力损失要折算到进油路上。当计算出的压力损失值比确定系统工作压力时选定的压力损失值大得多时，就应重新调整有关阀类元件规格和管道尺寸等，以降低系统的压力损失；或者重新选择液压泵。

2. 液压系统发热温升的校核

液压系统在工作时由于存在着各种各样的机械损失、压力损失和流量损失，所有的损失将转变为热能，使系统发热、油温升高、系统泄漏增大，影响系统正常工作。所以为了使液压系统保持正常工作，应使油温保持在允许的范围内。

系统中产生热量的元件主要是液压缸、液压泵、溢流阀和节流阀。散热的元件主要是油箱。系统工作时，发热与散热应达到平衡。

若系统的输入功率为 P_i，输出功率为 P_o，则单位时间的发热功率 H_i 为

$$H_i = P_i - P_o = P_i(1 - \eta) \tag{9.20}$$

式中，η 为液压系统总效率。工作循环中有 n 个工作阶段，要根据各阶段的发热功率求出系统的平均发热功率。若第 j 个工作阶段时间为 t_j，则

$$H_i = \frac{\sum_{j=1}^{n}(P_{ij} - P_{oj})\,t_j}{\sum_{j=1}^{n} t_j} \tag{9.21}$$

系统中产生的热量由各个散热面散发至空气中去，但绝大部分热量是经油箱散发的。油箱在单位时间内的散热功率 H_o 可表示为

$$H_o = KA\Delta t \tag{9.22}$$

式中，A 为油箱散热面积；Δt 为油液的温升；K 为散热系数，W/(m^2·℃)，通风条件很差时，$K=8\sim10$，通风条件良好时，$K=14\sim20$，风扇冷却时，$K=20\sim25$，用循环水冷却时，$K=110\sim175$。

当液压系统达到热平衡时，$H_i=H_o$，则系统温升 Δt 为

$$\Delta t = \frac{H_o}{KA} = \frac{H_i}{KA} \tag{9.23}$$

一般机械允许油液温升为25～30 ℃，数控机床油液温升应小于25 ℃，工程机械等允许油液温升为35～40 ℃。若按式(9.23)算出油液温升超过允许值时，可以加大油箱，也可以采取冷却措施。

9.1.5　绘制工作图、编制技术文件

经过对所设计的液压系统性能的校核和必要的修改之后，便可绘制正式工作图和编写技术文件。

1. 绘制工作图

绘制工作图包括绘制液压系统原理图，电气原理图，集成油路装配图，泵站装配图，系统管路装配图和各种非标准件的装配图及零件图。

(1) 液压系统原理图。

首先绘制出整个系统的回路，然后还要标明各液压元件的型号和规格，对于自动化程度较高的机床，还应给出各执行元件的运动循环图和电磁铁及压力继电器的动作顺序表。

(2) 集成油路装配图。

若选用油路板，应将各元件画在油路板上，通过油管将各个液压元件按照液压原理连接起来。若选用集成块或叠加阀时，将选用的产品组合起来绘制成装配图。

(3) 泵站装配图。

将集成油路装置、泵、电动机与油箱组合在一起，绘制出装配图，并表示出它们各自之间的相互位置、安装尺寸及总体外形。

(4) 系统管路装配图。

系统管路装配图是正式施工图。应将各液压部件和元件在机器中的位置、固定方式、油管的走向、管道的尺寸、各种管接头的规格、管夹的位置和装配技术要求等表示清楚。

(5) 非标准件的装配图及零件图。

自行设计的非标准件，应绘制出装配图和零件图。

(6) 电气原理图。

电气原理图包括电控部分的原理图及接线图等。

2. 编写技术文件

技术文件一般包括液压系统设计计算说明书，液压系统使用及维护说明书，自制件、通用件、标准件、外构件明细表，以及实验大纲，易损件图册等。

9.2 液压装置的设计过程

液压传动系统是液压机械的一个组成部分,液压系统传动的设计要同主机的总体设计同时进行。着手设计时,必须从实际出发,有机地结合各种传动形式,充分发挥液压传动的优点,力求设计出结构简单,工作可靠,成本低,效率高,操作简单,维护方便的液压系统。

液压系统设计流程图如图9.2所示。

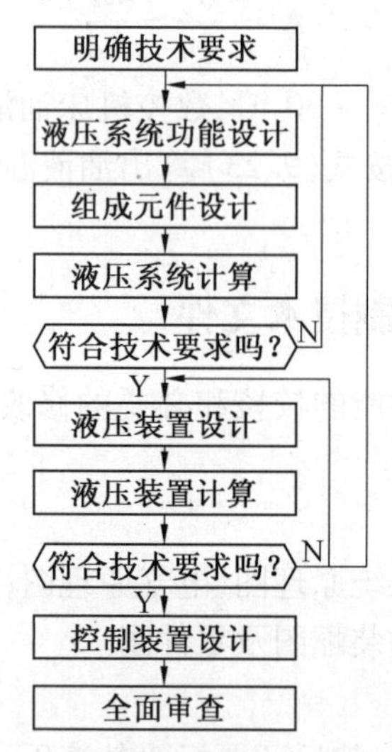

图9.2 液压系统设计流程图

从设计流程图中看出,液压系统功能设计得出液压系统原理图;组成元件设计确定原理图中各元件的规格;液压系统计算分析了系统工作性能。如果这些性能符合技术要求,则可以进行液压装置设计,确定具体结构,绘制液压系统产品工作图样。

1. 明确设计要求

明确设计要求是进行每项工程设计的依据。在着手液压系统各部分设计之前,必须把设计要求以及与设计内容有关的其他方面了解清楚。

① 主机的概况:用途、性能、工艺流程、作业环境、总体布局等。

② 液压系统要完成哪些动作,动作顺序及彼此联锁关系如何。

③ 液压驱动机构的运动形式,运动速度。

④ 各动作机构的负载大小及其性质。

⑤ 对调速范围,运动平稳,转换精度等性能方面的要求。

⑥ 自动化程度,操作控制方式的要求。

⑦ 对防尘、防爆、防寒、噪声、安全可靠性等要求。

⑧ 对效率、成本等方面的要求。

2. 液压系统功能的设计

根据技术要求确定执行器的种类、数量、动作顺序和动作条件;根据动作条件拟定驱动执行器的基本回路;根据设计要求和工况图,确定对主机主要性能起决定性影响的主要回路和辅助回路;然后再设计液压系统回路。此时要进一步考虑安全、减少冲击、减少压力脉动、节能、寿命等因素,对此基本系统进行修改补充,使之臻于完善。

3. 组合元件的设计

液压回路中所用的元件分四大类,即能量输入元件,例如泵;控制元件,例如阀;能量输出元件,例如马达;辅助元件,例如管子、油箱、接头等。前三类直接参与回路的能量传递,辅助元件虽不直接参与能量传递,但是保证和改善回路功能所必需的。上述元件的选择顺序是执行器 — 泵 — 阀 — 辅助元件。

4. 液压系统的计算

确定液压系统的构成和所用元件的规格后,要进行液压系统的压力损失、流量收支平衡、效率、热平衡等计算。如果发生矛盾,则对液压系统进行修改或改变元件的规格。

5. 液压装置的设计

液压装置的设计主要包括油箱与泵装置的设计、油路块的设计、管路的设计。液压系统中使用了大量的液压元件、管件、密封件、标准紧固件及电动机、联轴器、仪表、油箱附件等,所以对这些外购件与标准件的规格、型号、工作原理、性能参数、安装连接尺寸、使用注意事项等要掌握,这样才能保证液压系统设计正确无误。

(1) 液压系统的总体布局。

液压系统的总体布局方式有两种:集中式布局、分散式布局。集中式布局是将整个设备液压系统的执行元件装配在主机上,将油泵电机组、控制阀组、附件等集成在油箱上组成液压站。这种形式的液压站最为常见,具有外形整齐美观、便于安装维护、外接管路少,可以隔离液压系统的振动、发热对主机精度的影响等优点。分散式布局是将液压元件根据需要安装在主机相应的位置上,各元件之间通过管路连接起来,一般主机支撑件的空腔兼做油箱使用,其特点是占地面积小、节省安装空间,但元件布局零乱、清理油箱不便。

(2) 液压阀的配置形式。

液压阀的配置形式有管式配置、板式配置和集成式配置三种。目前液压系统大多数采用集成式。它是将液压阀件安装在集成块上,集成块一方面起安装底板作用,另一方面起内部油路作用。这样配置结构紧凑、安装方便、外接管路少、外观整齐。而板式配置是把板式液压阀件用螺钉固定在油路板上,油路板上钻、攻有与阀口对应的孔,通过油管将各个液压元件按照液压原理图连接起来。其特点是连接方便、容易改变元件之间的连接关系,但管路较多,目前应用得越来越少。

(3) 集成块设计。

集成块是用来安装板式液压阀的,并通过块内打孔,使各阀的流路依据所设计的原理实现正确沟通。集成块的材料一般为铸铁或锻钢。低压系统集成块可采用铸铁;中高压系统集成块要采用锻钢。块体加工成正方体或长方体。

对于较简单的液压系统,其液压阀较少,可安装在同一集成块上。若液压系统复杂,阀件较多,就需要多个集成块叠积的形式。相互叠积的集成块上下面一般为叠积接合面,钻有公共压力孔 P、公共回油孔 T、泄油孔 L 和四个叠积的螺栓孔。集成块的其余四个表面,一般后面接通液压执行元件的油管,另三个面用以安装液压阀。块体内部按系统图的要求,钻有沟通各阀的孔道。

集成块结构尺寸,应满足阀件的安装和孔道的布置及其他工艺要求。

(4) 管路的设计。

① 根据压力及使用场合选择油管。油管必须有足够的强度,内壁光滑清洁,无砂、锈蚀、氧化皮等缺陷。

② 管道的连接有螺纹连接、法兰连接、和焊接连接 3 种。可根据压力、管径和材料选定。

③ 在布置管道时,整个管线要求最短,转弯数量少,尽量减少上下弯曲,并保证管道的伸缩变形。

6. 液压装置的计算

在液压装置设计过程中,需进行相关的计算。如计算结果符合技术要求,则液压系统装置的设计满足要求。

7. 控制装置的设计(略)

8. 全面审查(略)

9.3 液压系统的设计计算举例

设计一台小型油压机液压系统,其油压机工作循环为:快速下降 — 压制 — 保压 — 快速退回 — 原位停止;工作时压制负荷为 40 kN,运动部件重为 3 kN,快速回程时负载为 2 kN;快进速度为 8 m/min,快退速度为 9 m/min,压制速度为 0.3 m/min;最大行程为 300 mm,其中工进行程为 100 mm;启动换向时间 $\Delta t = 0.3$ s,保压时间为 80 s。

9.3.1 负载分析与速度分析

1. 负载分析

液压缸的负载主要包括:工作阻力、惯性阻力、重力、密封阻力和背压阻力等。

题目为小型油压机液压系统设计,在本液压系统中液压缸的主要负载有:上滑块的自重,压制时的负载,快速回程时的负载。油压机的上滑块的重量均较大,足以克服摩擦力和回油阻力自行下落。工作循环为:启动 — 快速下降 — 压制 — 保压 — 快速回退 — 原位停止。

启动时间为 0.3 s,应考虑在启动加速阶段的惯性力,其方向与运动方向相反;还有重力的作用,其方向与运动方向在此时相同;而在快速下行阶段,仅有重力作用;压制阶段,需要压制力 $F_{w1} = 40\ 000$ N,还受重力作用,重力作用抵消了一部分压制力;保压阶段,负载情况和压制阶段相同;快速回退阶段,重力的方向和运动方向相反而且需压制力 $F_{w2} = 2\ 000$ N。密封负载是指密封装置的摩擦力,其值与密封装置的类型和尺寸、液压缸的制造和油液的工作压力有关,在未完成液压系统设计之前,不知道密封装置的参数,密封负载无法计算,一般用液压缸的机械效率 η_{cm} 加以考虑,本设计中取 $\eta_{cm} = 0.9$。

背压负载是指液压缸回油腔被压所造成的阻力,在系统方案及液压缸结构尚未确定之前,在负载计算时可暂不考虑。

根据题目已知工作负载 $F_{w1}=40\ 000$ N，$F_{w2}=2\ 000$ N，重力负载 $F_G=3\ 000$ N，按启动换向时间和运动部件重量计算得到惯性负载 $F_a=136$ N。

取液压缸机械效率 $\eta_{cm}=0.9$，则液压缸的各个动作的负载值见表9.6。

表9.6　液压缸在各工作阶段的负载值

工作循环	计算公式	负载 f/N
启动阶段	$F=(-F_G+F_a)/\eta_m$	−3 182
快速下降	$F=-F_G/\eta_m$	−3 333
压制阶段	$F=(F_{w1}-F_G)/\eta_m$	41 111
保压阶段	$F=(F_{w1}-F_G)/\eta_m$	41 111
快退阶段	$F=(F_{w2}+F_G)/\eta_m$	5 556
原位停止	$F=F_G/\eta_m$	3 333

2. 速度分析

启动加速时间 $t_0=0.3$ s，快速下行时间 $t_1=200$ mm/8(m/min) = 1.5 s，压制时间 $t_2=100$ mm/0.3(m/min) = 20 s，保压时间 $t_3=80$ s，快速回程时间 $t_4=300$ mm/9(m/min) = 2 s，快进速度为8 m/min，工进速度为0.3 m/min，快退速度为9 m/min，快进行程为200 mm，工进行程为100 mm，快退行程为300 mm。

按上述分析可绘制出负载循环图和速度循环图，如图9.3所示。

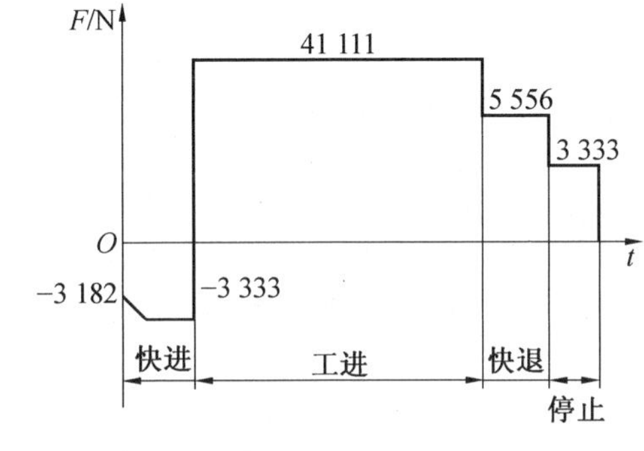

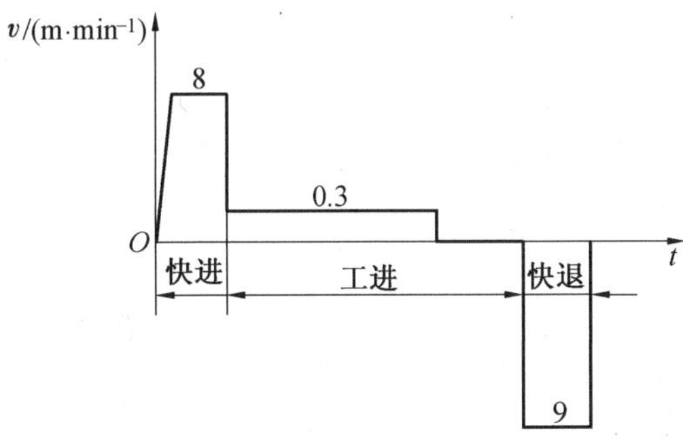

图9.3　液压缸的负载图和速度图

9.3.2 确定液压缸主要参数

1. 初选液压缸的工作压力

由最大负载值查表9.3,取液压缸工作压力为 $p_1 = 5$ MPa。

2. 计算液压缸结构参数

由负载图知最大负载 $F_{\max} = 41\ 111$ N,选执行元件的背压 $p_b = 0.5$ MPa,取 $\eta_{cm} = 0.9$,由速度比 $\lambda_v = \frac{v_{退}}{v_{进}} = \frac{9}{8}$,得 $d = \sqrt{\frac{\lambda_v - 1}{\lambda_v}}D = \frac{D}{3}$。故 $D = \sqrt{\frac{4F_{\max}}{\pi\eta_{cm}\left(p_1 - \frac{1}{\lambda_v}p_b\right)}} = 113$ mm,D 取标准值为120 mm;$d = \sqrt{\frac{\lambda_{v-1}}{\lambda_v}} \cdot D = 0.33 \times 120$ mm $= 39.6$ mm,取标准值为50 mm,$A_1 = \frac{\pi}{4}D^2 = 113.1\ \text{cm}^2$,$A_2 = \frac{\pi}{4}(D^2 - d^2) = 93.41\ \text{cm}^2$。

3. 确定各个工作阶段的流量 q、压力 p 和功率 P

$q_{进} /(\text{L}\cdot\text{min}^{-1}) = A_1 \cdot V_{快进} = 113.1 \times 10^{-4} \times 8 \times 10^3 = 90.5$

$q_{工} /(\text{L}\cdot\text{min}^{-1}) = A_1 \cdot V_1 = 113.1 \times 10^{-4} \times 0.3 \times 10^3 = 3.39$

$q_{退} /(\text{L}\cdot\text{min}^{-1}) = A_2 \cdot V_{退} = 93.41 \times 10^{-4} \times 9 \times 10^3 = 84.1$

$p_{进} /\text{MPa} = \frac{F_{进}}{A_1} = -3\ 333/113.1 = -0.29$

故 $p_{进}$ 取零。

$p_{工} /\text{MPa} = \frac{F_{工进}}{A_1} = 41\ 111/113.1 = 3.63$

$p_{退} /\text{MPa} = \frac{F_{退}}{A_2} = 5\ 556/93.41 = 0.59$

$P_{进} /\text{W} = p_{进}q_{进} = 0 \times 90.5 \times 10^{-3} \div 60 = 0$

$P_{工}/\text{W} = p_{工}q_{工} = 3.63 \times 10^6 \times 3.39 \times 10^{-3} \div 60 = 205.1$

$P_{退}/\text{W} = p_{退}q_{退} = 0.59 \times 10^6 \times 84.1 \times 10^{-3} \div 60 = 827$

4. 绘制液压缸的工况图

液压缸的工况图如图9.4所示。

9.3.3 拟定液压系统图

1. 选择基本回路

(1) 快速下行压制回路的选择。

液压机液压系统的特点就是产生的输出力大,为了获得很大的压制力,可采用高压泵供油和大直径的油缸,而后者比较常用。启动后,上滑块快速下行时,就需要大量的油液进入液压缸的上腔,若采用大规格的泵,不仅造价高,而且在压制,保压回退时损失较大。本设计采用充液筒来补充快速下行时液压泵供油不足,这样使系统功率利用更加合理。在压制时可采用关闭充液筒,泵供油来实现,如图9.5所示。

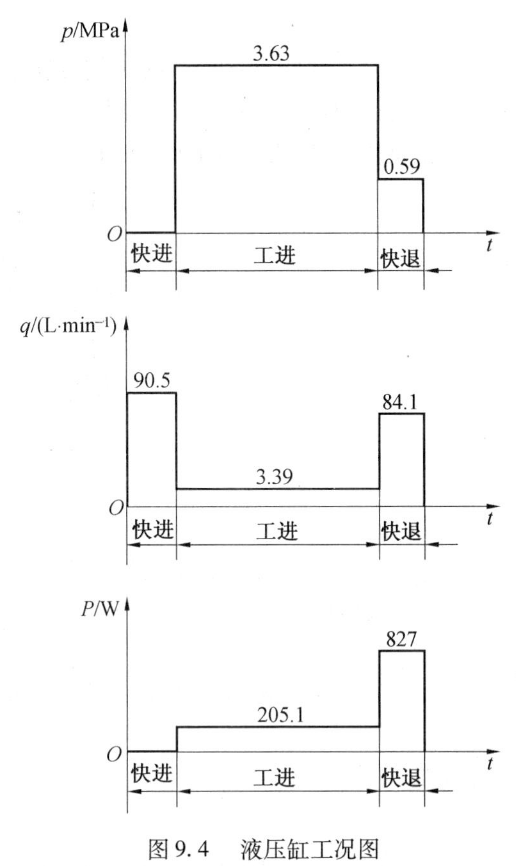

图 9.4　液压缸工况图

(2) 保压回路的选择。

本系统采用液控单向阀和单向阀的密封性及液压管路和油液的弹性来保压,要求液压缸等元件的密封性好,如图 9.6 所示。

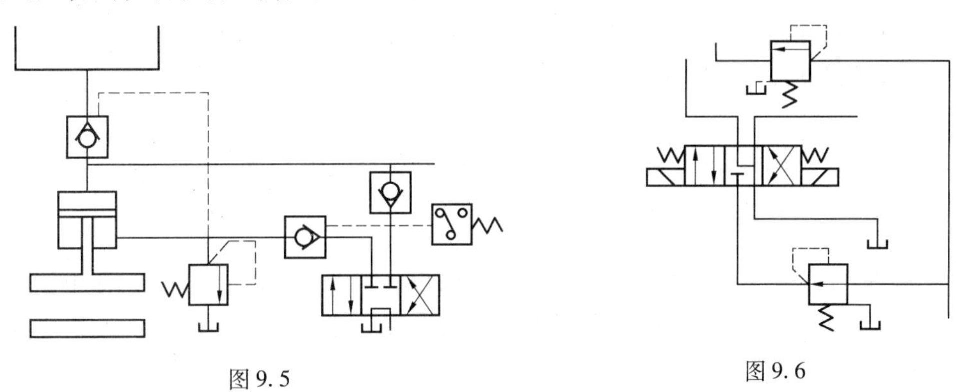

图 9.5　　　　图 9.6

(3) 控制油路的设计。

为了保证控制油路所需的压力,采用直控顺序阀和减压阀配合来实现,如图 9.6 所示。

(4) 泄压回路的设计。

为了防止高压系统的液压缸换向时的液压冲击,需要设计泄压回路,具体是对换向过程进行控制,先使高压腔压力释放后,再切换油路,如图 9.7 所示。

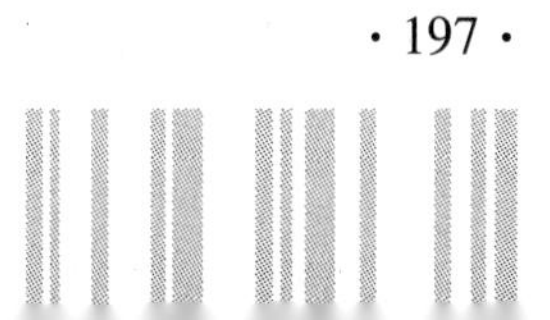

(5) 油源选择。

由于设计要求压制时,负载最大速度低,在快退时负载小,速度高。为了节省能源,减少发热,油源选用变量泵供油,本设计的系统中采用限压式变量叶片泵,为了保证系统的安全在泵的出口并联一个溢流阀起安全作用,如图 9.8 所示。

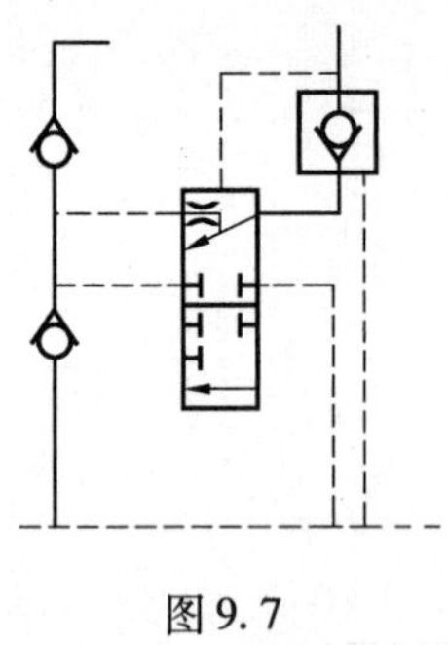

图 9.7

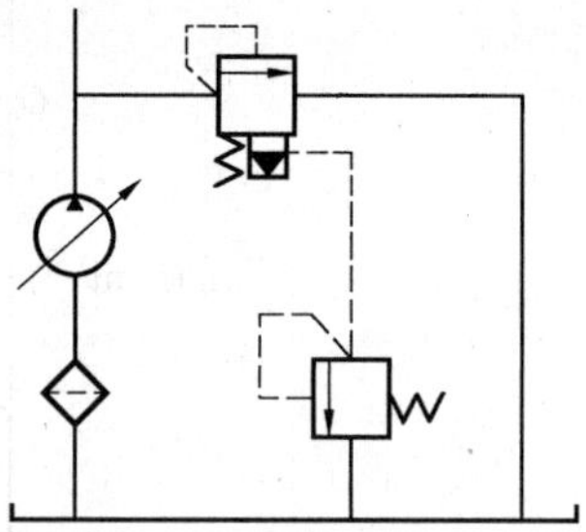

图 9.8

(6) 动作转换的控制方式选择。

在压制后,有规定的保压时间,在保压后,上滑块开始回退。本设计中采用时间继电器配合三位四通电磁阀实现动作的转换。

(7) 液压基本回路的组合。

将已选的液压回路组合成符合设计要求的液压系统并绘制液压系统原理图,如图 9.9 所示。

2. 简要分析液压系统的原理

(1) 快速下行。

当电磁铁 1YA 通电后,先导阀 3 和上液压缸换向阀 7 左位接入系统,液控单向阀 I_2 被打开,系统的主油路走向为:

进油路:液压泵 → 顺序阀 10 → 上液压缸换向阀 7 左位 → 单向阀 I_3 → 上液压缸 5 上腔;

回油路:上液压缸 5 下腔 → 液压单向阀 I_2 → 上液压缸换向阀 7 的左位 → 油箱。

上滑块在自重作用下,这时,上液压缸上腔所需油量较大,而液压缸的流量又较小,其不足部分由充液筒 6 经液控单向阀 I_1 向液压缸上腔补油。

(2) 压制。

当上滑块下行到接触工件后,因受阻力而减速,液控单向阀 I_1 关闭,液压缸上腔压力升高,实现慢速加压,这时的回油路走向与快速下行时相同。

(3) 保压。

当上液压缸上腔压力升高到使压力继电器 8 动作时压力继电器发出信号,使电磁铁 1YA 断电,则先导阀和上缸换向阀位于中位,泵卸荷,保压延时,保压时间由时间继电器(图中未画出)控制。

(4) 快速回退。

在保压延时结束后,时间继电器 2YA 通电,先导阀右位接入系统,使控制压力油推动预泄换向阀 9,并将上缸换向阀右位接入系统,这时,单向阀 I_1 被打开,其主油路走向为:

进油路:液压泵 → 顺序阀 10 → 上缸换向阀 7 右位 → 液控单向阀 I_2 → 上液压缸 5 下腔。

回油路:上液压缸 5 上腔 → 液控单向阀 I_1 → 充液筒 6。

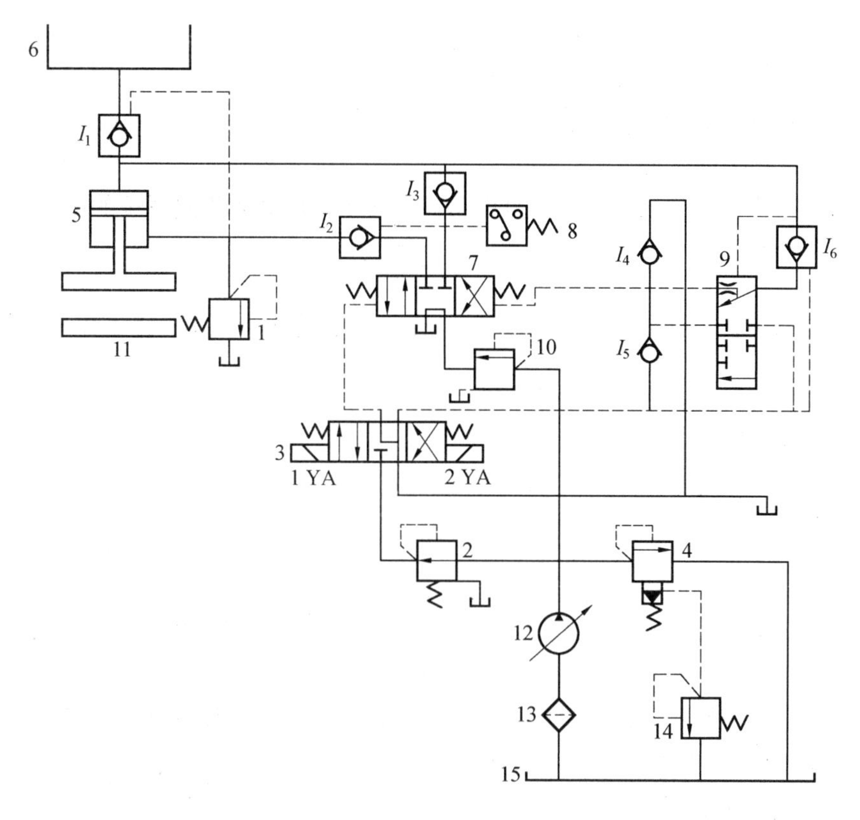

图 9.9　液压系统原理

2— 减压阀;3— 先导阀;1、4、14— 溢流阀;5— 液压缸;6— 充液筒;7— 液压缸换向阀;8— 压力继电器;9— 释压器;10— 顺序阀;11、12— 液控单向阀;13、14— 单向阀;11— 液压工作台;12— 变量叶片泵;13— 滤油器;15— 油箱

这时上滑块快速返回,返回速度由液压泵的流量决定。当充液筒内液面超过预定位置时,多余的油液由溢流管流回油箱。

(5) 原位停止。

当上滑块返回上升到挡块压下行程开关时,行程开关发出信号,使电磁铁 2YA 断电,先导阀和上下液压缸换向阀都处于中位,则上滑块在原位置停止不动。这时,液压泵处于低压卸荷状态,油路的走向为:

液压泵 → 顺序阀 10 → 上液压缸换向阀 7 中位 → 油箱。

3. 顺序动作表(表 9.7)

表 9.7　顺序动作表

动作	1YA	2YA
快进	+	−
压制	+	−
保压	−	−
快退	−	+

9.3.4 液压元件的选择

1. 液压泵及驱动电机功率的确定

(1) 确定液压泵的压力。

液压泵的工作压力应当考虑液压缸的最高有效工作压力和管路系统的压力损失。

$$P_{泵} = P_1 + \sum \Delta P$$

其中,$P_1 = \dfrac{F_1}{A_1}$,当$P = 3.63$ MPa,$\sum \Delta P = 0.5$ MPa,则$P_{泵} = 4.13$ MPa;此为静态压力,考虑动态压力大于静态压力,所以$P_{额} = 1.5P_{泵} = 6.2$ MPa。

(2) 计算液压泵的流量。

液压泵的最大流量

$$q_{泵} = Kq_{max}$$

式中,q_{max}为缸所需最大流量;K为泄漏系数,$K = 1.1 \sim 1.3$,取$K = 1.2$。

$$q_{泵}/(\mathrm{L \cdot min^{-1}}) = Kq_{max} = 1.2 \times 90.5 = 108.6$$

(3) 选择液压泵规格型号。

由$p_{额}$及$q_{泵}$查液压零件设计手册,选用YB－125J型单极叶片泵,该泵的基本参数为:压力为6.3 MPa,转速为960 r/min,流量为125 L/min。

(4) 确定电机功率。

由工况图可知,液压泵最大输出功率在快退阶段。快退时管路损失$\Delta P = 0.2$ MPa,泵的总效率为0.7,则电动机功率

$$P_{电}/\mathrm{kW} = p_{泵}\, q_{泵}/\eta_{泵} = 4.13 \times 108.6/0.7 = 0.64$$

根据此数值查阅设计手册或电动机产品样本,选择功率和额定转速相近的电动机。

2. 液压元件的选择

由参数$q_{max} = 90.5$ L/min,$p_{max} = 3.63$ MPa即可选择液压元件。

(1) 选取元件(略)。

(2) 油管的计算与选择。

按管路允许的流速进行计算,主油路油管流量$q = 90.5$ L/min,允许流速$v = 3$ m/s;则管径

$$d/\mathrm{mm} = \sqrt{\frac{4q}{\pi v}} = 10^3\sqrt{\frac{4 \times 90.5 \times 10^{-3}}{3.14 \times 3 \times 60}} \approx 25.30 \quad 取\ d = 30\ \mathrm{mm}$$

出油管内径尺寸按流量$q = 84.1$ L/min,$v = 2.5$ m/s计算,则出油管的内径

$$d/\mathrm{mm} = \sqrt{\frac{4q}{\pi v}} = 10^3\sqrt{\frac{4 \times 84.1 \times 10^{-3}}{3.14 \times 2.5 \times 60}} \approx 26.7 \quad 取\ d = 30\ \mathrm{mm}$$

由公式$\delta \geqslant \dfrac{P_{max}d}{2\sigma_p}$有,$\sigma_p = 110$ MPa,$\delta/\mathrm{mm} = \dfrac{4.13 \times 30}{2 \times 110} \approx 0.56$,则厚壁取1 mm。

(3) 油箱容积的确定。

系统为中压系统,油箱有效容量按泵流量的 a(5 ~ 7) 倍确定,油箱容积为 V,a 取6,$V/\mathrm{L}=aq_{泵}=6\times125=750$ L。

结构设计:长宽高的比在1∶1∶1 ~ 1∶2∶3之间。通过计算,取长91 cm,宽91 cm,高91 cm。

9.3.5　液压系统性能校核

在系统管路布置确定以前,回路上压力损失无法计算,当系统管路布置确定后,按第2章压力损失的计算方法,可以很容易地对压力损失进行校核,此处就不进行校核了,以下仅对系统油液温升进行校核。

系统在工作中绝大部分时间是处在工作阶段,所以可按工作状态来计算温升。

$$P_{工}=3.63\ \mathrm{MPa},\quad q_{工}=3.39\ \mathrm{L/min}$$

1. 求发热功率

$P_{泵}=4.13$ MPa,其中考虑了压力损失。变量叶片泵随压力的损失泄漏增加,效率很低,取 $\eta_{泵}=0.5$。

$$P_{泵入}/\mathrm{W}=\frac{P_{泵}\,q_{泵}}{\eta_{泵}}=\frac{4.13\times10^{6}\times3.39\times10^{-3}}{0.5\times60}\approx466.7$$

$$H_{发热}/\mathrm{W}=P_{泵入}(1-\eta_{系统})=466.7\times(1-0.5\times0.76\times0.9)\approx307.1$$

其中,0.76为容积效率;0.9为机械效率。

2. 升温计算

油箱的容积为753 L,油箱通风情况良好,K 取15 ,$A/\mathrm{m}^2=0.91\times0.91+4\times(0.91\times0.91)\times80\%\approx3.48$,则油液温升为

$$\Delta T/℃=\frac{307.1}{15\times3.48}\approx5.9$$

允许发热温升 $[\Delta T]=30\sim60$ ℃ ,$\Delta T<[\Delta T]$,合格。

9.3.6　绘制工作图、编制技术文件(略)

思考题与习题

9.1　设计液压系统一般经过哪些步骤?要进行哪些方面的计算?

9.2　如何拟定液压系统原理图?其核心是什么?

9.3　设计一台小型液压机的液压系统,要求实现快速空程下行→慢速加压→保压快速回程→停止的工作循环,快速往返速度为3 m/min,加压速度为40 ~ 250 mm/min,压制力为200 000 N,运动部件总重量为20 000 N。

9.4　某立式组合机床采用的液压滑台快进、快退速度均为6 m/min,工进速度为

80 mm/min,快速行程为100 mm,工作行程为50 mm,启动、制动时间为0.05 s。滑台对导轨的法向力为1 500 N,摩擦系数为0.1,运动部分质量为500 kg,切削负载为30 000 N。试对液压系统进行负载分析。

9.5 一台专用铣床,铣头驱动电机功率为7.5 kW,铣刀直径为120 mm,转速为350 r/min。工作行程为400 mm,快进、快退速度均为6 m/min,工进速度均为60 ~ 1 000 m/min,加、减速时间为0.05 s。工作台水平放置,导轨摩擦系数为0.1,运动部件总重量为4 000 N。试设计该机床的液压系统。

第二篇 气压传动

第10章 气压传动基础知识

10.1 气压传动概述

气压传动以压缩空气为工作介质，进行能量和信号的传递、转换和控制的传动方式。气压传动是气动技术的一种，与液压传动的主要区别是工作介质不同，是实现各种生产控制自动化的重要手段之一。

10.1.1 气压传动的应用

随着工业机械化和自动化的发展，气动技术越来越广泛地应用于各个领域。从机械制造、冶金工业、轻工业到矿山机械和医疗器械；从机器人、机械手到自动生产线和工业企业自动化等都发挥了很大的作用。

下面简要介绍生产技术领域应用气动技术的一些例子。

1. 汽车制造行业中

现代汽车制造工厂的生产线，尤其是主要工艺的焊接生产线几乎无一例外地采用了气动技术。

2. 电子、半导体制造行业

在彩电、冰箱等家用电器产品的装配生产线上，在半导体芯片、印刷电路等各种电子产品的装配流水线上，不仅可以看到各种大小不一、形状不同的气缸、气爪，还可以看到许多灵巧的真空吸盘将一般气爪很难抓起的显像管、纸箱等物品轻轻地吸住，运送到指定位置上。

3. 生产自动化的实现

在20世纪60年代，气动技术主要用于比较繁重的作业领域作为辅助传动。现在，为了保证产品质量的均一性，能减轻单调或繁重的体力劳动、提高生产效率，降低成本，在工业生产的各个领域，都已广泛使用气动技术。

4. 包装自动化的实现

气动技术还广泛应用于化肥、化工、粮食、食品，药品等许多行业，实现粉状、粒状、块状物料的自动计量包装。还可用于烟草工业的自动卷烟和自动包装等许多工序。用于对黏稠液体(加油漆、油墨、化妆品、牙膏等)和有毒气体(如煤气等)的自动计量灌装。

10.1.2　气压传动的优缺点

20 世纪 60 年代以来,自动化、省力化技术得到迅速发展。自动化、省力化的主要方式有机械方式、电气方式、电子方式、液压方式和气动方式等。这些方式都有各自的优缺点及其最适合的使用范围。任何一种方式都不是万能的,在实现生产设备、生产线的自动化、省力化时,必须对各种技术进行比较,扬长避短,选出最适合方式或几种方式的恰当组合,以使装备做到更可靠,更经济、更安全、更简单。

气动技术与其他的传动和控制方式相比,其主要优缺点如下。

1. 优点

①工作介质来得比较容易,用后的空气排入大气,处理方便。

②因空气的黏度小,传输时损失也很小,便于集中供气和远距离输送。外泄不会造成明显的压力降低和环境污染。

③与液压传动相比,动作迅速、反应快、维护简单、工作介质清洁、不易堵塞阀口和管道、不存在介质变质和补充等问题。

④工作环境适应性强。特别在易燃、易爆、多尘、强磁、辐射、振动等恶劣工作环境中,比其他传动和控制优越。

⑤成本低,过载自动保护好。

2. 缺点

①由于空气具有很大的压缩性,所以工作时速度稳定性差。

②因为工作压力低,所以输出力小。

③噪声大。

④空气本身没有润滑性,需另加油雾器等装置进行给油润滑。

10.1.3　气压传动的发展概况及发展趋势

人们利用空气的能量完成各种工作的历史可以追溯到远古,但作为气动技术应用的雏形,大约开始于 1776 年 John Wilkinson 发明能产生 1 个大气压左右的空气压缩机。1880 年,人们第一次利用气缸做成气动刹车装置,将它成功地用到火车的制动上。20 世纪 30 年代初,气动技术成功地应用于自动门的开闭及各种机械的辅助动作上。进入到 60 年代尤其是 70 年代初,随着工业机械化和自动化的发展,气动技术才广泛应用在生产自动化的各个领域,形成现代气动技术。近年来,随着气动技术与电子技术的结合,其应用领域在迅速地拓宽,尤其是在各种自动化生产线上得到广泛的应用。可编程序控制技术与气动技术相结合,使整个系统自动化程度更高,控制方式更灵活,性能更加可靠。气动机械手、柔性自动化生产线的迅速发展,对气动技术提出了更多更高的要求。气动技术已成为传动与控制的关键技术之一。纵观世界气动行业的发展趋势,气动技术的发展动向可归纳为以下几个方面。

1. 微型化

在精密机械加工及电子制造业中所用的气动元件正在向小型化方向发展,同时在制药业、医疗技术等领域已经出现了活塞直径小于 2.5 mm 的气缸、宽度为 10 mm 的气动阀及相关的辅助元件,气动技术正在向着微型化和系列化的方向发展。

2. 集成化

气阀的集成化不仅仅将几只阀组合安装,还包含了传感器、可编程序控制器等功能。集成化的目的不单是节省空间,还有利于安装、维修和提高可靠性。

3. 智能化

气动技术的智能化体现在元件中集成了微处理器,并具有处理命令和程序控制功能。最典型的智能元件是内置可编程序控制器的阀岛,以阀岛和现场总线技术的结合实现的气电一体化是目前气动技术的一个重要发展方向。

4. 无油、无味、无菌化

人类对环境的要求越来越高,不希望带油雾的空气来污染环境,由于气动元件的废气直接排放到空气中,因此无油润滑的气动元件将会普及。还有些特殊行业,如食品、饮料、制药、电子等,对空气的要求更为严格,除无油外,还要求无味、无菌等,这类特殊要求的过滤器将被不断开发出来。

10.1.4　气压传动的组成

一个典型的气压传动系统由四个部分组成:气源装置、气动执行元件、气动控制元件、气动辅助元件。详细划分参见表 10.1。

表 10.1　气动元件的基本品种

类别	品种	功能说明
气源装置	空气压缩机	作为气压传动与控制的动力源
	后冷却器	清除压缩空气中的固态、液态污染物
	储气罐	稳压和蓄能
	过滤器	清除压缩空气中的固态、液态和气态污染物,以获得洁净干燥的压缩空气,提高气动元件的使用寿命和气动系统的可靠性
	干燥器	进一步清除压缩空气中的水分(水蒸气)
	自动排水器	自动排除冷凝水
气动执行元件	直线气缸	推动工件做直线运动
	摆动气缸	推动工件在一定角度范围内做摆动
	气马达	推动工件做连续旋转运动
	气爪	抓起工件
	复合气缸	实现各种复合运动,如直线运动加摆动的伸摆运动

续表 10.1

类别	品种		功能说明
气动控制元件	压力阀	减压阀	降压并稳压
		增压阀	增压
	流量阀	单向节流阀	控制气缸的运动速度
		排气节流阀	装在换向阀的排气口,用来控制气缸的运动速度
		快速排气阀	可使气动元件和装置迅速排气
	方向阀	电磁阀	能改变气体的流动方向或通断的元件,其控制方式有电磁控制、气压控制、人力(手动)控制和机械控制等
		气控阀	
		人控阀	
		机控阀	
		单向阀	气流只能正向流动,不能反向流动
		梭阀	两个进口中只要有一个有输入,便有输出(或门)
		双压阀	两个进口都有输入时才有输出(与门)
	气动逻辑元件		实现一定的逻辑功能(与、或、非、或非、与非、双稳等)
	比例阀		输出压力(或流量)与输入信号(电压或电流)成比例变化
气动辅助元件	润滑元件	油雾器	将润滑油雾化,随同压缩空气流入需要润滑的部位
		集中润滑元件	可供多点润滑的油雾器
	消声器		降低排气噪声
	排气洁净器		降低排气噪声,并能分离掉排出空气中所含的油雾和冷却水
	压力开关		当气压达到一定值时,便能接通或断开电触点
	管道及管接头		连接各种气动元件
	气液转换器		将气体压力转换成相同压力的液体压力,以便实现气压控制液压驱动
	气动显示器		有气信号时予以显示的元件
	气动传感器		将待测物理量转换成气信号,供后续系统进行判断和控制。可用于检测尺寸精度、定位精度、计数、尺寸分选、纠偏、液位控制、判断有无等
	真空元件	真空发生器	利用压缩空气的流动形成有一定真空度的元件
		真空吸盘	利用真空直接吸吊物体的元件
		真空压力开关	用于检测真空压力的电触点开关
		真空过滤器	过滤掉从大气中吸入的灰尘等,保证真空系统不受污染

10.2　空气的性质及基本计算

气压传动的工作介质是空气,所以我们对空气的性质及有关的计算应该了解。

10.2.1　空气的性质

空气的性质很多,主要讲述与气压传动关系比较密切的性质。

1. 密度

空气的密度是表示单位体积 V 内的空气的质量 m,用 ρ 表示,单位符号为 kg/m^3。

$$\rho = \frac{m}{V} \tag{10.1}$$

密度的导数称为质量体积,用 v 表示,$v = 1/\rho$。它表示单位质量的气体所占有的体积。

2. 压缩性

一定质量的静止气体,由于压力改变而导致气体所占容积发生变化的现象,称为气体的压缩性。由于气体比液体容易压缩,故液体常被当作不可压缩流体,而气体常被称为可压缩流体。气体容易压缩,有利于气体的储存,但难以实现气缸的平稳运动和低速运动。

3. 黏度

空气的黏度是空气质点相对运动时产生阻力的性质。空气黏度的变化只受温度变化的影响,且随温度的升高而增大,主要是由于温度升高后,空气内分子运动加剧,使原本间距较大的分子之间碰撞增多的缘故。而压力的变化对黏度的影响很小,且可以忽略不计,空气的黏度随温度的变化见表 10.2。

表 10.2　空气的动力黏度与温度的关系

t/℃	−20	0	10	20	30	40	60	80	100
μ/(Pa·s)	16.1×10^{-6}	17.1×10^{-6}	17.6×10^{-6}	18.1×10^{-6}	18.6×10^{-6}	19.0×10^{-6}	20.0×10^{-6}	20.9×10^{-6}	21.8×10^{-6}

10.2.2　气压传动的基本计算

1. 气体状态方程

(1) 理想气体的状态方程。

理想气体是指没有黏性的气体。当气体处于某一平衡状态时,气体的压力、温度和质量体积之间的关系为

$$pv = RT$$

或

$$pV = mRT \tag{10.2}$$

式中,p 为气体的绝对压力,N/m^2;v 为空气的质量体积,m^3/kg;R 为气体常数,干空气 $R = 287.1\ N\cdot m/(kg\cdot K)$;$T$ 为空气的热力学温度,K;m 为空气的质量,kg;V 为气体的体积,m^3。

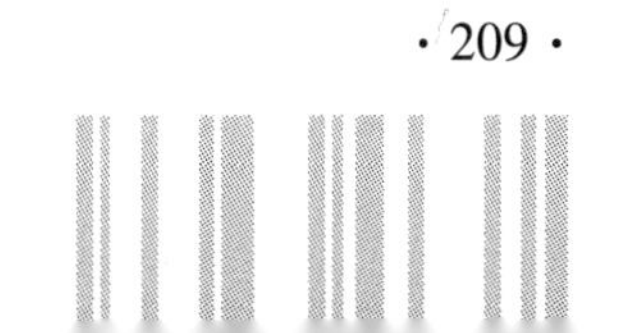

(2) 理想气体的状态变化过程。

① 等容变化过程(查理定律)。

一定质量的气体,在状态变化过程中体积保持不变时,则有

$$\frac{p_1}{T_1}=\frac{p_2}{T_2}=\text{常数} \tag{10.3}$$

式(10.3)表明,当体积不变时,压力的变化与温度的变化成正比,当压力上升时,气体的温度随之上升。

② 等压变化过程(盖 - 吕萨克定律)。

一定质量的气体,在状态变化过程中,当压力保持不变时,有

$$\frac{v_1}{T_1}=\frac{v_2}{T_2}=\text{常数} \tag{10.4}$$

式(10.4)表明,当压力不变时,温度上升,气体质量体积增大(气体膨胀);当温度下降时,气体质量体积减小(气体被压缩)。

③ 等温变化过程(玻意耳定律)。

一定质量的气体,在其状态变化过程中,当温度不变时,有

$$p_1v_1=p_2v_2=\text{常数} \tag{10.5}$$

式(10.5)表明,在温度不变的条件下,气体压力上升时,气体体积被压缩,质量体积下降;压力下降时,气体体积膨胀,质量体积上升。

④ 绝热变化过程。

一定质量的气体,在状态变化过程中,与外界无热量交换时,有

$$p_1v_1^k=p_2v_2^k=\text{常数} \tag{10.6}$$

式中,k 为等熵指数,对于干空气,$k=1.4$,对于饱和蒸气,$k=1.3$。在绝热过程中,气体状态变化与外界无热量交换,系统靠本身的内能对外做功。在气压传动中,快速动作可被认为绝热变化过程。例如,压缩机的活塞在气缸中的运动是极快的,以致缸中气体的热量来不及与外界进行热交换,这个过程就被认为是绝热过程。

⑤ 多变过程。

在实际问题中,气体的变化过程往往不能简单地归属为上述几个过程中的任何一个,不加任何条件限制的过程称为多变过程,此时可用下式表示,即

$$p_1v_1^n=p_2v_2^n=\text{常数} \tag{10.7}$$

式中,n 为多变指数,在一定的多变过程中,多变指数 n 保持;对于不同的多变过程,n 有不同的值,由此可见,前述四种典型的状态变化过程均为多变过程的特例。

当 $n=0$ 时,$pv^0=p=$ 常数,为等压变化过程;

当 $n=1$ 时,$pv=$ 常数,为等温变化过程;

当 $n=\pm\infty$时,$p^{1/n}v=p^0v=v=$ 常数,为等容变化过程;

当 $n=k$ 时,$pv^k=$ 常数,为绝热变化过程。

2. 气体流动规律

(1) 连续性方程。

根据质量守恒定律,通过流管任意截面的流体质量流量 q_m 为

$$q_m = Av\rho = 常数 \tag{10.8}$$

式中,A 为流管的任意截面面积;v 为该截面上的平均流速。

式(10.8) 的微分形式为

$$\frac{dA}{A} + \frac{dv}{v} + \frac{d\rho}{\rho} = 0 \tag{10.9}$$

(2) 伯努利方程。

在流管的任意截面上,根据能量守恒定律,单位质量稳定的空气流的流动压力 p、平均流速 v、位置高度 H 和阻力损失 h_f 满足下列方程(伯努利方程),即

$$\frac{v^2}{2} + gH + \int \frac{dp}{\rho} + gh_f = 常数 \tag{10.10}$$

因为气体是可以压缩的,按式(10.6) 绝热状态计算,对于可压缩气体,$\rho \neq$ 常数,因而有

$$\rho = \rho_1 \left(\frac{p}{p_1}\right)^{1/k}$$

则

$$\int \frac{dp}{\rho} = \frac{p_1^{1/k}}{\rho_1}\int p^{-\frac{1}{k}} dp = \frac{kp_1^{1/k}}{(k-1)\rho} p^{\frac{k-1}{k}} + c$$

又因为 $pv^k = p/\rho^k =$ 常数,所以式(10.10) 可写成

$$\frac{v^2}{2} + gH + \frac{k}{k-1}\frac{p}{\rho} + gh_f = 常数 \tag{10.11}$$

若不考虑摩擦阻力,且忽略位置高度的影响,则有

$$\frac{v^2}{2} + \frac{k}{k-1}\frac{p}{\rho} = 常数 \tag{10.12}$$

而在低速流动时,气体可以认为是不可压缩的,且忽略摩擦和位置高度的影响,则式(10.10) 可写成

$$\frac{v^2}{2} + \frac{p}{\rho} = 常数 \tag{10.13}$$

若任取两个截面列写伯努利方程,经整理,由式(10.12) 可得

$$\begin{aligned}\frac{v_2^2 - v_1^2}{2} &= \frac{k}{k-1}\left(\frac{p_1}{\rho_1} - \frac{p_2}{\rho_2}\right) = \frac{k}{k-1}\frac{p_1}{\rho_1}\left[1 - \left(\frac{p_1}{p_2}\right)^{\frac{k-1}{k}}\right] = \\ &\frac{k}{k-1}\frac{p_2}{\rho_2}\left[\left(\frac{p_1}{p_2}\right)^{\frac{k-1}{k}} - 1\right] = \frac{k}{k-1}RT_1\left[1 - \left(\frac{p_1}{p_2}\right)^{\frac{k-1}{k}}\right] = \\ &\frac{k}{k-1}R(T_1 - T_2)\end{aligned} \tag{10.14}$$

式中,v_1、v_2 分别为两个截面上的平均流速;p_1、p_2 分别为两个截面上的压力;T_1、T_2 分别为两个截面上的绝对温度。

10.3　气体在管道中的流动特性

在气压传动与控制中,气体流动属于管内流动,并按一元定常流动来处理。当气体流

速比较低($v<5$ m/s)时,可视为不可压缩流体,气体流动规律和基本方程形式与液体完全相同。因此,管路系统的基本计算方法相同。可参见液压传动有关章节。

当气体流速比较高($v>5$ m/s)时,在流动特性上与不可压缩流体有较大区别,气体的压缩性对流体运动产生影响,必须视其为可压缩流体。下面介绍在这种情况下的气体流动基本规律和特性。

10.3.1 音 速

声音在空气中传播的速度称为音速,它是靠声波这种微弱的扰动波向四面扩散,使空气的压力和密度出现微弱的变化。

依据质量守恒和动量原理可得空气中的音速为

$$c=\sqrt{\frac{\mathrm{d}p}{\mathrm{d}\rho}} \tag{10.15}$$

式中,c 为音速,m/s;p 为气体压力,Pa;ρ 为气体密度。

微弱扰动波传播速度很快,扰动速度 $\mathrm{d}v$ 和温度变化 $\mathrm{d}T$ 都非常微小,故可认为声波的传播过程是绝热过程,有关系式 $p/\rho^k=$ 常数,根据气体状态方程和音速表达式可以得到

$$c=\sqrt{k\cdot\frac{p}{\rho}}=\sqrt{k\cdot RT}\approx 20.1\sqrt{T} \tag{10.16}$$

式中,k 为绝热指数,$k=1.4$;R 为气体常数,$R=287.13$ J/(kg·K);T 为绝对温度,K。

由式(10.16)可见,音速只与温度有关而与压力无关。

10.3.2 马赫数

气体的速度 v 与音速 c 之比定义为马赫数 Ma,即

$$Ma=\frac{v}{c} \tag{10.17}$$

根据马赫数不同,把气流分为三种流动状态:

① 当 $Ma>1$ 时,称为超声速流动;

② 当 $Ma<1$ 时,称为亚声速流动;

③ 当 $Ma=1$ 时,称为临界状态或音速流动。

在工程实际中,为使问题简化,把气体看成不可压缩流体而带来的密度、压力及温度的相对误差随着气流速度增加而增加。通常是在气流速度 $v<50$ m/s 或 $Ma<0.2$ 时,把气体当作不可压缩流体来处理。此时,其密度及压力的相对误差均在1%以下。

10.3.3 变截面管道中的亚音速和超音速流动

1. 管道截面变化与气流速度的关系

气体流经变截面管道时,其流速变化的快慢取决于管道截面变化及进、出口之间的压力差。对能量方程(10.12)微分,得

$$v\cdot\mathrm{d}v+\frac{k}{k-1}\frac{\mathrm{d}\rho}{\rho}\left(\frac{\mathrm{d}p}{\mathrm{d}\rho}-\frac{p}{\rho}\right)=0 \tag{10.18}$$

将式(10.15)和式(10.9)代入式(10.18),整理得

$$\frac{\mathrm{d}v}{v}=-\frac{1}{1-\left(\frac{v}{a}\right)^{2}}\cdot\frac{\mathrm{d}A}{A}=\frac{1}{M^{2}-1}\frac{\mathrm{d}A}{A}\tag{10.19}$$

由此可得表 10.3 所列出的结论。

表 10.3　不同变截面管道对流速的影响

马赫数	几何条件	管子轴向截面		截面
		加速管	减速管	
$Ma<1$	$\frac{\mathrm{d}A}{A}\propto-\frac{\mathrm{d}v}{v}$			A 增加、v 减小 A 减小、v 增大
$Ma>1$	$\frac{\mathrm{d}A}{A}\propto\frac{\mathrm{d}v}{v}$			A 增大、v 增大 A 减小、v 减小
$Ma=1$	$\frac{\mathrm{d}A}{A}\propto 0$			临界状态 A 与 v 不变化

表 10.3 的结论表明,气体以亚音速及超音速流动时,不同变截面管道对流速的影响不同。要使气体由低速达到音速或超音速,管道进、出口的压差还必须具备一定的条件。

2. 气流达到音速的临界压力比

当气流通过气动元件,使进口压力 p_1 保持不变时,速度 v_1 经过收缩形变截面管道(或喷嘴)排气,出口压力为 p_2,速度为 v_2。如图 10.1(a)所示,气流将被加速,故 v_2 远大于 v_1。根据理想气体绝热流动的能量方程式,并假设 $v_1=0$ 及 $v_2=c$(音速),可得出

$$\frac{p_1}{p_2}=\left(\frac{k+1}{2}\right)^{\frac{k}{k-1}}=1.893\tag{10.20}$$

或

$$\frac{p_2}{p_1}=\left(\frac{2}{k+1}\right)^{\frac{k}{k-1}}=0.528\tag{10.21}$$

式中,$\frac{p_1}{p_2}$ 或 $\frac{p_2}{p_1}$ 称为临界压力比,它是判断气流速度的重要依据。

当 $p_1>1.893p_2$ 或 $p_2<0.528p_1$ 时,则气流速度达到音速。如采用图 10.1(b)所示的拉瓦尔管,则气流可达超音速。

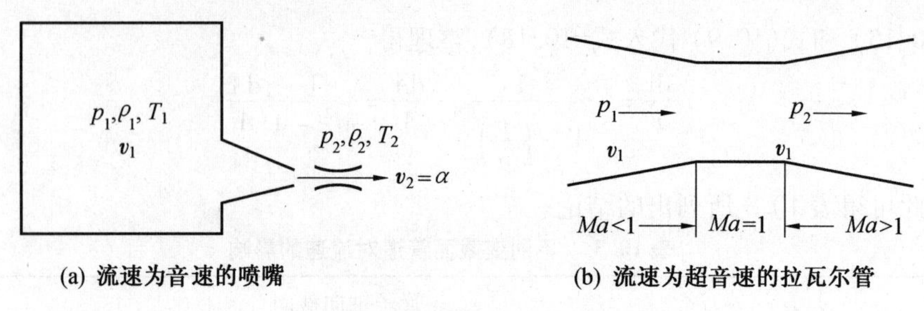

图 10.1　气体经喷嘴的流动

思考题与习题

10.1　简述气压系统的组成。

10.2　简述气压传动的优缺点。

10.3　简述气体在变截面管道中的流动特性。

10.4　何谓马赫数？有什么作用？

第11章 气动元件

本章主要介绍特殊的气动执行元件和气动控制元件、气动逻辑元件和气动转换元件及比例控制元件等，与液压元件类同的元件或者学过液压传动自己能够看懂的元件，这里统统不讲。

11.1 气动执行元件

气动执行元件将压缩空气的压力能转换为机械能，驱动机构做直线往复运动、摆动或旋转运动。气动执行元件分为气缸和气马达两大类，其中气缸又分直线往复运动的气缸和摆动气缸，用于实现直线运动和摆动；气马达用于实现连续回转运动。

11.1.1 气 缸

1. 气缸的分类及工作原理

与液压缸相比，气缸具有结构简单、制造容易、工作压力低和动作迅速等优点，在生产实践中应用十分广泛。根据使用条件和用途不同，其结构、形状也有多种形式。这里只介绍几种特殊气缸。

(1)气-液阻尼缸。

气-液阻尼缸的工作原理图如图11.1所示，它将油缸和气缸串联制成一个整体，两个活塞固定在一个活塞杆上。可以看出，这实际是一个双作用双活塞式缸，活塞杆的运动和输出力完全依靠气缸的推力，油缸不需要油泵供油，它只是被气缸带动起阻尼和调速作用。当气缸右端供气时，气缸克服外载荷并带动油缸活塞同时向左运动，此时油缸左腔排油，单向阀关闭，油液只能经节流阀缓慢流入油缸右腔，对整个活塞的运动起阻尼作用，调节节流阀的开口大小，就能达到调节活塞运动速度的目的。当压缩空气经换向阀从气缸左腔进入时，油缸右腔排油，此时单向阀打开，活塞能快速返回原来位置。这种气-液阻尼缸的结构，一般是将双活塞杆腔作为油缸。因为这样可使油缸两腔的排油量相等，减小油箱的容积。此时油箱内的油液只用来补充因油缸泄漏减小的油量。气-液阻尼缸除这种串联式以外，还有并联式的，因气、液两缸安装在不同轴线上，会产生附加力矩，甚至可能因憋劲而产生爬行现象，所以用得较少。

由以上可知,气-液阻尼缸的工作原理是以压缩空气为能源,利用油液的不可压缩性和控制油液排量来获得活塞的平稳运动和调节活塞的运动速度。

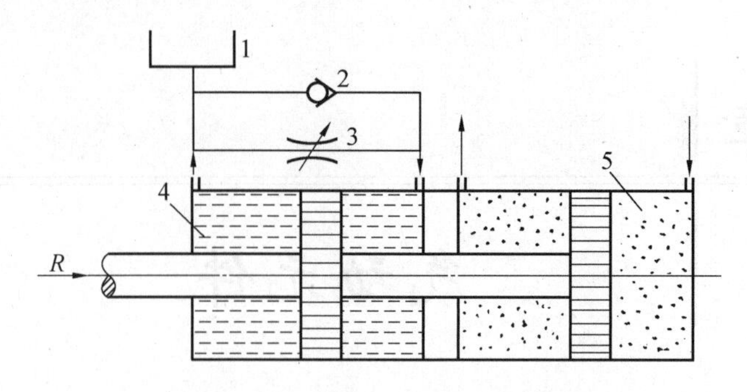

图 11.1　气-液阻尼缸工作原理图

1—高位油箱;2—单向阀;3—节流阀;4—油缸;5—气缸

(2)冲击气缸。

冲击气缸是一种结构简单、成本低、耗气功率较小,能产生相当大的冲击力的一种特殊气缸。冲击气缸分为快排型和非快排型两种。下面以非快排型为例,讲一下冲击气缸的工作原理。

冲击气缸的工作原理图如图 11.2 所示,它由缸体、中盖、活塞和活塞杆等主要零件组成,中盖与缸体固定在一起,它和活塞把气缸容积分成三部分,即蓄能腔、活塞腔和活塞杆腔,中盖中心有一个喷嘴。冲击气缸的工作过程为:首先由活塞杆腔供气,蓄能腔排气,使活塞与喷嘴贴紧,封死喷嘴口。然后改由蓄能腔进气,活塞杆腔排气,当压缩空气刚进入蓄能腔时,其压力只能通过喷嘴口的小面积作用在活塞上,还不能克服活塞杆腔的排气压力所产生的向上推力以及活塞和缸体间的摩擦力,喷嘴处于关闭状态。蓄能腔中充气压力逐渐升高,蓄能腔开始蓄能,当压力升高到作用在喷嘴口面积上的总推力能克服活塞杆腔的排气压力与摩擦力总和时,活塞向下移动,喷嘴口打开,积聚在蓄能腔中的压缩空气通过喷嘴口突然作用于活塞的全部面积上。喷嘴口处的气流速度可达音速,喷入活塞腔的高速气流进一步膨胀,产生冲击波,波的阵面压力可达气源压力的几倍到几十倍,给予活塞很大的向下推力。此时,活塞杆腔的压力很低,于是活塞在很大的压差作用下迅速加速(加速度可达 1 000 m/s^2),在很短的时间内(约为 0.25 ~ 1.25 s),以极大的速度(平均冲击速度可高达 8 m/s,约相当于普通气缸运动速度的 15 倍)向下冲击,从而获得很大的动能。活塞向下冲击时,活塞杆腔的背压迅速增大,使其冲程受到限制。

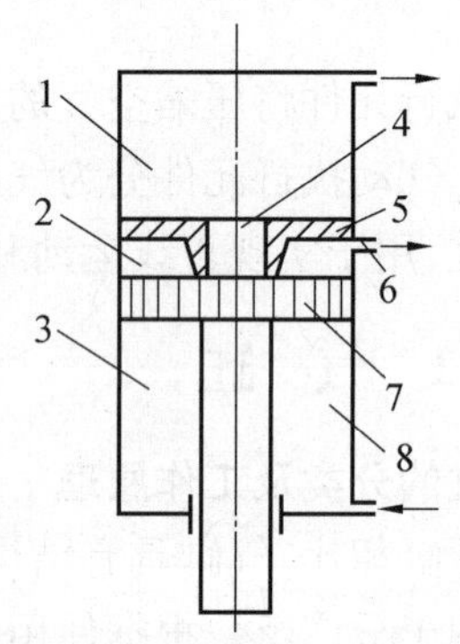

图 11.2　冲击气缸的工作原理图

1—蓄能腔;2—活塞腔;3—活塞杆腔;4—喷嘴口;5—中盖;6—泄气口;7—活塞;8—缸体

冲击气缸的用途很广,可用于锻造、冲孔、铆接、切割下料、压装、弯曲、折边、展平、破碎和高速抛投物料等。

(3)数字气缸。

数字气缸的结如图 11.3 所示,它由活塞 1、缸体 2、活塞杆 3 等组成。活塞的右端有丁字头,左端有凹形孔,后面活塞的丁字头卧入前面活塞的凹形孔内,由于缸体的限制,丁字头只能在凹形孔内沿气缸轴向运动,且两者不能脱开,丁字头在凹形孔内左右可移动的范围即为此活塞的行程量。不同的进气孔 $A_1 \sim A_i$(可单独输入也可以几个孔联合输入)输入高压气体时,相应的活塞就会向右移动,每个活塞的向右移动都可推动活塞杆向右移动,因此,活塞杆每次向右移动的总距离等于各个活塞行程量的总和。这里 B 孔始终与低压气源相通,当 $A_1 \sim A_i$孔排气时,在低压气的作用下,活塞会自动退回原位。各个活塞的行程大小可根据需要的总行程按几何级数由小到大排列选取。如总行程 $s = 31.5$ mm,则每个活塞的行程 a_1、a_2、a_3、a_4、a_5、a_6 可分别设计为 0.5 mm、1 mm、2 mm、4 mm、8 mm、16 mm,活塞杆就可在 0.5 ~31.5 mm 范围内得到 0.5 mm 整数倍的任意输出位移量。

数字气缸也称步进气缸,主要用于一定范围内的多点位置控制。平面位置控制可用两个数字气缸控制,空间位置控制可用三个数字气缸控制。

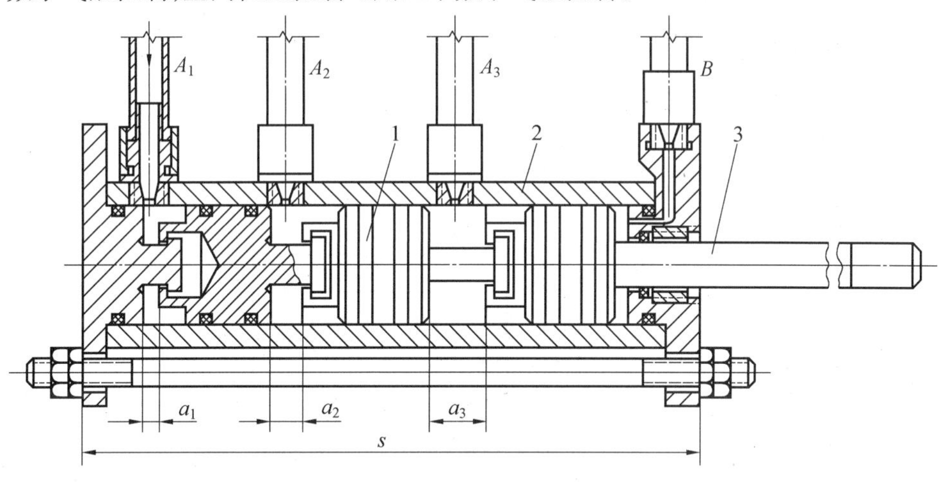

图 11.3　数字气缸

1—活塞;2—缸体;3—活塞杆

(4)膜片式气缸。

如图 11.4 所示为膜片式气缸,它主要由膜片和中间硬芯相连来代替普通气缸中的活塞,依靠膜片在气压作用下的变形来使活塞杆前进。活塞的位移较小,一般小于40 mm;平膜片的行程则为其有效直径的 1/10。

这种气缸的特点是结构紧凑,重量轻,维修方便,密封性能好,制造成本低,广泛应用于化工生产过程的调节器上。

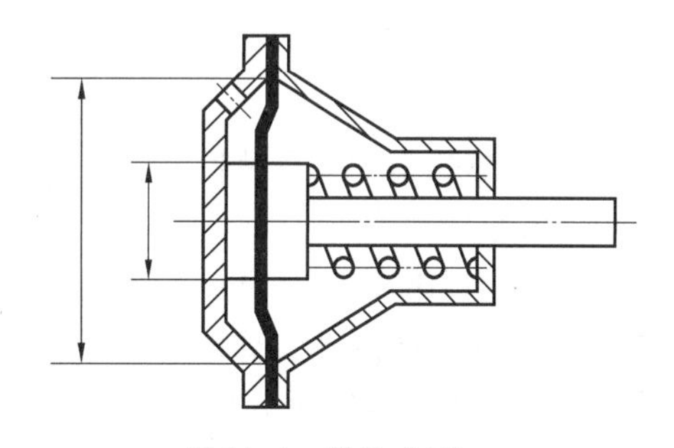

图 11.4　膜片式气缸

(5) 磁性开关气缸。

磁性开关气缸是指在气缸的活塞上安装磁环, 在缸筒上直接安装磁性开关,磁性开关用来检测气缸行程的位置,控制气缸往复运动。因此,不需要在缸筒上安装行程阀或行程开关来检测气缸活塞位置,也不需要在活塞杆上设置挡块。

(6)带阀气缸。

带阀气缸是由气缸、换向阀和速度控制阀等组成的一种组合式气动执行元件。它省去了连接管道和管接头,减少了能量损耗,具有结构紧凑,安装方便等优点。带阀气缸的阀有电控、气控、机控和手控等各种控制方式。

(7)无杆气缸。

无杆气缸是指利用活塞直接或间接方式连接外界执行机构,并使其跟随活塞实现往复运动的气缸。这种气缸的最大优点是节省安装空间。

(8)气爪。

气爪用于抓起工件,一般是在气缸活塞杆上连接一个传动机构,来带动爪指做直线平移或绕某支点开闭,以夹紧或释放工件。图 11.5 是日本 SMC 产品 MHT2 系列气爪的结构原理图。气缸 1 的活塞杆推动接头 2 伸缩,通过杠杆 3,则手指 4 可绕轴 5 摆动进行开闭。

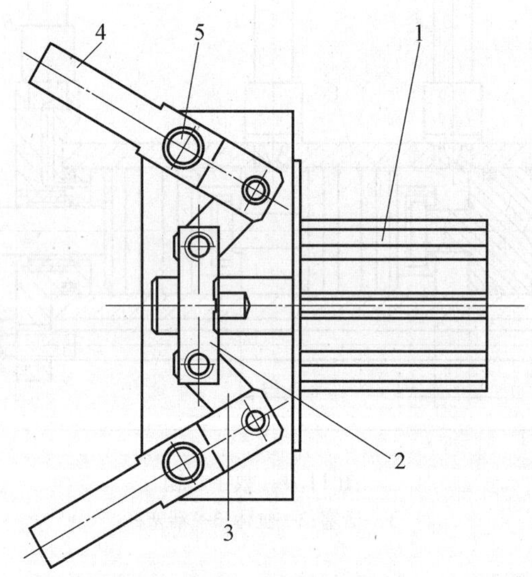

图 11.5　SMC 产品 MHT2 系列气爪的结构原理图

1—气缸;2—接头;3—杠杆;4—手指;5—轴

2. 气缸的基本计算及特性

(1)气缸的输出力。

气缸输出力的设计计算可参考液压缸的设计计算。

如双作用单活塞杆气缸推力计算如下:

理论推力(活塞杆伸出)

$$F_{t1} = A_1 p \tag{11.1}$$

理论拉力(活塞杆缩回)

$$F_{t2} = A_2 p \tag{11.2}$$

式中,F_{t1} 为气缸理论推力,N; F_{t2} 为气缸理论拉力,N; A_1 为无杆腔活塞面积,m^2;A_2 为有杆腔活塞面积，m^2；p 为气缸工作压力，Pa。

实际中，由于活塞等运动部件的惯性力以及密封等部分的摩擦力，活塞杆的实际输出力小于理论推力，称这个推力为气缸的实际输出力。设气缸的效率为 η，则气缸的实际推力

$$F_1 = (A_1 p)\eta \tag{11.3}$$

气缸的实际拉力

$$F_2 = (A_2 p)\eta \tag{11.4}$$

气缸的效率取决于密封的种类、气缸内表面和活塞杆加工的状态及润滑状态。此外，气缸的运动速度、排气腔压力、外载荷状况及管道状态等都会对效率产生一定的影响。

(2) 气缸的耗气量。

气缸的耗气量是活塞每分钟移动的容积，称这个容积为压缩空气耗气量。为了便于选用空压机，气缸的耗气量通常都换算成自由空气耗气量。

$$q_{\mathrm{p}} = Asn \tag{11.5}$$

$$q_{\mathrm{z}} = q_{\mathrm{p}} \frac{p + p_{\mathrm{a}}}{p_{\mathrm{a}}} \tag{11.6}$$

式中，q_{p} 为压缩空气耗气量；q_{z} 为自由空气耗气量；A 为活塞面积（单作用时取进气一侧，双作用时取两侧面积之和）；s 为活塞行程；n 为气缸单位时间内往复运动次数；p 为气缸的工作压力；p_{a} 为大气压。

(3)气缸的特性。

气缸的特性分为静态特性和动态特性。气缸的静态特性是指与缸的输出力及耗气量密切相关的最低工作压力、最高工作压力、摩擦阻力等参数。气缸的动态特性是指在气缸运动过程中气缸两腔内空气压力、温度、活塞速度、位移等参数随时间的变化情况。它能真实地反映气缸的工作性能。

(4)气缸的选型。

应根据工作要求和条件正确选择气缸的类型。下面以单活塞杆双作用缸为例介绍气缸的选型步骤。

①气缸缸径。根据气缸负载力的大小来确定气缸的输出力，由此计算出气缸的缸径。

②气缸的行程。气缸的行程与使用的场合和机构的行程有关，但一般不选用满行程。

③气缸的强度和稳定性计算。

④气缸的安装形式。气缸的安装形式根据安装位置和使用目的等因素决定。一般情况下，采用固定式气缸。在需要随工作机构连续回转时（如车床、磨床等），应选用回转气缸。在活塞杆除直线运动外，还需做圆弧摆动时，则选用轴销式气缸。有特殊要求时，应选用相应的特种气缸。

⑤气缸的缓冲装置。根据活塞的速度决定是否应采用缓冲装置。

⑥磁性开关。当气动系统采用电气控制方式时，可选用带磁性开关的气缸。

⑦其他要求。如气缸工作在有灰尘等恶劣环境下，需在活塞杆伸出端安装防尘罩。要求无污染时需选用无给油或无油润滑气缸。

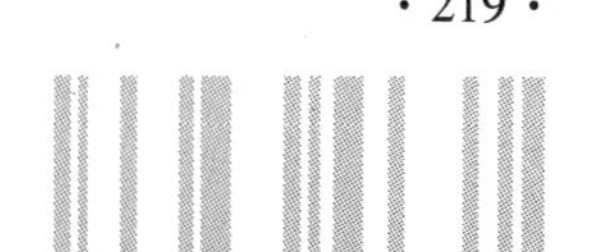

11.1.2 气动马达

气动马达是气压传动中将压缩气体的压力能转换为机械能并产生旋转运动的气动执行元件。常用的气压马达是容积式气动马达,它利用工作腔的容积变化来做功,分叶片式、活塞式和齿轮式等型式。

气动马达是把压缩空气的压力能转换成旋转的机械能的装置。它的作用相当于电动机或液压马达,即输出转矩以驱动机构做旋转运动。

1. 气动马达的分类

最常用的气动马达有叶片式(又称滑片式)、活塞式、薄膜式三种。(现在市场上最常用的就是叶片式气动马达和活塞式气动马达)

叶片式气动马达与活塞式气动马达的特点相比较:叶片式气动马达转速高、扭矩略小,活塞式气动马达转速略低、扭矩大,但是气动马达相对液压马达而言转速是高的,扭矩是小的。

2. 气动马达与液压马达相比的优缺点

气动马达与和它起同样作用的电动机相比,其特点是壳体轻,输送方便;又因为其工作介质是空气,就不必担心引起火灾;气动马达过载时能自动停转,而与供给压力保持平衡状态。由于上述特点,因而气动马达广泛应用于矿山机械及气动工具等场合。

气动马达与液压马达相比:

(1)优点:

①工作安全,具有防爆性能,同时不受高温及振动的影响;

②可长期满载工作,而温升较小;

③功率范围及转速范围均较宽,功率小至几百瓦,大至几万瓦;转速可从每分钟几转到几万转。

④具有较高的启动转矩,能带载启动;

⑤结构简单,操纵方便,维修容易,成本低。

(2)缺点:

①速度稳定性差;

②输出功率小,效率低,耗气量大;

③噪声大,容易产生振动。

3. 气动马达的特点

各类型式的气动马达尽管结构不同,工作原理有区别,但大多数气动马达具有以下特点:

①可以无级调速。只要控制进气阀或排气阀的开度,即控制压缩空气的流量,就能调节马达的输出功率和转速。便可达到调节转速和功率的目的。

②能够正转也能反转。大多数气动马达只要简单地用操纵阀来改变马达进、排气方向,即能实现气马达输出轴的正转和反转,并且可以瞬时换向。在正反向转换时,冲击很小。气动马达换向工作的一个主要优点是它具有几乎在瞬时可升到全速的能力。叶片式气动马达可在一秒半的时间内升至全速;活塞式气动马达可以在不到一秒的时间内升至

全速。利用操纵阀改变进气方向,便可实现正反转。实现正反转的时间短、速度快、冲击性小,而且不需卸负荷。

③工作安全,不受振动、高温、电磁、辐射等影响,适用于恶劣的工作环境,在易燃、易爆、高温、振动、潮湿、粉尘等不利条件下均能正常工作。

④有过载保护作用,不会因过载而发生故障。过载时,马达只是转速降低或停止,当过载解除,立即可以重新正常运转,并不产生机件损坏等故障。可以长时间满载连续运转,温升较小。

⑤具有较高的启动力矩,可以直接带载荷启动。启动、停止均迅速。可以带负荷启动。

⑥功率范围及转速范围较宽。功率小至几百瓦,大至几万瓦;转速可从零一直到每分钟万转。

⑦操纵方便,维护检修较容易。气动马达结构简单,体积小,重量轻,马力大,操纵容易,维修方便。

⑧使用空气作为介质,无供应上的困难,用过的空气不需处理,放到大气中无污染,压缩空气可以集中供应,远距离输送。

由于气动马达具有以上诸多特点,故它可在潮湿、高温、高粉尘等恶劣的环境下工作。除被用于矿山机械中的凿岩、钻采、装载等设备中做动力外,船舶、冶金、化工、造纸等行业也广泛地采用。

11.2　气动控制元件

在气压传动系统中,气动控制元件是用来控制和调节压缩空气的压力、流量、流动方向和发送信号的重要元件,利用它们可以组成各种气动控制回路,以保证气动执行元件或机构按设计的程序正常工作。

控制元件按功能和用途可分为方向控制阀、流量控制阀和压力控制阀三大类。此外,还有通过改变气流方向和通断实现各种逻辑功能的气动逻辑元件等。

11.2.1　气动阀

下面介绍气压传动中用得最多的减压阀和具有特殊用途的梭阀、双压阀、快速排气阀。

1.减压阀

减压阀按压力调节方式可分为直动式减压阀和先导式减压阀。

(1)直动式减压阀(SMC-AR系列)。

利用手轮直接调节调压弹簧的压缩量来改变阀的出口压力的阀,称为直动式减压阀。

图11.6为普通型减压阀的结构原理图。普通型减压阀受压部分的结构有活塞式和膜片式两种。

活塞式减压阀受压部分的有效面积大,但活塞存在滑动阻力,通常为小通径减压阀,连接方式有管式和模块式。图11.6(a)是非平衡活塞式减压阀,阀杆10下部为一次侧压

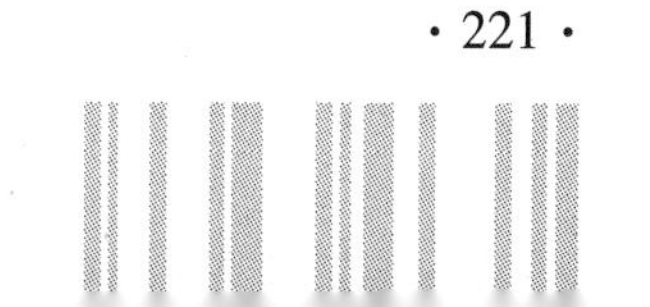

力。当一次侧压力及设定压力变化时，阀杆自身所受气压力便出现变化，与原来的弹簧力失去平衡，故压力特性不好。

图 11.6(b)是平衡膜片式减压阀，阀芯 16 的下部与二次侧压力相通，故阀芯上下所受气压力是平衡的，压力的变动（不论一次侧还是二次侧）不影响阀芯上下气压力的平衡，故这种结构形式的阀的压力特性好。

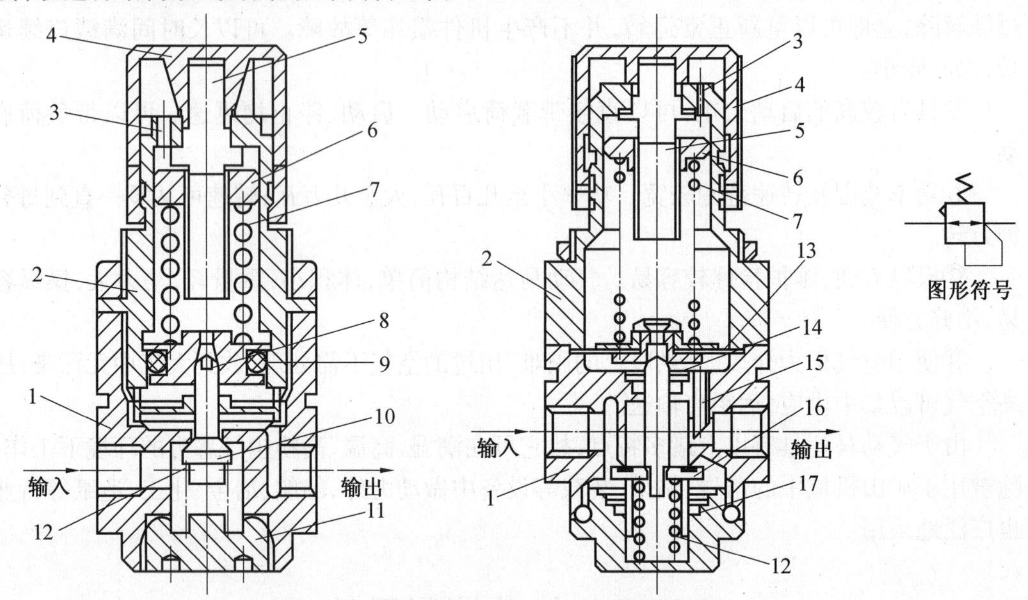

图 11.6　直动式减压阀的结构原理图

1—下阀体；2—上阀体；3—排气孔；4—手轮；5—调节杆；6—螺母；7—调压弹簧；8—活塞；9—活塞密封圈；10—阀杆；11—弹簧座；12—复位弹簧；13—膜片组件；14—阀杆密封圈；15—反馈管；16—阀芯；17—阀芯密封圈

膜片式减压阀的工作原理是：将手轮外拉，见到黄色圈后，顺时针旋转手轮，调压弹簧被压缩，推动膜片组件下移，通过阀杆，打开阀芯，则进口气压力经阀芯节流降压，有压力输出。出口压力气体经反馈管进入膜片下腔，在膜片上产生一个向上的推力。当此推力与调压弹簧力平衡时，出口压力便稳定在一定值。

若进口压力有波动，譬如压力瞬时升高，则出口压力也随之升高。作用在膜片上的推力增大，膜片上移，向上压缩弹簧，从膜片组件中间的溢流孔有瞬时溢流。并靠复位弹簧及气压力的作用，使阀杆上移，阀门开度减小，节流作用增大，使出口压力回降，直至达到新的平衡为止。重新平衡后的出口压力基本上回复至原值。

如进口压力不变，输出流量变化，使出口压力发生波动（增高或降低）时，依靠溢流孔的溢流作用和膜片上力的平衡作用推动阀杆，仍能起稳压作用。当输出流量为零时，出口气压力通过反馈管进入膜片下腔，推动膜片上移，复位弹簧力推动阀杆上移，阀芯关闭，保持出口气压力一定。当输出流量很大时，高速流使反馈管处静压下降，即膜片下腔的压力下降，阀门开度加大，仍能保持膜片上的力平衡。

逆时针旋转手轮，调压弹簧力不断减小，阀芯逐渐关闭，膜片下腔中的压缩空气经溢流孔不断从排气孔排出，直至最后出口压力降为零。

调压完成后，将手轮压回，手轮被锁住，以保持调定压力一定，故称为锁定型手轮。如果难于锁住，左右稍许转动手轮再推压便可。

溢流式减压阀常用于二次侧负载变动的场合，如进行频繁调整的场合、二次侧有容器（如气缸）的场合。在使用过程中，经常要从溢流孔排出少量气体。在介质为有害气体（如煤气）的气路中，为防止污染工作场所，应选用无溢流孔的减压阀，即非溢流式减压阀。非溢流式减压阀必须在其出口侧装一个小型放气阀，才能改变出口压力并保持其稳定。譬如要降低出口压力，除调节非溢流式减压阀的手轮外，还必须开启放气阀，向室外放出部分气体，如图 11.7 所示。非溢流式减压阀也常用于经常耗气的吹气系统和气动马达。

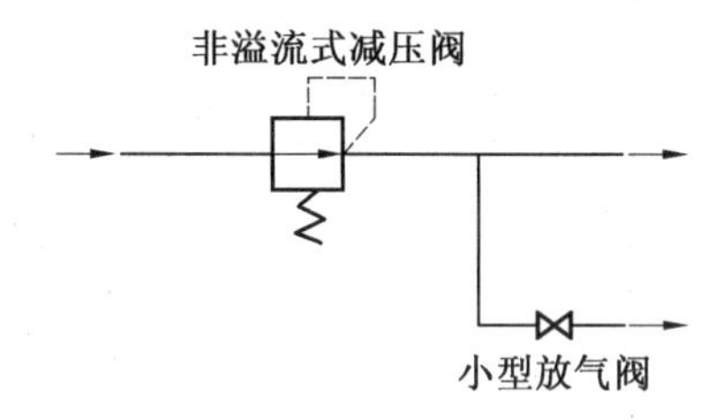

图 11.7　非溢流式减压阀的使用

（2）先导式减压阀（SMC-AR5 系列）。

用压缩空气的作用力代替调压弹簧力以改变出口压力的阀，称为先导式减压阀。它调压操作轻便，流量特性好，稳压精度高，压力特性也好，适用于通径较大的减压阀。

先导式减压阀调压用的压缩空气，一般是由小型直动式减压阀供给的。若将这个小型直动式减压阀与主阀合成一体，称为内部先导式减压阀。若将它与主阀分离，则称为外部先导式减压阀，它可实现远距离控制。仅以内部先导式减压阀为例介绍其结构原理。

图 11.8 是普通型内部先导式减压阀的结构原理图。顺时针旋转手轮，调压弹簧被压缩，上膜片组件推动先导阀芯开启，输入气体通过恒节流孔流入上膜片下腔，此气压力与调压弹簧力相平衡。上膜片下腔与下膜片上腔相通，气压推下膜片组件，通过阀杆将主阀芯打开，则有出口压力。同时，此出口压力通过反馈孔进入下膜片下腔，与上腔压力相平衡，以维持出口压力不变。

2. 梭阀

梭阀的作用主要在于选择信号，相当于“或”门逻辑功能。图 11.9 所示为梭阀，它由两个单项阀组合而成。梭阀有两个进气口 P_1、P_2，一个出气口 A，其中 P_1、P_2 都可与 A 口相通，但 P_1 与 P_2 口不相通。P_1 与 P_2 口中任何一个有信号输入，A 口都有输出。若 P_1 与 P_2 都有信号输入，则先加入的一侧（当 $p_1=p_2$ 时）或信号压力高的一侧的气信号通过 A 口输出，另一侧被堵死。

3. 双压阀

双压阀的作用相当于“与”门逻辑功能。图 11.10 所示为双压阀，有两个入口 P_1、P_2，一个输出口 A。只有当两个输入都进气时，A 口才有输出，当 P_1 与 P_2 口输入的气压不等时，气压低的通过 A 口输出。双压阀常应用在安全互锁回路中，如图 11.10 所示。当工件定位信号压下机控阀 1 和工件夹紧信号压下机控阀 2 之后，双压阀 3 才有输出，使气控

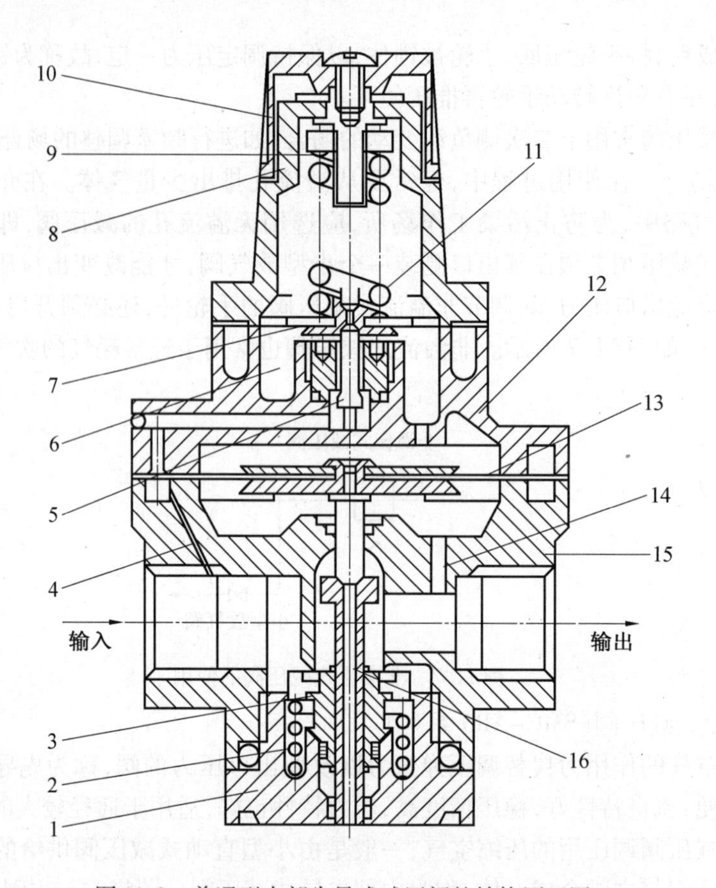

图 11.8　普通型内部先导式减压阀的结构原理图

1—下阀盖;2—复位弹簧;3—主阀芯;4—恒节流孔;5—先导阀芯;6—上膜片下腔;7—上膜片;8—上阀盖;9—调压弹簧;10—手轮;11—上膜片组件;12—中盖;13—下膜片组件;14—反馈孔;15—阀体;16—阀杆

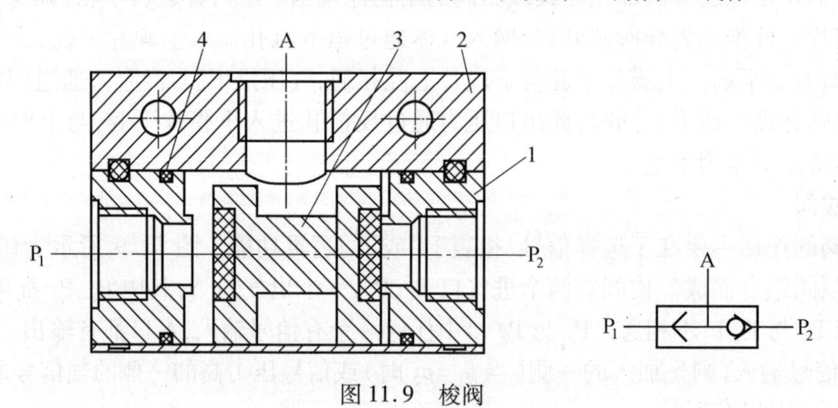

图 11.9　梭阀

1—阀座;2—阀体;3—阀芯;4—O 形圈

阀 4 换向,钻孔缸 5 进给。定位信号和夹紧信号仅有一个时,钻孔缸不会进给。

4. 快速排气阀

当进口压力下降到一定值时,出口有压气体自动从排气口迅速排气的阀称为快速排气阀。图 11.11 所示为快速排气阀,当 P 口进气后,阀芯关闭排气口 T,P 口与 A 口相通,

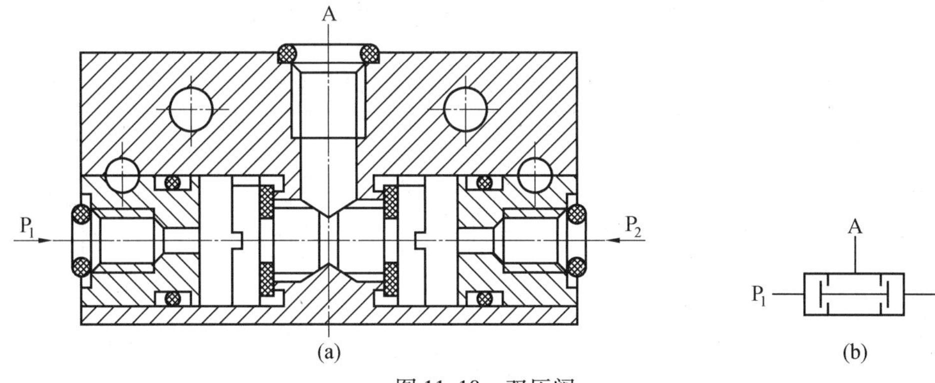

图 11.10　双压阀

A 口有输出;当 P 口无气体输入时,A 口的气体将阀芯 P 口封住,A 口与 T 口接通,气体快速排出。快速排气阀用于气缸或其他元件需要快速排气的场合,此时气缸的排气不通过较长的管路和换向阀,而直接由快速排气阀排出,通口流通面积大、排气阻力小。

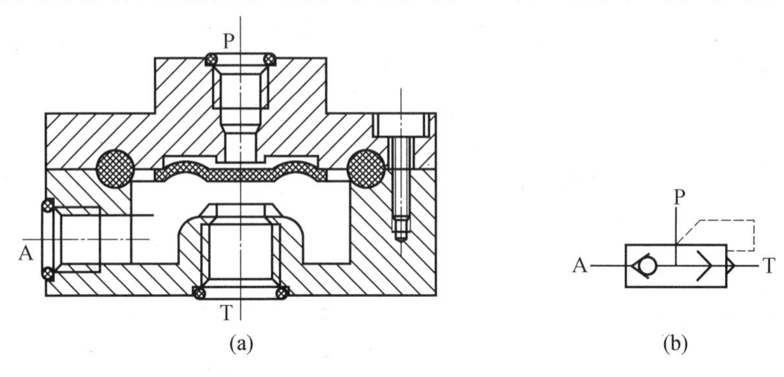

图 11.11　快速排气阀

11.2.2　气动逻辑元件

气动逻辑元件,是用压缩空气为工作介质,通过元件的可动部件在气控信号作用下动作,改变气体流动方向以实现一定逻辑功能的流体控制元件。实际上,气动方向阀也具有逻辑元件的各种功能,所不同的是它的输出功率较大,尺寸大;而气动逻辑元件的尺寸较小。因此,在气动控制系统中广泛采用各种形式的气动逻辑元件来实现逻辑控制。

气动逻辑元件的种类很多,一般有下列几种分类方式:

①按工作压力来分有高压元件(0.2 ~0.8 MPa)、低压元件(0.02 ~0.2 MPa)和微压元件(<0.02 MPa)等。

②按逻辑功能来分有是门元件、或门元件、与门元件、非门元件和双稳元件等。

③按结构形式来分有截止式、膜片式和滑阀式等。

1. 高压截止式逻辑元件

高压截止式逻辑元件是依靠控制气压信号推动阀芯或通过膜片的变形推动阀芯动作,改变气流的流动方向以实现一定逻辑功能的元件。其特点是行程小、流量大、工作压力高,对气源净化要求低,便于实现集成安装和集中控制,其拆卸也很方便。高压截止式

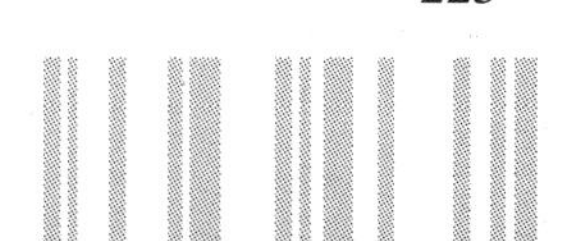

逻辑元件可以实现多种逻辑功能,见表 11.1。下面介绍几种逻辑元件的结构和工作原理。

表 11.1　高压截止式逻辑元件的逻辑关系

逻辑功能	或门	是门	与门	非门
逻辑函数	$s=a+b$	$s=a$	$s=a\cdot b$	$s=\bar{a}$
逻辑符号				
真值表	a b s 0 0 0 0 1 1 1 0 1 1 1 1	a s 0 0 1 1	a b s 0 0 0 0 1 0 1 0 0 1 1 1	a s 0 1 1 0

逻辑功能	禁门	或非	双稳
逻辑函数	$s=\bar{a}b$	$s=\overline{a+b+c}$	$s_1=k^{a\cdot\bar{b}}_{b\cdot\bar{a}}$, $s_2=^{b\cdot\bar{a}}_{a\cdot\bar{b}}$
逻辑符号			
真值表	a b s 0 0 0 0 1 1 1 0 0 1 1 0	a b c s 0 0 0 1 1 0 0 0 0 1 0 0 0 0 1 0 1 1 0 0 1 0 1 0 0 1 1 0 1 1 1 0	a b s_1 s_2 1 0 1 0 0 0 1 0 0 1 0 1 0 0 0 1

(1)或门元件。

如图 11.12 所示为或门元件结构图。a、b 为信号输入口,s 为信号输出口。仅当 a 口有输入信号时,阀芯 2 下移封住信号孔 b,气流经 s 口输出;仅当 b 口有输入信号时,阀芯 2 上移封住信号孔 a,s 口也有信号输出;若 a、b 口均有信号输入,阀芯 2 在两个信号作用下或上移、或下移、或暂时保持中位,s 口均会有信号输出。即 a 和 b 口中只要有一个口有信号输入,s 口均有信号输出。指示活塞 1 用于显示 s 口有无信号输出:s 口有信号输出,活塞被顶出;s 口无信号输出时,活塞靠自重复位。或门元件的逻辑关系见表 11.1。

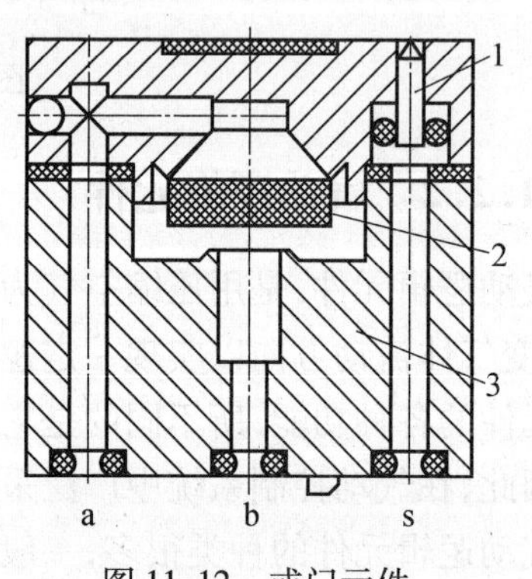

图 11.12　或门元件

1—指示活塞;2—阀芯;3—阀体

(2)是门和与门元件。

如图 11.13 所示,在是门元件中,P 口接气源,a 口接信号,s 为输出口。当 a 口无输入时,阀芯 5 在气源压力和弹簧力的作用下,将阀口关死,s 口无信号输出;当 a 口有信号输入时,信号气压作用在膜片 3 上,由于膜片作用面积大,膜片压迫阀杆 4 和阀芯 5 向下运动,阀口开启,s 口有信号输出。指示活塞 2 可以显示 s 口有无输出。当气源口 P 改为信号 b 的输入口时,该元件成为与门元件,只有当 a 和 b 两口同时有信号输入时,s 口才有信号输出。手动按钮 1 可以实现手动操作(做是门元件时)。是门和与门元件的逻辑关系见表 11.1。

(3)非门和禁门元件。

如图 11.14 所示,在非门元件中,a 为信号输入口,P 为气源口,s 为信号输出口。当 a 口无输入时,气源压力将阀芯连同阀杆推至上端极限位置,阀口打开,s 口有输出;当 a 口有输入时,膜片 3 在信号压力作用下,使阀杆和阀芯下移,将阀口封死,s 口无输出。手动按钮 1 和指示活塞 2 的作用与是门元件相同。如果将气源口 P 改为信号 b 口的输入口,该元件就变为禁门元件:a 口无输入时,元件的输出随 b 口而定,当 b 口有输入时,s 口有输出,当 b 口无输入时,s 口无输出;若 a 口有输入时,则无论 b 口有无输入,s 口均无输出。这说明信号 a 口对信号 b 口起制约作用。非门元件与禁门元件的逻辑关系见表 11.1。

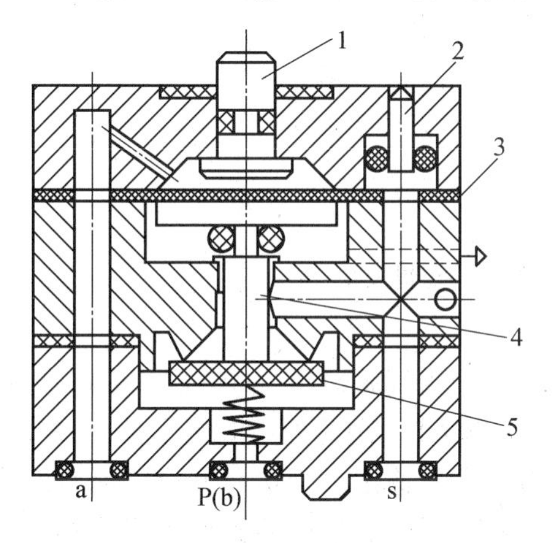

图 11.13　是门和与门元件

1—手动按钮;2—指示活塞;3—膜片;4—阀杆;5—阀芯

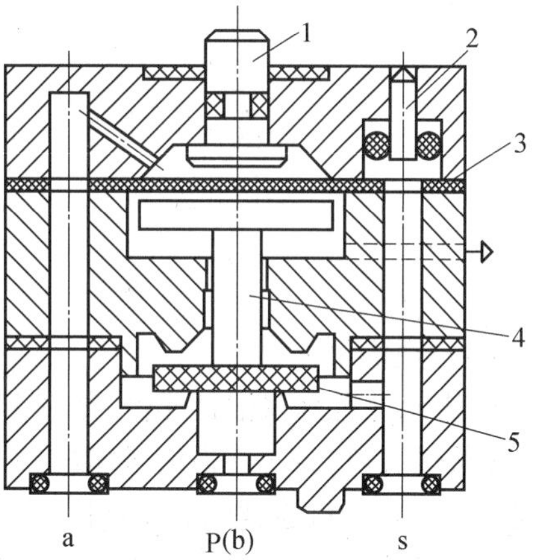

图 11.14　非门和禁门元件

1—手动按钮;2—指示活塞;3—膜片;4—阀杆;5—阀芯

(4)或非元件。

图 11.15 所示为或非元件工作原理图。P 为气源口,s 为信号输出口,a、b、c 为信号输入口。当 a、b、c 口均无信号输入时,阀芯 6 在气源压力作用下处于上限位,s 口有输出。a、b、c 只要有一个口有输入信号,信号气压作用在膜片上,使阀杆 5 和阀芯 6 下移,将阀口封死,s 口就无输出。或非元件是一种多功能元件,利用这种元件可以组成或门、与门等多种逻辑元件,如图 11.16 所示。或非元件的逻辑关系见表 11.1。

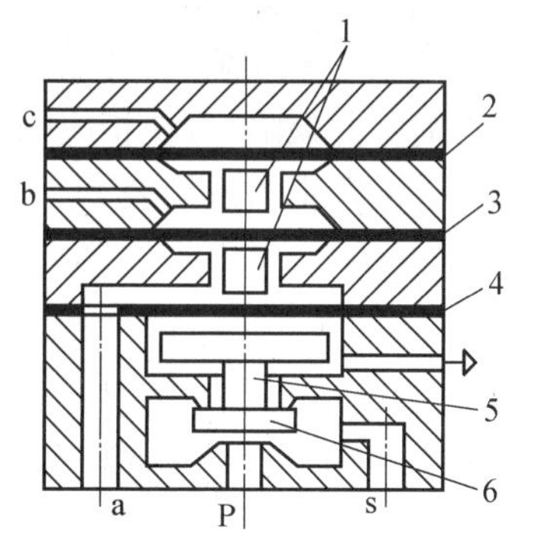

图 11.15　或非元件

1—阀柱;2、3、4—膜片;5—阀杆;6 阀芯

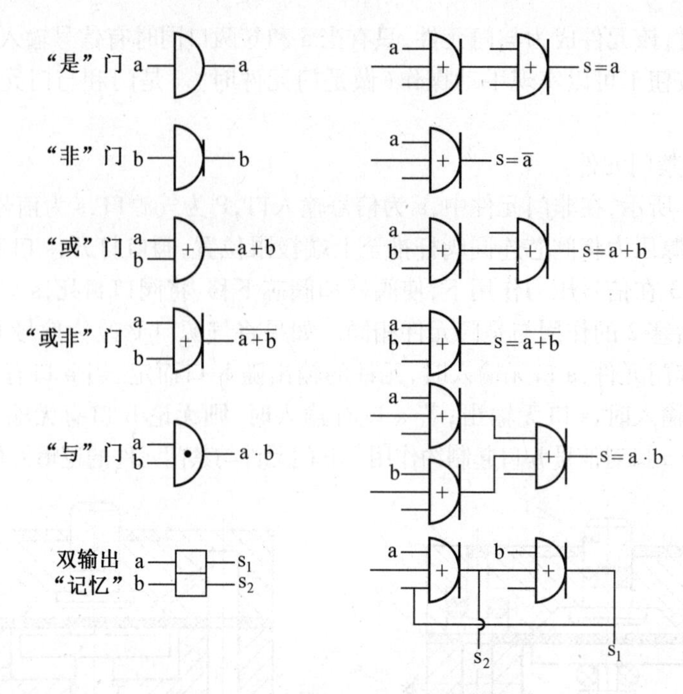

图 11.16　或非元件组成的逻辑关系

(5)双稳元件。

双稳元件也称双记忆元件,如图 11.17 所示。P 为气源口,T 为排气口,a、b 为控制口(即信号输入口),s_1、s_2 为信号输出口。当 a 口有输入时,阀芯处于右极限位置,P 口与 s_1 口通,T 口与 s_2 口通,即 s_1 口有信号输出,s_2 口无信号输出。当信号 a 口取消后,阀芯保持原位不变,不改变 s_1 口的输出信号状态。当 b 口有输入时,阀芯到左极限位置,这时 s_2 口有输出,s_1 口无输出。信号 b 取消后,仍保持这种输出状态不变。但必须注意,信号 a 和 b 只能分别输入,不能同时输入。手动按钮 3 可以实现手动操作。双稳元件在未加控制信号的条件下接通气源时,其输出的初始状态具有随机性。这一特点往往使系统产生误动作。为消除此缺陷,可在相应的控制口加一脉冲信号,使初始状态的输出符合工作要求。双稳元件的逻辑关系见表 11.1。

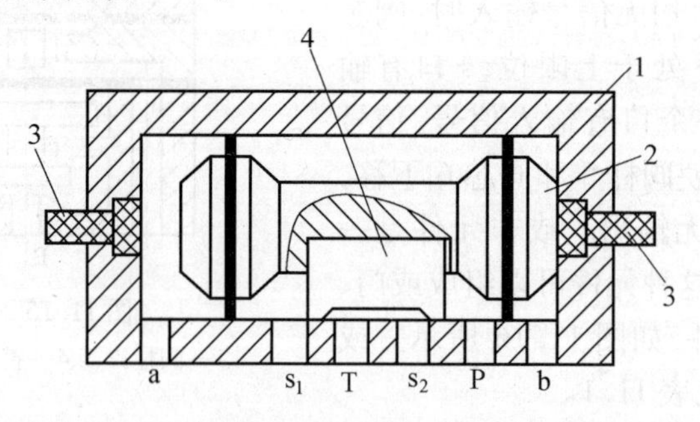

图 11.17　双稳元件

1—阀体;2—阀芯;3—手动按钮;4—滑块

2. 高压膜片式逻辑元件

高压膜片式逻辑元件利用膜片式阀芯的变形来实现各种逻辑功能。其最基本的单元是三门元件或四门元件。下面以三门元件为例说明高压膜片式逻辑元件的工作原理。

三门元件的结构和工作原理如图 11.18 所示。它由膜片和被分隔的两个气室构成。a 为控制孔,b 为输入孔,s 为输出孔(s 孔道在气室中做成凸起阀口),共三个孔口,故称为三门元件。当 a 口无控制信号时,由 b 口输入的气流将膜片顶开并从 s 口输出,即 s 口有输出,如图 11.18(a)所示。当 a 口有控制信号时,元件可能有以下两种输出状态:

(1)若 s 口与大气相遇(开路),则上气室压力高于下气室压力,膜片下移堵住 s 口,则 s 口无输出,如图 11.18(b)所示。由于上、下气室膜片受力面积不等,上侧面受力面积大,下侧面受力面积小,膜片将保持如图 11.18(c)所示的状态不变,s 口无输出。

(2)若 s 是封闭的,a、b 输入相同压力气信号,膜片两侧受力面积相同,膜片受力平衡处于中间位置,s 口有输出(有气、无流量),如图 11.18(d)所示。

三门元件是构成双稳等多种控制元件必不可少的组成部分。

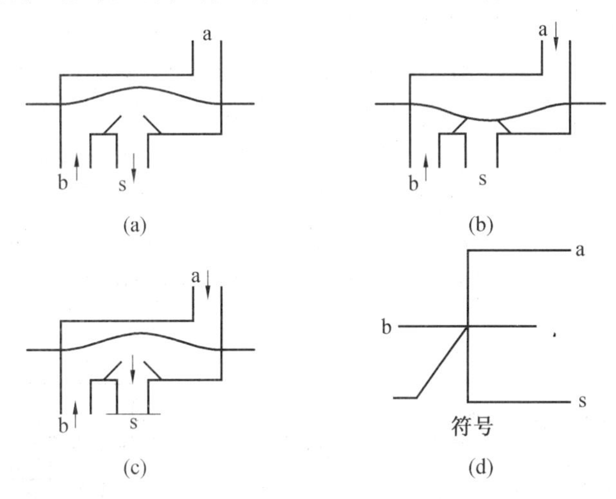

图 11.18　三门元件

3. 逻辑元件的选用

气动逻辑控制系统所用气源的压力变化必须保障逻辑元件正常工作需要的气压范围和输出端切换时所需的切换压力;而逻辑元件的输出流量和响应时间等,在设计系统时可根据系统要求参照相关资料选取。

无论采用截止式或膜片式高压逻辑元件,都要尽量将元件集中布置,以便于集中管理。

由于信号的传输有一定的延时,信号的发出点(如行程开关)与接收点(如元件)之间不能相距太远。一般来说,最好不要超过几十米。

当逻辑元件要相互串联时,一定要有足够的流量,否则可能推不动下一级元件。

另外,尽管高压逻辑元件对气源过滤要求不高,但最好使用过滤后的气源,一定不要使加入油雾的气源进入逻辑元件。

11.3 气动转换元件及比例控制

11.3.1 气动传感器

在气动自动化系统中，传感器多用于测量设备运行中工件和气动执行元件运动的位置、速度、力、流量、温度等各种物理参数，并将这些被测量参数转换为相应的信号，以一定的接口形式输送给控制器，下面主要介绍与位置测量有关的传感器，如，磁性开关、气动位置传感器等。

1. 磁性开关

磁性开关是用来检测气缸活塞位置的。它可分为有触点式（舌簧式）和无触点式（固态电子式）两种。有触点的舌簧式开关如图11.19所示，当带磁环的气缸活塞移动到磁性开关感应范围内时，舌簧开关进入磁场内，两簧片被磁化而相互吸引，触点闭合，发出一电信号；活塞移开，舌簧开关离开磁场，簧片失磁，触点自动脱开。无触点的固态电子式开关如图11.19所示。磁敏电阻1作为磁电转换元件，它由对磁场变化相当敏感的强磁性合金膜制成，当磁性开关进入永久磁铁（如气缸内活塞上的磁环）的磁场内时，磁敏电阻的输出有一个阶跃性变化的信号，此信号经放大器放大处理，转换成磁性开关的通断信号。

磁性开关有一个最高灵敏度位置范围，当活塞磁环停止在此位置时，开关动作稳定，不易受外界干扰。若停止于磁滞位置甚至以外，则开关动作不稳定，易受外界干扰。

磁性开关是一种非机械接触检测，响应快，动作时间为1.2 ms，耐冲击，无漏电流存在。

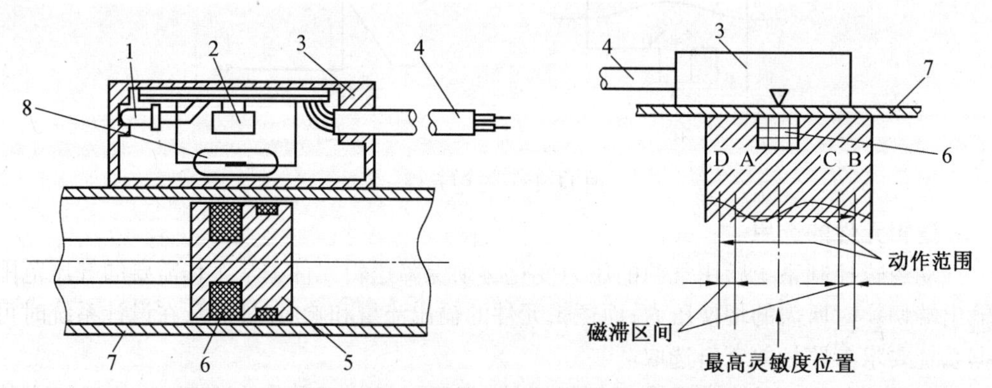

图11.19 舌簧式磁性开关结构及工作原理

1—动作指示灯；2—保护电路；3—开关外壳；4—导线；5—活塞；6—磁环（永久磁铁）；7—缸筒；8—舌弹簧开关

2. 背压式气动位置传感器

图11.20所示为一种背压式气动位置传感器的工作原理图，这种传感器是利用喷嘴挡板机构的变节流原理构成的。稳定的工作气源经固定节流气阻到背压室B，通过喷嘴流入大气。在一定的结构参数和工作压力p_s下，背压室B的气压p_0（通常称为背压）随挡板和喷嘴之间距离s变化而变化。图中所示为喷嘴挡板机构的位移-压力曲线（静态特性曲线）。

在实际使用中，通过检测 p_0 的变化就可知道 s 的变化。如果挡板是被测物件，则该传感器对物件的位移（位置和尺寸）变化极为敏感，能分辨 0.1 μm 的微小距离的变化，有效检测距离为 $d/4$，一般为 0.2 mm 左右，检测精度可高达 1 μm，常用于精密测量。在由于工作环境或检测对象所限制而不便于采用光电开关时，气动位置传感器就具有明显的优越性，但其响应时间和动作频率没有光电开关快。

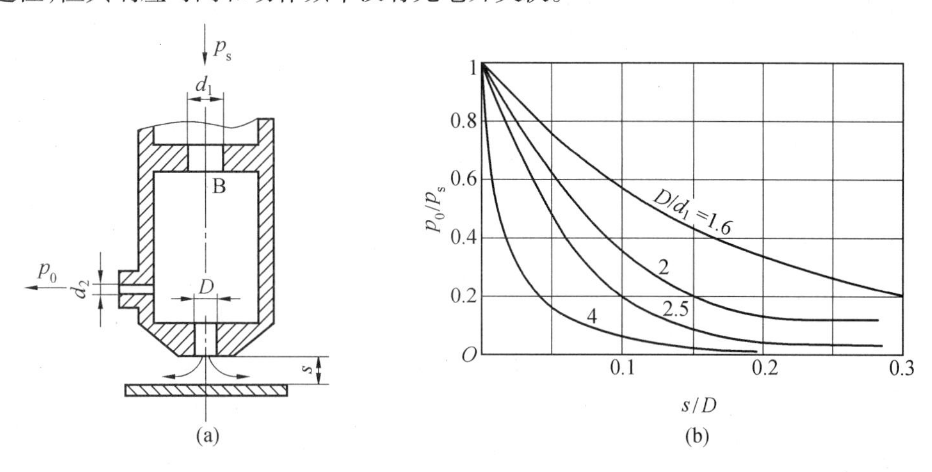

图 11.20　背压式气动位置传感器喷嘴挡板机构

背压式气动位置传感器用途很广，可用于测量位置、距离、元件尺寸等。图 11.21 所示为背压式气动位置传感器的应用实例。通过空压机 1、分水滤水器 2、减压阀 3、压力表 5，压力气体进入气动仪 6。流量式气动仪的传感器为背压式气动位置传感器，喷嘴和挡板之间的间隙称之为测量间隙 s。当压力 p 恒定的压缩空气经节流孔流入流量计的锥形玻璃管，气流将浮标托起至一高度后，沿浮标周围环形缝隙流向喷嘴，然后从测量间隙 s 中逸入大气。当元件为标准尺寸时，浮标在一定位置上处于平衡状态，如果元件尺寸改变，s 值就发生变化，通过流量计的流量就会变化，浮标高度就会改变，如果元件尺寸变大，则浮标下移，如果元件尺寸变小，则浮标上移。利用这个变化就可达到测量目的。

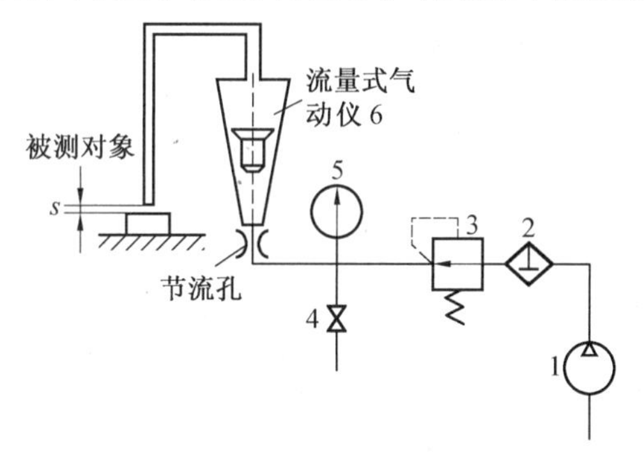

图 11.21　应用气动仪检测单项阀内泄漏量的原理图

1—空压机；2—分水滤水器；3—减压阀；4—手阀；5—压力表；6—流量式气动仪

11.3.2 转换器

1. 气-电转换器

气-电转换器是一种将气信号转换成电信号的装置。如果气信号是气压信号,转换输出的电信号是开关量,则这种转换器就是压力开关(压力开关是一种利用压力信号来启、闭电气触点的气压电气转换元件,常用于需要压力控制和保护的场合)。气信号如果是流量信号,就称其为流量开关。

若电信号是某一连续变化的电量,并能准确随时地反映气信号的输入变化规律,则该转换器就为传感器,例如压力传感器、流量传感器。

2. 气-液转换器

将空气压力转换成相同压力的液压力的元件称为气-液转换器。图 11.22 所示为一种隔离式气-液转换器。它是一个油面处于静止状态的垂直放置的油筒,上部接气源,下部与气液联用缸相连。为了防止空气混入油中造成传动的不稳定性,在进气口和出油口处,都安装了缓冲板。进气口缓冲板还可以防止空气流入时产生冷凝水,防止排气时流出油沫。浮子可防止油气直接接触,避免空气混入油中。

作为推动执行元件的有压力流体,使用气压力比液压力简便,但由于空气的可压缩性,难以得到定速运动和低速(50 mm/s 以下)平稳运动,中停时的精度也不高。液体一般可不考虑压缩性,但液压系统需要有液压泵系统,配管较困难,成本高。使用气-液转换器,用气压力驱动气液联用缸动作,就避免了空气可压缩性的缺陷,启动和负载变动时,也能得到平稳的运动速度。低速时,也没有爬行问题。故最适合于精密稳速输送,中停、急停和快速进给和旋转执行元件的慢速驱动等。

11.3.3 气动放大器

原始的控制信号功率很小,要实现驱动执行元件必须对信号进行放大,可通过气动放大器来实现。有时一级放大还不够,还需要两级或多级放大,使气动放大器的输出功率能借助于气动执行元件而达到克服负载做功的目的。气动放大器对输出气流的压力、流量和功率进行控制。常采用三种控制原理:节流控制、能量转换与分配控制、脉宽调制控制。

①以节流控制原理工作的气动放大器,通过改变可动部件的位置来调节节流面积,从而控制通过放大器的气体流量和压力。这类放大器有滑阀、喷嘴挡板阀等。

②以能量转换与分配控制原理工作的放大器,是将压力能转换成动能,然后按输入信号大小进行分配,最后又将动能转换成压力能进入执行元件。这类放大器的典型代表是射流管阀。

③以脉宽调制方式工作的气动放大器是一种开关阀,阀的开、闭时间与高频脉冲方波输入信号的调制量有一定的对应比例关系,即阀输出功率的平均效果与输入信号的调制量成正比。滑阀、球阀、锥阀等都可作为脉宽调制阀。

11.3.4 气动比例控制系统

工业自动化的发展,一方面对气动控制系统的精度和调节性能都提出了更高的要求,

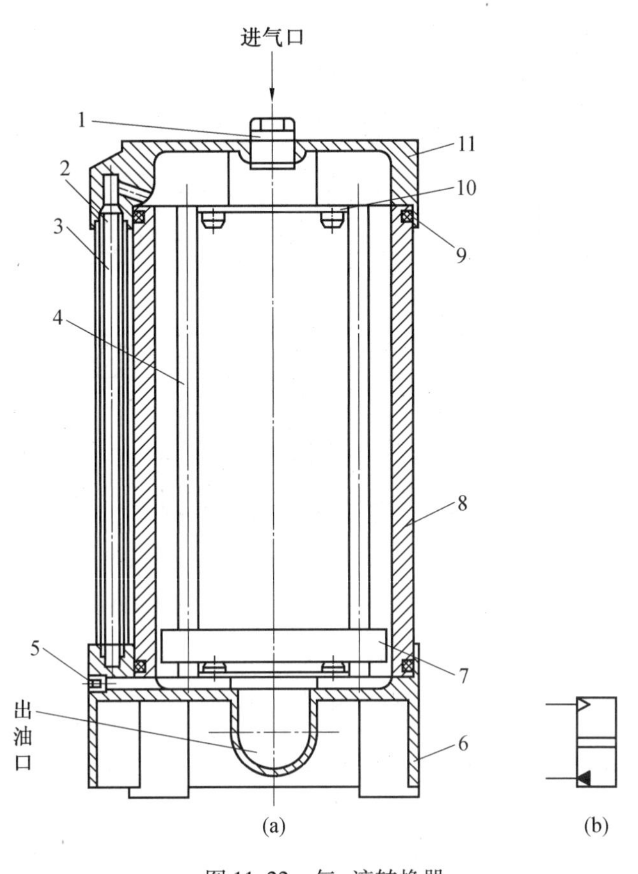

图11.22　气-液转换器

1—进气管;2—油位计垫圈;3—油位计;4—拉杆;5—泄油塞;6—下盖;7—浮子;8—筒体;9—垫圈;10—缓冲板;11—头盖

如在高技术领域中的气动机械手、柔性自动生产线等部分,都需要对气动执行机构的输出速度、压力和位置等按比例进行伺服调节;另一方面气动系统各组成元件在性能及功能上都得到了极大的改进;同时,气动元件与电子元件的结合使控制回路的电子化得到迅速发展。

气动比例阀是一种输出量与输入信号成比例的气动控制阀,它可以按给定的输入信号连续地、按比例地控制气流的压力、流量和方向等。由于比例阀具有压力补偿的性能,所以其输出压力、流量等可不受负载变化的影响。气动比例阀以气流作为控制信号,控制阀的输出参量。可以实现流量放大,在实际系统中应用时,一般应与电-气转换器结合,才能对各种气动执行机构进行压力控制。

气动比例压力阀工作原理如图11.23所示,阀的输出压力p_2与信号压力p_1成比例,当有输入信号压力p_1时,膜片1变形,推动硬芯使主阀芯3向下运动,打开主阀口,气源压力经过主阀芯节流后形成输出压力p_2。膜片2起反馈作用,并使输出压力信号与信号压力之间保持比例。当输出压力p_2小于信号压力p_1时,膜片组向下运动,使主阀口开大,输出压力p_2增大。当p_2大于p_1时,膜片2向上运动,溢流阀芯开启,多余的气体排至大气。调节针阀的作用是使输出压力的一部分加到信号压力腔,形成正反馈,增加阀的工作稳定性。

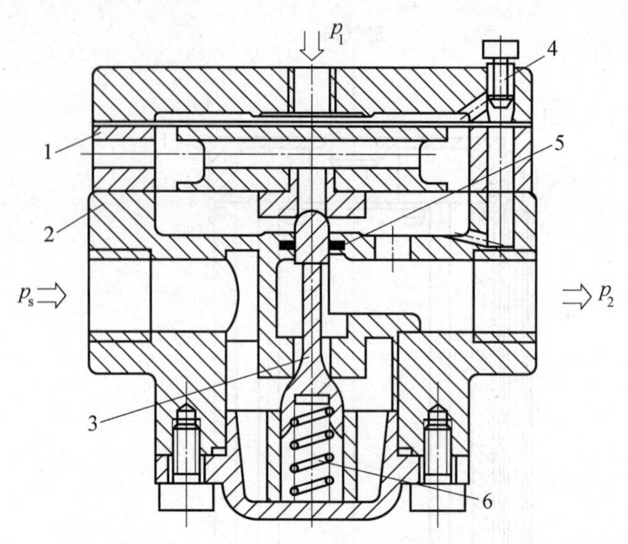

图 11.23　气动比例压力阀工作原理图

1—信号压力膜片;2—输出压力膜片;3—主阀芯;4—调节针阀;5—溢流阀芯;6—弹簧

思考题与习题

11.1　简述气-液阻尼缸、冲击气缸和数字气缸的工作原理及应用。

11.2　简述气动马达的特点?

11.3　快速排气阀为什么能快速排气?在使用和安装快速排气阀时应注意什么问题?

11.4　简述梭阀、双压阀的工作原理,并举例说明其应用。

11.5　在气动控制元件中,哪些元件具有记忆功能?记忆功能是如何实现的?

11.6　请画出下列气动元件的图形符号:气马达,双电控先导式二位五通电磁换向阀,二位三通机控换向阀,三位四通电控换向阀,梭阀,双压阀,快速排气阀,消声器,减压阀,单向顺序阀、安全阀。

11.7　简述背压式气动传感器的原理及应用?

第12章 气源装置及气压传动辅助元件

12.1 概 述

气源装置和气压传动辅助元件是气压传动系统两个不可缺少的重要组成部分。气源装置给系统提供足够清洁、干燥且具有一定压力和流量的压缩空气;气压传动辅助元件是元件连接和提高系统可靠性、使用寿命以及改善工作环境等所必需的。

12.1.1 压缩空气品质对气压传动系统的影响

由空气压缩机排出的压缩空气虽然可以满足气动系统工作时的压力和流量要求,但其温度高达140~170 ℃,且含有气化的润滑油、水蒸气和灰尘等污染物,这些污染物将对气动系统造成下列不利影响。

(1)混在压缩空气中的油蒸气可能聚集在储气罐、管道、气动元件的空腔里形成易燃物,有爆炸危险。另外润滑油被气化后形成一种有机酸,使气动元件、管道内表面腐蚀、生锈,影响其使用寿命。

(2)压缩空气中含有的水分,在一定压力温度条件下会饱和而析出水滴,并聚集在管道内形成水膜,增加气流阻力;如遇低温(0 ℃以下)或膨胀排气降温等,水滴会结冰而阻塞通道和节流小孔,或使管道附件等胀裂;游离的水滴形成冰粒后,冲击元件内表面而使元件遭到损坏。

(3)混在空气中的灰尘等污染物沉积在系统内,与凝聚的油分、水分混合形成胶状物质,堵塞节流孔和气流通道,使气动信号不能正常传递,气动系统工作不稳定;同时还会使配合运动部件间产生研磨磨损,降低元件的使用寿命。

(4)压缩空气温度过高,会加速气动元件中各种密封件、膜片和软管材料等的老化,且温差过大,元件材料会发生胀裂,降低使用寿命。

因此,压缩空气必须经过降温、除油、除水、除尘、减压、稳压和干燥,使之品质达到一定要求后,才能使用。

12.1.2 气压传动系统对压缩空气的要求

(1)要求压缩空气具有一定的压力、足够的流量,能满足气动系统的要求。

(2)对压缩空气具有一定的净化要求,不得含有水分、油分;所含灰尘等杂质颗粒的平均尺寸不超过以下数值:气缸、膜片和截止式气动元件不大于50 μm;气动马达、硬配滑阀不大于25 μm;射流元件不大于10 μm。

(3)有些气压装置和气压仪表还要求压缩空气的压力波动要小,能稳定在一定范围之内才能正常工作。

12.1.3 气源装置的组成和布置

气源装置一般由以下四个部分组成:

①气压发生装置:空气压缩机。

②压缩空气净化装置:一般有后冷却器、油水分离器、干燥器、储气罐、过滤器等。

③其他辅助元件:一般有油雾器、消声器等。

④传输压缩空气的管道系统:一般有管道,管接头,气-电、电-气、气-液转换器等。

一般气源装置的组成和布置如图12.1所示。

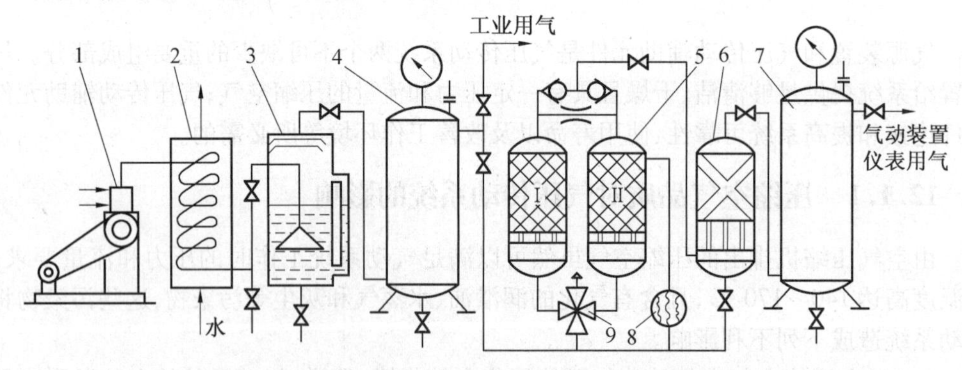

图12.1 气压传动系统的组成和布置示意图

1—空压机;2—冷却器;3—油水分离器;4,7—储气罐;5—干燥器;6—过滤器;8—加热器;9—四通阀

一般压缩空气处理流程:首先经过过滤器过滤部分灰尘、杂质后进入空气压缩机1,产生一定压力和流量的压缩空气后进入冷却器2(又称后冷却器),冷却器将压缩空气温度从140~170 ℃降至40~50 ℃,使高温气化的油分与水分凝结成油滴和水滴;然后进入油水分离器3使降温冷凝出的油滴、水滴杂质等从压缩空气中分离出来,并从排污口除去;得到初步净化的压缩空气罐入储气罐4(要求不高的气压系统可从储气罐直接供气),储气罐4和7储存压缩空气以平衡空气压缩机流量和设备用气量,并稳定压缩空气压力,同时还可以除去压缩空气中的部分水分和油分。储气缸4出来的压缩空气再送入干燥器5,经干燥器5进一步吸收、排除压缩空气中的水分、油分等,使之变成干燥空气送入过滤器6进一步过滤除去压缩空气中的灰尘颗粒杂质。储气罐7输出的压缩空气可用于要求较高的气动系统(如气动仪表、射流元件等组成的系统)。

12.1.4 空气压缩机及选用

空气压缩机与液压泵一样是气压传动系统的动力源,目前常用的气源装置有压缩空气站和空气压缩机两种,当排气量大于或等于6~12 m^3/min时,独立设置压缩空气站;当排气量低于 6 m^3/min 时,可使用压缩空气机供气。

1. 空气压缩机

空气压缩机(空压机)是气源装置的主要设备,用以将电动机输出的机械能转化为气体的压力能送给气动系统。

空气压缩机的种类很多,主要种类如下:

①按输出压力的大小可分为:低压(0.2~1.0 MPa)、中压(1.0~10 MPa)、高压(10~100 MPa)、超高压(>100 MPa)四类;

②按流量等级可分为:微型(<1 m^3/min)、小型(1~10 m^3/min)、中型(10~100 m^3/min)、大型(>100 m^3/min)四类;

③按工作原理分为容积型和速度型(通过提高单位质量气体的速度并使动能转化为压力能来获得压力)两类。在容积型压缩机中,气体压力的提高是通过对压缩机内部的工作体积被缩小,使单位体积内气体分子的密度增大而形成的压力;而速度型压缩机中,气体压力的提高是通过提高单位质量气体的速度时突然受阻而停止下来,使动能转化为压力能来获得压力。速度型又因气体流动方向和机轴方向夹角不同分为离心式(方向垂直)和轴流式(方向平行)。

常见的低压、容积式空压机按结构不同可分为活塞式、叶片式、螺杆式。目前常用的活塞式空压机的工作示意图如图 12.2 所示,其基本原理同液压泵,由一个可变的密闭空间的变化产生吸排气,加上适当的配流机构来完成工作过程。但由于空气无自润滑性而必须另设润滑,这带来了空气中混有污油的问题。为解决这个问题可在空压机的材料或结构上设法制成无油润滑空压机。

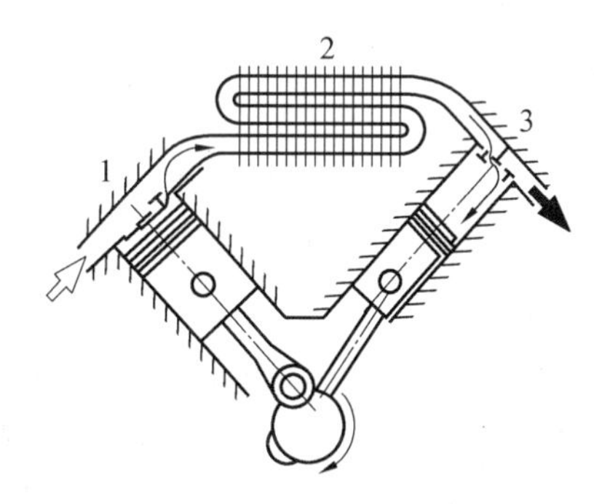

图 12.2　活塞式空压机的工作示意图

2. 空压机的选用

首先按系统特点确定空压机的类型,再根据系统所需压力和流量确定空压机的额定输出压力和吸入流量(一般空压机铭牌上所标吸气量)。

通常情况下,额定输出压力按系统中执行元件最高使用压力增加 0.2 MPa 估算。吸入流量因表示的是标准状态下的体积流量,应先将系统所需压缩空气量换算成标准状态下空气量,再根据最大耗气量(系统中不设储气罐)或平均耗气量(系统中设储气罐)来确定。考虑到各种泄漏和备用,实际选定的空压机吸入流量应为计算吸入流量的 1.3~1.5 倍。

12.2　压缩空气净化装置

12.2.1　后冷却器

后冷却器一般安装在空压机的出口管路上,其作用是把空压机排出的压缩空气的温度由 140~170 ℃降至 40~50 ℃或更低,使其中大部分的水气、油气转化成水滴和油滴,

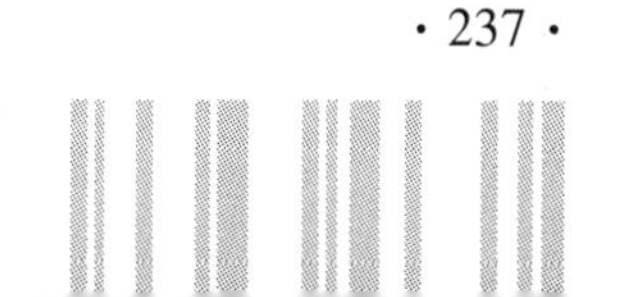

以便于排出。

后冷却器按冷却方式不同可分为风冷和水冷两种。风冷式冷却器的工作原理如图 12.3 所示。它靠风扇产生的冷空气流吹向带散热片的热气管道降温。其优点为不需水源、占地面积小、重量轻、运转成本低和易于维修。缺点是冷却能力较小,入口空气温度一般不高于 100 ℃。水冷式冷却器的结构形式有蛇管式、列管式,散热片式、套管式等,水后冷却器的结构示意图如图 12.4 所示。热的压缩空气由管内流过,冷却水从管外水套中流动以进行冷却,在安装时应注意压缩空气和水的流动方向。不管何种冷却器均应设置排水设施,以便排除压缩空气中的冷凝水。

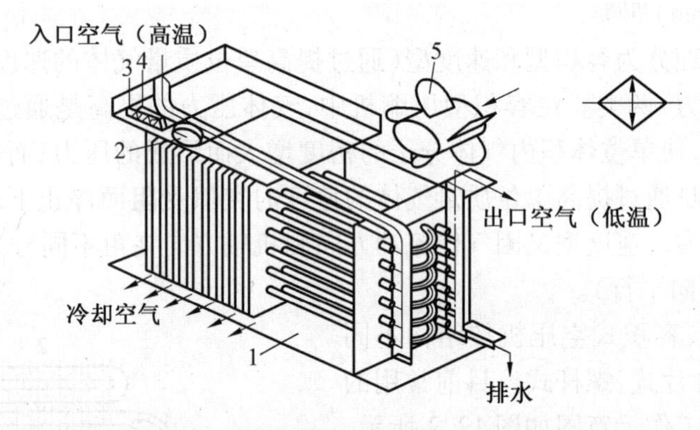

图 12.3　风冷式后冷却器工作原理图

1—冷却器;2—出口温度计;3—指示灯;4—按钮开关;5—风扇

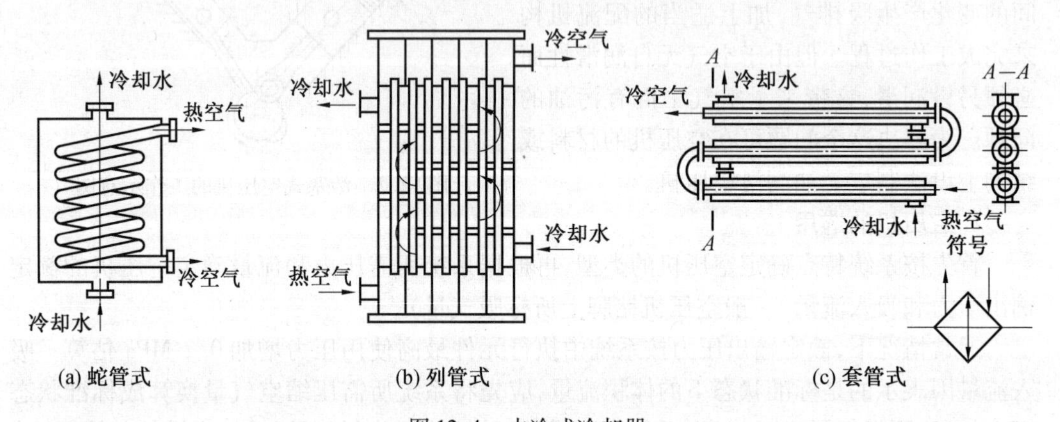

图 12.4　水冷式冷却器

选用冷却器时要注意产品样本给出的技术参数中的额定流量的测定条件。实际使用系统与测定条件不同时,同样流量下的出口温度可能不同;且一般样本中给的额定流量都是折合成标准状态下的流量,应注意和使用条件下有压流量的换算。

使用时应注意通风和冷却水量在额定范围内并注意水质,配管尺寸应大于等于标准连接尺寸,要注意定期排放冷凝水。

12.2.2　油水分离器

油水分离器的作用是分离清除压缩空气中凝聚的水分和油分等杂质,使压缩空气得到初步净化。其结构形式有：环形回转式、离心旋转式、水浴式及以上形式的组合使用。主要是利用回转产生离心撞击、水洗等方式，使水、油等液滴和其他杂质颗粒从压缩空气中分离。其结构示意图如图 12.5 和图 12.6 所示。

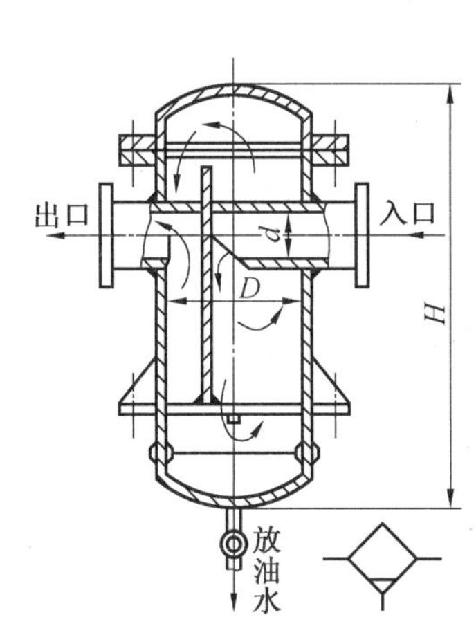

图 12.5　撞击折回并回转式油水分离器

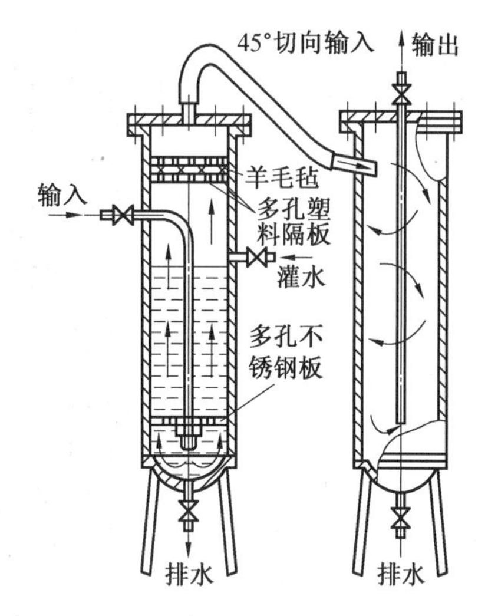

图 12.6　水浴和离心式油水分离器

12.2.3　空气过滤器

空气过滤器的作用是滤除压缩空气中的杂质微粒，除去液态的油污和水滴，使压缩空气进一步净化，但不能除去气态物质。

常用的有一次过滤器和二次过滤器。

(1) 一次过滤器（也称简易过滤器）。

滤灰效率为 50% ~70%，气流由切线方向进入筒内，在离心力的作用下分离出液滴，然后气体由下而上通过多片钢板、毛毡、硅胶、焦炭、滤网等过滤吸附材料，干燥清洁的空气从筒顶输出，结构如图 12.7 所示。

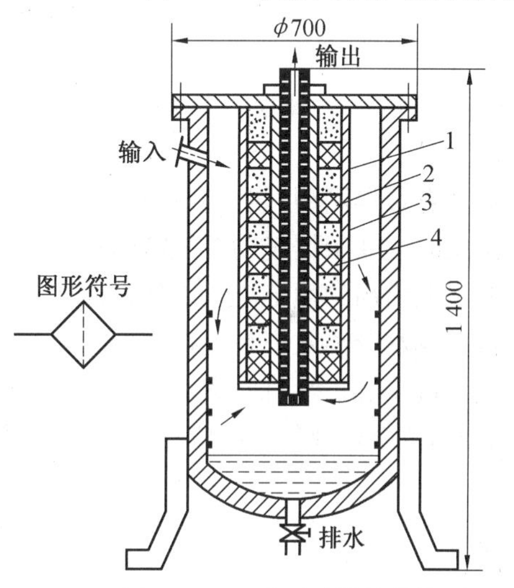

图 12.7　一次过滤器的结构

1—密孔网；2—细钢丝网；3—焦炭；4—硅胶等

(2) 二次过滤器（也称分水滤气器）。

分水滤气器滤灰能力较强，滤灰效率为 70% ~99%。分水滤气器与减压阀、油雾器常组合使用合称气动三联件，是气动系统不可缺少的辅助元件。其排水方式有手动和自动之分。

常见的普通手动排水分水滤气器如图 12.8 所示。其基本工作原理为间隙过滤和离心分离。压缩空气从入口流入经导流片 2，导流片上有很多小缺口，使空气沿切线反方向产生高速旋转，这样夹杂在气体中较大的水滴、液态油及固态杂质受离心作用，被甩到水杯 5 的内壁上，从气体中分离出来，沉淀于杯底，除去液态油水和较大杂质的压缩空气，再通过滤芯 3 进一步除去微小固态颗粒而从出口流出。挡水板 4 用来防止水杯底部液态油水被卷回气流中。按动手动排水阀 8 时可将杯底液态油水排出。

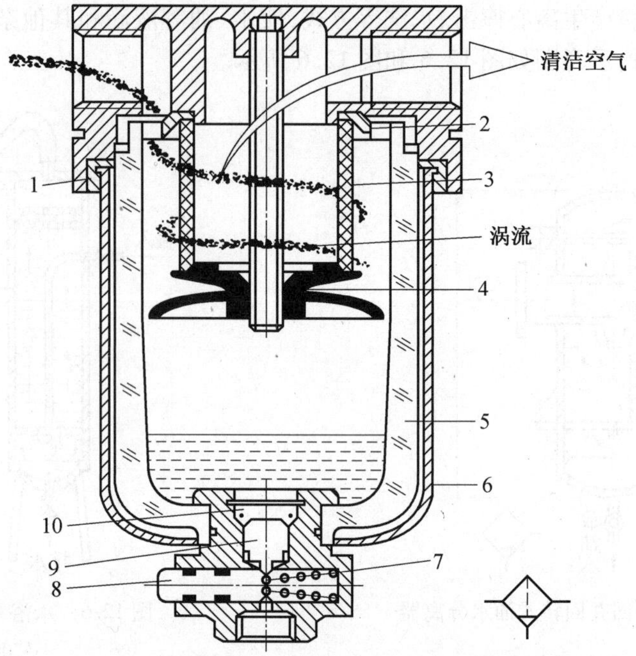

图 12.8　分水过滤器结构原理

1—卡环;2—导流片;3—滤芯;4—挡水板;5—水杯;6—保护罩;7—复位弹簧;8—手动排水阀;9—阀芯;10—锥形弹簧

滤芯有金属网型、烧结型和纤维聚结型。金属网型只是表面起过滤作用。

选用时主要根据气动系统所需过滤精度和所用空气流量来选择相应产品。应注意当一般样本上给出的额定流量未特别注明时,均为出口压力为进口压力的 95% 时的标准状态下流量。水分离效率是指在规定压力和流量下被分离水分与输入水分之比。通过过滤器的流量过小、流速太低、离心力太小不能有效清除油水和杂质;流量过大、压力损失太大,水分离效率也降低。故应尽可能按实际所需标准状态下流量选分水滤气器的额定流量。

分水滤气器必须以垂直位置安装,并将放水阀朝下,壳体上箭头所示方向为气流方向,不可装反。

12.2.4　干燥器

压缩空气经各种净化过滤装置后仍含有一定量的水蒸气。只要系统工作温度低于其露点就会有水滴析出而产生不利影响。要清除气态水分必须使用干燥器。

干燥器有冷冻式、吸附式和高分子隔膜式等多种不同型式。

吸附式干燥器是使压缩空气流过栅板、干燥吸附剂(如焦炭、硅胶、铝胶、分子筛、滤网)等,使之达到干燥、过滤除去气态水分的目的。一种吸附式干燥器如图 12.9 所示。使用中应注意吸附剂的再生,故一般气动系统均设置两套干燥器交替工作。为避免吸附剂被油污染而影响吸湿能力,应在进气管道上安装除油器。

高分子隔膜式干燥器是利用只能让水蒸气透过而可阻挡氮气和氧气的中空特殊高分子隔膜，将大量水蒸气由少量压缩空气透过隔膜带出干燥器处，不需设置排水器。从出口便可获得干燥的压缩空气。工作原理如图 12.10 所示。

使用时大流量选择冷冻式干燥器，小流量可选吸附式或高分子隔膜式干燥器。

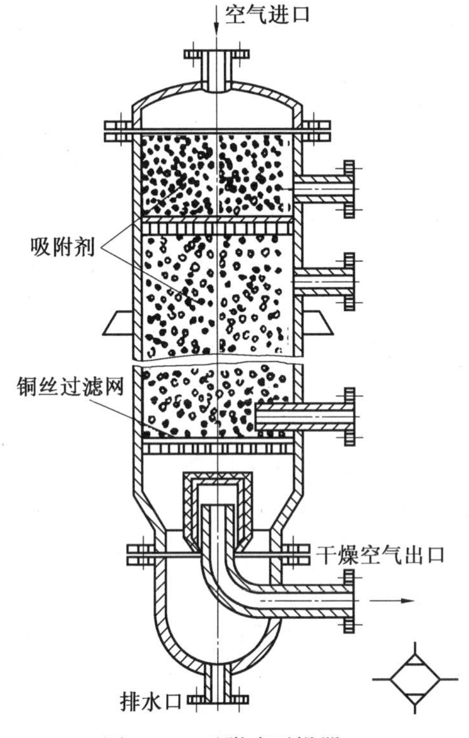

图 12.9　吸附式干燥器

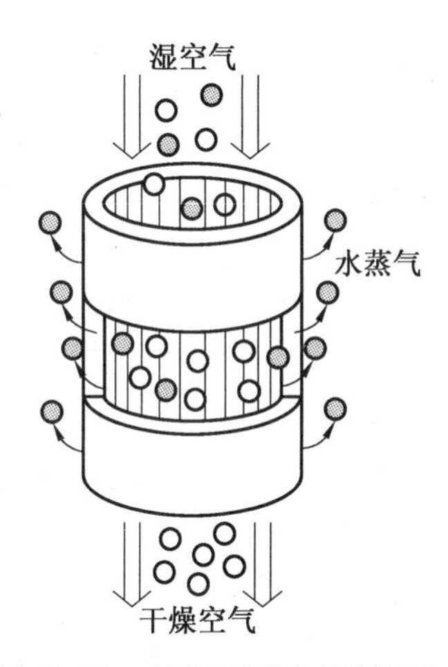

图 12.10　高分子隔膜式干燥器

12.2.5　储气罐

储气罐的作用是消除压力脉动，保证输出气流的连续性，依靠绝热膨胀和自然冷却使压缩空气降温而进一步分离其中水分；储存一定量空气做备用和应急气源。

储气罐一般采用立式的焊接结构，如图 12.11所示。一般高度 H 为内径 D 的 2 ~ 3 倍，进气口在下，出气口在上，应尽量加大进出口之间的距离。罐上应设有安全阀(压力为 1.1 倍的工作压力)、压力表和清洗孔，下部需设排水阀。气罐容积 V_c 的确定因使用目的不同而异。以消除压力脉动为主要目的时可按以下方法选定：当空压机吸入流量 q_c [m^3/min (ANR)] 小于 6 时，V_c 为 $0.2q_c$ (m^3)；q_c 大于 30 时，V_c 为 $0.1q_c$ (m^3)；q_c 在

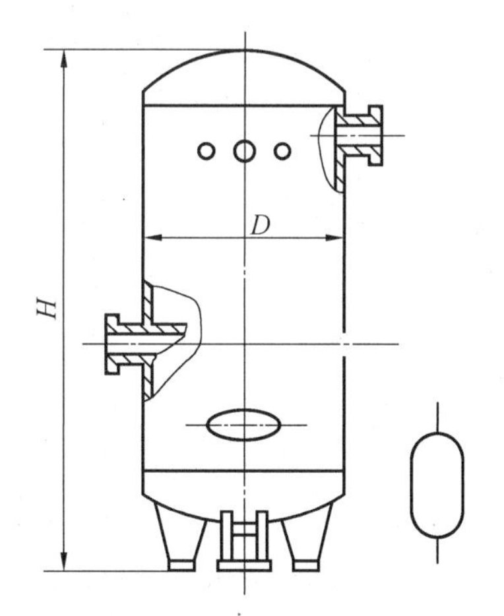

图 12.11　立式储气罐

6 ~30 之间时,V_c 为 $0.15q_c$(m^3)。如做备用或应急气源时应按实际所需压缩空气量设计。

气源净化装置中所有元件均为压力容器,应遵守压力容器的有关规定,必须经 1.5 倍的工作压力耐压试验并有合格证明书。

12.3 气压传动其他辅助元件

12.3.1 油雾器

气压传动内部有许多相对运动元件,为了减少相对运动件之间的摩擦力,保证正常动作,减少磨损以防止泄漏,延长元件寿命,保证良好的润滑非常重要。但由于空气无自润滑性,所以必须外加润滑剂。润滑可分为不给油和喷油雾润滑两种。目前在许多不允许有油雾的场合大量使用不给油润滑。不给油润滑不仅节省了润滑设备和润滑油,改善了工作环境,而且确保了润滑效果。其润滑效果不受工况变化的影响,也不会因油雾器中忘记加油而造成事故。一般来说不给油润滑元件的价格要高于给油雾润滑元件。例如在食品、药品、电子、高级喷漆及某些轻工行业中不给油润滑已相当普及。

不给油润滑一般采用两种方式:第一是在有相对摩擦的表面采用合适的有自润滑性的材料(也可在材料生产过程中加入某些添加剂);第二是在密封件上采用带有滞留槽的特殊结构,在槽中存有润滑剂并定期更换。

油雾润滑元件中最主要的就是油雾器。它是一种特殊注油装置,能将润滑油经气流引射出来并雾化后混入气流中,随压缩空气携带流入需要润滑的部位,达到润滑的目的。普通油雾器的结构原理图如图 12.12 所示。

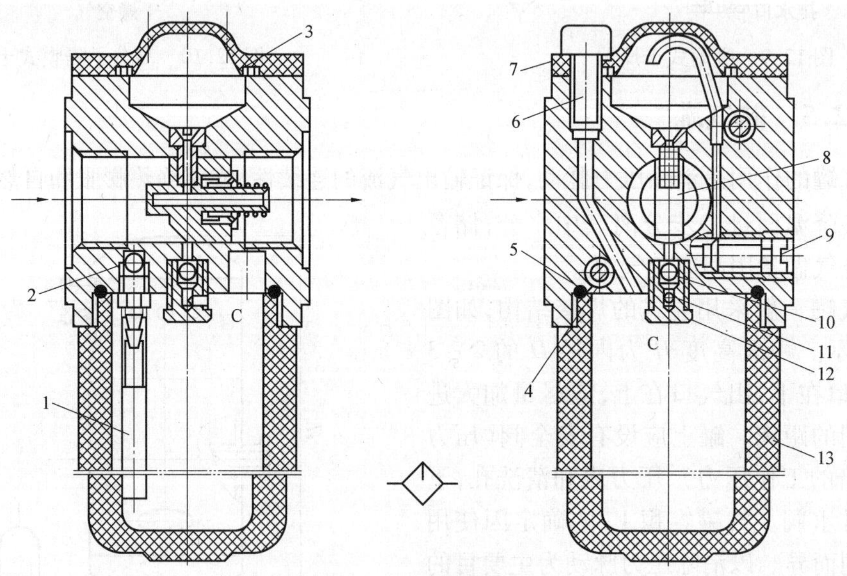

图 12.12　普通油雾器

1—吸油管;2—钢球;3—视油器;4—螺母螺钉;5—密封圈;6—油塞;7—密封垫;8—喷嘴组件;9—节流阀;10—钢球;11—弹簧;12—阀座;13—存油杯

压缩空气由输入口输入后,通过喷嘴组件8起引射作用,并通过组件前小孔进入阀座12的腔内。阀座12与钢球10、弹簧11组成一个有泄漏的特殊单向阀,如图12.13(a)所示。初始通过时钢球被压下(见图12.13(c)),由于此单向阀密封不严,压缩空气会漏入存油杯13中,使其内部压力升高。结果钢球10上下压差减小,在弹簧11作用下使钢球处于中间位置(见图12.13(b))。这样压缩空气通过阀座12上小孔进入存油杯13的上腔C,油面受压,润滑油经吸油管1将钢球2顶起,油便不断地经节流阀9流入滴油管,再滴入喷嘴组件8中,被主通道中气流引射出,雾化后从输出口输出。滴油管上部有透明油窗,可观察节流阀9调节的滴油量。喷嘴组件8由组件体、挡板及弹簧等件组成,组件体上纵向开有一中心射流孔及若干通气孔,气体流量较小时,这些通气孔在弹簧和挡板作用下处于封闭状态。气流通过中心引射孔完成引射作用。当气体流量变大时,由于压差加大克服弹簧力使挡板移动,打开外围通气孔,使通流面积加大,以适应气体流量的变化。其实质是一自动可变节流装置。

这种油雾器可以在不停气状态下加油。拧松油塞6,油杯中压缩空气逐渐排空(由于油塞上开有半截小孔),此时油杯上腔C通大气,钢球10上下表面压力差增大,钢球10被压缩空气压在阀座上(见图12.13(c))和初始进气时一样。由于泄漏量很小,压缩空气基本上不会进入油杯,而钢球2此时因底部无压力而在重力作用下下移封住吸油管1,以防止压缩空气倒灌入油杯。此时可经油塞6向油杯中加油至规定液面后拧紧油塞,特殊单向阀过一会儿后又进入工作状态(见图12.13(b)),油雾器又重新开始工作。

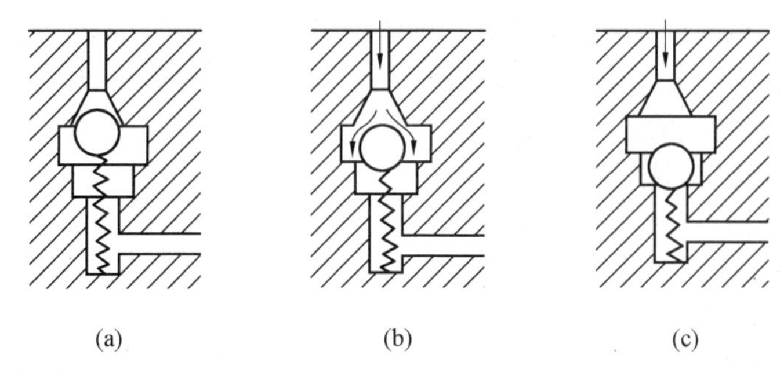

图12.13　特殊单向阀的工作情况

油雾器的使用应根据通过油雾器的流量和油雾粒径大小来选择。应注意样本给出的额定流量是什么状态下流量,一般均以标准状态给出,实际使用流量应尽可能和额定流量相近。安装时油雾器一般在分水滤气器和减压阀之后换向阀之前。油雾器应尽量靠近换向阀;它与换向阀之间管路容积加上15%的换向阀与气缸间容积应小于气缸行程容积,当通道中有节流装置时上述容积应减半。

12.3.2　消声器

气动系统一般不设排气回路,用后的压缩空气通常经方向阀直接排入大气。当余压较高时,最大排气速度在音速附近,空气急剧膨胀及形成的涡流现象将产生强烈的噪声。噪声大小与排气速度、排气量和排气通道的形状有关,一般在80~120 dB之间。为减少噪声污染必须采取消声措施,通常采用在气动系统的排气口(如换向阀、快排阀)外装设消声器来降低排气噪声。消声器是通过对气流的阻尼或增大排气面积等措施降低排气速度和功率来降噪的。常用的有吸收型、膨胀干涉型、膨胀干涉吸收型消声器。

1. 吸收型消声器

吸收型消声器主要利用气流通过多孔的吸声材料,靠流动摩擦生热而使气体压力能转化为热能耗散,从而降低排气噪声。吸收型消声器结构简单,对中高频噪声一般可降低 20 dB,但排气阻力较大,因常装于换向阀的排气口,如不及时清洗更换可能引起背压过高。吸声材料大多使用聚氯乙烯纤维,玻璃纤维、铜粒烧结等,在气压传动系统中,排气噪声主要是中、高频噪声,尤其是高频噪声,所以采用这种消声器是合适的。结构如图12.14所示。选用时依据排气口直径来选即可,使用中注意定期清洗,以免堵塞后影响换向阀。

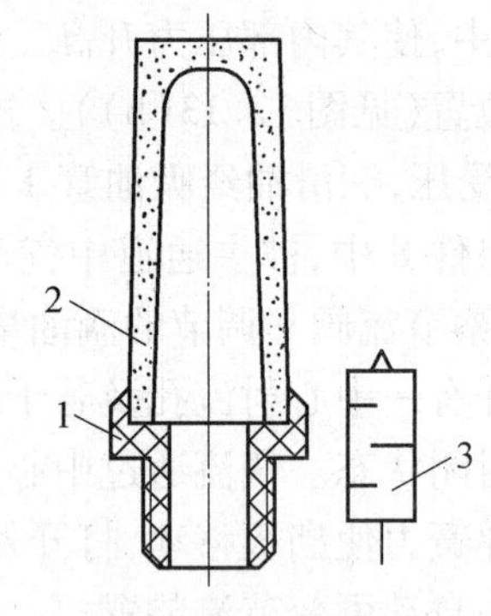

图 12.14　吸收型消声器图

1—连接螺钉;2—消声罩;3—图形符号

2. 膨胀干涉型消声器

膨胀干涉型消声器(又称声学滤波器)的直径比排气孔径大得多。通过气流在消声器内的扩散、减速,碰撞反射,互相干涉而消耗能量降低噪声,最后经孔径较大外壳排入大气。常见的各种内燃机的排气管上都装有这种消声器,它主要用于消除中、低频噪声,尤其是低频噪声。这种消声器结构简单,排气阻力小,不易堵塞,但体积较大,不能在换向阀上装置,故常用于集中排气的总排气管。

3. 膨胀干涉吸收型消声器

膨胀干涉吸收型消声器是前两种消声器的组合应用,其结构如图 12.15 所示。气流由斜孔引入,在 A 室膨胀、扩散、减速并被器壁反射至 B 室。在 B 室内气流互相撞击、干涉,进一步降低速度而消耗能量。最后再通过敷设在消声器内壁的吸声材料被阻尼降噪后排入大气。这种消声器消声效果较好,低频约可降低 20 dB,高频可降低 45 dB。但结构复杂,排气阻力较大,且需定期清洗更换,只宜用于集中排气的总排气管。

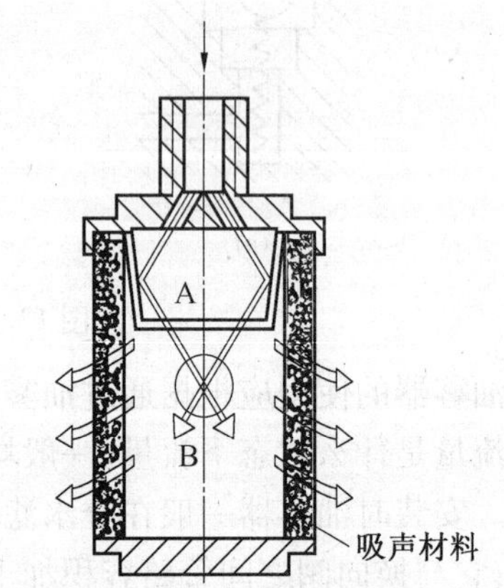

图 12.15　膨胀干涉型消声器

12.3.3　气动三联件

由分水滤气器、减压阀、油雾器三元件依次无管化连接而成的组件称为气动三联件,其安装次序依进气方向为分水滤气器、减压阀、油雾器,三联件应安装在用气设备的近处是多数气动设备中必不可少的气源装置,如图 12.16 所示。压缩空气经过三联件的最后处理,再进入各气动元件及气动系统。因此,三联件是气动元件及气动系统使用压缩空气质量的最后保证。其组成及规格需由气动系统具体的用气要求确定,可以少于三件,只用一件或二件,也可多于三件。

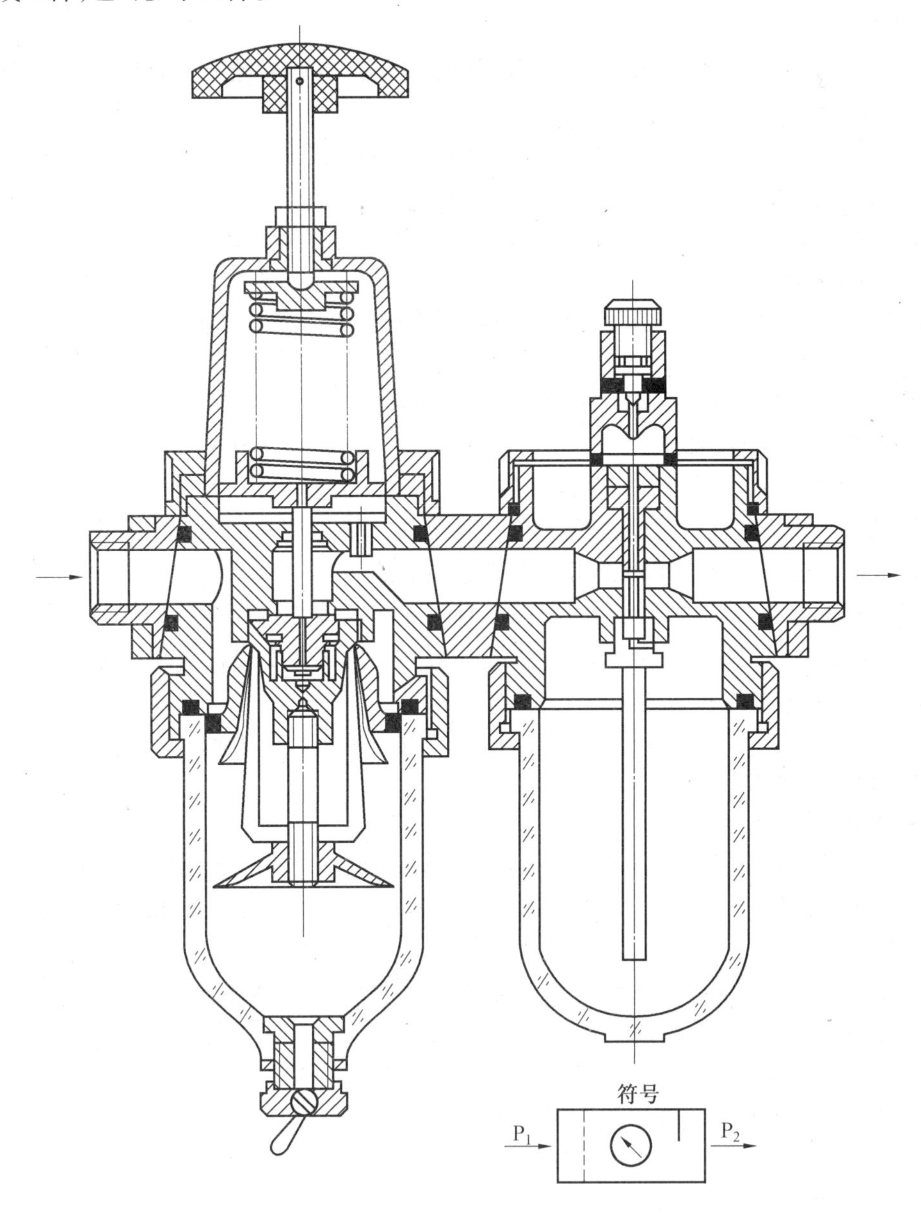

图 12.16　气动三联件

1—分水滤气器;2—减压阀;3—油雾器

12.3.4　管道系统

1. 供气系统管路分类

气压传动系统的管路按其功能分为以下几种。

(1)吸气管路。

从过滤器到空压机吸入口之间的管路,此段管路管径应大,以降低压力损失。

(2)排出管路。

从空压机排气口到后冷却器或储气罐之间的管路,此段管路应能耐高温高压与振动。

(3)送气管路。

从储气罐到气动设备间的管路。送气管路又分成主管路和从主管路连接分配到气动设备之间的分支管路。主管道是一个固定安装的用于把空气输送到各处的耗气系统。主管路中必须安装断路阀,它能在维修和保养期间把空气主管道分离成几部分。

(4)控制管路。

连接气动执行件和各种控制阀间的管路。此种管路大多数采用软管。

(5)排水管道。

收集气动系统中的冷凝水,并将水分排出管路。

2. 供气管道的选择原则

(1)从空气压缩机的排气口至冷却器、油水分离器、储气罐、空气干燥器的压缩空气管通构成了空气压缩机站管道;空气从空气压缩机站输出到气动设备之间的管道称为空气输送管道,这两种管道均以无缝钢管作为输送管道。

(2)硬管适用于高温、高压和固定的场合。在小范围之内高等级的镀锌焊接管经过耐压试验以后也可以使用。虽然紫铜管道价格昂贵,其抗振能力较弱,但比较容易弯曲和安装,因此固定部分的安装可以选择紫铜管。

(3)软管用于工作压力不高、温度较低的场合。软管拆装方便,密封性能好,适用于气压传动元件之间的连接。

3. 管道连接件

管道连接件包括管子和各种管接头。有了管路连接,才能把气动控制元件、气动执行元件以及辅助元件等连接成一个完整的气动控制系统。因此,实际应用中管路连接是必不可少的。

管子可分为硬管及软管两种。如总气管和支气管等一些固定不动的,不需要经常装拆的地方使用硬管;连接运动部件、临时使用、希望装拆方便的管路应使用软管。硬管有铁管、钢管、黄铜管、紫铜管和硬塑料管等;软管有塑料管、尼龙管、橡胶管、金属编织塑料管以及挠性金属导管等。常用的是紫铜管和尼龙管。

气动系统中使用的管接头的结构及工作原理与液压管接头基本相似,分为卡套式、扩口螺纹式、卡箍式、插入快换式等。

4. 压缩空气的应用原则

压缩空气的应用原则是应对系统消耗的总量进行准确的计算,选择合适的空压设备用量及压缩空气的质量等级。为了确保压缩空气的质量,应对大气进入空压机开始直至输送到所需气动系统及设备之前,每一过程都需对压缩空气进行必要的预处理。

对于空气质量等级要求的一个原则:如果系统中某个系统和气动设备需要高等级的压缩空气,则必须向该系统提供与其所需等级相适应的压缩空气,如无需高等级压缩空气,则提供与它相应等级的压缩空气便可。

即使同一个气动设备有不同空气质量等级要求,也应该遵守这一经济原则。追求压缩空气清洁的愿望是无止境的,应当注意如下事项:

①选择系统所需的足够的压缩空气容量和压缩空气的质量等级标准。

②如果系统中有不同压力等级的压缩空气要求,从经济角度出发,可考虑局部压力放大(增压器),避免整个系统应用高等级的压缩空气。

③如果系统中有不同质量等级的压缩空气需求,从经济角度出发,压缩空气还是必须集中筹备,然后对高等级空气按照“用多少处理多少”的原则进行处理。

④空压机吸入口应干净、无灰尘、通风条件好、干燥。注意,温暖潮湿的气候,空气在压缩过程中将生成更多的冷凝水。

⑤对于气动系统某些设备耗气量较大的情况,应在该气动支路安装一个小型储气罐,以避免压力波动。

⑥应该在气动网络管道最低点安装收集冷凝水的排出装置。

⑦选择合理的空气网络管路、管接件和附件。

⑧应为将来系统扩容预留一定的压缩空气用量。

思考题与习题

12.1　叙述气源装置的组成及各元件的主要作用。

12.2　简述分水滤气器的工作原理。

12.3　说明油雾器的工作过程及特殊单向阀的作用。

12.4　为什么要设置后冷却器?

12.5　为什么要设置干燥器?

12.6　储气罐有何作用?一般如何确定其尺寸?

12.7　气动三联件是由哪三个元件组成?

12.8　气压传动系统对压缩空气有何要求?

第13章

气动回路

13.1 基本回路

一个复杂的气动控制系统,往往由若干个气动基本回路组合而成。设计一个完整的气动控制回路,除了能够实现预先要求的程序动作以外,还要考虑调压、调速、手动和自动等一系列问题。因此,熟悉和掌握气动基本回路的工作原理和特点,可为设计、分析和使用比较复杂的气动控制系统打下良好的基础。

气动基本回路种类很多,其应用的范围很广。本节主要介绍压力控制、速度控制和方向控制基本回路的工作原理及选用。

13.1.1 压力控制回路

在一个气动控制系统中,进行压力控制主要有两个目的。第一是为了提高系统的安全性,在此主要指控制一次压力。如果系统中压力过高,除了会增加压缩空气输送过程中的压力损失和泄漏外,还会使配管或元件破裂而发生危险。因此,压力应始终控制在系统的额定值以下,一旦超过了所规定的允许值时,能够迅速溢流降压。第二是给元件提供稳定的工作压力,使其能充分发挥元件的功能和性能,这主要指二次压力控制。

1. 一次压力控制回路

一次压力控制是指把空气压缩机的输出压力控制在一定值以下。一般情况下,空气压缩机的出口压力为0.8 MPa左右,并设置储气罐,储气罐上装有压力表,安全阀等,如图13.1所示。图中气源1的选取可根据使用单位的具体条件,采用压缩空气站集中供气或小型空气压缩机单独供气,只要他们的容量能够与用气系统压缩空气的消耗量相匹配即可。当空气压缩机的容量选定以后,在正常向系统供气时,储气罐中的压缩空气压力由压力4显示出来,其值一般低于安全阀3的调定值,因此安全阀通常处于关闭状态。当系统用气量明显减少,储气罐中的压缩空气过量而使压力升高到超过安全阀的调定值以下时,安全阀自动开启溢流,使罐中压力迅速下降,当罐中压力降至安全阀的调定值以上时,安全阀自动关闭,使罐中压力保持在规定范围内。可见,安全阀的调定值要适当,若调得过高,则系统不够安全,压力损失和泄漏也要增加;若调得过低,则会使安全阀频繁开启溢流而消耗能量。安全阀压力的调定值，一般可根据气动系统工作压力范围，调整在0.7 MPa左右。

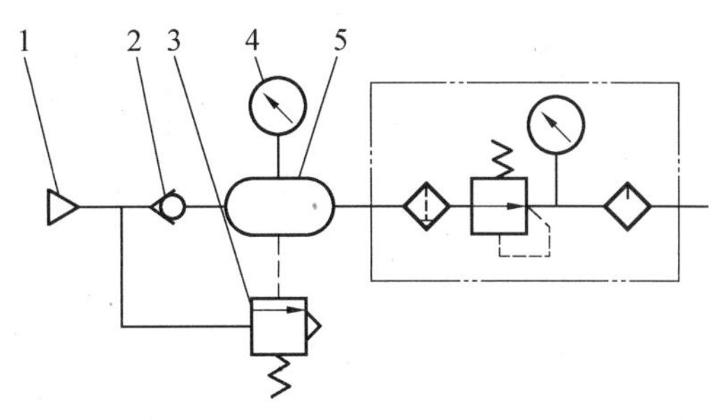

图13.1　一次压力控制回路

1—气源；2—单向阀；3—安全阀；4—压力表；5—储气罐

2. 二次压力控制回路

二次压力控制是指把空气压缩机输送出来的压缩空气，经一次压力控制后作为减压阀的输入压力 p_1，再经减压阀减压稳压后所得到的输出压力 p_2（称为二次压力），作为气动控制系统的工作气压使用。可见，气源的供气压力 p_1 应高于二次压力 p_2 所必需的调定值。在选用图13.2所示的回路时，可以用三个分离元件（即空气过滤器、减压阀和油雾器）组合而成，也可以采用气动三联件的组合件。在组合时三个元件的相对位置不能改变，由于空气过滤器的过滤精度较高，因此，在它的前面还要加一级粗过滤装置。若控制系统不需要加油雾器，则可省去油雾器或在油雾器之前用三通接头引出支路。

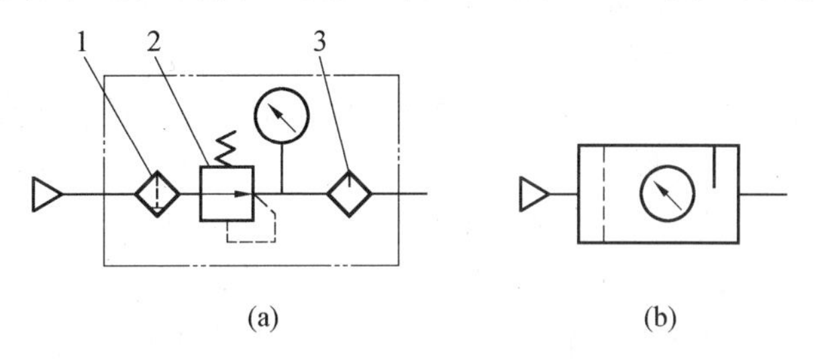

图13.2　二次压力控制回路

1—空气过滤器；2—减压阀；3—油雾器

3. 高低压选择回路

在实际应用中，某些气动控制系统需要有高、低压力的选择。例如，加工塑料门窗的三点焊机的气动控制系统中，用于控制工作台移动的回路其工作压力为0.25～0.3 MPa，而用于控制其他执行元件的回路的工作压力为0.5～0.6 MPa。对于这种情况若采用调节减压阀的办法来解决，会感到十分麻烦，因此可采用如图13.3所示的高、低压选择回路。该回路只要分别调节两个减压阀，就能得到所需要的高压和低压输出。在实际应用中，需要在同一管路上有时输出高压，有时输出低压，此时可选用图13.4所示回路。当换向阀有控制信号K时，换向阀换向处于上位，输出高压；当无控制信号K时，换向阀处于图示位置，输出低压。

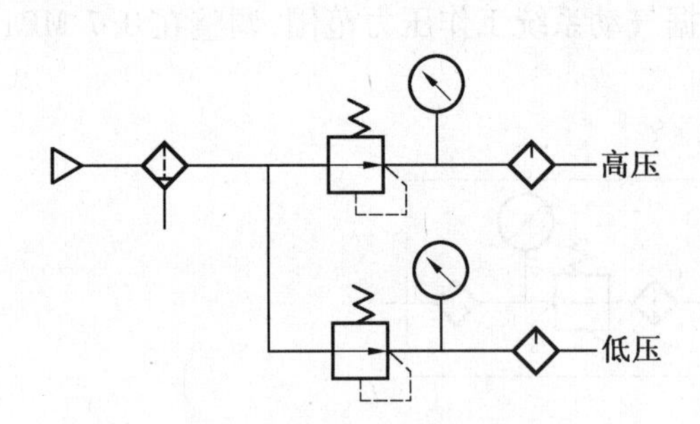

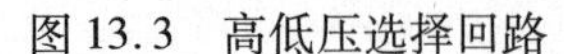

图 13.3　高低压选择回路

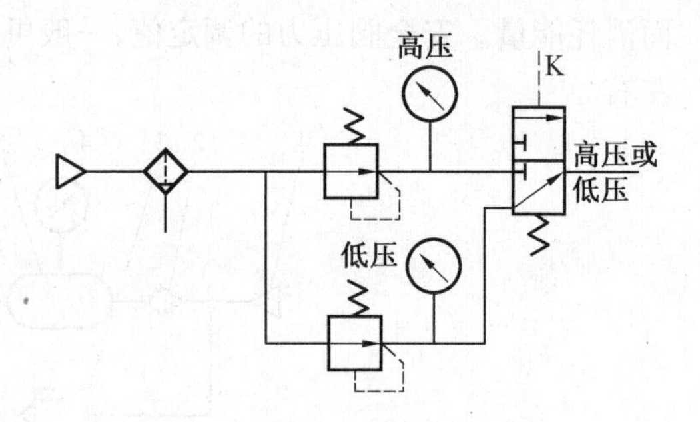

图 13.4　用换向阀选择高低压回路

在上述几种压力控制回路中，所提及的压力都指常用的工作压力值（一般为 0.4 ~ 0.5 MPa），如果系统压力要求很低，如气动测量系统其工作压力在 0.05 MPa 以下，此时使用普通减压阀因其调节的线性度较差就不合适了，应选用精密减压阀或气动定值器。

13.1.2　方向控制回路

方向控制回路又称换向回路，通过换向阀的换向来实现改变执行元件的运动方向。因为控制换向阀的方式较多，所以方向控制回路的方式也较多，下面介绍几种较为典型的方向控制回路。

1. 单作用气缸的换向回路

单作用气缸的换向回路如图 13.5 所示。当电磁换向阀通电时，该阀换向，处于右位。此时，压缩空气进入气缸的无杆腔，推动活塞并压缩弹簧使活塞杆伸出。当电磁换向阀断电时，该阀复位至图示位置。活塞杆在弹簧力的作用下回缩，气缸无杆腔的余气经换向阀排气口排入大气。这种回路具有简单，耗气少等特点。但气缸有效行程减少，承载能力随弹簧的压缩量而变化。在应用中气缸的有杆腔要设呼吸孔，否则，不能保证回路正常工作。

2. 双作用气缸的换向回路

图 13.6 所示是一种采用二位五通双气控换向阀的换向回路。当有 K_1 信号时，换向阀换向处于左位，气缸无杆腔进气，有杆腔排气，活塞杆伸出；当 K_1 信号撤除，加入 K_2 信号时，换向阀处于右位，气缸进、排气方向互换，活塞杆回缩。由于双气控换向阀具有记忆功能，故气控信号 K_1、K_2 使用长、短信号均可，但不允许 K_1、K_2 两个信号同时存在。

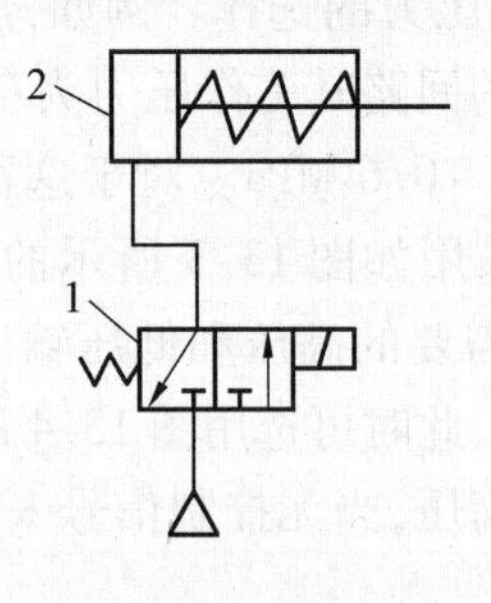

图 13.5　单作用气缸的换向回路

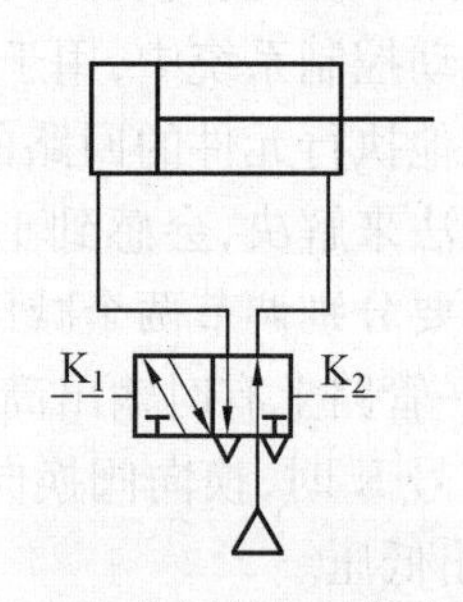

图 13.6　双作用气缸的换向回路

3. 差动控制回路

差动控制是指气缸的无杆腔进气活塞伸出时，有杆腔的排气又回到进气端的无杆腔，如图 13.7 所示。该回路用一只二位三通手拉阀控制差动式气缸。当操作手拉阀使该阀处于右位时，气缸的无杆腔进气，有杆腔的排气经手拉阀也回到无杆腔成差动控制回路。该回路与非差动联接回路相比较，在输入同等流量的条件下，其活塞的运动速度可提高，但活塞杆上的输出力要减少。当操作手拉阀处于左位时，气缸有杆腔进气，无杆腔余气经手拉阀排气口排空，活塞杆缩回。

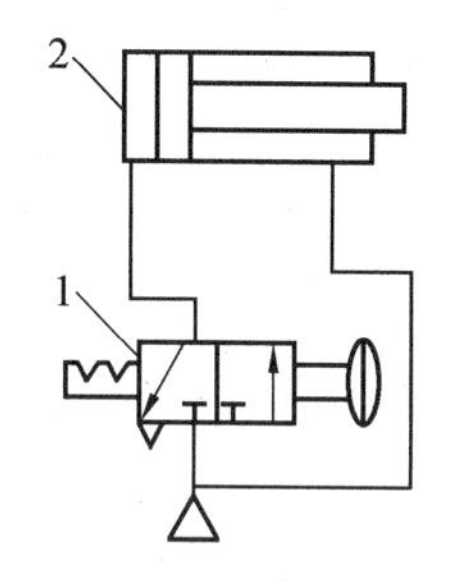

图 13.7　差动控制回路
1—手拉阀；2—差动缸

4. 多位运动控制回路

采用一只二位换向阀的换向回路，一般只能在气缸的两个终端位置才能停止。如果要使气缸有多个停止位置，就必须增加其他元件。若采用三位换向阀则实现多位控制就比较方便了。其组成回路详见图 13.8。该回路利用三位换向阀的不同中位机能，得到不同的控制方案。其中图 13.8(a)是中封式控制回路，当三位换向阀两侧均无控制信号时，阀处于中位，此时缸停留在某一位置上。当阀的左端加入控制信号时，使阀处于左位，气缸右端进气，左端排气，活塞向左运动。在活塞运动过程中若撤去控制信号，则阀在对中弹簧的作用下又回到中位，此时气缸两腔里的压缩空气均被封住，活塞停止在某一位置上。要使活塞继续向左运动，必须在换向阀左侧再加入控制信号。另外，如果阀处于中位上，要使活塞向右运动，只要在换向阀右侧加入控制信号使阀处于右位即可。图 13.8(b)和图 13.8(c)所示控制回路的工作原理与图13.8(a)所示的回路基本相同，所不同的是三位阀的中位机能不一样。当阀处于中位时，图 13.8(b)气缸两端均与气源相通，即气缸两腔均保持气源的压力，由于气缸两腔的气源压力和有效作用面积都相等，所以活塞处于平衡状态而停留在某一位置上；图 13.8(c)所示回路中气缸两腔均与排气口相通，即两腔均无压力作用，活塞处于浮动状态。

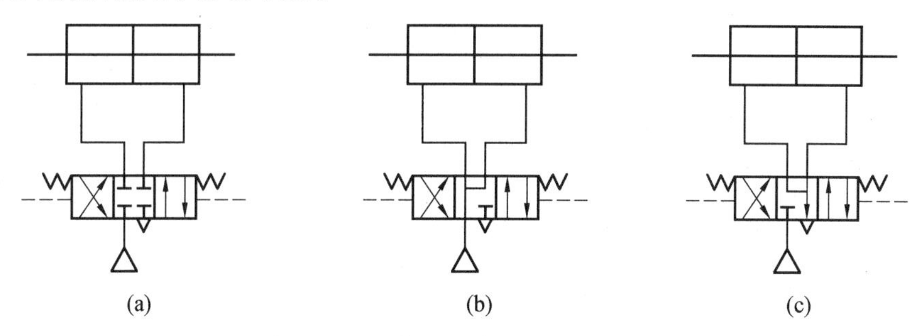

图 13.8　多位运动控制回路

13.1.3　速度控制回路

速度控制主要是指通过对流量阀的调节，达到对执行元件运动速度的控制。对于气

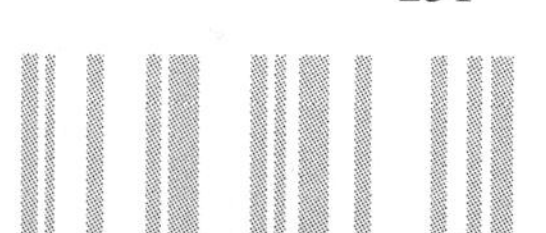

动系统来说,其承受的负载较小,如果对执行元件的运动速度平稳性要求不高,那么,选择一定的速度控制回路,以满足一定的调速要求是可能的。对于气动系统的调速来讲,较易实现气缸运动的快速性,是其独特的优点,但是由于空气的可压缩性,要想得到平稳的低速难度就大了。对此,可采取一些措施,如通过气-液阻尼或气-液转换等方法,就能得到较好的平稳低速。

众所周知,速度控制回路的实现,都是改变回路中流量阀的流通面积以达到对执行元件调速的目的,其具体方法主要有以下几种。

1. 单作用气缸的速度控制回路

(1)双向调速回路。

如图 13.9 所示回路,采用了两只单向节流阀串联联接,分别实现进气节流和排气节流来控制气缸活塞杆伸出和缩回的运动速度。

(2)慢进快退调速回路。

如图 13.10 所示,当有控制信号 K 时,换向阀换向,其输出经节流阀、快排阀进入单作用气缸的无杆腔,使活塞杆慢速伸出,伸出速度的大小取决于节流阀的开口量;当无控制信号 K 时,换向阀复位,无杆腔的余气经快速排气阀排入大气,活塞杆在弹簧的作用下缩回。快排阀至换向阀联接管内的余气经节流阀、换向阀的排气口排空。这种回路适用于要求执行元件慢速进给,快速返回的场合,尤其适用于执行元件的结构尺寸较大,联接管路细而长的回路。

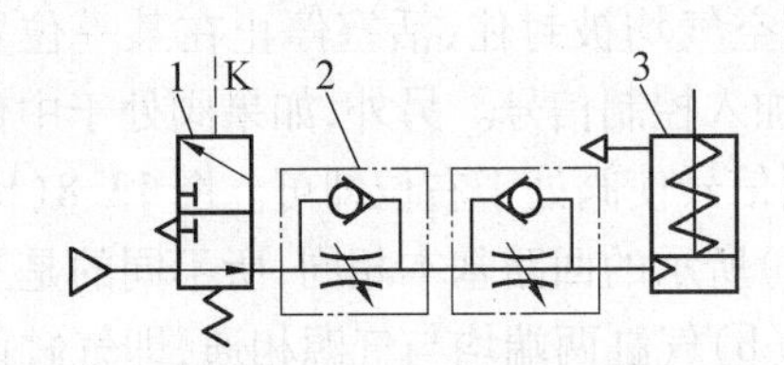

图 13.9　双向调速回路图

1—换向阀;2—单向节流阀;3—单作用气缸

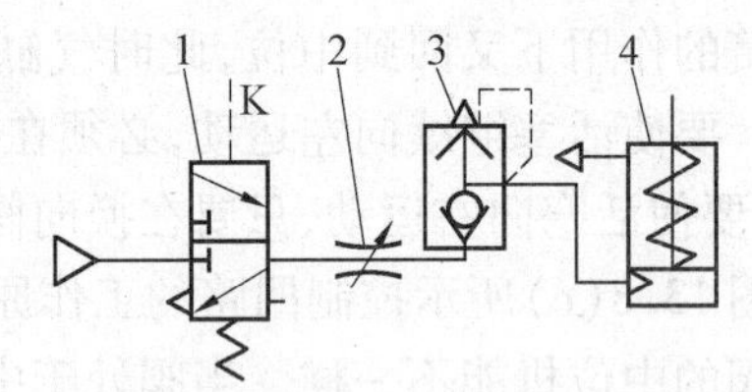

图 3.10　慢进快退调速回路

1—换向阀;2—节流阀;3—快排阀;4—单作用气缸

2. 双作用气缸的速度控制回路

(1)双向调速回路。

图 13.11 所示是双作用气缸的双向调速回路。其中图 13.11(a)为采用单向节流阀的调速回路;图 13.11(b)所示回路是在换向阀的排气口上安装排气节流阀的调速回路。这两种调速回路的调速效果基本相同,都属于排气节流调速。从成本上考虑,图 13.11(b)的回路经济一些。

(2)慢进快退回路。

在许多应用场合,为了提高工作效率,希望气缸在空行程快速退回,此时,可选用图 13.12 所示的调速回路。当控制活塞杆伸出时,采用排气节流控制,活塞杆慢速伸出;活塞杆缩回时,无杆腔余气经快排阀排空,使活塞杆快速退回。

(3)缓冲回路。

对于气缸行程较长,速度较快的应用场合,除考虑气缸的终端缓冲外,还可以通过回路来实现缓冲。图 13.13(a)为快速排气阀和溢流阀配合使用的控制回路。当活塞杆缩

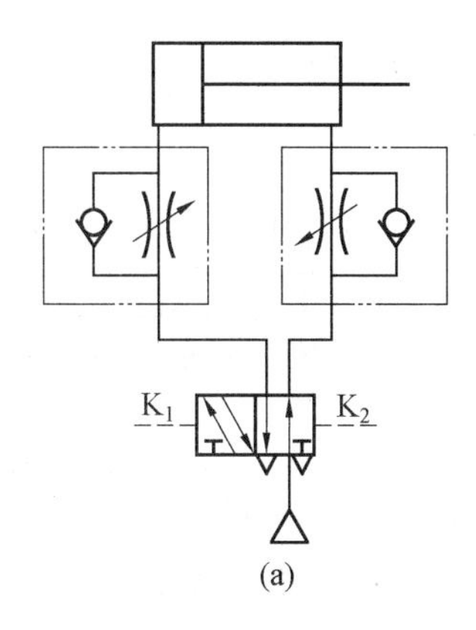

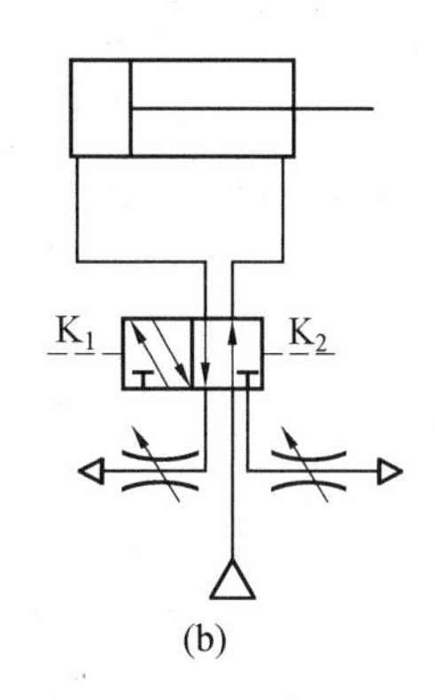

图 13.11　双向调速回路

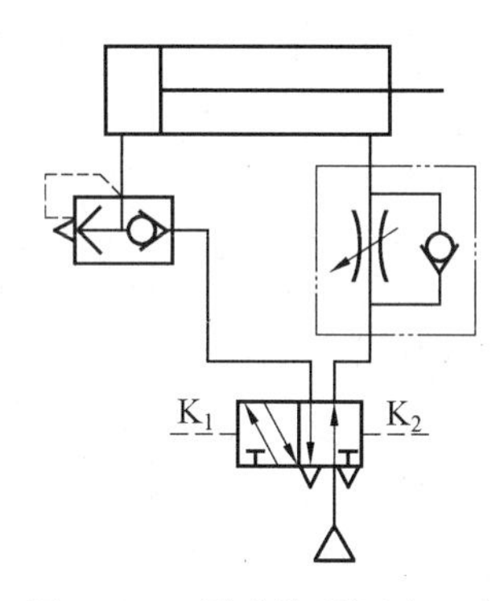

图 13.12　慢进快退调速回路

回时,由于回路中节流阀 4 的开口量调得较小,其气阻较大,使气缸无杆腔的排气受阻而产生一定的背压,余气只能经快排阀 3、溢流阀 2 和节流阀 1(开口量比节流阀 4 大)排空。当气缸活塞左移接近终端,无杆腔压力下降至打不开溢流阀时,剩余气体只能经节流阀 4、换向阀的排气口排出,从而取得缓冲效果。图 13.13(b)所示回路是单向节流阀与二位二通机控行程阀配合使用的缓冲回路。当换向阀处于左位时,气缸无杆腔进气,活塞杆快速伸出,此时,有杆腔余气经二位二通行程阀、换向阀排气口排空。当活塞杆伸出至活塞杆上的挡块压下二位二通行程阀时,二位二通行程阀的快速排气通道被切断。此时,有杆腔余气只能经节流阀和换向阀的排气口排空,使活塞的运动速度由快速转为慢速,从而达到缓冲的目的。

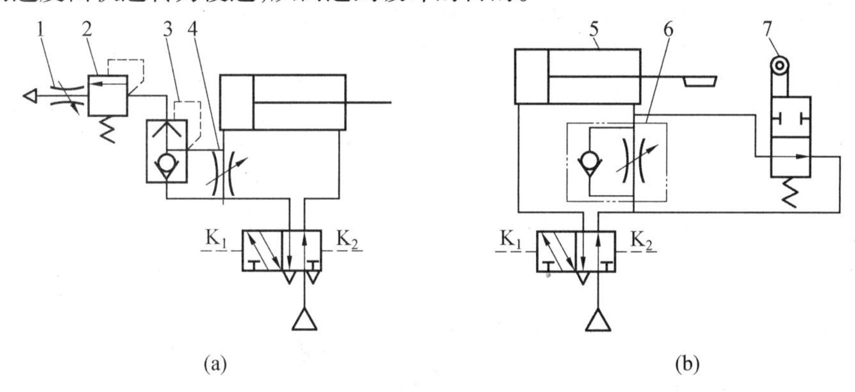

图 13.13　缓冲回路

1、4—节流阀;2—溢流阀;3—快排阀;1—气缸;2—单向节流阀;3—行程阀

3. 气-液联动的速度控制回路

采用气-液联动,是得到平稳运动速度的常用方式,主要有两种:一种是应用气-液阻尼缸的回路;另一种是应用气-液转换器的速度控制回路。这两种调速回路都不需要设

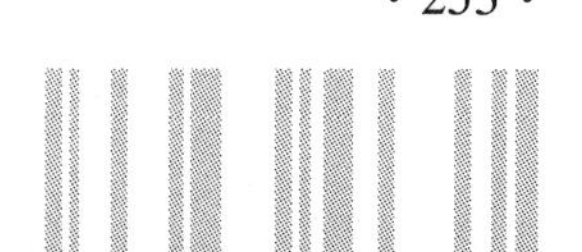

置液压动力源,却可以获得如液压传动那样平稳的运动速度。

(1)气-液阻尼缸调速回路。

①慢进快退回路。许多应用场合,如组合机床的动力滑台,一般都希望以平稳的运动速度实现进给运动,在返程时则尽可能快速,以利于提高工效。这样的调速回路如图13.14所示。由图可知,气-液阻尼缸是由气缸和阻尼缸串联联接而成的,气缸是动力缸,油缸是阻尼缸。当换向阀处于左位时,气缸无杆腔进气,有杆腔排气,活塞杆伸出,此时,油缸右腔的油液经节流阀流到左腔,其活塞的运动速度取决于节流阀开口量的大小。当换向阀处于右位时,气缸活塞杆缩回。此时,油缸左腔的油液经单向阀流回右腔,因液阻很小,故可实现快退动作。

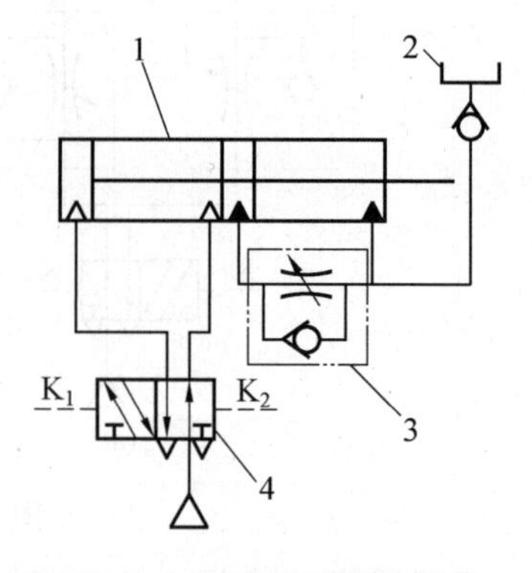

图13.14　慢进快退调速回路

1—气-液阻尼缸;2—油杯;3—单向节流阀;4—换向阀

图中所设油杯是补油用的,其作用是防止油液泄漏以后渗入空气而使平稳性变差,它应放置在比缸高的地方。

②变速回路。如图13.15所示是采用气-液阻尼缸的调速回路。其中图13.15(a)所示回路的换向阀处于左位时,活塞杆伸出,在伸出过程中,ab段为快速进给行程(见图13.15(c)),b为速度换接点;bc段行程为慢速进给,进给速度取决于节流阀的开口量。换向阀处于右位时,活塞杆快速缩回,油缸左腔油液经单向阀快速流回右腔。图中ab段可通过外接管路沟通,也可以在油缸内壁加工一条较窄的长槽沟通。图13.15(b)是借助于二位二通行程阀实现速度换接的,当活塞杆伸出时,在其上的挡块未压下行程阀时,实现快速进给;一旦挡块压下行程阀时,就变快进为慢进运动。活塞杆缩回时同样为快速运动。由此可见,这两种回路基本相同,其不同之处是:前者速度换接的行程不可变,外接管路简单;后者安装行程阀要占空间位置,但只要改变行程阀的安装位置,就可改变速度换接的行程。

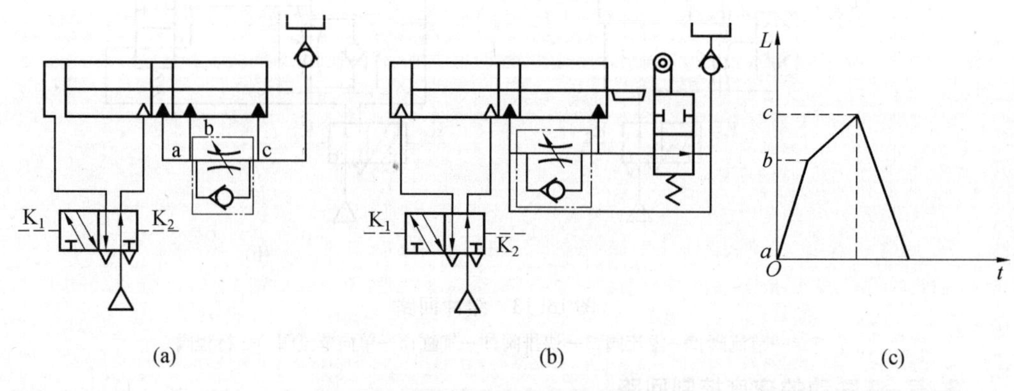

图13.15　变速回路

(2)气-液转换器的调速回路。

采用气-液转换器的调速回路与采用气-液阻尼缸的调速回路一样,也能得到平稳的运动速度。在图 13.16(a)所示回路中,当换向阀处于左位时,压缩空气进入气-液缸的无杆腔,推动活塞右移,有杆腔油液经节流阀进入气-液转换器的下端,上端的压缩空气经换向阀排气口排空。此时,活塞杆以平稳的速度伸出,伸出的速度由节流阀调节。当换向阀处于右位时,压缩空气进入气-液转换器的上端,油液受压后从下端经单向阀进入气-液缸的有杆腔,活塞杆缩回,无杆腔的余气经换向阀的排气口排空。气-液缸的活塞杆伸出时,如需速度换接时,可借助于如图 13.16(b)所示的带机控行程阀的回路。在此回路中的活塞杆伸出过程中,当其上挡块未压下行程阀时为快速运动,一旦压下行程阀时,就立刻转为慢速运动,进给速度取决于节流阀的开口量。选用这两种回路时要注意气-液转换器的安装位置,正确的方法是气腔在上,液腔在下,不能颠倒。

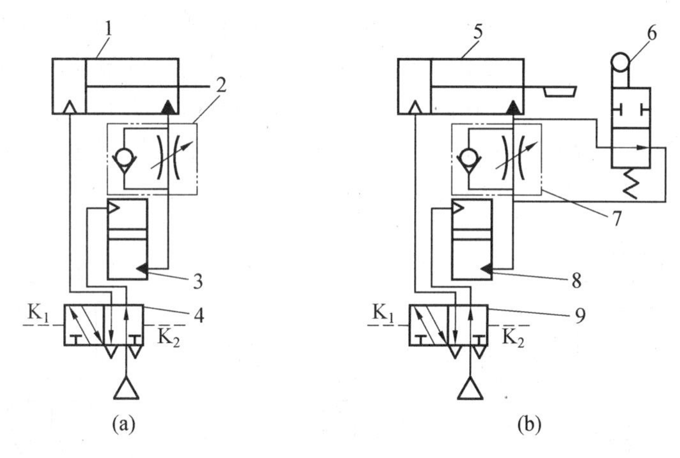

图 13.16　气-液转换器的速度控制回路

1—气-液缸;2—单向节流阀;3—气-液转换器;4—换向阀;1—气-液缸;2—行程阀;3—单向节流阀;4—气-液转换器;5—换向阀

采用气-液转换器的调速回路不受安装位置的限制,可任意放置在方便的地方,而且加工简单,工艺性好。

13.2　常用回路

13.2.1　安全保护回路

1. 互锁回路

(1)单缸互锁回路。

单缸互锁回路应用极为广泛,例如,送料、夹紧与进给之间的互锁,即只有送料到位后才能夹紧,夹紧工件后才能进行切削加工(进给)等。如图 13.17 所示是 a 和 b 两个信号之间的互锁回路。也就是说只有当 a 和 b 两个信号同时存在时,才能够得到 a、b 的与信号 a · b,使二位四通换向阀换向至右位,其输出使气缸活塞杆伸出,否则,换向阀不换向,

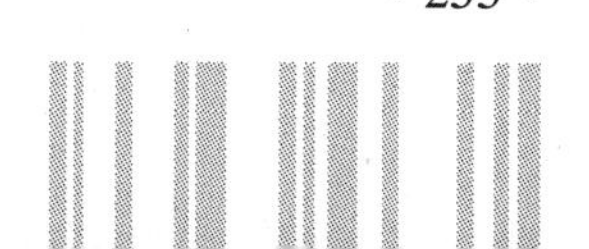

气缸活塞杆处于缩回状态。

(2)多缸互锁回路。

图 13.18 所示是 A、B 和 C 三缸互锁回路。在操作二位三通气控换向阀(1)、(2)和(3)时,只允许与所操作的二位三通气控换向阀相应的气缸动作,其余两个气缸都被锁于原来位置。例如,操作二位三通阀(1),使它换向处于左位,其输出使二位五通双气控阀(1′)也处于左位,该阀的输出进入 A 缸的无杆腔,使 A 缸的活塞杆伸出。此时,A 缸的进气管路与梭阀(1″)和(3″)的输出端相连,梭阀(1″)、(3″)有输出信号。由图 13.18 可知,梭阀(1″)的输出与二位五通双气控换向阀(3′)的右侧相连,即梭阀的输出使该阀处于右位,换向阀(3′)的输出把 C 缸锁于退回状态;而梭阀(3″)的输出与二位五通双气控换向阀(2′)的右侧相连,同样把 B 缸锁于退回状态。同理,操作二位三通单气控换向阀(2),B 缸活塞杆伸出,A 缸和 C 缸被锁于退回状态;操作二位三通单气控阀(3),C 缸活塞杆伸出,A 缸和 B 缸被锁于退回状态。

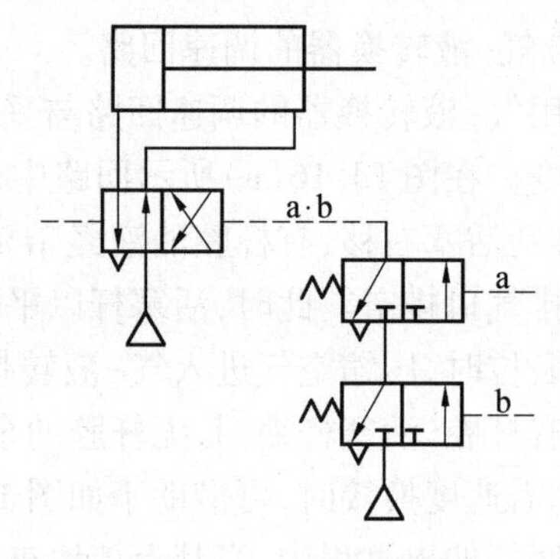

图 13.17　单缸互锁回路

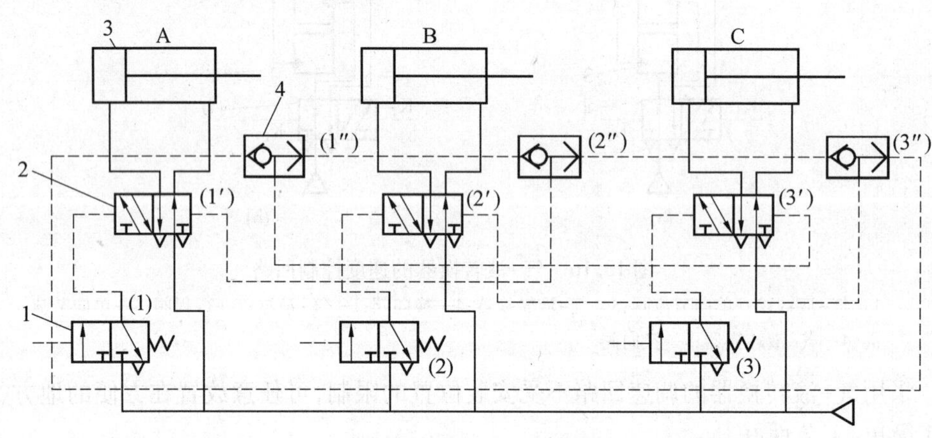

图 13.18　多缸互锁回路

1—单气控换向阀;2—双气控换向阀;3—气缸;4—梭阀

2. 过载保护回路

图 13.19 所示为一种过载保护回路。操作手动按钮阀 2 发出手动信号,使换向阀 3 换向处于左位,通过该阀向气缸 4 的无杆腔供气,有杆腔余气经换向阀排气口排空。当气缸的推力克服正常负载时,活塞杆伸出,直至杆上挡块压下机控行程阀 7 时,行程阀发出行程信号,此信号经梭阀 6 使换向阀 3 换向处于右位,换向阀 3 的输出使活塞杆缩回。再操作手动按钮阀一次,又重复上述动作一次。当气缸活塞杆伸出过程中需克服超常负载时,气缸左腔压力随负载的增加而升高,当压力升高到顺序阀 5 的调定值时,该阀被打开,其输出经梭阀,使换向阀 3 换向并处于右位,其输出使活塞杆立刻缩回,防止了系统因过载而可能造成的事故。

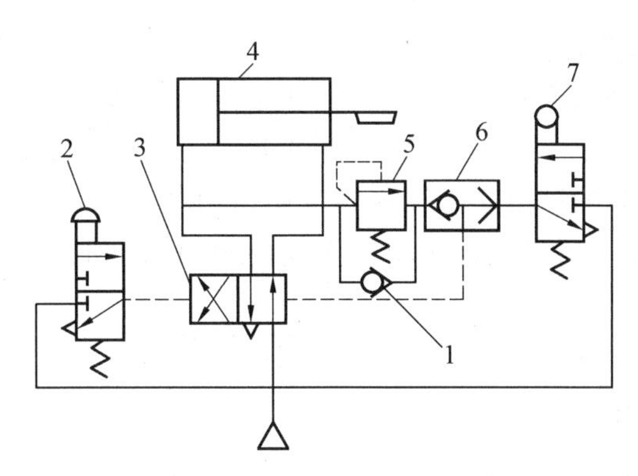

图13.19　过载保护回路

1—单向阀;2、3—换向阀;4—气缸;5—顺序阀;6—梭阀;7—行程阀

13.2.2　往复运动回路

1. 一次往复运动回路

一次往复运动回路是指操作一次,实现前进后退各一次的往复运动回路。常见的有以下两种。

(1)采用行程阀控制的回路。

如图13.20所示,操作手动按钮阀1,其输出使换向阀4换向且处于左位,气缸2无杆腔进气,有杆腔余气经换向阀排气口排空,活塞杆伸出。当活塞杆上的挡块压下机控行程阀的输出使换向阀换向(图示位置),此时气缸的有杆腔进气,无杆腔余气经行程阀3排气口排空,活塞杆缩回,完成了一次往复运动,再操作一次手动按钮阀,又自动实现一次往复运动。

(2)采用单向顺序阀控制的回路。

如图13.21所示,操作手动按钮阀1,使换向阀2换向并处于左位,其输出气流进入气缸3的无杆腔,活塞杆伸出。当活塞运动到终端时,系统内的压力升高,当压力升至顺序阀4的调定值时,顺序阀打开,其输出气流使换向阀换向(图示位置),气缸有杆腔进气,无杆腔排气,活塞杆缩回。

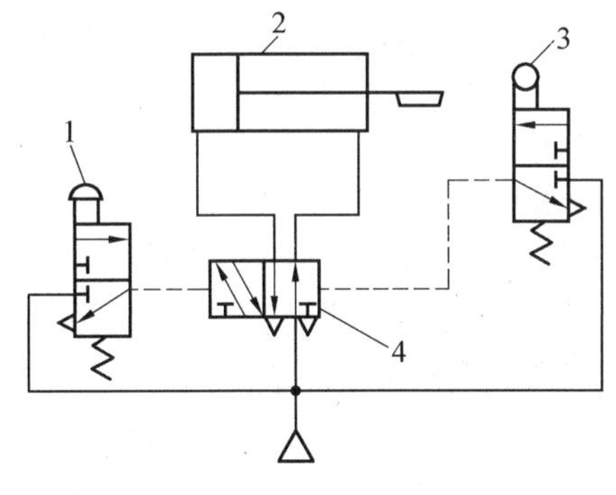

图13.20　采用行程阀控制的回路

1—按钮阀;2—气缸;3—行程阀;4—换向阀

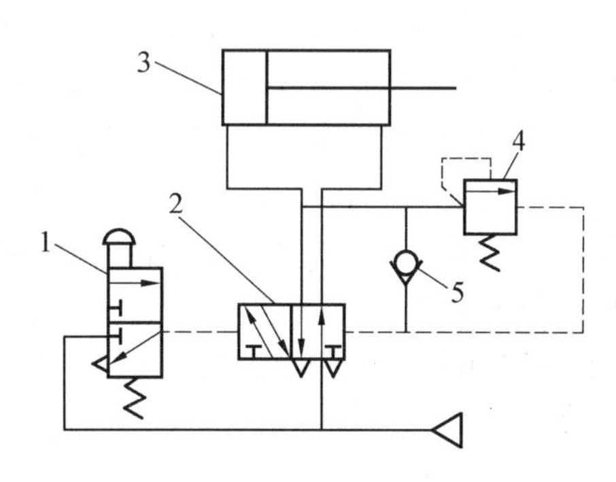

图13.21　单向顺序阀控制的回路

1—按钮阀;2—换向阀;3—气缸;4—顺序阀;5—单向阀

2. 两次自动往复运动回路

如图 13.22 所示,操作手动阀 2,其输出的压缩空气经换向阀(1)的下位、梭阀(1′)进入气缸的无杆腔,有杆腔余气经梭阀(2′)和换向阀(3)的排气口排空,气缸活塞杆第一次伸出。与此同时,手动阀的输出又向气罐(1″)充气,并经单向节流阀(1‴)中的节流阀加在换向阀(1)的控制端,当此信号压力上升至换向阀(1)的切换压力时,该阀换向处于上

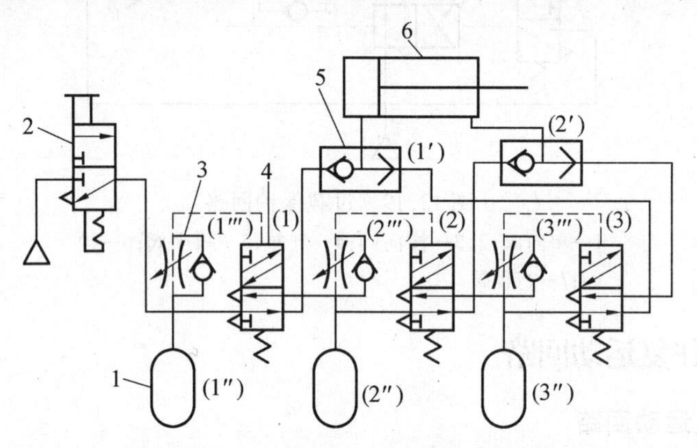

图 13.22　二次自动往复运动回路

1—气罐;2—手动阀;3—单向节流阀;4—换向阀;5—梭阀;6—气缸

位。其输出又分二路,一路经换向阀(2)输出,并经梭阀(2′)进入气缸的有杆腔,无杆腔的排气经梭阀(1′)、换向阀(1)的排气口排空,气缸活塞杆第一次缩回。另一路给气罐(2″)充气,并经单向节流阀(2‴)给换向阀(2)一个控制信号,当此信号上升至使单向阀(2)切换时,其输出又分力两路,一路经换向阀(3)和梭阀(1′)进入气缸的无杆腔,有杆腔余气经梭阀(2′)、换向阀(3)的排气口排空,气缸活塞杆第二次伸出。另一路向气罐(3″)充气,并经单向节流阀(3″)给换向阀(3)施加一控制信号,当此信号压力上升至使换向阀(3)切换时,其输出经梭阀(2′)进入气缸的有杆腔,无杆腔余气经梭阀(1′),换向阀(3)的排气口排空,气缸活塞杆第二次缩回。可见,操作一次手动阀,气缸可实现两次连续往复运动。

3. 连续往复运动回路

如图 13.23 所示,操作手动阀 5,其输出经处于压下状态的行程阀(1′)给换向阀 2 一个控制信号,使换向阀 2 换向并处于左位。该阀的输出进入气缸的无杆腔,有杆腔余气经换向阀和排气节流阀(2″)排入大气,气缸活塞杆伸出。当活塞杆伸出时,行程阀(1′)复位把来自手动阀的气路断开。当气缸活塞杆伸出至其挡块压下行程阀(2′)时,换向阀控制端的余压经行程阀(2′)排空,使换向阀复位,活塞杆缩回。此时行程阀(1′)又处于压下状态,再一次给换向阀施加控制信号,使它换向,又使气缸重复以上动作。只要手动阀不关闭,上述动作就会一直进行下去,实现了连续往复运动。关闭手动阀后,气缸在循环结束后回到图示位置。图中排气节流阀(1″)和(2″)用于调节气缸活塞运动速度。

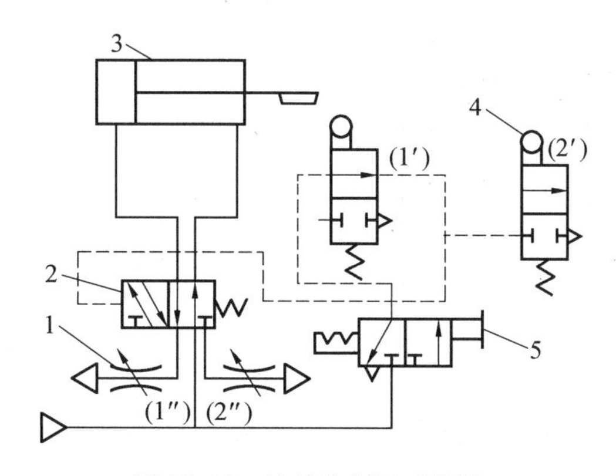

图 13.23　连续往复运动回路
1—排气节流阀;2—换向阀;3—气缸;4—行程阀;5—手动阀

13.2.3　其他回路

1. 同步动作回路

由于空气的可压缩性,因此在气动控制系统中要实现两只气缸或多只气缸的同步动作,比液压系统困难。但对于一些同步精度要求不高的场合,仍具有一定的应用价值。下面介绍几种常用的同步回路。

(1)采用刚性连接的同步回路。

如图 13.24 所示,在两气缸活塞杆端采用刚性连接的方法,以实现两气缸的同步运动。这种同步回路必须借助于良好的导向装置才能正常工作,且同步精度较差。

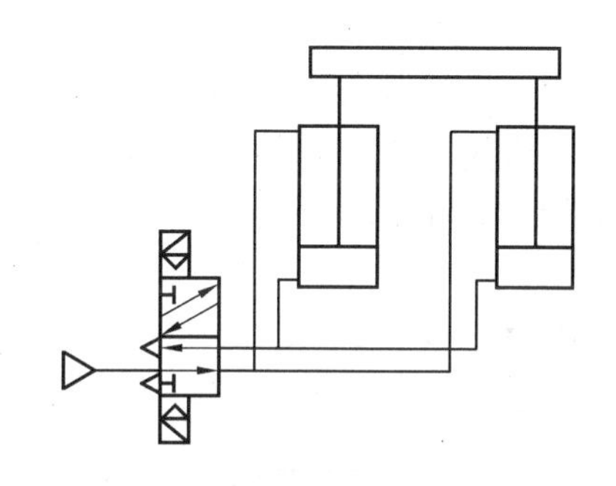

图 13.24　采用刚性连接的同步回路

(2)两缸串联的同步回路。

两缸串联的同步回路一般采用气-液缸,如图 13.25 所示。图 13.25(a)采用两个双出杆气-液缸,当换向阀上端通电时,阀换向处于上位,其输出进入 A 缸的下腔,推动活塞向上运动,A 缸上腔的油液,受压后进入 B 缸的下腔,使 B 缸的活塞也向上运动,B 缸上腔余气经换向阀排气孔排空,从而实现 A、B 缸的活塞同步向上运动。当换向阀下端通电时,阀换向处于图示位置,其输出进入 B 缸的上腔,推动活塞向下运动,B 缸下腔的油液,受压后进入 A 缸的上腔,使 A 缸的活塞也向下运动,A 缸下腔余气经换向阀排气孔排空,从而实现 A、B 缸的活塞同步向下运动。图 13.25(b)所示是采用两个单出杆气-液缸的同步回路。由于 A 缸有杆腔活塞的有效面积与 B 缸无杆腔活塞的有效面积相等,所以,可以实现 A、B 缸的同步运动。

2. 增力回路

(1)串联缸增力回路。

图 13.26 所示是采用三活塞串联气缸组成的增力回路。当电磁阀 1、2 和 3 同时通电时,阀均处于右位,这时在三个活塞的左侧同时加压,气压作用的有效面积接近普通气缸

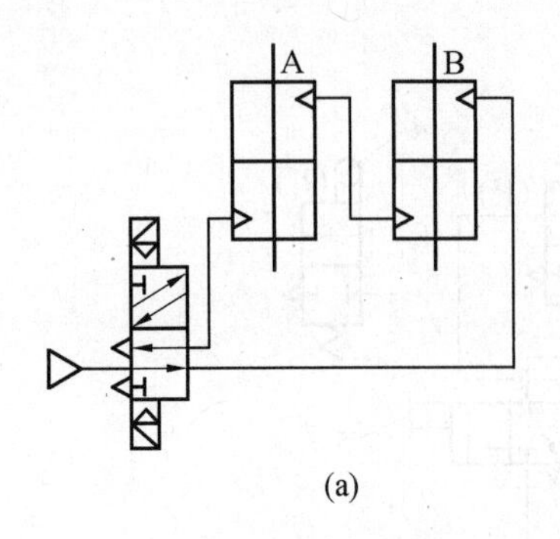

(a)

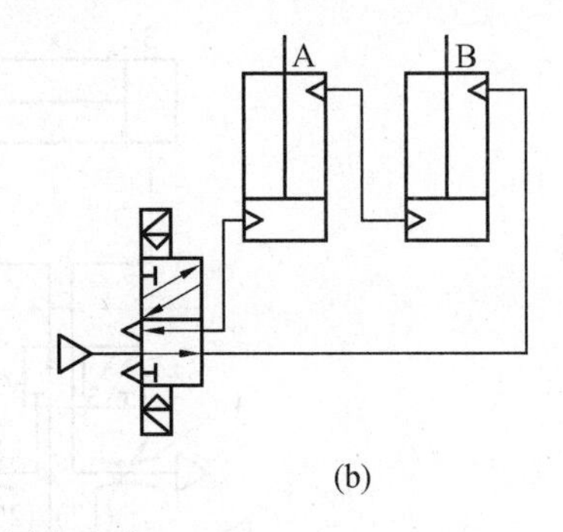

(b)

图 13.25　两缸串联的同步回路

的 3 倍,因此,在活塞上可得到较大的输出力。当 3 个电磁阀都断电时,气流通过电磁换向阀 1,推动活塞左移,活塞杆缩回。选用这种回路时,应提供足够的输入流量和注意连接管径的匹配。与单个活塞的气缸相比,在输入同样流量的条件下,其活塞运动的速度变慢。若改变串联活塞的数量或改变电磁换向阀的通电方式,则可得到不同的输出力。点焊机等的气动系统中就采用这种回路。

(2)改变有效面积的增力回路。

图 13.27 为改变有效面积的增力回路。当手拉阀 4 切换至右位时,气缸无杆腔进气,活塞右行,克服由减压阀 2 供给的压缩空气对气缸活塞右侧产生的反向作用力而前进,直至接触工件。此时的夹紧力为气缸无缸腔与有缸腔的气缸力之差,所以作用在工件上的夹紧力较小。然后操纵手拉阀 1,使该阀处于右位。这时作用在工件上的夹紧力增大,其大小由减压阀 3 调定。当操作手拉阀 1 和 4,使回路处于图示状态时,气缸活塞杆缩回,松开并卸下工件。

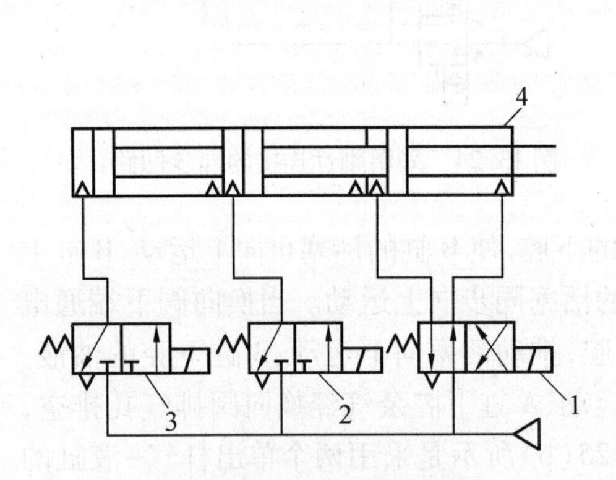

图 13.26　串联缸增力回路

1、2、3—电磁换向阀;4—增力缸

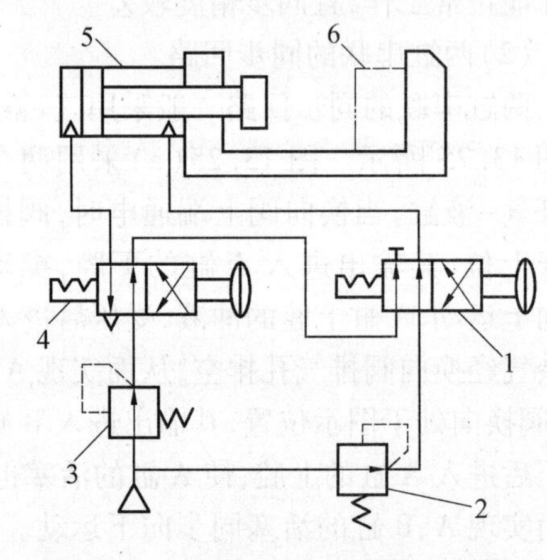

图 13.27　改变有效面积的增力回路

1、4—手拉阀;2、3—减压阀;5—气缸;6—工件

3. 增压回路

典型的增压回路如图 13.28 所示。当换向阀处于下位时,增压缸大腔进气,推动活塞向下运动。由于大小活塞同连于一根活塞杆上,因此,大活塞带动小活塞一起向下运动,小腔油液经增压后经节流阀流入气-液缸的无杆腔,有杆腔余气经换向阀排气口排空。

使气-液缸的活塞上得到一个较大的输出力。当换向阀处于图示位置时，气-液缸有杆腔进气，无杆腔油液经单向阀流回增压缸的小缸，推动活塞上移，大腔余气经换向阀排气口排空。

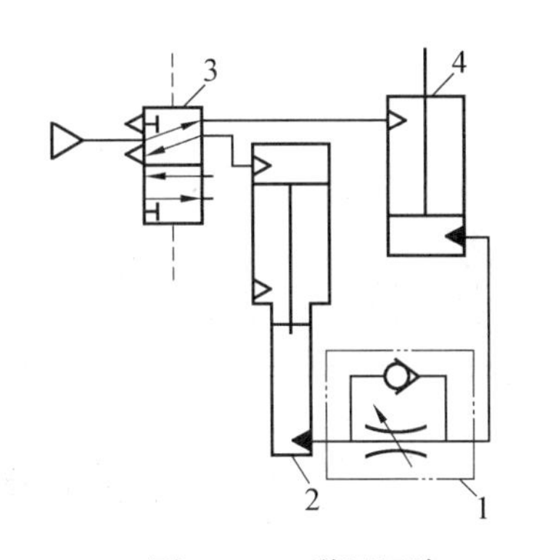

图 13.28　增压回路

1—单向节流阀；2—增压缸；3—换向阀；4—气-液缸

4. 供气点选择回路

图 13.29 所示回路可通过对四个手动阀的选择，分别给四个点供气。当操作手动阀(1)时，其输出分为两路，一路经梭阀(1′)给换向阀(3″)左侧一个控制信号，使该阀换向，处于左位，这时主气源来的压缩空气经换向阀(3″)输出；另一路给换向阀(1″)左控制端一个控制信号，使该阀换向处于左位，此时，向供气点 1 供气。当操作手动阀(2)时，其输出也分为二路，一路经梭阀(1′)使换向阀(3″)切换处于左位。另一路给换向阀(1″)右侧一个控制信号，换向阀(1″)切换处于右位，此时向供气点 2 供气。同理，当分别操作手动阀(3)或(4)时，可分别向供气点 3 或 4 供气。

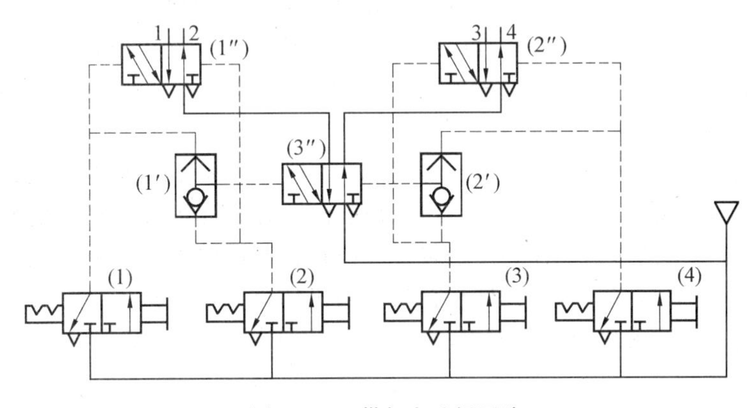

图 13.29　供气点选择回路

思考题与习题

13.1　按功能分气动系统有哪些基本回路？

13.2　一次压力控制回路和二次压力控制回路有何不同？适用于什么场合？

13.3　如何实现气缸在运动中任意位置停止？

13.4　气动系统中要实现多缸同步运动为何比液压系统更困难？采用哪些措施可以提高同步精度？

13.5　试述气-液阻尼缸和气-液转换器组成的回路各有什么特点。

13.6　试设计四个气缸的互锁回路。

第14章 气动行程程序控制系统

14.1 概　　述

程序控制系统是气压装置中广泛应用的一种控制系统。所谓的程序控制,就是根据生产过程的要求使被控制的执行元件按预先规定的顺序协调动作的一种自动控制方式。程序控制包括数字程序控制和简单程序控制两类。按发信装置和控制信号不同,简单程序控制可分为行程程序控制和时间程序控制两种。本章将重点介绍气动行程程序控制系统的设计及其应用。

行程程序控制是闭环程序控制系统,如图14.1所示。系统包括发信装置、执行机构、逻辑控制回路、动力源等。发信装置通常是行程开关、行程阀等发出执行信号,也可以通过外力、压力、温度等的传感器作为发信装置。逻辑控制回路由气动方向阀、气动逻辑元件或电气逻辑元件等构成。执行元件和它联动的机构称为执行机构,常用的执行元件有气缸、气马达等。动力源由空气压缩机、油水分离器、干燥器、储气罐、调压阀、油雾器等组成。

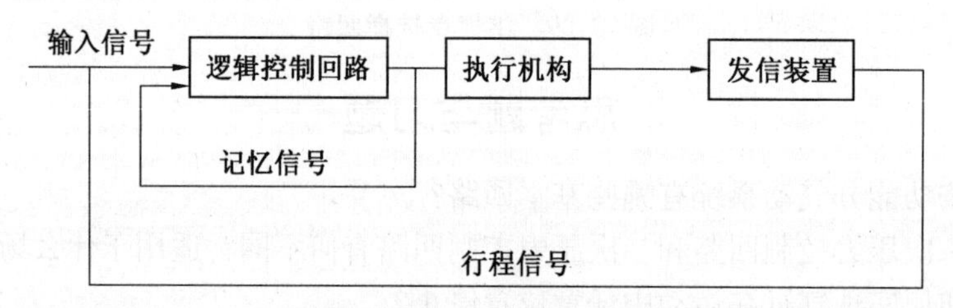

图14.1　行程程序控制系统

14.1.1　行程程序控制系统的设计方法

行程程序控制系统的设计方法有信号-动作线图法(X-D线图法)、卡诺图法、程序控制线图法等。本章只介绍其中的X-D线图法。

14.1.2　X-D 状态图的设计步骤

气动行程程序系统设计主要是为了解决信号和执行元件之间的协调和连接问题，X-D线图法设计步骤是：

(1)根据生产自动化的工艺要求,列出工作程序或工作程序图。

(2)绘制 X-D 状态图。

(3)找出障碍信号并排除,列出所有执行元件控制信号的逻辑表达式。

(4)绘制程序控制逻辑原理图。

(5)绘制气压控制线路图。

14.1.3　X-D 线图法中的符号规定

由于气动行程程序控制系统的元件、动作较多,为了能在设计中准确表达程序动作与信号间的关系,必须用规定的符号、数字来表示,见表 14.1。

表 14.1　行程程序控制系统符号规定与说明

A,B,C,…	依运动顺序表示气缸和对应的主控阀
$A_1,A_0,B_1,B_0,\cdots$	表示各执行元件两个不同的动作状态及相应主控阀对应的工作位置:下标“1”表示气缸活塞伸出,下标“0”表示气缸活塞缩回
a,b,c	表示各执行元件相对应的行程阀发出的信号
a_1,a_0,b_1,b_0	表示各执行元件对应于不同动作状态终端的行程阀发出的原始信号,下标“1”表示活塞杆伸出时发出的信号,下标“0”表示活塞杆退回时发出的信号
n	程序启动开关信号
a^*,b^*,c^*	经过逻辑处理而排除障碍后的执行信号

14.2　气动行程程序控制系统的设计

行程程序控制系统通常包括单往复行程程序控制系统和多往复行程程序控制系统等,本节只介绍单往复行程程序控制系统的设计。

在给定的行程程序一次循环过程中,系统中各执行元件只做一次往复运动的系统称为单往复行程程序控制系统。下面通过实际例子来说明单往复行程程序控制系统的设计过程。

设已知给定工作程序如图 14.2 所示,试设计该行程程序控制系统。

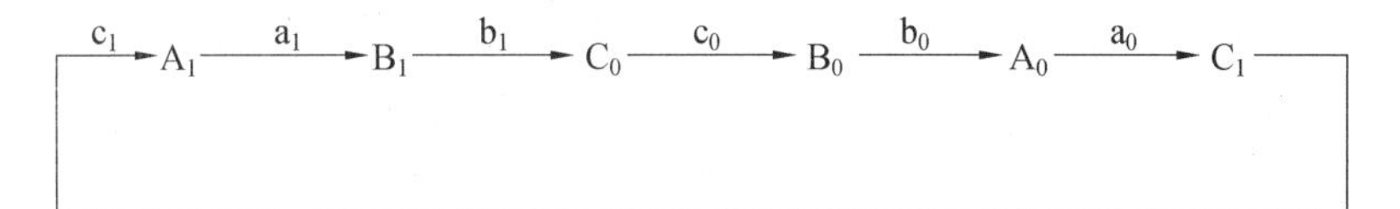

图 14.2　单往复行程程序

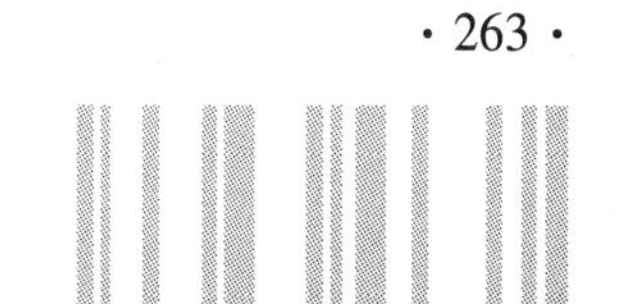

1. 根据预先给定的行程程序

作出 X-D 状态图,如图 14.3 所示。

其具体作法为:

(1)作 X-D 状态图图框。

根据已给程序 $A_1B_1C_0B_0A_0C_1$ 在框图中从左向右填入节拍序号,第二行填写程序本身,最前一列按给定程序列出信号和动作符号,最后一列留作填写执行信号。控制信号括号内注明被控动作,例如 $c_1(A_1)$,表示控制信号为 c_1,被控动作为 A_1。

(2) 作动作状态线。

用粗实线表示执行元件动作状态线,动作状态线起始于其程序图框纵横大写字母相同,且字母下标(0 或 1) 也相同的方格左端,终止于纵横大写字母相同,而下标不同的方格左端。例如 A_1 从节拍 ① 开始到节拍 ⑤ 前结束。在这里需要说明的是:

① 节拍间的纵向分界线为主控阀的切换时间线。

② 任一主控阀,它的两个输出总是互为反相。当画出其中一条状态线时,则可根据互为反相性质作出另一条状态线。

(3) 作控制信号线。

用细实线表示控制信号线。这里信号线指的是气缸活塞运动到终端时产生的机控信号,由于固定在活塞杆上的凸轮有一定长度,控制信号在行程终端前就已产生,而在活塞开始退回后才消失。因此,控制信号线应从符号相同的行程末端开始到符号不同的行程开始后的前端结束。控制信号线不以纵向分界线分界,其两端有出头,控制信号比动作状态线提前产生的出头部分是使主控阀切换命令的有效部分,称之为执行段,在 X - D 状态图中用小圆圈“◦”表示。一旦主控阀切换,由于气压阀的记忆作用,控制信号的其他部分可视为多余信号,而可变为可有可无。

2. 找出障碍信号并排除

有了 X - D 状态线图,就可根据 X - D 状态线图判别障碍信号。所谓障碍信号是在同一时刻,主控阀两端控制口同时存在控制信号,妨碍主控制阀按预定程序换向。为保证行程程序控制系统按预先给定的程序协调地工作,必须找出障碍信号并设法消除它。

障碍信号的判别方法有 X - D 状态图判别法、区间直观判别法等。用 X - D 状态图判别障碍的方法很简单。在 X - D 状态图上,控制信号线比它所控制的动作状态线短,即没有障碍,比它所控制的动作状态线长为有障碍,它表示在某行程段上有两个控制信号同时作用于一个主控阀上,比它所控制动作状态线长的那部分控制信号线妨碍反向动作,在 X - D 图中用波浪线表示。根据图 14.3 可知,$a_1(B_1)$、$b_0(A_0)$ 为有障碍信号,应设法消除。消除障碍信号通常有下述四种方法。

(1) 选择其他控制信号作为制约信号。

由图可知,满足制约条件的信号有 c_1、c_0,用 c_1 作为 $a_1(B_1)$ 的制约信号,用 c_0 作为 $b_0(A_0)$ 的制约信号,即

$$a_1^*(B_1) = a_1 \cdot c_1$$

$$b_0^*(A_0) = b_0 \cdot c_0$$

(2) 选择控制阀输出作为制约信号。

由图 14.3 可知,控制阀 C 的一个输出 C_1 可作为 $a_1(B_1)$ 的制约信号,而另一个输出 C_0

节拍 程序 X-D	① A_1	② B_1	③ C_0	④ B_0	⑤ A_0	⑥ C_1	执行信号
$c_1(A_1)$ A_1							ac_1
$a_1(B_1)$ B_1							a_1c_1 a_1c_1 $a_1 \cdot K_{c_0}^{c_1}$ a_1c_0
$b_1(C_0)$ C_0							b_1
$c_0(B_0)$ B_0							c_0
$b_0(A_0)$ A_0							b_0c_0 b_0c_0 $b_0K_{c_0}^{c_1}$ $b_0\overline{c}_1$
$a_0(C_1)$ C_1							a_0
$a_1 \cdot c_1$ $a_1 \cdot c_1$ $a_1 \cdot K_{c_0}^{c_1}$ $a_1 \cdot \overline{c}_0$ $a_1 \cdot \overline{c}_0$							
α β γ δ ζ			$K_{b_1}^{c_1a_0}$	$K_{c_0}^{c_1}$			$K_{b_1}^{a_0}$ $K_{c_0b}^{a0}$

图 14.3　程序 $A_1B_1C_0B_0A_0C_1$ 的 X－D 状态线图

可当作 $b_0(A_0)$ 的制约信号，即

$$a_1^*(B_1) = a_1 \cdot C_1 = a_1 \cdot K_{b_1}^{a_0}$$

$$b_0^*(A_0) = b_0 \cdot C_0 = b_0 \cdot K_{a_0}^{b_1}$$

(3) 另设辅助元件的输出作为制约信号。

由图 14.3 可知，控制信号满足 $c_1 \cdot c_0 = 0$ 的逻辑关系，可作为新增设辅助阀的“通”、“断”信号，则辅助阀的两个输出为 $K_{c_0}^{c_1}$ 和 $K_{c_1}^{c_0}$，则此时，执行信号为

$$a_1^*(B_1) = a_1 \cdot K_{c_0}^{c_1}$$

$$b_0^*(A_0) = b_0 \cdot K_{c_1}^{c_0}$$

(4) 利用现有信号经逻辑运算后所获得的新信号作为制约信号。

$$a_1^*(B_1) = a_1 \cdot \overline{c_0}$$

$$b_0^*(A_0) = b_0 \cdot \overline{c_1}$$

由以上分析可知，对于某个有障碍控制信号，可以有数个执行信号的逻辑表达式，而它们之间是等效的，设计时只要选择其中一个即可。

除以上几种排障方法外，也可以采用脉冲信号法，由于脉冲信号延续的时间很短暂，所以它不会产生障碍段。具体方法有两种：一种是采用机械活络挡块或采用可通过式行

程阀发出脉冲信号，图 14.4 所示是采用活络挡块碰行程阀发出脉冲信号的。当活塞杆伸出时，活络挡块压下并通过行程阀，发出一个脉冲信号；当活塞杆缩回时，活络挡块绕销轴逆时针转动，虽通过行程阀但不发出信号。图 14.5 所示是采用可通过式行程阀发出脉冲信号。当活塞伸出时，挡块压下行程阀发出脉冲信号；当活塞缩回时，滚轮折回，挡块通过行程阀但不发出信号。另一种是采用脉冲阀发出脉冲信号，如图14.6所示，当行程阀1被压下后发出长信号，脉冲阀2也立即有信号输出，经短暂时刻气容充气，当气容的压力达到脉冲阀的切换压力时，阀2被切换，输出被切断，因此它输出的是脉冲信号。

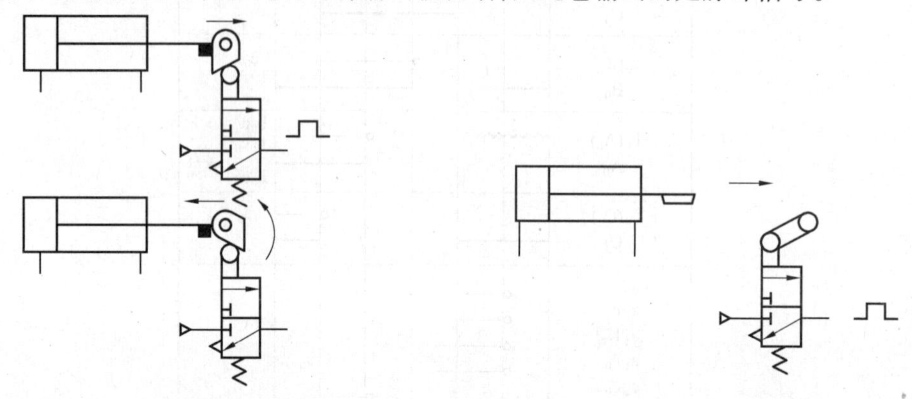

图 14.4　用活络挡块发脉冲信号　　　图 14.5　用可通过式行程阀发脉冲信号

在确定执行信号之后，可根据 X－D 状态图作逻辑原理图。图 14.7 是根据图 14.3 选择另设辅助元件的输出做制约信号而作出的逻辑原理图。图中，启动信号 n 对控制信号 c_1 起着开关作用，通过开关 n 可实现系统的半自动和全自动控制。无论何种操作，总把 n 设计成与第一节拍的控制信号成逻辑“与”关系。

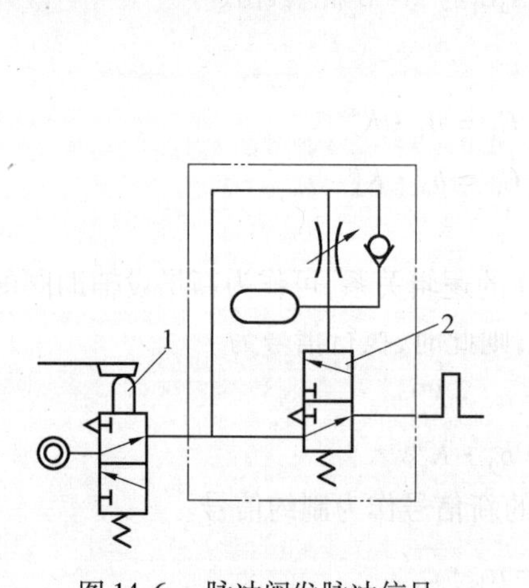

图 14.6　脉冲阀发脉冲信号

1—行程阀；2—脉冲阀

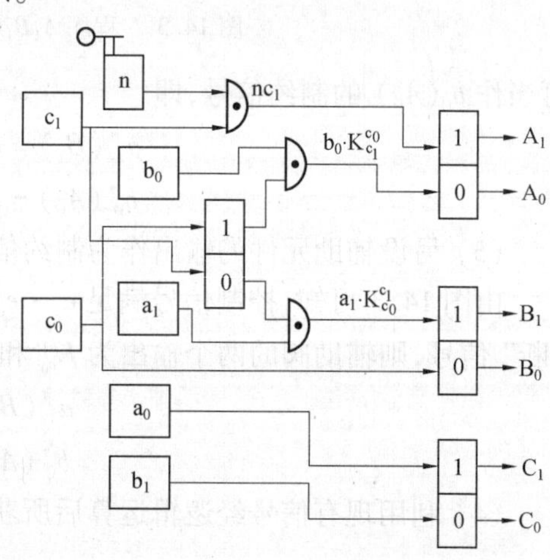

图 14.7　程序 $A_1B_1C_0B_0A_0C_1$ 的逻辑原理图

逻辑原理图是 X－D 状态图转换成气压控制图的中间桥梁，对于熟练的设计者可以省略。气压控制线路图的绘制是系统设计工作的最后一步，是系统设计的核心。气压线路图中应包括所有的控制阀、行程阀、执行元件及其他控制元件。根据需要，还可以有和逻辑控制有关的速度控制、压力控制、时间控制等回路。气压控制线路图应表示系统处于静止时的状态，通常规定工作程序最后节拍终了时刻为静止位置，其中包括静止时气压缸活塞位置、线路信号线的连接等。按上述规定及注意事项，由 X－D 图可作出程序 $A_1B_1C_0B_0A_0C_1$ 的气压控制线路图，如图14.8所示。

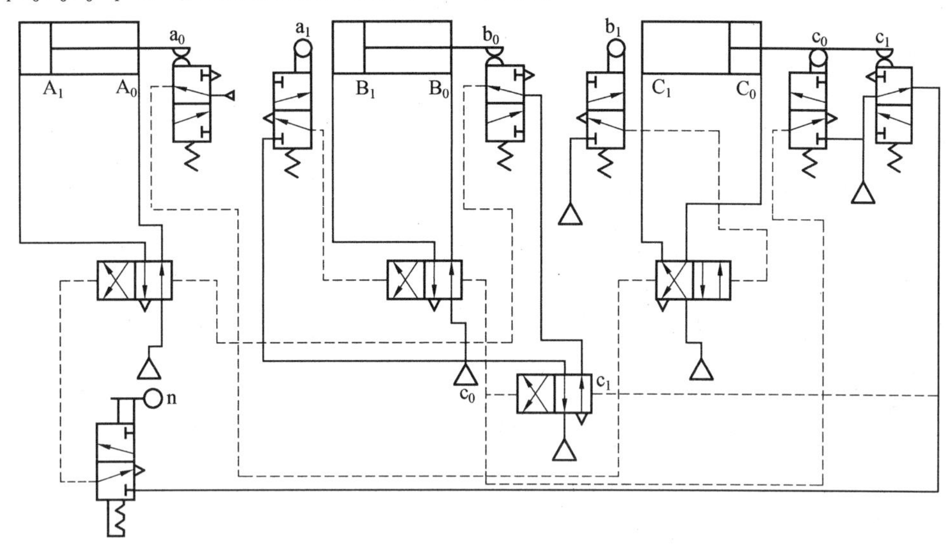

图14.8　程序 $A_1B_1C_0B_0A_0C_1$ 的气压控制线路图

为安全和方便起见，气压线路图中还可以设计自动控制、手动控制、复位、启动、刹车、连锁保护、压力调节等回路。还需要有显示、报警装置等。

为适应生产过程自动化的需要，行程程序控制系统也常用电气控制。图14.9为程序 $A_1B_1C_0B_0A_0C_1$ 的电气控制行程程序线路图。

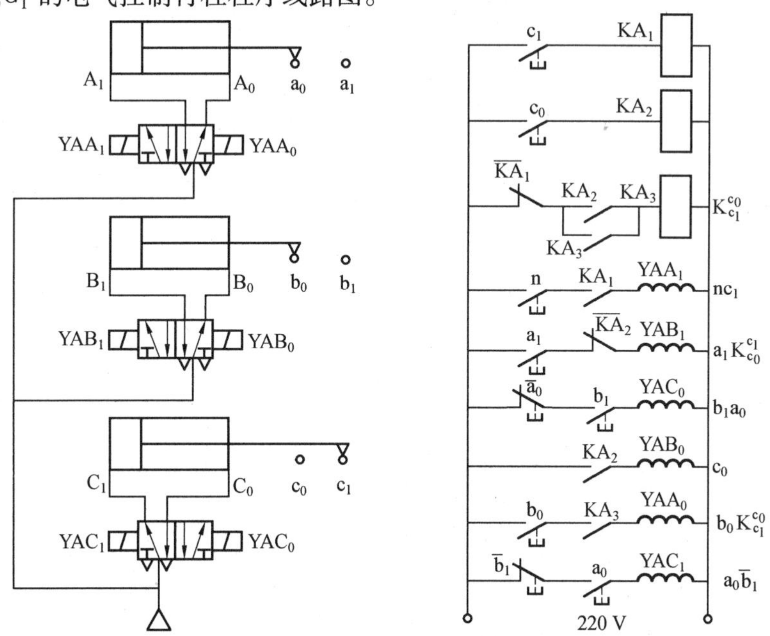

图14.9　程序 $A_1B_1C_0B_0A_0C_1$ 的电气控制线路图

14.3 气动行程程序控制系统应用实例分析

14.3.1 气动机械手

气动机械手具有结构简单和制造成本低等特点，并可以根据各种自动化设备的工作需要，按照设定的控制程序动作，因此，它在自动生产设备和生产线上被广泛采用。

图 14.10 所示是用于某专用设备上的气动机械手结构，它由 4 个气缸组成，可在 3 个坐标内工作。图中，A 缸为夹紧缸，其活塞杆退回时夹紧工件，活塞杆伸出时松开工件；B 缸为长臂伸缩缸，可实现伸出和缩回运动；C 缸为立柱升降缸；D 缸为立柱回转缸，该气缸有两个活塞，分别装在带齿条的活塞杆两头，齿条的往复运动带动立柱上的齿轮旋转，从而实现立柱的回转。

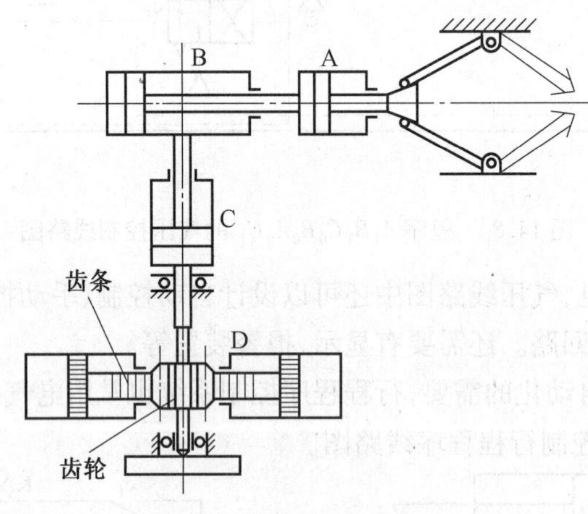

图 14.10 气动机械手结构

如图 14.11 所示是气动机械手的控制回路原理图，若要求该机械手的动作顺序为：立柱下降 C_0— 伸臂 B_1— 夹紧工件 A_0— 缩臂 B_0— 立柱顺时针转 D_1— 立柱上升 C_1— 放开工件 A_1— 立柱逆时针转 D_0，则该传动系统的工作循环分析如下：

① 按下启动阀 S，主控阀 C' 将处于 C_0' 位，活塞杆缩回，即得到 C_0'；

② 当 C 缸活塞杆上的挡铁碰到 c_0，则控制气将使主控阀 B' 处于 B_1' 位，使 B 缸活塞杆伸出，即得到 B_1；

③ 当 B 缸活塞杆上的挡铁碰到 b_1，则控制气使将主控阀 A' 处于 A_0' 位，A 缸活塞杆缩回，即得到 A_0；

④ 当 A 缸活塞杆上的挡铁碰到 a_0，则控制气将使主控阀 B' 处于 B_0' 位，B 缸活塞杆缩回，即得到 B_0；

⑤ 当 B 缸活塞杆上的挡铁碰到 b_0，则控制气使主控阀 D' 处于 D_1' 位，D 缸活塞杆往右，即得到 D_1；

⑥ 当 D 缸活塞杆上的挡铁碰到 d_1，则控制气使主控阀 C' 处于 C_1' 位，使 C 缸活塞杆伸出，得到 C_1；

⑦ 当 C 缸活塞杆上的挡铁碰到 c_1，则控制气使主控阀 A′ 处于 A_1' 位，使 A 缸活塞杆伸出，得到 A_1；

⑧ 当 A 缸活塞杆上的挡铁碰到 a_1，则控制气使主控阀 D′ 处于 D_0' 位，使 D 缸活塞杆往左，即得到 D_0；

⑨ 当 D 缸活塞杆上的挡铁碰到 d_0，则控制气经启动阀 S 又使主控阀 C′ 处于 C_0' 位，于是又开始新的一轮工作循环。

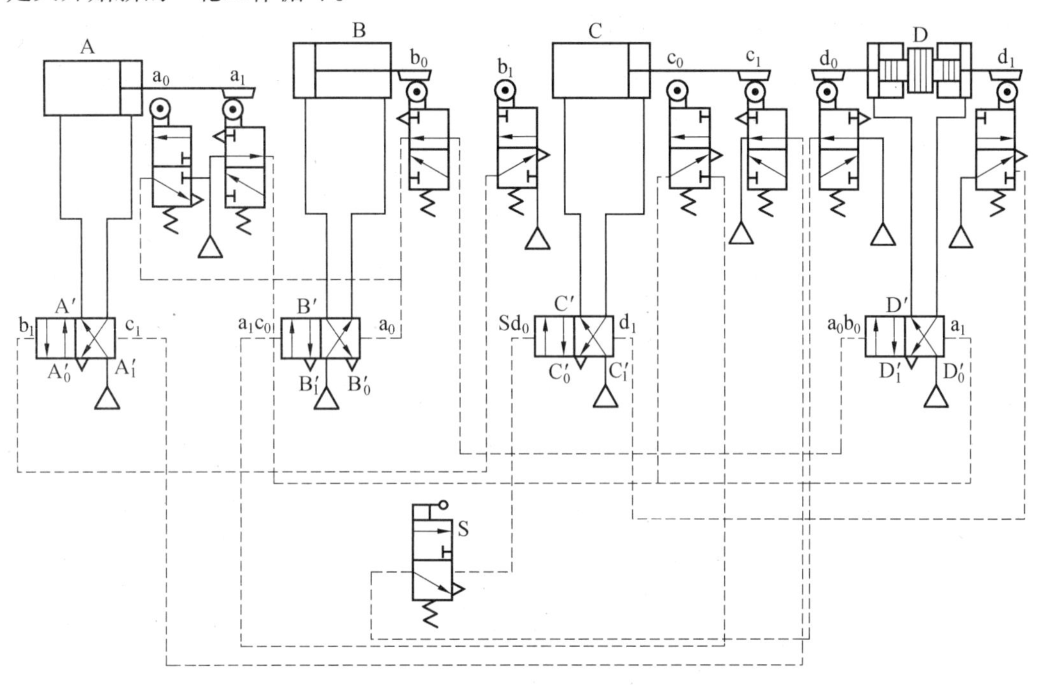

图 14.11　气动机械手控制回路原理图

14.3.2　气 - 液动力滑台

气 - 液动力滑台采用气 - 液阻尼缸作为执行元件。由于它的上面可安装单轴头、动力箱或工件，因而在机床上常用来作为实现进给运动的部件。

图 14.12 为气 - 液动力滑台的回路原理图。图中阀 1、阀 2、阀 3 和阀 4、阀 5、阀 6 实际上分别被组合在一起，成为两个组合阀。

(1) 快进 — 慢进 — 快退 — 停止。

当图 14.12 中阀 4 处于图示状态时，就可实现上述循环的进给程序。其运动原理为：当手动阀 3 切换至右位时，实际上就是给予进刀信号，在气压作用下，气缸中活塞开始向下运动，液压缸中活塞下腔油液经机控阀 6 的左位和单向阀 7 进入液压缸活塞的上腔，实现了快进；当快进到活塞杆上的挡铁 B 切换机控阀6(使它处于右位)后，油液只能经节流阀 5 进入活塞上腔，调节节流阀的开度，即可调节气 - 液阻尼缸运动速度，这时开始慢进(工作进给)；当慢进到挡铁 C 使机控阀 2 切换至左位时，输出气信号使阀 3 切换至左位，这时气缸活塞开始向上运动；液压缸活塞上腔的油液经阀 8 至图示位置而使油液通道被切断，活塞就停止运动；改变挡铁 A 的位置，就能改变“停”的位置。

(2) 快进 — 慢进 — 慢退 — 快退 — 停止。

图14.12所示的气 - 液动力滑台的回路原理图将手动阀4关闭(处于左位)时就可实现上述的双向进给程序,其动作循环中的快进 — 慢进的动作原理与上述相同。当慢进至挡铁C切换机控阀2至左位时,输出气信号使阀3切换至左位,气缸活塞开始向上运动,这时液压缸上腔的油液经机控阀8的左位和节流阀5进入液压活塞缸下腔,亦即实现了慢退(反向进给);当慢退到挡铁B离开阀6的顶杆而使其复位(处于左位)后,液压缸活塞上腔的油液就经阀8的左位、再经阀6的左位进入液压活塞缸下腔,开始快退;快退到挡铁A切换阀8至图14.12所示位置时,油液通路被切断,活塞就停止运动。图中补油箱10和单向阀9仅仅是为了补偿系统中的漏油而设置的,因而一般可用油杯来代替。

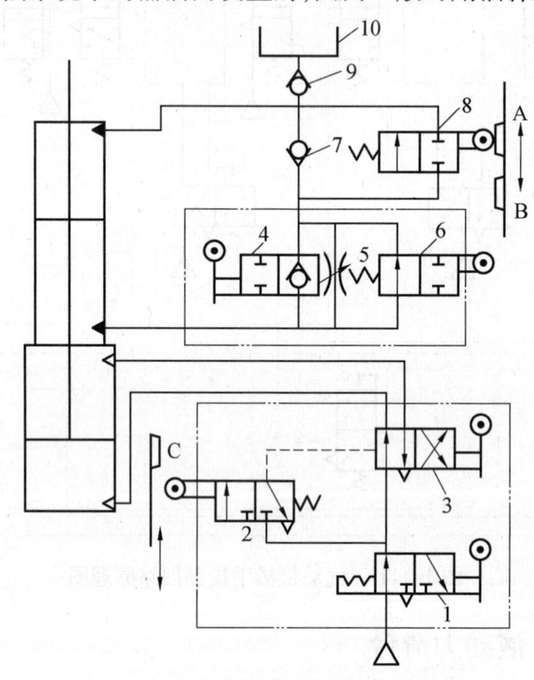

图14.12　气 - 液动力滑台的回路原理图

思考题与习题

14.1　试简述行程程序控制系统的设计方法及步骤。

14.2　什么是障碍信号?应如何判别和消除?

14.3　试作出程序为 $A_1B_1A_0B_0$ 的信号 - 动作(X - D)状态图。

14.4　试应用X - D线图法设计程序为 $A_1B_1A_0B_0$ 的行程程序控制系统。

14.5　试应用X - D线图法设计程序为 $A_1B_1C_1B_0A_0C_0$ 的行程程序控制系统。

第15章 液压气动系统的使用、维护及故障诊断与排除方法

15.1 液压泵的使用与维护

15.1.1 液压泵使用的注意事项

1. 随时注意异常现象的发现

出现异常声音、振动或监视系统异常信号等，必定有原因，一发现有异常现象，应立即找来回路图，小心观察异常现象是否为一时错误所造成的。观察是否需要停车处理。压力、负荷、温度、时间、启动、停止都可能产生异常现象，平时应逐项分析研讨。

2. 液压泵启动后勿立即加给负载

液压泵在启动后需一段时间无负荷空转，尤其气温低时，更需经温车过程，使液压回路循环正常再加给负载，并确认运转状况。

3. 观察油温变化

注意检查最高和最低油温变化状况，并查出油温和外界环境温度的关系，这样才能知道冷却器容量、储油箱容量是否与使用条件互相配合，对冷却系统的故障排除也才有迹可循。

4. 注意液压泵的噪声

新的液压泵初期磨耗少，容易受到气泡和尘埃的影响，高温时润滑不良或使用条件过载等，都会引起不良后果，使液压泵发出噪声。

5. 注意检查计器类的显示值

随时观察液压回路的压力表显示值、压力开关灯信号等振动情形和安定性，以尽早发现液压回路作用是否正常。

6. 注意观察机械的动作情况

液压回路设计不当或组件制造不良，在起始阶段不容易发现，故应特别注意在各种使用条件下显现出的动作状态。

7. 注意各阀内的调整

充分了解压力控制阀、流量控制阀和方向控制阀的使用方法，对调整范围需特别留

意，否则调整错误不仅损及机械，更对安全构成威胁。

8. 检查过滤器的状态

对回路中的过滤器应定期取出清理，并检查滤网的状态及网上所吸附的污物，分析质量和大小，如此可观察回路中污染程度，据此推断出污染来源所在。

9. 定期检查液压油的变化

每隔一两个月检查分析液压油劣化、变色和污染程度的变化，以确保液压传动媒介的正常。

10. 注意配管部分泄漏情况

液压装置配管是否良好，运转一段时间后即可看出，检查是否漏油，配管是否松动。

11. 新机运转的三个月内应注意运转状况

在新机运转期间，应检查运转状况，例如机件的保养，螺丝是否有松动，油温是否有不正常升高，液压油是否很快劣化，检查使用条件是否符合规定等。

15.1.2 液压泵的检查与维护

为了保证液压泵正常工作，防止意外故障，延长使用寿命，使用过程中必须检查下列事项：

①要经常检查液压泵的壳体温度，壳全外露的最高温度一般不得超过 80 ℃。

②要定期检查工作油液的水分、机械杂质、黏度、酸值等，若超过规定值，应采取净化措施或更换新油。绝对禁止使用未经过净化处理的废油以及净化后未达到规定标准的假冒伪劣油液。

③及时更换堵塞的过滤器的滤芯。新滤芯必须确认其过滤精度，不得使用达不到过滤精度要求的滤芯。

④主机进行定期检修时，不要轻易拆开液压泵。当确定要发生故障需要拆开时，一定注意拆装工具和拆装环境的清洁，拆下的零件要严防划伤碰毛，装配时各个零件要清洗干净，加润滑油，并注意安装部位，不要装错。

⑤液压泵长期不用时，应将原壳体内油液放出，再灌满含酸值较低的油液，外露加工面涂上防锈油，各油口须用螺栓封好，以防污物进入。

15.2 液压缸的使用与维护

为了确保设备的正常工作运行，液压缸使用过程中必须保证以下注意事项：

①液压缸使用工作油的黏度为 29 ~ 74 mm^2/s，工作油温在-20 ~ +80 ℃范围内。在环境温度和使用温度较低时，可选择黏度较低的油液。如有特殊要求，须单独注明。

②液压缸用油一定要符合厂家的说明，连接液压缸之前，必须彻底冲洗液压系统。冲洗过程中，应关闭液压缸连接管。建议应连续冲洗约半个小时，然后才能将液压缸接入液压系统。

液压缸要求系统过滤精度不低于 80 μm 要求，要严格控制油液污染，保持油液的清洁，定期检查油液的性能，并进行必要的精细过滤和更换新的工作油液。

③液压缸安装过程中应保持清洁，为防止液压缸丧失功能或过早磨损，安装时应尽量避免拉力作用，特别应使其不要承受径向力。安装管接头或有螺纹的部位时应避免挤压、撞伤。油灰、麻线之类的密封材料决不可用，会引起油液污染，从而导致液压缸丧失功能。安装液压油管时应注意避免产生扭力。

④当液压缸安装上主机后，在运转试验中应先检查油口配管部分和导向套处有无漏油，并应对耳环和中间铰轴轴承部位加油。

⑤液压缸若发生漏油等故障需要拆卸时，应用液压力使活塞的位置移动到缸筒的任何一个末端位置，拆卸中应尽量避免不合适的敲打以及突然的掉落。

⑥在拆卸之前，应松开溢流阀，使液压回路的压力降低为零，然后切断电源使液压装置停止运转，松开油口配管后，应用油塞塞住油口。

⑦使用过程中，应注意做好液压缸的防松、防尘及防锈工作。作为备件的液压缸建议储存在干燥、隔潮的地方，储藏处不能有腐蚀物质或气体。应加注适当的防护油，最好先以该油作为介质使液压缸运行几次。当启用时，要彻底清洗掉液压缸中的防护油，建议第一次更换新油的时间间隔应比通常情况短一些。储存过程中液压缸进、回油口应严格密封，保护好活塞杆免受机械损伤或氧化腐蚀。长时间停用后再重新使用时，注意用干净棉布擦净暴露在外的活塞杆表面。启动时先空载运转，待正常后再挂接机具。

⑧液压缸不能作为电极接地使用，以免电击伤活塞杆。

15.3　液压阀的使用与维护

液压阀使用的注意事项：

①液压阀正常工作时，其工作压力要低于其额定工作压力；通过液压阀的流量要在其允许的额定流量范围之内，并且应不产生较大的压力损失。

②液压阀的开启压力有多种，应根据系统功能要求选择适用的开启压力，开启压力应尽量低，以减小压力损失；而做背压功能的液压阀，其开启压力较高，通常由背压值确定。

③在选用液压阀时，除了要根据需要合理选择开启压力外，还应特别注意工作时流量应与阀的额定流量匹配，因为当通过液压阀的流量远小于额定流量时，液压阀有时会产生振动。流量越小，开启压力越高，油中含气越多，越容易产生振动。

④注意认清进、出油口的方向，保证安装正确，否则会影响液压系统正常工作。特别是液压阀用在泵的出口，如反向安装可能损坏泵或烧坏电机。

液压阀安装位置不当，会造成自吸能力弱的液压泵吸空故障，尤以小排量的液压泵为甚。故应避免将液压阀直接安装于液压泵的出口，尤其是液压泵为高压叶片泵、高压柱塞泵以及螺杆泵时，应尽量避免。如迫不得已，液压阀必须直接安装于液压泵出口时，应采取必要措施，防止液压泵产生吸空故障。如在联接液压泵和液压阀的接头或法兰上开一排气口。当液压泵产生吸空故障时，可以松开排气螺塞，使泵内的空气直接排出，若还不够，可自排气口向泵内灌油解决。或者使液压泵的吸油口低于油箱的最低液面，以便油液靠自重能自动充满泵体；或者选用开启压力最小的液压阀等措施。

⑤液压阀在闭锁状态下泄漏量非常小，甚至为零。但是经过一段时期的使用，因阀座

和阀芯的磨损会引起泄漏。而且有时泄漏量非常大,会导致液压阀的失效。故磨损后应注意研磨修复。

15.4 液压系统的使用与维护

随着液压传动技术的发展,采用液压传动的设备越来越多,其应用面也越来越广。为了充分保障和发挥这些设备的工作效能,减少故障发生次数、延长使用寿命,就必须加强日常的维护保养。大量的使用经验表明,预防故障发生的最好办法是加强设备的定期检查。

15.4.1 液压系统的日常检查

液压系统发生故障前,往往都会出现一些小的异常现象,在使用中通过充分的日常维护、保养和检查就能够根据这些异常现象及早地发现和排除一些可能产生的故障,以达到尽量减少发生故障的目的。

日常检查的主要内容是检查液压泵启动前、后的状态以及停止运转前的状态。日常检查通常是用目视、耳听以及手触感觉等比较简单的方法进行。

1. 工作前的外观检查

大量的泄漏很容易被发觉,但在油管接头处少量的泄漏往往不易被人们发现,然而这种少量的泄漏现象却往往是系统发生故障的先兆,所以对于密封处必须经常检查和清理,液压机械上软管接头的松动往往就是机械发生故障的先兆症状。如果发现软管和管道的接头松动而产生少量泄漏时应立即将接头旋紧。

2. 泵启动前的检查

液压泵启动前要注意油温是否按规定加油,加油量以液位计上限为标准。用温度计测量油温,如果油温低于 10 ℃时应使系统在无负重状态下(使溢流阀处于卸荷状态)运转 20 min 以上。

3. 泵启动和启动后的检查

液压泵用开开停停的方法进行启动,重复几次使油温上升,各执行装置运转灵活后再进入正常运转。在启动过程中如泵无输出应立即停止运动,检查原因,当泵启动后,还需作如下检查。

(1)气蚀检查。

液压系统在进行工作时,必须观察在油缸全部外伸时有无泄漏,油缸的活塞杆在运动时无跳动现象,在重载时油泵和溢流阀有无异常噪声,如果噪声很大,这时是检查气蚀最为理想的时候。

液压系统产生气蚀的主要原因是由于在油泵的吸油部分有空气吸入,为了杜绝气蚀现象的产生,必须把油泵吸油管处所有接头都旋紧,确保吸油管路的密封,如果在这些接头都旋紧的情况下仍不能清除噪声就需要立即停机作进一步检查。

(2)过热的检查。

油泵发生故障的另一个症状是过热,因为油泵热到某一温度时,会压缩油液空穴中的气体而产生过热。如果发现因气蚀造成过热应立即停车进行检查。

(3)气泡的检查。

如果油泵的吸油侧漏入空气,这些空气就会进入系统并在油箱内形成气泡。液压系统内存在气泡将产生 3 个问题:一是造成执行元件运动不平稳,影响液压油的体积弹性模量;二是加速液压油的氧化;三是产生气蚀现象,所以要特别防止空气进入液压系统。有时空气也可能从油箱渗入液压系统,所以要经常检查油箱中液压油的油面高度是否符合规定要求,吸油管的管口是否浸没在油面以下,并保持足够的浸没深度。

在系统稳定工作时,除随时注意油量、油温、压力等问题外,还要检查执行元件、控制元件的工作情况,注意整个系统漏油和振动。系统经过使用一段时间后,如出现不良或产生异常现象,用外部调整的办法不能排除时,可进行分解修理或更换配件。

15.4.2　液压设备的使用维护

液压传动系统中是以油液作为传递能量的工作介质,在正确选用油液以后还必须使油液保持清洁,防止油液中混入杂质和污物。

经验证明:液压系统的故障 75% 以上是由于液压油污染造成的,因此液压油的污染控制十分重要。液压油中的污染物,金属颗粒约占 75% ,尘埃约占 15% ,其他杂质如氧化物、纤维、树脂等约占 10% 。这些污染物中危害最大的是固体颗粒,它使元件有相对运动的表面加速磨损,堵塞元件中的小孔和缝隙;有时甚至使阀芯卡住,造成元件的动作失灵;它还会堵塞油泵吸油口的过滤器,造成吸油阻力过大,使油泵不能正常工作,产生振动和噪声。总之,油液中的污染物越多,系统中元件的工作性能下降得越快,因此经常保持油液的清洁是维护液压传动系统的一个重要方面。

下列几点可供有关人员维护时参考。

①液压用油的油库要设在干净的地方,所用的器具如油桶、漏斗、抹布等应保持干净。最好用绸布或的确良擦洗,以免纤维沾在元件上堵塞孔道,造成故障。

②液压用油必须经过严格的过滤,以防止固体杂质损害系统。系统中应根据需要配置粗、精过滤器,过滤器应当经常检查清洗,发现损坏应及时更换。

③油箱应加盖密封,防止灰尘落入,在油箱上面应设有空气过滤器。

④系统中的油液应经常检查并根据工作情况定期更换。一般在累计工作 1 000 h 后,应当换油,如继续使用,油液将失去润滑性能,并可能具有酸性。在间断使用时可根据具体情况隔半年或一年换油一次,在换油时应将底部积存的污物去掉,将油箱清洗干净,向油箱注油时应通过 120 目以上的过滤器。

⑤如果采用钢管输油应把管在油中浸泡 24 h,生成不活泼的薄膜后再使用。

⑥装拆元件一定要清洗干净,防止污物落入。

⑦发现油液污染严重时应查明原因并及时消除。

15.4.3　防止空气进入系统

液压系统中所用的油液可压缩性很小,在一般的情况下它的影响可以忽略不计,但低压空气的可压缩性很大,大约为油液的 10 000 倍,所以即使系统中含有少量的空气,它的

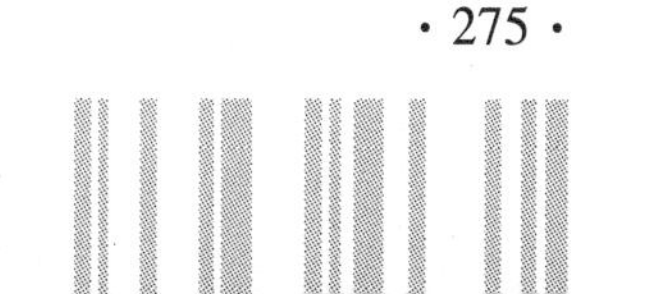

影响也很大。溶解在油液中的空气,在压力低时就会从油中溢出,产生气泡,形成空穴现象,到了高压区在压力油的作用下这些气泡又很快被击碎,急剧受到压缩,使系统中产生噪声,同时当气体受到压缩时会放出大量热量,因而引起局部过热,使液压元件和液压油受到损坏。空气的可压缩性大,还使执行元件产生爬行,破坏工作平稳性,有时甚至引起振动,这些都影响到系统正常工作。油液中混入大量气泡还容易使油液变质,降低油液的使用寿命,因此必须注意防止空气进入液压系统。

根据空气进入系统的不同原因,在使用维护中应当注意下列几点:

①经常检查油箱中液面高度,其高度应保持在液位计的最低液位和最高液位之间。在最低液位时吸油管口和回油管口,也应保持在液面以下,同时须用隔板隔开。

②应尽量防止系统内各处的压力低于大气压力,同时应使用良好的密封装置,失效的要及时更换,管接头及各接合面处的螺钉都应拧紧,及时清洗入口过滤器。

③在油缸上部设置排气阀,以便排出油缸及系统中的空气。

15.4.4　防止油温过高

机床液压系统中的油液的温度一般希望在30～65 ℃的范围内,液压机械的液压传动系统油液的工作温度一般在30～65 ℃的范围内较好,如果油温超过这个范围将给液压系统带来许多不良的影响。

1.油温升高后的主要影响

①油温升高使油的黏度降低,因而元件及系统内油的泄漏量将增多,这样就会使油泵的容积效率降低。

②油温升高使油的黏度降低,这样将使油液经过节流小孔或隙缝式阀口的流量增大,这就使原来调节好的工作速度发生变化,特别对液压随动系统,将影响工作的稳定性、降低工作精度。

③油温升高使油黏度降低后,相对运动表面的润滑油膜将变薄,这样就会增加机械磨损,在油液不太干净时容易发生故障。

④油温升高将使油液的氧化加快,导致油液变质,降低油的使用寿命。沉淀物还会堵塞小孔和缝隙,影响系统正常工作。

⑤油温升高将使机械产生热变形,液压阀类元件受热后膨胀,可能使配合间隙减小,因而影响阀芯的移动,增加磨损,甚至被卡住。

⑥油温过高会使密封装置迅速老化变质,丧失密封性能。

引起油温过高的原因很多,有些是由于系统设计不正确造成的,例如油箱容量太小,散热面积不够;系统中没有卸荷回路,在停止工作时油泵仍在高压溢流;油管太细太长,弯曲过多;或者液压元件选择不当,使压力损失太大等。有些是属于制造的问题,例如元件加工装配精度不高,相对运动件间摩擦发热过多,或者泄漏严重,容积损失太大等。

2.防止油温过高应注意的问题(从使用维护的角度来看)

①注意保持油箱中的正确液位,使系统中的油液有足够的循环冷却条件。

②正确选择系统所用油液的黏度。黏度过高,增加油液流动时的能量损失;黏度过低,泄漏就会增加,两者都会使油温升高。当油液变质时也会使油泵容积效率降低,并破

坏相对运动表面间的油膜,使阻力增大,摩擦损失增加,这些都会引起油液的发热,所以也需要经常保持油液干净,并及时更换油液。

③在系统不工作时油泵必须卸荷。

④经常注意保持冷却器内水量充足,管路通畅。

15.5　气动系统的使用与维护

15.5.1　使用时的注意事项

①开车前、后要放掉系统中的冷凝水并在开车前检查各调节旋钮是否在正确位置,行程阀、行程开关、挡块的位置是否正确、牢固。对导轨、活塞杆等外露部分的配合表面进行擦拭。

②随时注意压缩空气的清洁度,对分水滤气器的滤芯要定期清洗并定期给油雾器加油。

③设备长期不使用时,应将各旋钮放松,以免弹簧失效而影响元件性能。

④熟悉元件控制机构的操作特点,严防调节错误造成事故。要注意各元件调节旋钮的旋向与压力、流量大小变化的关系。

15.5.2　气动系统的日常维护

为了使气动系统能够长期稳定地运行,应采取下述定期维护措施。

①每天应将过滤器中的水排放掉。有大的储气罐时,应装油水分离器。检查油雾器的油面高度及油雾器调节情况。

②每周应检查信号发生器上是否有灰尘或铁屑沉积。查看调压阀上的压力表。检查油雾器的工作是否正常。

③每 3 个月检查管道连接处的密封,以免泄漏。更换连接移动部件的管道。检查阀口有无泄漏。用肥皂水清洗过滤器内部,并用压缩空气从反方向将其吹干。

④每 6 个月检查气缸内活塞杆的支承点是否磨损,必要时可更换。同时应更换刮板和密封圈。

15.5.3　气压系统的定期检修

定期检修的时间间隔通常为 3 个月,其主要内容有:

①查明系统各泄漏部位,并设法予以解决。

②通过对方向控制阀排气口的检查,判断润滑油量是否适度,空气中是否有冷凝水。如果润滑不良,考虑油雾器规格是否合适,安装位置是否恰当,滴油量是否正常等。如果有大量冷凝水排出,考虑过滤器的安装位置是否恰当,排除冷凝水的装置是否合适,冷凝水的排除是否彻底。如果方向控制阀排气口关闭时,仍有少量泄漏,往往是元件损伤的初期阶段,检查后可更换磨损件以防止动作不良。

③检查安全阀、紧急安全开关动作是否可靠。定期检修时,必须确认它们动作的可靠

性，以确保设备和人身安全。

④观察换向阀的动作是否可靠。根据换向时声音是否异常，判定铁芯和衔铁配合处是否有杂质。检查阀芯是否有磨损，密封件是否老化。

⑤反复开关换向阀，观察气缸动作，判断活塞上的密封是否良好。检查活塞杆外露部分，判定前盖的配合处是否有泄漏。

上述各项检查和修复的结果应记录下来，以作为设备出现故障查找原因和设备大修时使用。

气压系统的大修间隔期为一年或几年。其主要内容是检查系统各元件和部件，判定其性能和寿命，并对平时产生故障的部位进行检修或更换元件，排除修理间隔期内一切可能产生故障的因素。

15.6 液压系统的故障诊断与排除方法

液压系统常见故障产生原因及排除方法见表15.1～表15.6。

表15.1 液压系统无压力或压力低的原因及排除方法

产生原因		排除方法
液压泵	电动机转向错误	改变转向
	零件磨损，间隙过大，泄漏严重	修复或更换零件
	油箱液面太低，液压泵吸空	补充油液
	吸油管路密封不严，造成吸空	检查管路，拧紧接头，加强密封
	压油管路密封不严，造成吸空	检查管路，拧紧接头，加强密封
溢流阀	溢流阀弹簧变形或折断	更换弹簧
	滑阀在开口位置卡住	修研滑阀使其移动灵活
	锥阀或钢球与阀座密封不严	更换锥阀或钢球，配研阀座
	阻尼孔堵塞	清洗阻尼孔
	远程控制口接回油箱	切断通油箱的油路
	压力表损坏或失灵造成无压现象	更换压力表
	液压阀卸荷	查明卸荷原因，采取相应措施
	液压缸高低压腔相通	修配活塞，更换密封件
	系统泄漏	加强密封，防止泄漏
	油液黏度太低	提高油液黏度
	温升过高，降低了油液黏度	查明发热原因，采取相应措施

表 15.2　运动部件有冲击或换向时有冲击的原因及排除方法

产生原因		排除方法
液压缸	运动速度过快,没设缓冲装置	设置缓冲装置
	缓冲装置中单向阀失灵	修理缓冲装置的单向阀
	缓冲柱塞的间隙太小或过大	按要求修理,配置缓冲柱塞
节流阀开口过大		调节节流阀开口
换向阀	换向阀的换向动作过快	控制换向速度
	液动阀的阻尼器调整不当	调整阻尼器的节流口
	液动阀的控制流量过大	减小控制油的流量
压力阀	工作压力调整太高	调整压力阀、适当降低工作压力
	溢流阀发生故障,压力突然升高	排除溢流阀故障
	背压过低或没有设置背压阀	设置背压阀、适当提高背压力
	垂直运动的没采取平衡措施	设置平衡阀
混入空气	系统密封不严,混入空气	加强吸油管路密封
	停机时油液流空	防止元件油液流空
	液压泵吸空	补足油液,减小吸油阻力

表 15.3　运动部件爬行的原因及排除方法

产生原因		排除方法
节流阀或调速阀流量不稳		选用流量稳定性好的流量阀
系统负载刚度太低		改进回路设计
液压缸产生爬行	混入空气	排除空气
	运动密封件装配过紧	调整密封圈,使之松紧适当
	活塞杆与活塞不同轴	校正、修整或更换
	导向套与缸筒不同轴	修正、调整
	活塞杆弯曲	校直活塞杆
	液压缸安装不良,中心线与导轨不平行	重新安装
	缸筒内径圆柱度超差	镗磨修复,重配活塞或增加密封件
	缸筒内孔锈蚀、有毛刺	除去锈蚀、毛刺或重新镗磨
	活塞杆两端螺母拧得过紧,使其同轴度降低	略松螺母,使活塞杆处于自然状态
	活塞杆刚度不够	加大活塞杆直径
	液压缸运动部件之间间隙过大	减小配合间隙
	导轨润滑不良	保持良好润滑

续表 15.3

<table>
<tr><th colspan="2">产生原因</th><th>排除方法</th></tr>
<tr><td rowspan="6">混入空气</td><td>油箱液面过低,吸油不畅</td><td>补充液压油</td></tr>
<tr><td>过滤器堵塞</td><td>清洗过滤器</td></tr>
<tr><td>吸、回油管距离太近</td><td>加大吸、回油管距离</td></tr>
<tr><td>回油管没有插入液面以下</td><td>将回油管插入液面下</td></tr>
<tr><td>吸油管路密封不严,造成吸空</td><td>加强密封</td></tr>
<tr><td>机械部分停止运动时,油液流空</td><td>设背压阀或单向阀,防止油液流空</td></tr>
<tr><td rowspan="2">油液污染</td><td>油液污染油污卡住液动元件,增加摩擦阻力</td><td>清洗液动元件,更换油液,加强过滤</td></tr>
<tr><td>油污堵塞节流孔,引起流量变化</td><td>清洗液压阀,更换油液,加强过滤</td></tr>
<tr><td colspan="2">油液黏度不适当</td><td>用指定黏度的液压油</td></tr>
<tr><td rowspan="3">导轨</td><td>导轨托板楔铁或压板调整过紧</td><td>重新调整</td></tr>
<tr><td>导轨精度不高,接触不良</td><td>按规定刮研导轨,保持良好接触</td></tr>
<tr><td>润滑油不足或选用不当</td><td>改善润滑条件</td></tr>
</table>

表 15.4　液压系统发热、油温升高的原因及排除方法

产生原因	排除方法
液压系统设计不合理,压力损失过大,效率低	改进回路设计,采用变量泵或卸荷措施
工作压力过大	降低工作压力
泄漏严重,容积效率低	加强密封
管路太细而且弯曲,压力损失大	加大管径,缩短管路,使油流通畅
相对运动零件间的摩擦力过大	提高零件加工装配精度,减小运动摩擦力
油液黏度过大	选用黏度适当的液压油
油箱容积小,散热条件差	增大油箱容积,改善散热条件,设置冷却器
由外界热源引起升温	隔绝热源

表 15.5　液压系统产生泄漏的原因及排除方法

产生原因	排除方法
密封件损坏或装反	更换密封件,按正确方向安装密封件
管接头松动	拧紧管接头
单向阀阀芯磨损,阀座损坏	更换阀芯,配研阀座
相对运动零件磨损,间隙过大	更换磨损零件,减小配合间隙
某些铸件有气孔、砂眼等缺陷	更换或维修铸件
压力调整过高	降低工作压力
油液黏度太低	选用黏度适当的液压油
工作温度太高	降低工作温度或采取冷却措施

表15.6 液压系统产生振动和噪声的原因及排除方法

产生原因	排除方法
液压泵或其进油管路密封不良或密封圈损坏、漏气	拧紧泵的连接螺栓及管路的管螺母或更换密封元件
泵内零件卡死或损坏	修复或更换
泵与电动机联轴器不同心或松动	重新安装紧固
电动机振动，轴承磨损严重	更换轴承
油箱油量不足或泵的吸油管过滤器堵塞	将油量加至油标处，或清洗过滤器
溢流阀阻尼孔堵塞， 阀座损坏或调压弹簧永久变形损坏	清洗阻尼孔，修复阀座或更换弹簧
电液换向阀动作失灵	修复
液压缸缓冲装置失灵造成液压冲击	检修和调整

15.7 气动系统的故障诊断与排除方法

气动系统及主要元件的常见故障与排除方法见表15.7。

表15.7 气压系统常见故障及排除方法

故障	原因	排除方法
元件和管道堵塞	压缩空气质量不好，水汽、油雾含量过高	检查过滤器、干燥器，调节油雾器的滴油量
元件失压或产生误动作	安装和管道连接不符合要求(信号线太长)	合理安装元件与管道，尽量缩短信号元件与主控阀的距离
气缸出现短时输出力下降	供气系统压力下降	检查管道是否泄漏、管道连接处是否松动
滑阀动作失灵或流量控制阀的排气口堵塞	管道内的铁锈、杂质使阀座被黏连或堵塞	清除管道内的杂质或更换管道
元件表面有锈蚀或阀门元件严重阻塞	压缩空气中凝结水含量过高	检查、清洗过滤器和干燥器
活塞杆速度有时不正常	由于辅助元件的动作而引起的系统压力下降	提高压缩机供气量或检查管道是否泄漏、阻塞
活塞杆伸缩不灵活	压缩空气中含水量过高，使气缸内润滑不好	检查冷却器、干燥器、油雾器工作是否正常
气缸的密封件磨损过快	气缸安装时轴向配合不好，使缸体和活塞杆上产生支承应力	调整气缸安装位置或加装可调支承架
系统停用几天后，重新启动时，润滑部件动作不畅	润滑油结胶	检查、清洗水分离器或调小油雾器的滴油量

思考题与习题

15.1 液压系统有哪些常见的故障？造成故障的主要原因有哪些？

15.2 液压系统工作压力不正常的主要表现有哪些？原因是什么？

15.3 液压系统正常工作时，一般油液的工作温度应在哪个范围内较合适？

15.4 液压系统流量不正常的主要原因有哪些？

15.5 液压系统中的振动和噪声产生原因有哪些？

15.6 液压系统故障排除的一般步骤有哪些？

附录　液压与气动元(辅)件图形符号

2009年3月16日颁布的国家标准《流体传动系统及元件图形符号和回路图 第1部分:用于常规用途和数据处理的图形符号》(GB/T786.1—2009)用于代替1993版旧标准《液压气动图形符号》(GB/T786.1—1993),新标准与1993版旧标准相比有所不同,具体区别见附表1~附表9(附表中图形符号中模数尺寸 M 等于2.5 mm)。

附表1　基本符号、管路及连接等连接图形符号对比

序号	2009版新标准		1993版旧标准	
	图形	描述	图形	用途或符号解释
1	0.1 M	供油管路,回油管路,元件外壳和外壳符号	b	工作管路;控制供给管路;回油管路;电气线路
2	0.1 M	内部和外部先导(控制)管路,泄油管路,冲洗管路,放气管路	约$\frac{1}{3}b$	控制管路;泄油管路或放气管路;过滤器;过渡位置
3	0.1 M	组合元件框线	约$\frac{1}{3}b$	组合元件框线
4	0.75 M	两个流体管路的连接		两管路相交连接
5	2 M	控制管路或泄油管路接口		控制管路,也可表示泄油管路
6	2.5 M 4 M	软管管路		柔性管路
7	1 M 30° 0.5 M 3 M	旋转管接头		单通路旋转接头

续附表 1

序号	2009 版新标准		1993 版旧标准	
	图形	描述	图形	用途或符号解释
8	1 2 3 1 2 3	三通旋转接头		三通路旋转接头
9	0.75 M	两条管路的连接标出连接点		连接管路，两管路相交连接
10		两条管路交叉没有节点表明它们之间没有连接		交叉管路，两管路交叉不连接
11		管口在液面以上的油箱		管口在液面以上的油箱
12		管口在液面以下的油箱		管口在液面以下的油箱
13		管端连接于油箱底部		管端连接于油箱底部
14		密闭式油箱		密闭式油箱
15	n2 M　1 M　6 M+nM	有盖油箱	（无对照）	
16	1 M　2 M	回油至油箱	$\frac{1}{2}l_1$　l_2	回油至油箱
17	▶	液压	▶	液压

续附表 1

序号	2009 版新标准		1993 版旧标准	
	图形	描述	图形	用途或符号解释
18		气压		气压
19		直接排气		直接排气
20	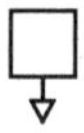	带连接排气	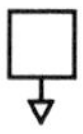	带连接排气

附表 2　液压(气压)泵和马达的图形符号对比

序号	2009 版新标准		1993 版旧标准	
	图形	描述	图形	用途或符号解释
1		单向定量泵	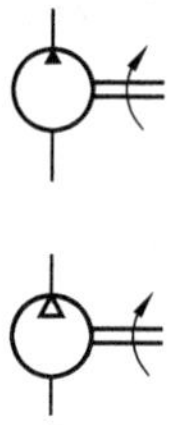	单向定量泵
2	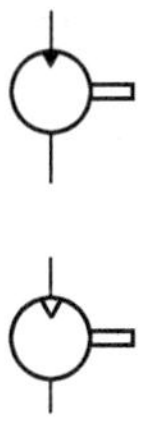	单向定量马达	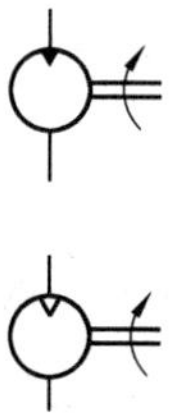	单向定量马达

续附表 2

序号	2009 版新标准		1993 版旧标准	
	图形	描述	图形	用途或符号解释
3		双向定量液压泵		双向定量液压泵
4	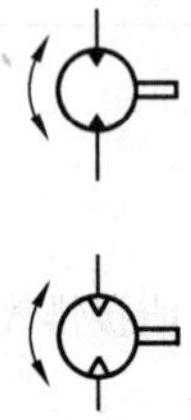	双向定量马达		双向定量马达
5	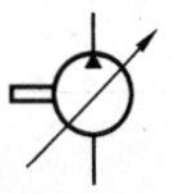	单向变量液压泵	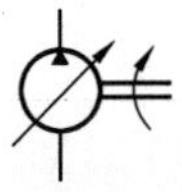	单向变量液压泵
6	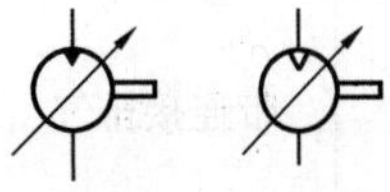	单向变量马达	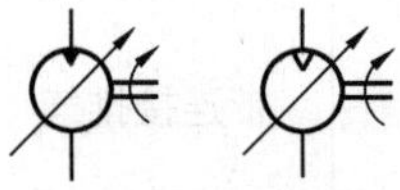	单向变量马达
7	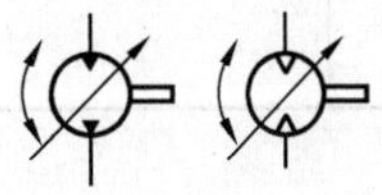	双向变量马达	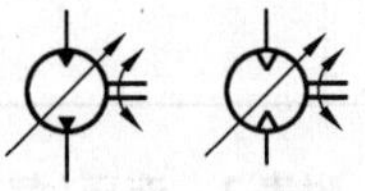	双向变量马达
8		双向变量泵或马达单元,双向流动,带外泄油路,双向旋转		双向变量液压泵-马达
9	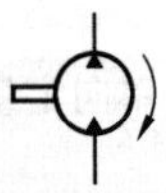	单向旋转的定量泵或马达	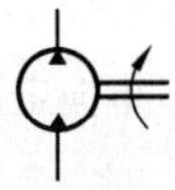	单向定量液压泵-马达
10	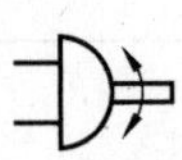	限制摆动角度,双向流动的摆动执行器或旋转驱动	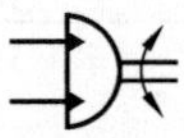	摆动马达,双向摆动,定角度
11	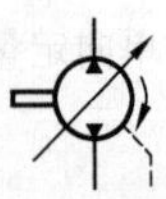	双向流动,带外泄油路单向旋转的变量泵	(无对照)	

续附表 2

序号	2009 版新标准		1993 版旧标准	
	图形	描述	图形	用途或符号解释
12	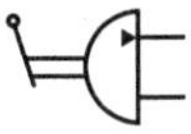	操纵杆控制,限制转盘角度的泵	(无对照)	
13	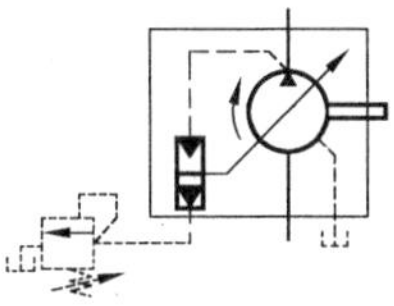	变量泵,先导控制,带压力补偿,单向旋转,带外泄油路	(无对照)	
14	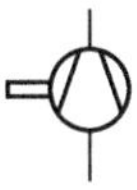	真空泵	(无对照)	

附表 3　控制机构要素与调节要素

序号	2009 版新标准		序号	2009 版新标准	
	图形	描述		图形	描述
1	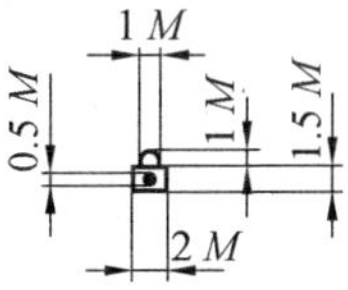 1 M, 0.5 M, 1 M, 1.5 M, 2 M	锁定元件(锁)	2	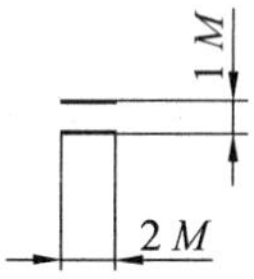 1 M, 2 M	机械连接,轴,杆
3	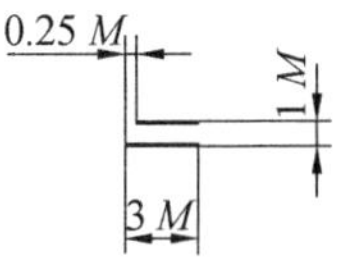 0.25 M, 1 M, 3 M	机械连接,轴,杆	4	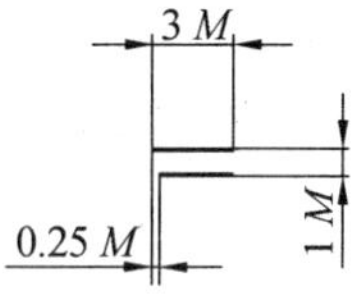 3 M, 0.25 M, 1 M	机械连接,轴,杆
5	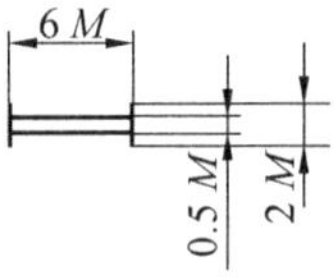 6 M, 0.5 M, 2 M	双压阀的机械连接	6	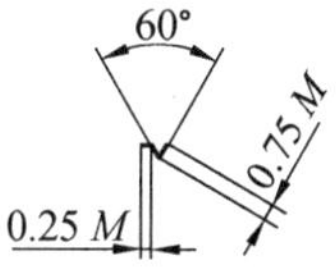 60°, 0.75 M, 0.25 M	定位机构
7	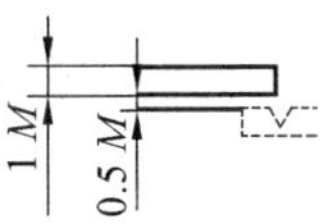 1 M, 0.5 M	定位锁	8	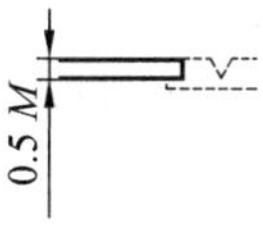 0.5 M	非定位位置指示

续附表 3

序号	2009 版新标准		序号	2009 版新标准	
	图形	描述		图形	描述
9	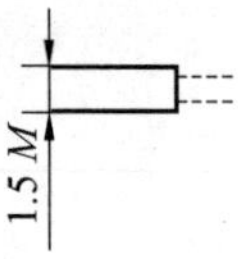	手动控制元件	10	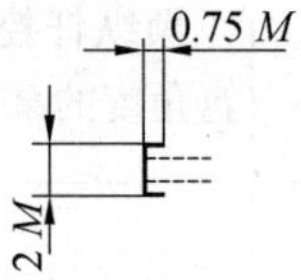	推力控制机构元件
11	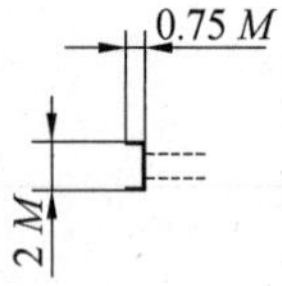	拉力控制机构元件	12	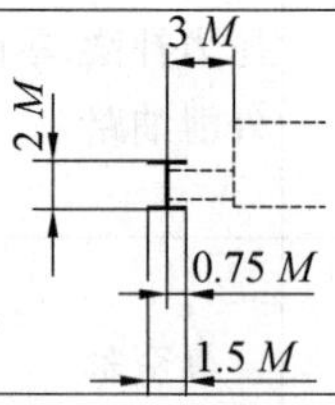	推位控制机构元件
13	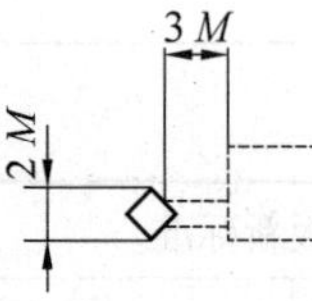	控制元件:可动把手	14	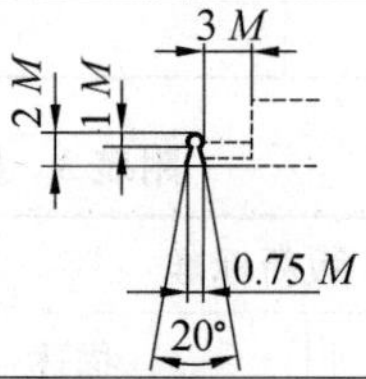	控制元件:匙
15	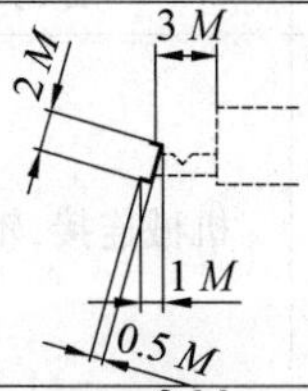	控制元件:踏板	16	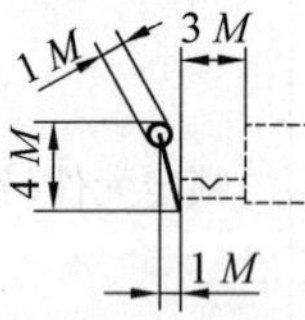	控制元件:手柄
17	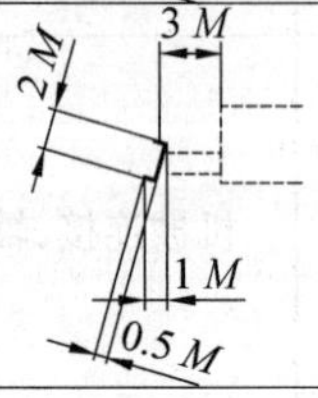	控制元件:双向踏板	18	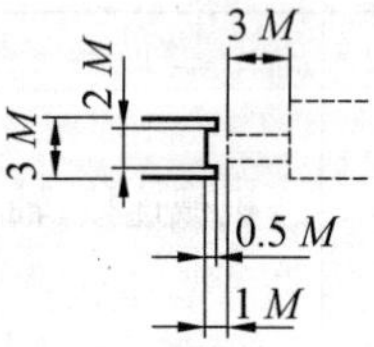	控制机构限制装置
19	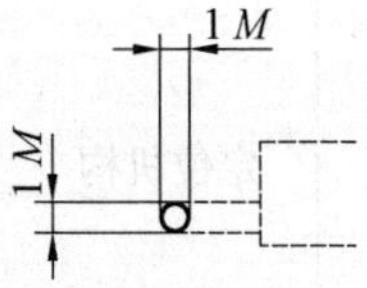	控制元件:活塞	20	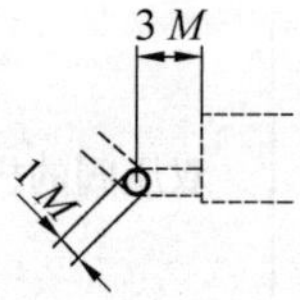	旋转节点连接
21	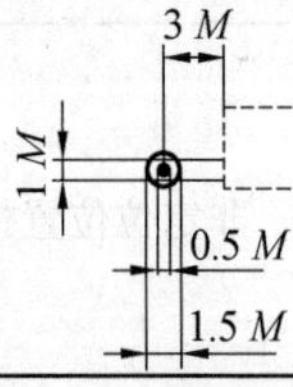	控制元件:滚轮	22	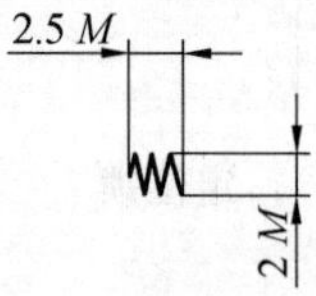	控制元件:弹簧

续附表 3

序号	2009 版新标准		序号	2009 版新标准	
	图形	描述		图形	描述
23	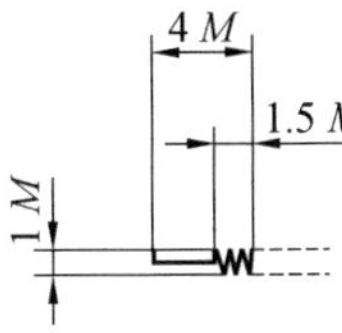 4 M 1.5 M 1 M	控制元件:带控制机构弹簧	24	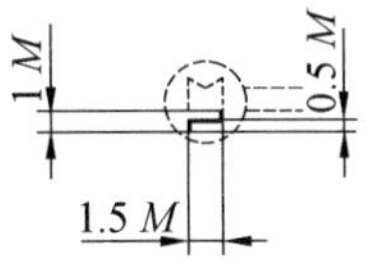 1 M 0.5 M 1.5 M	步进可调符号
25	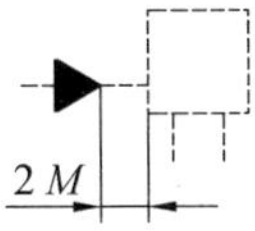 2 M	液压增压直动机构(用于方向控制阀)	26	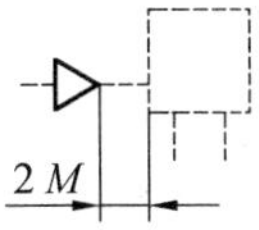 2 M	气压增压直动机构(用于方向控制阀)
27	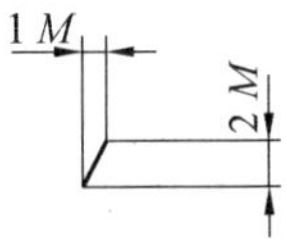 1 M 2 M	控制元件:绕组,作用方向指向阀芯(电磁铁,力矩,马达,力马达)	28	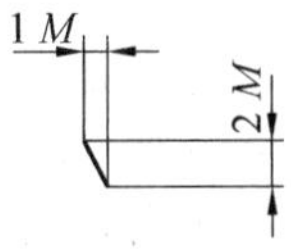 1 M 2 M	控制元件:绕组,作用方向背离阀芯(电磁铁,力矩,马达,力马达)
29	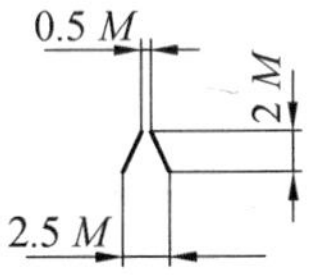 0.5 M 2 M 2.5 M	控制元件:双绕组,反方向作用	30	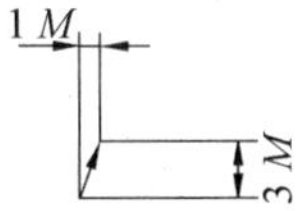 1 M 3 M	可调整,如行程限制
31	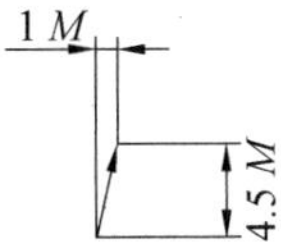 1 M 4.5 M	弹簧或比例电磁铁的可调整	32	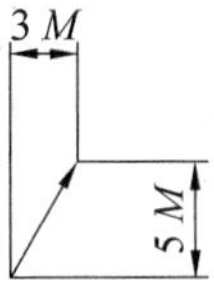 3 M 5 M	节流孔的可调整

附表 4　控制机构和控制方法图形符号对比

序号	2009 版新标准		1993 版旧标准	
	图形	描述	图形	用途或符号解释
1	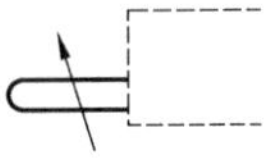	带有分离把手和定位销的控制机构	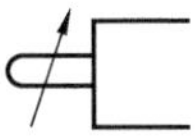	可变行程控制式
2	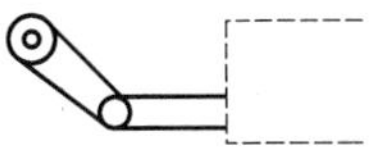	用作单方向行程操纵的滚轮杠杆	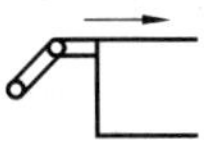	单向滚轮式,仅在一个方向上操作,箭头可省略

续附表 4

序号	2009 版新标准		1993 版旧标准	
	图形	描述	图形	用途或符号解释
3	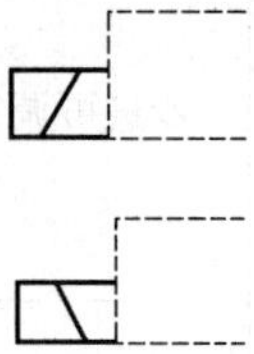	单作用电磁铁,动作指向阀芯 单作用电磁铁,动作背离阀芯	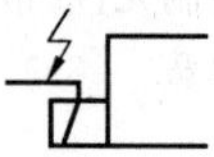	单作用电磁铁,电气引线可省略,斜线也可向右下方
4	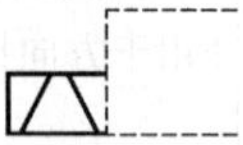	双作用电气控制机构,动作指向或背离阀芯	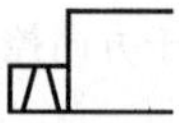	双作用电磁铁
5	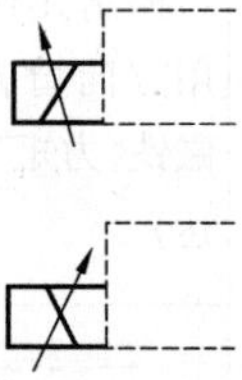	单作用电磁铁,动作指向阀芯,连续控制 单作用电磁铁,动作背离阀芯,连续控制	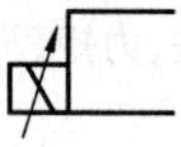	单作用可调电磁操作
6	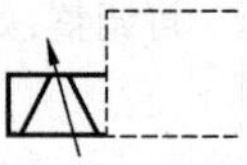	双作用电气控制机构,动作指向或背离阀芯,连续控制	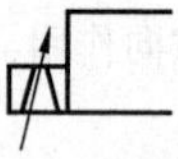	双作用可调电磁操作
7	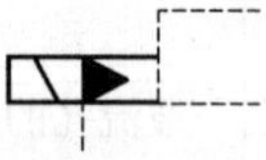	电气操纵的带有外部供油的液压先导控制机构	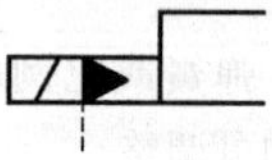	电-液先导加压控制,液压外部控制,内部泄油
8	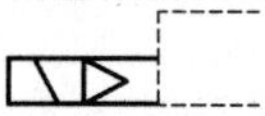	电气操纵的气动先导控制机构	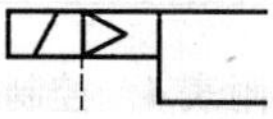	电-气先导加压控制,气压外部控制
9	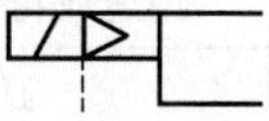	带有分离把手和定位销的控制机构	(无对照)	
10	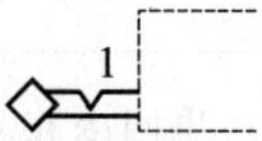 1	带有定位装置的推或拉控制机构	(无对照)	

续附表 4

序号	2009 版新标准		1993 版旧标准	
	图形	描述	图形	用途或符号解释
11	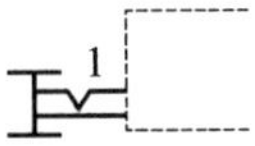	手动锁定控制机构	（无对照）	
12	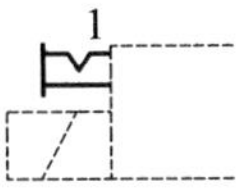	具有 5 个锁定位置的调节控制机构	（无对照）	
13	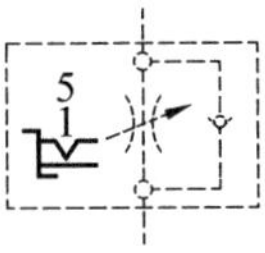	使用步进电动机的控制机构	（无对照）	
14	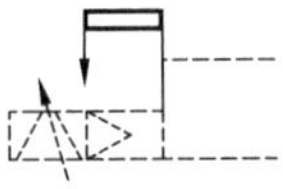	机械反馈	（无对照）	
15	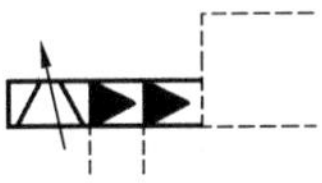	具有外部先导供油，双比例电磁铁，双向操作，集成在同一组件，连续工作的双先导装置的液压控制机构	（无对照）	
16	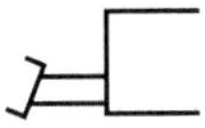	踏板控制	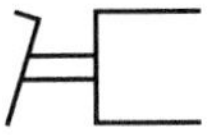	踏板式人力控制
17	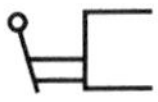	手动拉杆控制	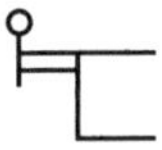	
18	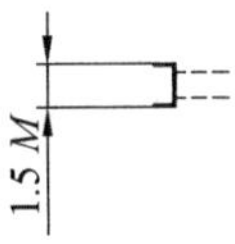 1.5 M	手动控制元件	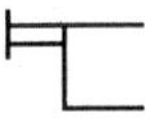	
19	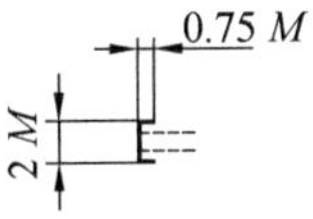 0.75 M 2 M	推力控制机构元件	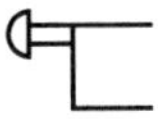	

续附表 4

序号	2009 版新标准		1993 版旧标准	
	图形	描述	图形	用途或符号解释
20	0.75 M 2 M	拉力控制机构元件		
21	3 M 2 M 0.75 M 1.5 M	推拉控制机构元件		
22		气压先导控制		气压先导控制
23		弹簧控制		弹簧控制
24		内部压力控制		内部压力控制
25		外部压力控制		外部压力控制
26		加压或泄压控制		加压或泄压控制
27		液压先导控制		液压先导控制

附表 5 方向控制阀的图形符号对比

序号	2009 版新标准		1993 版旧标准	
	图形	描述	图形	用途或符号解释
1	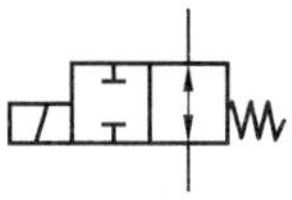	二位二通方向控制阀,两位,电磁铁操纵,弹簧复位,常开	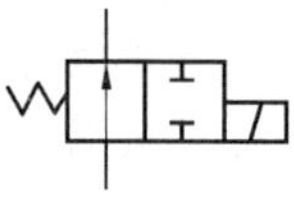	二位二通电磁阀,常通
2	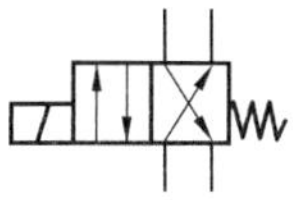	二位四通方向控制阀,电磁铁操纵,弹簧复位	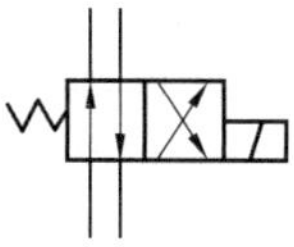	二位四通电磁阀
3	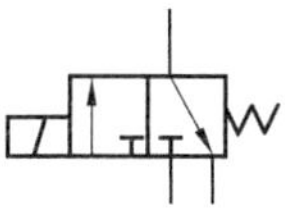	二位三通方向控制阀,电磁铁操纵,弹簧复位,常闭	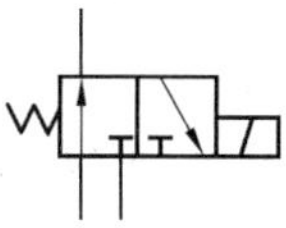	二位三通电磁阀
4	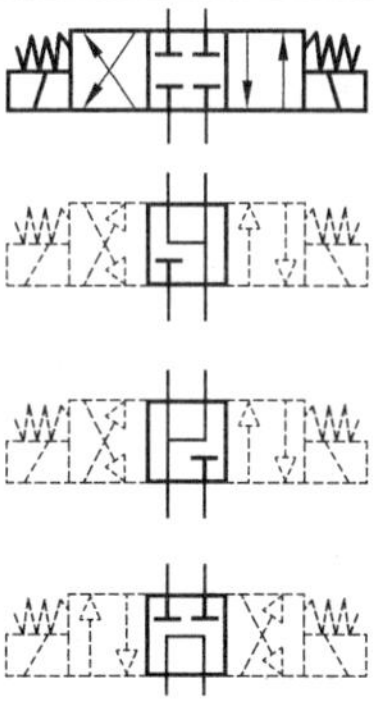	三位四通方向控制阀,弹簧对中,双电磁铁直接操纵,不同中位机能的类别		三位四通电磁阀
5	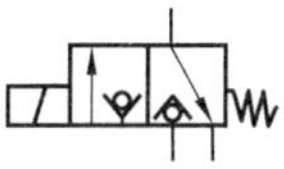	二位三通液压电磁换向座阀	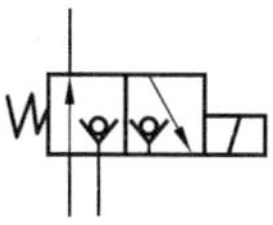	二位三通液压电磁换向球阀
6	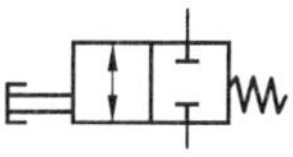	二位二通方向控制阀,两通,两位,推压控制机构,弹簧复位,常闭	(无对照)	
7	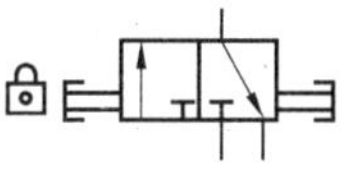	二位三通锁定阀	(无对照)	
8	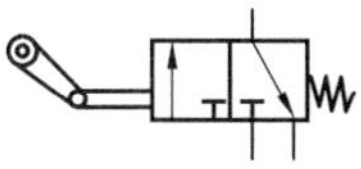	二位三通方向控制阀,滚轮杠杆控制,弹簧复位	(无对照)	

续附表 5

序号	2009 版新标准		1993 版旧标准	
	图形	描述	图形	用途或符号解释
9	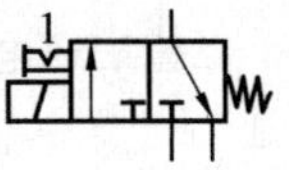	二位三通方向控制阀,单电磁铁操纵,弹簧复位,定位销式手动定位	(无对照)	
10	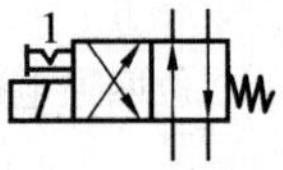	二位三通方向控制阀,单电磁铁操纵,弹簧复位,定位销式手动定位	(无对照)	
11	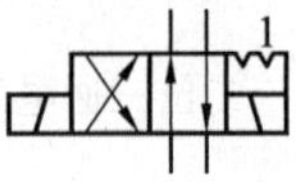	二位四通方向控制阀,双电磁铁操纵,弹簧复位,定位销式(脉冲阀)	(无对照)	
12	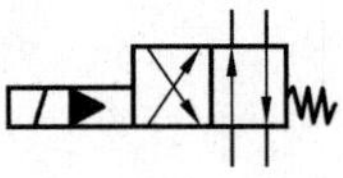	二位四通方向控制阀,双电磁铁操纵,弹簧复位,定位销式(脉冲阀)	(无对照)	
13	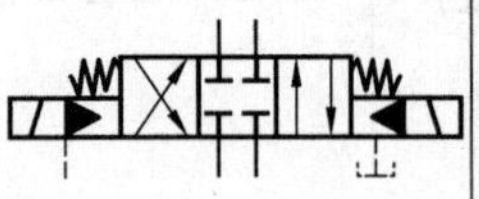	三位四通方向控制阀,电磁铁操纵先导级和液压操作主阀,主阀及先导级弹簧对中,外部先导供油和先导回油	(无对照)	
14	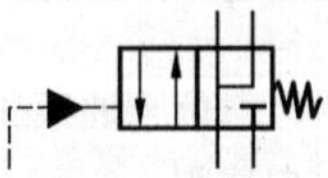	二位四通方向控制阀,液压控制,弹簧复位	(无对照)	
15	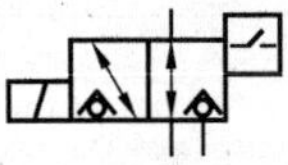	二位三通液压电磁换向座,带行程开关	(无对照)	
16		单向阀		单向阀
17		先导式液控单向阀,带有复位弹簧,先导压力允许在两个方向自由流动		液控单向阀
18	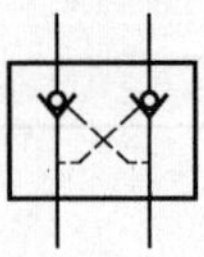	双单向阀,先导式	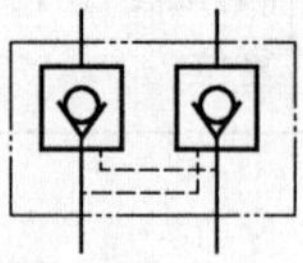	液压锁

附表 6　压力控制阀的图形符号对比

序号	2009 版新标准		1993 版旧标准	
	图形	描述	图形	用途或符号解释
1	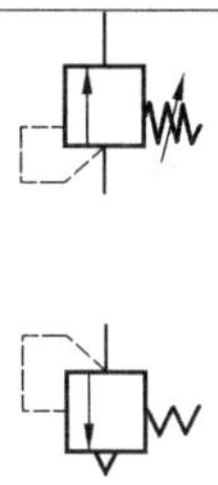	溢流阀,直动式,开启压力由弹簧调节	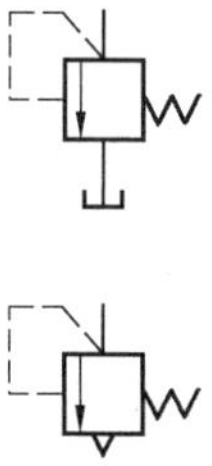	溢流阀,一般符号或直动型溢流阀
2	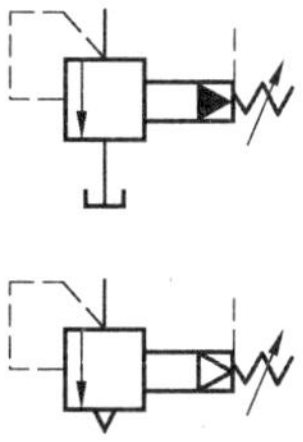	先导式溢流阀	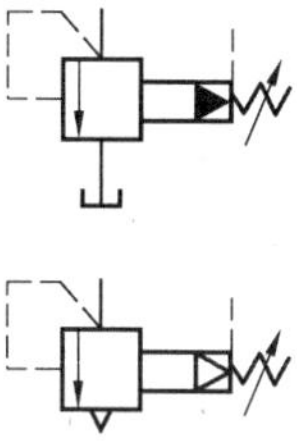	先导型溢流阀
3	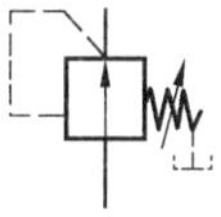	二通减压阀,直动式,外泄型	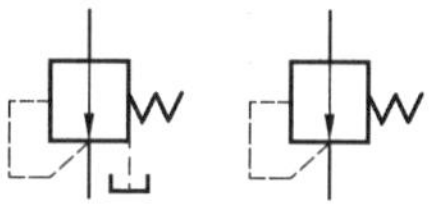	减压阀,一般符号或直动型减压阀
4	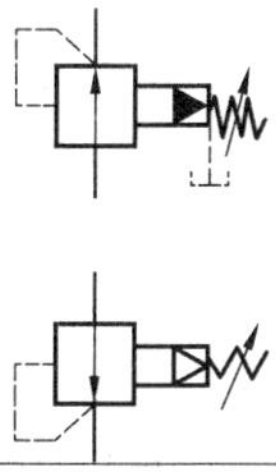	二通减压阀,先导式,外泄型	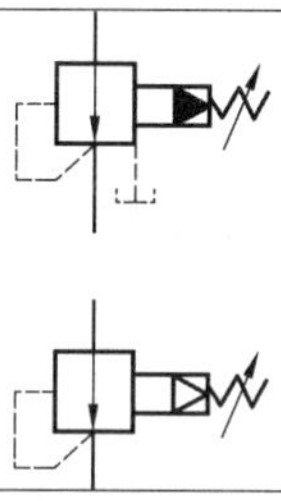	先导型减压阀
5	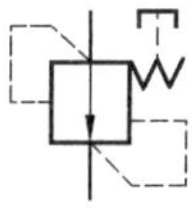	定差减压阀	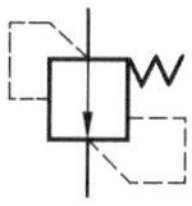	定差减压阀
6	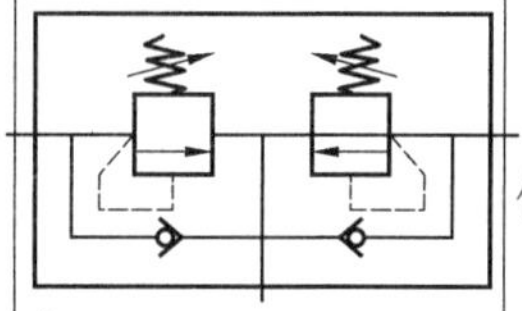	防汽蚀溢流阀,用来保护两条供给管道	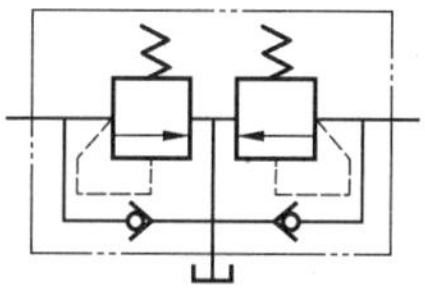	双溢流制动阀
7	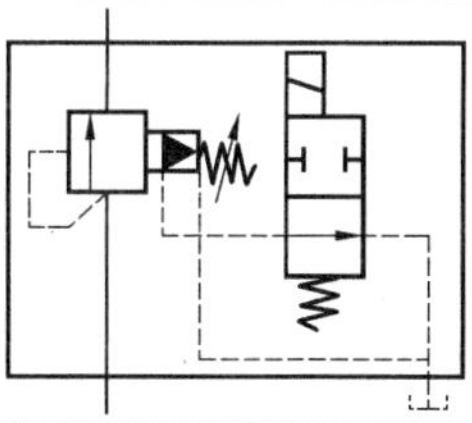	电磁溢流阀,先导式,电气操纵预设定压力	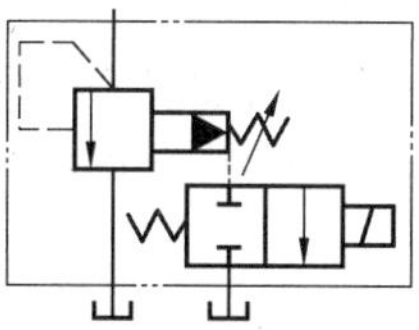	先导型电磁溢流阀

续附表 6

序号	2009 版新标准		1993 版旧标准	
	图形	描述	图形	用途或符号解释
8		三通减压阀		双向溢流阀
9	详细符号 简化符号	调速阀	详细符号 简化符号	调速阀
10		直动顺序阀		直动顺序阀
11		顺序阀,手动调节设定值	(无对照)	
12		先导式顺序阀		先导型顺序阀
13		顺序阀,带有旁通阀	(无对照)	
14		蓄能器充液阀,带有固定开关压差	(无对照)	

续附表 6

序号	2009 版新标准		1993 版旧标准	
	图形	描述	图形	用途或符号解释
15	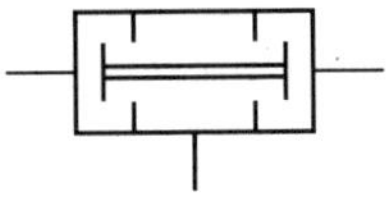	双压阀("与逻辑"),并且仅当两进气口有压力时才会有信号输出,较弱的信号从出口输出	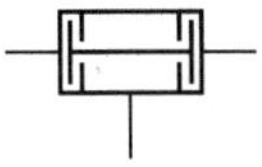	与门型梭阀(双压阀)
16	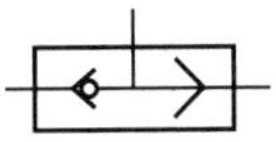	双单向阀,先导式梭阀("或"逻辑),压力高的入口自动与出口接通	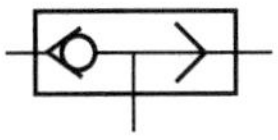	梭阀,或门型
17	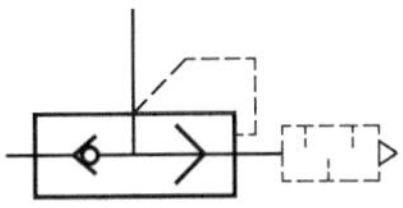	快速排气阀	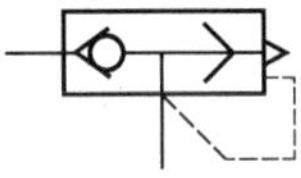	快速排气阀

附表 7　流量控制阀的图形符号对比

序号	2009 版新标准		1993 版旧标准	
	图形	描述	图形	用途或符号解释
1		可调节流阀		可调节流阀
2	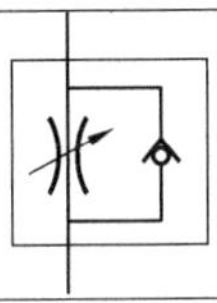	可调节流量控制阀,单向自由流动	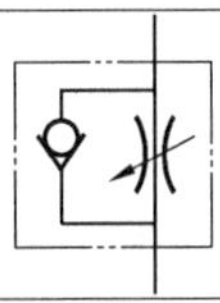	单向节流阀
3	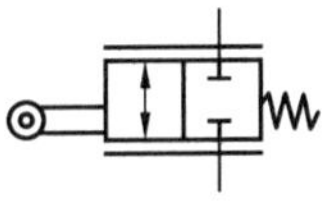	流量控制阀,滚轮杠杆操纵,弹簧复位	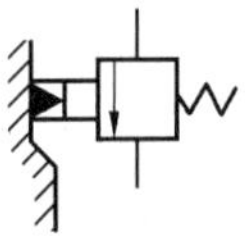	滚轮控制节流阀(减速阀)
4	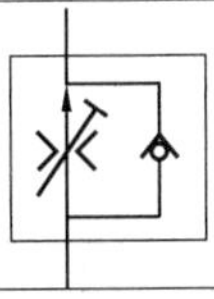	二通流量控制阀,可调节,带旁通阀,固定设置,单向流动,基本与黏度和压力差无关	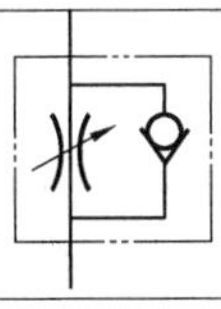	单向调速阀
5	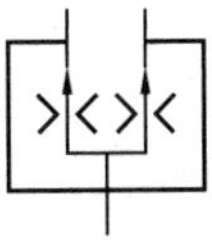	分流器,将输入流量分成两路输出	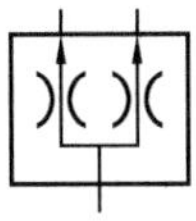	分流阀

续附表 7

序号	2009 版新标准		1993 版旧标准	
	图形	描述	图形	用途或符号解释
6	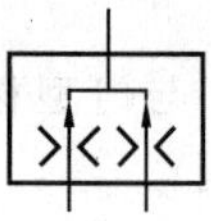	集流阀，保持两路输入流量相互恒定	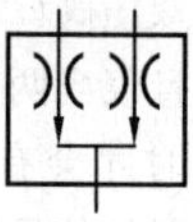	集流阀
7	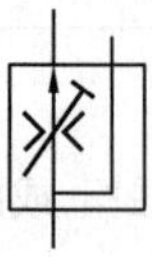	三通流量控制阀，可调节，将输入流量分成固定流量和剩余流量	（无对照）	

附表 8　液压缸的图形符号对比

序号	2009 版新标准		1993 版旧标准	
	图形	描述	图形	用途或符号解释
1	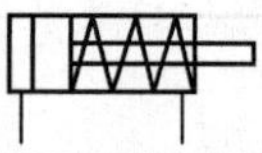	单作用单杆缸，靠弹簧力返回行程，弹簧腔带连接油口	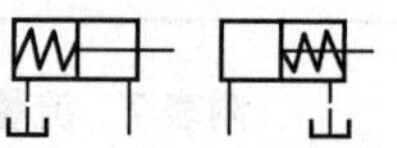	单作用单活塞杆缸（带弹簧复位，简化符号）
2	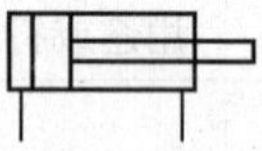	双作用单杆缸	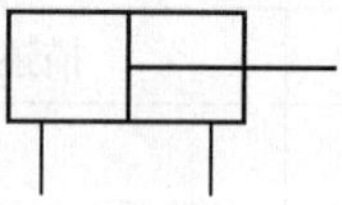	双作用单活塞杆缸（简化符号）
3	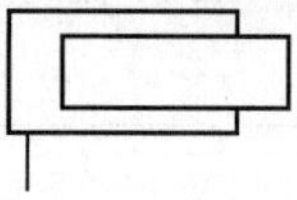	单作用缸，柱塞缸	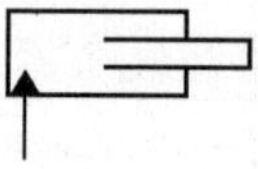	单作用缸，柱塞缸
4	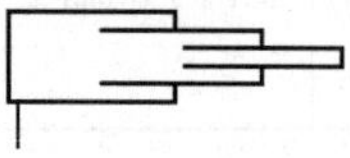	单作用伸缩缸	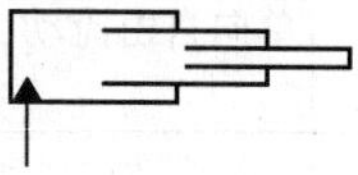	单作用伸缩缸
5	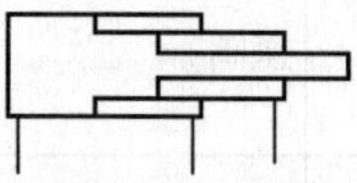	双作用伸缩缸	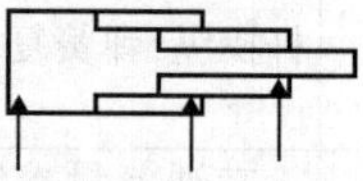	双作用伸缩缸
6	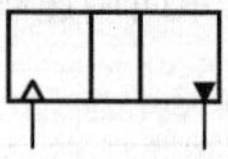	单作用压力介质转换器，将气体压力转换为等值的液体压力，反之亦然	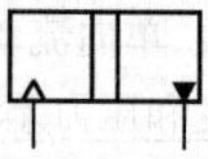	气-液转换器
7	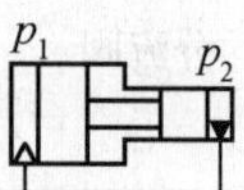 p_1 p_2	单作用增压器，将气体压力 p_1 转换为更高的液体压力 p_2	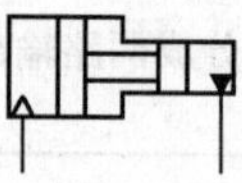	增压器

续附表 8

序号	2009 版新标准		1993 版旧标准	
	图形	描述	图形	用途或符号解释
8	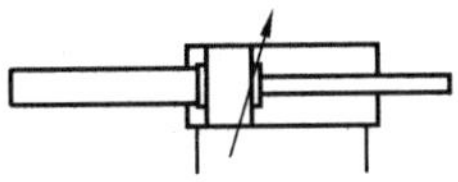	双作用双杆缸，活塞直径不同，双侧缓冲，右侧带调节	（无对照）	
9	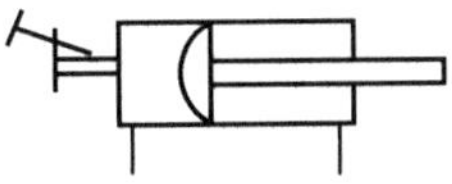	带行程限制器的双作用膜片缸	（无对照）	
10	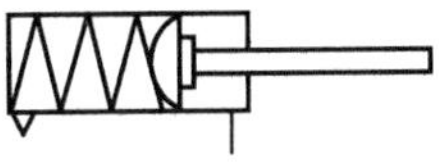	活塞杆终端带缓冲的单作用膜片缸，排气口不连接	（无对照）	

附表 9 辅助元件图形符号对比

序号	2009 版新标准		1993 版旧标准	
	图形	描述	图形	用途或符号解释
1	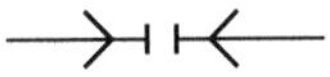	不带单向阀的快换接头，断开状态	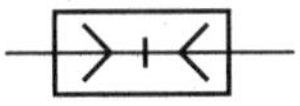	不带单向阀的快换接头
2	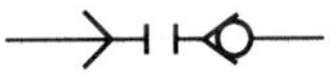	带单向阀的快换接头，断开状态	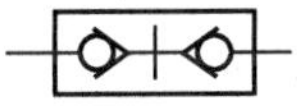	带单向阀的快换接头
3	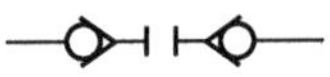	带两个单向阀的快换接头，断开状态	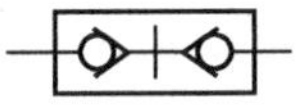	带单向阀的快换接头
4	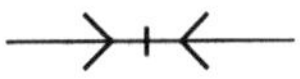	不带单向阀的快换接头，连接状态	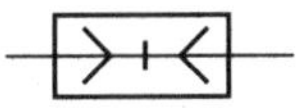	不带单向阀的快换接头
5	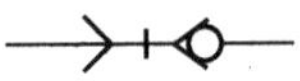	带一个单向阀的快换接头，连接状态	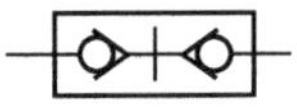	带单向阀的快换接头
6	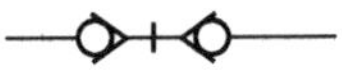	带两个单向阀的快换接头，连接状态	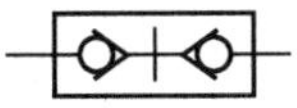	带单向阀的快换接头
7		可调节的机械电子压力继电器	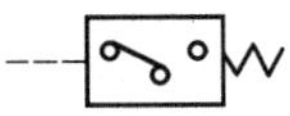	压力继电器或压力开关

续附表 9

序号	2009 版新标准		1993 版旧标准	
	图形	描述	图形	用途或符号解释
8	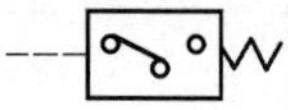 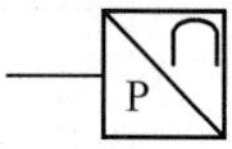	模拟信号输出压力传感器 输出开关信号，可电子调节的压力转换器	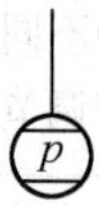	压力传感器
9		压力测量单元（压力表）		压力表（计）
10		压差计	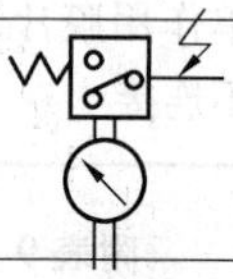	压差控制表
11		温度计		温度计
12		流量指示器		检流计（液流指示器）
13	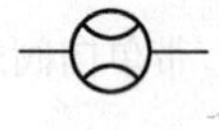	流量计		流量计
14	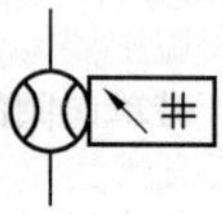	数字式流量计	（无对照）	
15	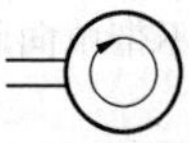	转速仪	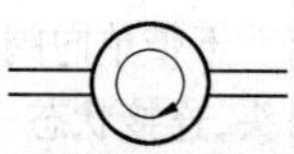	转速仪
16	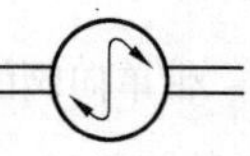	转矩仪	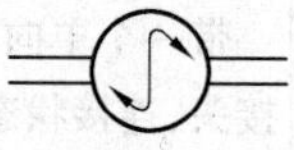	转矩仪
17		数字式指示器	（无对照）	
18	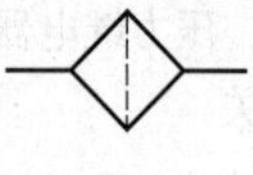	过滤器	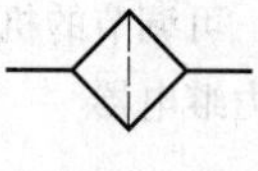	过滤器

续附表 9

序号	2009 版新标准		1993 版旧标准	
	图形	描述	图形	用途或符号解释
19		带附属磁性滤芯的过滤器	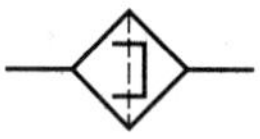	磁性过滤器
20	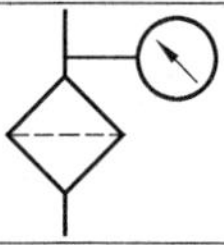	带有压力表的过滤器	（无对照）	
21	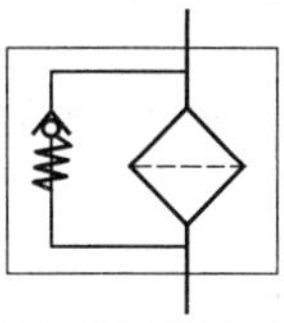	带旁路单向阀的过滤器	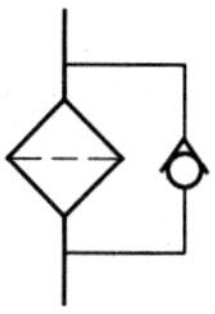	带旁路阀的过滤器
22		不带冷却液流道指示的冷却器		冷却器
23	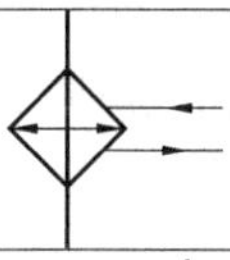	液体冷却的冷却器	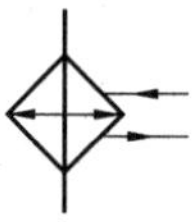	带冷却剂管路的冷却器
24	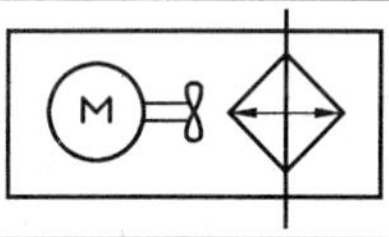	电动风扇冷却的冷却器	（无对照）	
25		加热器		加热器
26		温度调节器	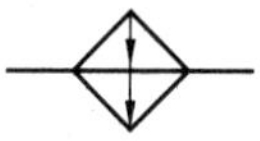	温度调节器
27		蓄能器（一般符号）		蓄能器（一般符号）
28	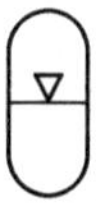	隔膜式充气蓄能器（隔膜式蓄能器）		气体隔离式蓄能器
29		囊隔式充气蓄能器（囊隔式蓄能器）	（无对照）	

续附表 9

序号	2009 版新标准		1993 版旧标准	
	图形	描述	图形	用途或符号解释
30	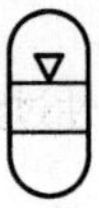	活塞式充气蓄能器(活塞式蓄能器)	(无对照)	
31		气瓶	(无对照)	
32	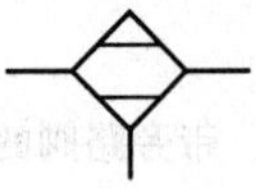	空气干燥器	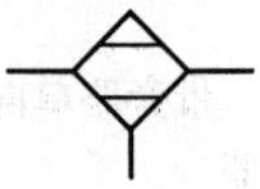	空气干燥器
33	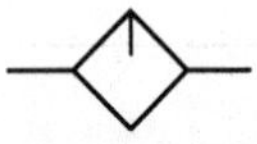	油雾器	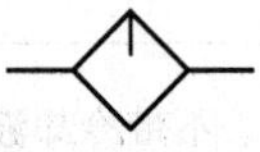	油雾器
34	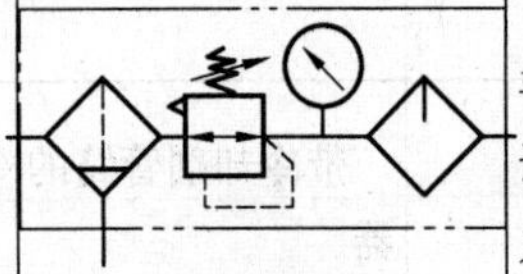 	气源处理装置,包括手动排水过滤器、手动调节式溢流调节阀、压力表和油雾器,上图为详细示意图,下图为简化图	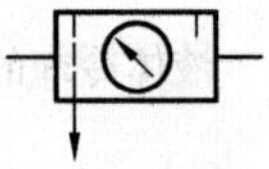	气源调节装置(简化图)
35	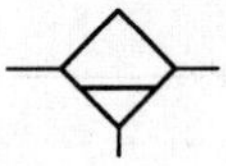	手动排水流体分离器	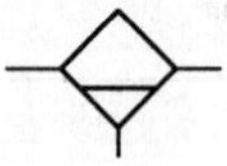	手动分水排水器
36	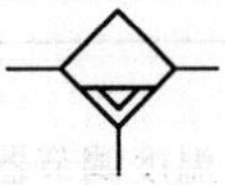	自动排水流体分离器	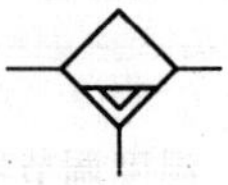	自动分水排水器
37	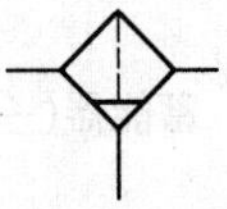	带手动排水分离器的过滤器	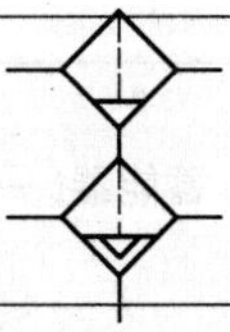	空气过滤器
38	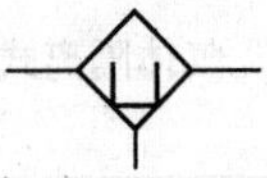	吸附式过滤器	(无对照)	
39	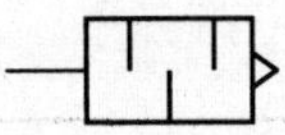	消声器	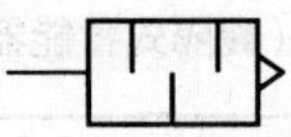	消声器

续附表 9

序号	2009 版新标准		1993 版旧标准	
	图形	描述	图形	用途或符号解释
40	M	电动机	M	电动机
41	M	原动机	M	原动机
42	1.5 *M*　4 *M*	截止阀		截止阀
43		液压源		液压源
44		气压源		气压源

参考文献

[1] 刘延俊,关浩,周德繁.液压与气压传动[M].北京:高等教育出版社,2007.
[2] 郑洪生.气压传动[M].北京:机械工业出版社,1981.
[3] 张利平.液压站设计与使用[M].北京:海洋出版社,2004.
[4] 周士昌.液压系统设计图集[M].北京:机械工业出版社,2003.
[5] 许福玲,陈尧明.液压与气压传动[M].2版.北京:机械工业出版社,2004.
[6] 刘廷俊.液压与气压传动[M].北京:机械工业出版社,2005.
[7] 张红.液压技术的展望[J].合肥联合大学学报,2000,10(4):104-106.
[8] SMC(中国)有限公司.现代实用气动技术[M].2版.北京:机械工业出版社,2004.
[9] 姜继海,宋锦春,高常识.液压与气压传动[M].北京:高等教育出版社,2003.
[10] 明仁雄,万会雄.液压与气压传动[M].北京:国防工业出版社,2003.
[11] 左健民.液压与气压传动[M].2版.北京:机械工业出版社,1999.
[12] 成大先.机械设计手册:气压传动(单行本)[M].北京:化学工业出版社,2004.
[13] 刘冀民,李志红,刘启定,等.气动测量技术在单向阀出厂试验中的应用[J].机床与液压,2002(1):145-146.
[14] 罗大海,诸葛茜.流体力学简明教程[M].北京:高等教育出版社,1987.
[15] 袁恩熙.工程流体力学[M].北京:石油工业出版社,2001.
[16] 合肥工业大学.液压传动与气压传动[M].北京:机械工业出版社,1980.
[17] 何存兴.液压元件[M].北京:机械工业出版社,1982.
[18] 章宏甲,周邦俊.金属切削机床液压传动[M].南京:江苏科学技术出版社,1993.
[19] 周士昌.液压系统设计[M].北京:机械工业出版社,2004.
[20] 袁承训.液压与气压传动[M].北京:机械工业出版社,1999.
[21] 李芝.液压传动[M].北京:机械工业出版社,2002.
[22] 王孝华,赵中林,周瑞章,等.气动元件与系统的使用与维修[M].北京:机械工业出版社,1996.
[23] 盛永华.液压与气压传动[M].武汉:华中科技大学出版社,2005.
[24] 钟平.液压与气压传动[M].哈尔滨:哈尔滨工业大学出版社,2008.
[25] 王广怀.液压技术应用[M].哈尔滨:哈尔滨工业大学出版社,2001.
[26] 张群生.液压与气压传动[M].北京:机械工业出版社,2002.
[27] 贾铭新.液压与气压传动控制[M].北京:国防工业出版社,2001.
[28] 赵应越.液压控制阀及其修理[M].上海:上海交通大学出版社,1999.
[29] 路甬祥.液压气动技术手册[M].北京:机械工业出版社,2002.
[30] 何存兴.液压传动与气压传动[M].武汉:华中科技大学出版社,2000.

[31] 刘廷俊.液压系统使用与维修[M].北京:化学工业出版社,2006.
[32] 张祝新,张雅琴.关于液压传动教材中几个问题的探讨[J].液压与气动,2006(8),20-21.
[33] 贾铭新.液压传动与控制解难和练习[M].北京:国防工业出版社,2003.
[34] 陈尧明,许福玲.液压与气压传动学习指导和习题集[M].北京:机械工业出版社,2005.
[35] 路甬祥.液压气动技术手册[M].北京:机械工业出版社,2004.
[36] 陈启松.液压传动与控制手册[M].上海:上海科学技术出版社,2006.